算子矩阵及其应用

李　愿　著

科学出版社

北　京

内 容 简 介

在算子理论的研究中，很多问题涉及算子矩阵的结构特征. 算子矩阵是以算子为元素的矩阵，对其内在结构、性质和进一步的应用是作者多年来的研究课题. 本书主要围绕算子矩阵的谱结构与广义逆，算子的序结构以及算子矩阵在量子信息论等问题中的应用，介绍作者在算子矩阵的谱及其应用方面所取得的主要成果. 全书共 6 章，第 1 章是预备知识；第 2 章介绍算子矩阵的谱扰动；第 3 章介绍幂等算子与算子矩阵；第 4 章介绍特殊算子类的广义逆；第 5 章介绍算子的序与算子矩阵；第 6 章主要介绍算子矩阵的应用.

本书可作为泛函分析相关研究人员的参考书，也可作为数学专业研究生和高年级本科生的参考用书.

图书在版编目(CIP)数据

算子矩阵及其应用/李愿著. —北京：科学出版社，2016. 9

ISBN 978-7-03-049976-9

Ⅰ. ①算…　Ⅱ. ①李…　Ⅲ. ①算子－研究　Ⅳ. ①O177

中国版本图书馆 CIP 数据核字 (2016) 第 227430 号

责任编辑：李　萍　孙翠勤／责任校对：李　影
责任印制：吴兆东／封面设计：红叶图文

科学出版社出版
北京东黄城根北街 16 号
邮政编码：100717
http://www.sciencep.com
北京厚诚则铭印刷科技有限公司印刷
科学出版社发行　各地新华书店经销
*
2016 年 9 月第　一　版　开本：720 × 1000　1/16
2025 年 1 月第三次印刷　印张：15 7/8
字数：317 000

定价：98.00 元

(如有印装质量问题，我社负责调换)

前　言

算子理论是泛函分析中一个重要的研究领域, 自从 20 世纪初 Hilbert, Banach 和 Riesz 等建立算子理论以来, 算子理论已得到了迅速发展并渗透到数学的各个分支, 其研究内容涉及基础数学与应用数学的多个分支, 如代数学、几何理论、矩阵理论、逼近论、优化理论与量子信息论等. 算子矩阵是以算子为元素的矩阵, 缺项算子矩阵就是一些元素是已知的, 其余元素都是未知的算子矩阵. 2×2 上三角算子矩阵作为最简单也最基本的缺项算子矩阵, 对它的研究有着重要的意义.

全书共 6 章. 第 1 章是预备知识, 介绍 Banach 空间和 Hilbert 空间算子理论的基本概念和基础理论, 如算子几种谱的概念、算子的谱分解定理和算子的序等. 第 2 章介绍算子矩阵的谱扰动, 主要研究 2×2 上三角算子矩阵的谱、左谱和本性近似点谱的扰动问题. 同时, 对其他形式的 2×2 算子矩阵的本性谱和左谱的扰动问题也进行了研究. 投影算子是结构最简单和最重要的算子之一. 由投影算子的和、差与乘积及其线性组合所生成算子的结构特征是重要的算子理论问题. 第 3 章介绍幂等算子与算子矩阵, 主要应用投影的算子矩阵形式, 给出了两个子空间之间的极大和极小交角的表达式, 并给出了投影的和、差和乘积的 Fredholm 性的等价刻画. 算子的广义逆, 特别是 Moore-Penrose 逆和 Drazin 逆, 是近年来算子与矩阵理论研究非常活跃的领域之一. 随着广义逆理论研究的深入, 国内外多名研究者在 Banach 代数与 C^* 代数上研究 Moore-Penrose 逆和 Drazin 逆的表示和特征. 第 4 章介绍特殊算子类的广义逆, 主要给出下三角算子矩阵的 Moore-Penrose 逆的表示及其应用, 并进一步在 C^* 代数上研究投影的和与积的 Moore-Penrose 逆及 Drazin 逆的表示. 算子序结构的研究, 不仅在算子理论的研究中是值得研究的问题, 而且在量子信息理论等方面有着重要的应用. 例如, Hilbert 空间 $\mathcal{H}$ 上量子效应是指 $\mathcal{H}$ 上的全体正压缩算子, 量子态是指 Hilbert 空间上的正的迹为 1 的迹类算子. 在算子之间可以定义多种序关系, 形成多种序结构, 而刻画两个算子在这些序下的上、下确界是比较困难的问题. 第 5 章介绍算子的序与算子矩阵, 主要运用算子矩阵和谱理论的方法, 研究两个量子效应在算子序和逻辑序下的上、下确界的存在条件及表示. 第 6 章介绍算子矩阵的应用, 将算子矩阵的方法应用到多个研究问题之中, 主要包括算子矩阵方法在三角等式 $|A+B| = |A| + |B|$, Hua- 型算子矩阵范数及正性, 完全正映射及其对偶映射的不动点的刻画方面的应用.

本书的部分内容来自于作者的硕士与博士学位论文, 其余内容均是作者近年来关于算子理论与量子信息论方面的研究成果, 这也是作者近十五年来主要研究成果的整理和总结. 本书的写作是在导师杜鸿科教授的支持和鼓励下完成的, 感谢杜老师多年来的悉心指导. 同时, 感谢吉国兴教授在作者研究生学习和科研过程中所给予的指导和帮助. 感谢陕西师范大学数学与信息科学学院的老师与同事: 曹怀信教授、吴保卫教授、张建华教授、曹小红教授、任芳国副教授、陈峥立副教授、窦艳妮副教授和郭志华副教授等, 在作者教学科研中所给予的热情帮助. 感谢同窗邓春源教授、庞永锋教授、王月清副教授、徐小明副教授、张海燕副教授及孙秀红、陈艳妮博士等在本书涉及的研究问题中, 给予过的交流和讨论. 感谢研究生郑梅、胡莎莎、崔梦倩、吴娇在本书文字录入和校对方面提供的帮助. 最后, 感谢科学出版社李萍编辑细致的工作.

由于作者水平有限, 加之算子矩阵的新成果不断出现, 本书不足之处在所难免, 热忱欢迎读者批评指正.

李　愿

2016 年 5 月于陕西师范大学

主要符号表

$\mathbb{C}$	复数域
$\mathcal{H}$	无穷维复可分 Hilbert 空间
$\mathcal{B}(\mathcal{H})$	$\mathcal{H}$ 上全体有界线性算子空间
$\mathcal{B}(\mathcal{K},\mathcal{H})$	从 $\mathcal{K}$ 到 $\mathcal{H}$ 全体有界线性算子空间
$B_l(\mathcal{K},\mathcal{H})$	$\mathcal{B}(\mathcal{K},\mathcal{H})$ 中左可逆算子之集
$\mathrm{Inv}(\mathcal{K},\mathcal{H})$	$\mathcal{B}(\mathcal{K},\mathcal{H})$ 中可逆算子之集
$N(A)$	算子 A 的核空间
$R(A)$	算子 A 的值域
$n(A)$	算子 A 核空间的维数
$d(A)$	算子 A 值域空间的余维数
$\mathrm{asc}(A)$	算子 A 的升标
$\mathrm{des}(A)$	算子 A 的降标
$\mathrm{ind}(A)$	算子 A 的 Fredhlom 指标
$\sigma(A)$	算子 A 的谱
$\rho(A)$	算子 A 的预解集
$\mathrm{acc}\sigma(A)$	算子 A 的谱的聚点之集
$\mathrm{dist}(x,y)$	向量 x,y 之间的距离
$\sigma_e(A)$	算子 A 的本性谱
$\sigma_{le}(A)$	算子 A 的左本性谱
$\sigma_{ea}(A)$	算子 A 的本性近似点谱
$\sigma_w(A)$	算子 A 的 Weyl 谱
$\gamma(A)$	算子 A 约化极小模
$E(\cdot)$	谱测度
$A\wedge B$	算子 A 和 B 的下确界
$A\sqcap B$	算子 A 和 B 的广义下确界
A^+	算子 A 的 Moore-Penrose 逆
A^D	算子 A 的 Drazin 逆
$\mathrm{Re}(A)$	算子 A 的实部
$\mathrm{Im}(A)$	算子 A 的虚部

目　　录

第 1 章　预 备 知 识

本章主要介绍本书所需要的算子理论与算子代数的基本概念和基础理论. 对于最基础的概念, 如可分的 Hilbert 空间、Banach 空间和 Banach 代数的定义等, 可以参看文献 [1]~[4], 这里不再赘述.

1.1　算子几种谱的概念

设 $\mathcal{H}$ 和 $\mathcal{K}$ 是复可分的 Hilbert 空间, $\dim\mathcal{H}$ 表示 Hilbert 空间 $\mathcal{H}$ 的维数. 定义 $B(\mathcal{H})$ 和 $B(\mathcal{H},\mathcal{K})$ 分别为 $\mathcal{H}$ 上和从 $\mathcal{H}$ 到 $\mathcal{K}$ 上的有界线性算子构成的 Banach 代数. 设 m 为正整数, 用 $F(\mathcal{K},\mathcal{H})$ 和 $F^m(\mathcal{K},\mathcal{H})$ 分别表示 $B(\mathcal{K},\mathcal{H})$ 上的有限秩算子集和秩为 m 的有限秩算子集, 用 $K(\mathcal{K},\mathcal{H}), B_c(\mathcal{K},\mathcal{H})$ 和 $B_l(\mathcal{K},\mathcal{H})(B_r(\mathcal{K},\mathcal{H}))$ 分别表示从 $\mathcal{K}$ 到 $\mathcal{H}$ 的紧算子之集、闭值域算子之集和左 (右) 可逆算子之集. 设 $T\in B(H,K)$, 用 $T^*, N(T)$ 和 $R(T)$ 分别表示 T 的共轭算子、核空间和值域空间, 用 $n(T)$ 和 $d(T)$ 分别表示算子 T 的核空间 $N(T)$ 的维数和值域的正交补 $R(T)^\perp$ 的维数, 即有 $n(T)=\dim N(T)$ 与$d(T)=\dim R(T)^\perp=n(T^*)$.

设 $\mathcal{A}$ 表示含有单位元 e 的 Banach 代数, $T\in\mathcal{A}$, 若存在元 $T'\in\mathcal{A}$ 使得 $T'T=e$, 则称 T 是左可逆元. 类似地, T 右可逆元是指存在元 $S\in\mathcal{A}$ 使得 $TS=e$. 若 T 既是左可逆元又是右可逆元, 则称 T 是可逆元.

容易证明: 当 $\mathcal{A}=B(\mathcal{H},\mathcal{K})$ 时, T 是左可逆元当且仅当 $n(T)=0$ 且 $R(T)$ 是 $\mathcal{K}$ 的闭子空间; T 是右可逆元当且仅当 $R(T)=\mathcal{K}$.

定义 1.1.1　设 $T\in\mathcal{A}$, 则定义 T 的谱 $\sigma(T)$ 为

$$\sigma(T)=\{\lambda\in\mathbb{C}: T-\lambda e\ \text{不是可逆元}\}.$$

定义 1.1.2　设 $T\in\mathcal{A}$, 则定义 T 的左 (右) 谱 $\sigma_l(T)(\sigma_r(T))$ 为

$$\sigma_l(T)(\sigma_r(T))=\{\lambda\in\mathbb{C}: T-\lambda e\ \text{不是左（右）可逆元}\}.$$

定义 1.1.3　设 $T\in B(\mathcal{H},\mathcal{K})$, 则算子 T 的近似点谱是复平面子集:

$$\sigma_\pi(T)=\{\lambda\in\mathbb{C}:\ \text{存在}\mathcal{H}\text{中的单位向量列}\{x_n\}_{n=1}^\infty\ \text{使得}\ (T-\lambda)x_n\to 0, n\to\infty\}.$$

由定义 1.1.1~ 定义 1.1.3 可以验证: 定义中的集合都是复平面上的紧子集, 满足: $\sigma(T)=\sigma_l(T)\cup\sigma_r(T)$, 且当 $\mathcal{A}=B(\mathcal{H},\mathcal{K})$ 时, 有 $\sigma_l(T)=\sigma_\pi(T)$. 也用 $\mathrm{acc}(\sigma(T))$ 表示 $\sigma(T)$ 聚点的全体.

定义 1.1.4　设 $T \in B(\mathcal{H},\mathcal{K})$, 若存在 $T' \in B(\mathcal{K},\mathcal{H})$ 和 $K \in K(\mathcal{H})$ 使得 $T'T = I + K$, 则称 T 是左 Fredholm 算子.

若 T^* 是左 Fredholm 算子, 则称 T 是右 Fredholm 算子. 若 T 是左 Fredholm 算子或右 Fredholm 算子, 则称 T 是半 Fredholm 算子, 记为 $\mathcal{SF}$. 如果 $T \in \mathcal{SF}$, 定义 T 的指标 $\mathrm{ind}(T)$ 为: $\mathrm{ind}(T) = n(T) - d(T)$. 由 Fredholm 理论, 可以证明: T 是左 (右)Fredholm 算子当且仅当值域 $R(T)$ 是闭的且 $n(T) < \infty(n(T^*) < \infty)$. 若 T 既是左 Fredholm 算子, 又是右 Fredholm 算子, 则称 T 是 Fredholm 算子.

定义 1.1.5　设 $T \in B(\mathcal{H})$, 则 T 的左 (右) 本性谱是复平面上的紧子集:

$$\sigma_{le}(T)(\sigma_{re}(T)) = \{\lambda \in \mathbb{C} : T - \lambda \text{ 不是左 (右) Fredholm 算子}\}.$$

T 的本性谱是复平面上的紧子集:

$$\sigma_e(T) = \{\lambda \in \mathbb{C} : T - \lambda \text{ 不是 Fredholm 算子}\}.$$

容易证明: 商代数 $B(\mathcal{H})/K(\mathcal{H})$ 是 Banach 代数. 用 $\varGamma$ 表示由 $B(\mathcal{H})$ 到 $B(\mathcal{H})/K(\mathcal{H})$ 的典型映射, 若 $T \in B(\mathcal{H})$, 由经典的 Fredholm 理论, 可以知道

$$\sigma_e(T) = \sigma(\varGamma(T)),\quad \sigma_{le}(T) = \sigma_l(\varGamma(T)),\quad \sigma_{re}(T) = \sigma_r(\varGamma(T)).$$

定义 1.1.6　设 $T \in B(\mathcal{H},\mathcal{K})$, 如果 T 是左 (右)Fredholm 算子且指标 $\mathrm{ind}(T) \leqslant 0(\mathrm{ind}(T) \geqslant 0)$, 则称算子 T 是左 (右)Weyl 算子.

若 T 既是左 Weyl 算子又是右 Weyl 算子, 则称 T 是 Weyl 算子. 因此, T 是 Weyl 算子当且仅当 T 是 Fredholm 算子且指标 $\mathrm{ind}(T) = 0$.

定义 1.1.7　设 $T \in B(\mathcal{H})$, 则 T 的左 (右)Weyl 谱 $\sigma_{lw}(T)(\sigma_{rw}(T))$ 是复平面紧子集:

$$\sigma_{lw}(T)(\sigma_{rw}(T)) = \{\lambda \in \mathbb{C} : T - \lambda \text{ 不是左（右）Weyl 算子}\}.$$

T 的 Weyl 谱 $\sigma_w(T)$ 是复平面紧子集:

$$\sigma_w(T) = \{\lambda \in \mathbb{C} : T - \lambda \text{ 不是 Weyl 算子}\}.$$

设 $\mathrm{asc}(T)$ 表示算子 $T \in B(\mathcal{X})$ 的升标, 则存在最小的正整数 n 使得 $N(T^n) = N(T^{n+1})$. 类似地, $\mathrm{des}(T)$ 表示算子 $T \in B(\mathcal{X})$ 的降标, 即存在最小的正整数 n 使得 $R(T^n) = R(T^{n+1})$. 具有有限的升标和降标的 Fredholm 算子称作 Browder 算子. 可以证明: T 为 Browder 算子等价于 T 是 Fredholm 算子且当复数 $\lambda \neq 0$ 并充分小时有 $T - \lambda$ 可逆.

定义 1.1.8　设 $T \in B(\mathcal{H})$, T 的 Browder 谱 $\sigma_b(T)$ 是复平面紧子集:

$$\sigma_b(T) = \{\lambda \in \mathbb{C} : T - \lambda \text{ 不是 Browder 算子}\}.$$

引理 1.1.9 设 $T \in B(\mathcal{H})$, 则下列命题相互等价:

(1) $R(T)$ 是闭值域;

(2) $R(TT^*)$ 是闭值域;

(3) $R(T^*T)$ 是闭值域;

(4) $0 \notin \operatorname{acc}(\sigma(TT^*))$;

(5) $R(T^*)$ 是闭值域.

1.2 算子的谱投影、广义逆及函数演算

本节主要介绍算子的谱投影、广义逆及函数演算.

定义 1.2.1 设 $\mathcal{A}$ 是 Banach 代数, 且 $\mathcal{A}$ 中具有对合运算 $*$, 并满足下面四个条件:

(1) $(\alpha A + \beta B)^* = \overline{\alpha} A^* + \overline{\beta} B^*, \quad \forall \alpha, \beta \in \mathbb{C}, \ \ \forall A, B \in \mathcal{A}$;

(2) $(AB)^* = B^* A^*$;

(3) $(A^*)^* = A$;

(4) $\|A^* A\| = \|A\|^2$,

则称 $\mathcal{A}$ 是 C^* 代数.

定义 1.2.2 设 $\mathcal{A}$ 是 C^* 代数, 且 $A \in \mathcal{A}$.

(1) 若 $A^* = A$, 则称 A 是自伴元;

(2) 若 $A^* = A$ 且 $\sigma(A) \subseteq \mathbb{R}^+$, 则称 A 是正元, 其中 $\mathbb{R}^+$ 表示正实数集合;

(3) 若 $A^2 = A$, 则称 A 是幂等元;

(4) 若 A 是自伴的幂等元, 则称 A 是投影;

(5) 若 $A^* A = AA^*$, 则称 A 是正规元.

注 1.2.3 当 $\mathcal{A} = B(\mathcal{H})$, 且 $A \in \mathcal{A}$ 时,

(1) A 是投影一般指 A 是正交投影, 等价于 A 是幂等元且 $R(A) \perp N(A)$.

(2) A 是正元 (正算子) 当且仅当 $\langle Ax, x \rangle \geqslant 0$ 对所有的 $x \in \mathcal{H}$ 成立, 其中 $\langle\ ,\ \rangle$ 表示 Hilbert 空间 $\mathcal{H}$ 上的内积. 用 $B(\mathcal{H})^+$ 和 $S(\mathcal{H})$ 分别表示 $B(\mathcal{H})$ 中的全体正元和全体自伴元. 若 A 是正元, 则其有唯一的正的平方根, 用 $A^{\frac{1}{2}}$ 表示.

(3) 若 A 是幂等算子, 则值域 $R(A)$ 是闭的且 $\mathcal{H} = R(A) \dotplus N(A)$, 即有 $R(A) \cap N(A) = \{0\}$ 且 $\mathcal{H} = R(A) + N(A)$. 此时, A 有算子矩阵形式

$$A = \begin{pmatrix} I & 0 \\ 0 & 0 \end{pmatrix} : R(A) \dotplus N(A) \to R(A) \dotplus N(A)$$

或者算子矩阵形式

$$A=\begin{pmatrix} I & S \\ 0 & 0 \end{pmatrix}: R(A)\oplus R(A)^{\perp}\to R(A)\oplus R(A)^{\perp},$$

其中 I 表示 $R(A)$ 的恒等算子. 特别地, 在第二个矩阵形式的分解中, $S=0$ 当且仅当 A 是正交投影.

引理 1.2.4 设 $a,b\in\mathcal{A}$, 则 $\sigma(ab)\setminus\{0\}=\sigma(ba)\setminus\{0\}$.

引理 1.2.5 设 $A\in B(\mathcal{H})$ 有算子矩阵形式

$$A=\begin{pmatrix} A_{11} & A_{12} \\ A_{21} & A_{22} \end{pmatrix}: \mathcal{H}_1\oplus\mathcal{H}_2\to\mathcal{H}_1\oplus\mathcal{H}_2, \tag{1.2.1}$$

则 $A\geqslant 0$ 当且仅当下面三个条件同时成立.

(1) 对 $i=1,2$, 都有 $A_{ii}\in B(\mathcal{H}_i)^{+}$;

(2) $A_{21}=A_{12}^{*}$;

(3) 存在一个从 $\mathcal{H}_2$ 到 $\mathcal{H}_1$ 的压缩算子 D 使得 $A_{12}=A_{11}^{\frac{1}{2}}DA_{22}^{\frac{1}{2}}$ (当算子 D 满足条件: $N(D)\supseteq N(A_{22})$ 和 $N(D^*)\supseteq N(A_{11})$ 时是唯一的).

定义 1.2.6 设 $a\in\mathcal{A}$, 如果存在元 $x\in\mathcal{A}$ 使得

$$axa=a,\quad xax=x,\quad (ax)^*=ax,\quad (xa)^*=xa, \tag{1.2.2}$$

则 a 称作 Moore-Penrose 可逆. 若 $a\in\mathcal{A}$ 是 Moore-Penrose 可逆的, 容易证明式 (1.2.2) 中四个方程只有唯一解, 此时唯一解称为 a 的 Moore-Penrose 逆元, 记作 $a^{\dagger}$.

定义 1.2.7 设 $a\in\mathcal{A}$, $b\in\mathcal{A}$, 如果下面三个等式

$$ab=ba,\quad b=b^2a,\qquad a^k=ba^{k+1} \tag{1.2.3}$$

(其中 k 为正整数) 成立则 b 被称作是 a 的 Drazin 逆. 容易证明: 若 a Drazin 可逆, 则其 Drazin 逆元唯一, 记作 $b=a^D$.

引理 1.2.8 设 $A\in B(\mathcal{H},\mathcal{K})$, 若对所有的 $x\in N(A)^{\perp}$ 都有 $\|Ax\|=\|x\|$ 成立, 则称 A 是部分等距算子. 特别地, 若 A 是部分等距算子且 $n(A)=n(A^*)=0$, 则称 A 是酉算子.

引理 1.2.9 设 $U\in B(\mathcal{H})$, 则下面四个命题等价:

(1) $U=UU^*U$;

(2) U^*U 是正交投影;

(3) UU^* 是正交投影;

(4) U 是部分等距算子.

定义 1.2.10 设 $\{E_\lambda\}$ 是含实参数 λ 的正交投影算子族, 且满足

(1) 单调性: 当 $\lambda<\mu$ 时, $E_\lambda\leqslant E_\mu$;

(2) 右连续: 对任一实数 λ, 都有 $\lim\limits_{\mu\to\lambda^+}E_\mu=E_\lambda$;

(3) $\lim\limits_{\mu\to-\infty} E_\mu=0, \lim\limits_{\mu\to+\infty} E_\mu=I$,
则称 $\{E_\lambda\}$ 为谱测度, 其中上面的极限都是强算子收敛.

谱测度 $\{E_\lambda\}$ 具有以下性质:

(1) 若 $\lambda<\mu$, 则 $E_\lambda E_\mu=E_\mu E_\lambda=E_\lambda$;

(2) $\langle E_\lambda x,x\rangle=\|E_\lambda x\|$ 是关于 λ 的非负单调增函数.

定义 1.2.11 设 $\mathcal{B}$ 表示复平面上全体 Borel 子集构成的集合, $P(\mathcal{H})$ 表示 $\mathcal{H}$ 上正交投影的全体, 且 E 是 $\mathcal{B}$ 到 $P(\mathcal{H})$ 的映射, 满足下面两个条件:

(1) $E(\mathbb{C})=I,\quad E(\varnothing)=0$;

(2) 对于两两互不相交的Borel集序列$\{A_i\}$,有$E(\bigcup_{i=1}^{\infty}A_i)=s-\lim\limits_{n\to\infty}\sum_{i=1}^{n}E(A_i)$, 其中 $s-\lim$ 表示强算子极限, 并称二元组 $(\mathcal{B},E)$ 是一个谱族.

谱族 $(\mathcal{B},E)$ 具有以下性质:

(1) 若 $A_i\in\mathcal{B}(i=1,2,\cdots,n)$ 两两不相交, 则 $E(\bigcup_{i=1}^{n}A_i)=\sum_{i=1}^{n}E(A_i)$;

(2) 若 $A_1,A_2\in\mathcal{B}$, 则 $E(A_1\cap A_2)=E(A_1)E(A_2)$.

因此, E 是测度空间 $(\mathbb{C},\mathcal{B})$ 上一个取值于 $P(\mathcal{H})$ 的测度.

引理 1.2.12 设 $N\in B(\mathcal{H})$ 是正规算子, 则存在谱族 $(\mathcal{B},E)$, 使得在算子范数收敛下 $f(N)=\displaystyle\int_{\sigma(N)}f(z)\mathrm{d}E(z)$, 其中 $E(z)=E(\Omega_z)$, 且

$$\Omega_z=\{s+\sqrt{-1}t\in\sigma(N):s\leqslant\mathrm{Re}(z),t\leqslant\mathrm{Im}(z)\}.$$

对正规算子 N, 上面的谱族 $(\mathcal{B},E)$ 也记为 $(\mathcal{B},P^N)$.

引理 1.2.13 设 $A\in B(\mathcal{H})$ 是自伴算子, 则存在谱测度 $\{E_\lambda\}$, 使得

$$f(A)=\int_{\sigma(A)}f(\lambda)\mathrm{d}E_\lambda \quad 与 \quad E_\lambda=E((-\infty,\lambda]\cap\sigma(A))$$

成立, 其中 E 是上面引理中的谱测度.

引理 1.2.14 设 $A\in K(\mathcal{H})$ 是自伴算子, 则

(1) $\sigma(A)$ 是包含在实轴上的至多可数集且只能以 0 为聚点;

(2) $\sigma(A)$ 的非零谱点只能是有限重的特征值.

设 $A\in B(\mathcal{H})$ 是紧自伴算子, 则 A 的非零特征值 $\lambda_1,\lambda_2,\cdots,\lambda_n,\cdots$ 为实轴上的点. 将 A 的非零特征值按绝对值单调减小, 排成

$$|\lambda_1|\geqslant|\lambda_2|\geqslant\cdots\geqslant|\lambda_n|\geqslant\cdots,$$

则

$$A=\sum_{n=1}^{m}\lambda_n e_n\otimes e_n,\quad m\leqslant\infty,$$

其中 $\{e_n\}_{n=1}^m$ 是 λ_n 对应的特征向量, 故 $\{e_n\}_{n=1}^m$ 是 $\mathcal{H}$ 的正交集. 也可以重排上面的非零特征值, 按绝对值严格单调减小, 排成序列

$$|\mu_1| > |\mu_2| > \cdots > |\mu_n| > \cdots,$$

则

$$A = \sum_{n=1}^{s} \mu_n P_n, \quad s \leqslant \infty,$$

其中 $\{P_n\}_{n=1}^s$ 是两两正交的正交投影所构成的集合, 且满足 $R(P_n)$ 是 μ_n 的特征子空间.

定义 1.2.15　设 $A \in K(\mathcal{H})$, $s_1, s_2, \cdots$ 为 $|A|$ 的特征值, 其全体 (包含重数) 用一个不增序列 $\{s_i(A)\}$ 表示, 若

$$\sum_{i=1}^{\infty} s_i(A)^p < \infty,$$

则称 A 为 Schatten p- 类算子 $(1 \leqslant p < \infty)$. 全体 Schatten p- 类算子构成的集合记为 $C_p(\mathcal{H})$.

特别地, 当 $p = 1$ 时, 称 A 为迹类算子, 且记 $T(\mathcal{H})$ (或 $C_1(\mathcal{H})$) 为全体迹类算子. 也分别用 $T(\mathcal{H})^+(C_1(\mathcal{H})^+)$ 和 $C_1(\mathcal{H})^h$ 表示正的迹类算子全体和自伴的迹类算子全体.

定义 1.2.16　设 $A \in C_p(\mathcal{H})$ $(1 \leqslant p < \infty)$, 算子 A 的 Schatten p- 范数定义为

$$\|A\|_p = \left(\sum_{i=1}^{\infty} s_i(A)^p\right)^{\frac{1}{p}}.$$

特别地, 称 $\|A\|_1 = \sum_{i=1}^{\infty} s_i(A)$ 为 A 的迹范数, $\|A\|_2$ 为 A 的 Hilbert-Schmidt 范数.

定义 1.2.17[2]　设 $A \in C_1(\mathcal{H})$, 算子 A 的迹定义为

$$\mathrm{tr}(A) = \sum_{i=1}^{\infty} \langle Ae_i, e_i \rangle,$$

其中 $\{e_i\}$ 为 $\mathcal{H}$ 的一组标准正交基. 容易验证 $\mathrm{tr}(A)$ 与基的选取无关.

迹类算子的迹和迹范数的重要性质如下.

引理 1.2.18　设 $A \in C_1(\mathcal{H})$, 且 $B \in B(\mathcal{H})$, 则有

(1) $\mathrm{tr}(AB) = \mathrm{tr}(BA)$, $\mathrm{tr}(A^*) = \overline{\mathrm{tr}(A)}$;

(2) 若 $A \geqslant 0$, 则 $\mathrm{tr}(A) \geqslant 0$, 且等号成立当且仅当 $A = 0$;

(3) $|\mathrm{tr}(A)| \leqslant \mathrm{tr}(|A|)$;

(4) $|\mathrm{tr}(A)| = \mathrm{tr}(|A|)$ 当且仅当存在 $\theta \in [0, 2\pi)$, 使得 $\mathrm{e}^{\sqrt{-1}\theta} A \geqslant 0$.

证明 (1)~(3) 是迹类算子的主要性质, 证明见文献 [4].

(4) 充分性. 若存在 $\theta \in [0, 2\pi)$ 使得 $e^{\sqrt{-1}\theta}A \geqslant 0$, 则有

$$\operatorname{tr}(e^{\sqrt{-1}\theta}A) \geqslant 0 \text{ 且 } e^{\sqrt{-1}\theta}A = |e^{\sqrt{-1}\theta}A| = |A|,$$

进一步也有 $|\operatorname{tr}(e^{\sqrt{-1}\theta}A)| = \operatorname{tr}(e^{\sqrt{-1}\theta}A) = \operatorname{tr}(|A|)$. 又由于

$$|\operatorname{tr}(e^{\sqrt{-1}\theta}A)| = |e^{\sqrt{-1}\theta}\operatorname{tr}(A)| = |\operatorname{tr}(A)|,$$

则有 $|\operatorname{tr}(A)| = \operatorname{tr}(|A|)$.

必要性. 由于 $|\operatorname{tr}(A)| = \operatorname{tr}(|A|)$, 则存在 $\theta \in [0, 2\pi)$ 使得

$$\operatorname{tr}(|A|) = |\operatorname{tr}(A)| = e^{\sqrt{-1}\theta}\operatorname{tr}(A) = \operatorname{tr}(e^{\sqrt{-1}\theta}A).$$

故有

$$\operatorname{tr}(e^{\sqrt{-1}\theta}A) = \operatorname{tr}(|A|) = \operatorname{tr}(|e^{\sqrt{-1}\theta}A|).$$

因此, 不失一般性, 可以假设 $\operatorname{tr}(A) = \operatorname{tr}(|A|)$. 又由于 $A \in C_1(\mathcal{H})$, 则存在两列正交的单位向量列 $\{e_i\}_{i=1}^s$ 与 $\{f_i\}_{i=1}^s$ 使得

$$A = \sum_{i=1}^{s} \lambda_i e_i \otimes f_i \text{ 与 } |A| = \sum_{i=1}^{s} \lambda_i f_i \otimes f_i$$

成立, 其中 $\lambda_i > 0$ 且 $s \leqslant \infty$. 因此

$$\begin{aligned} 0 \leqslant \operatorname{tr}(A) &= \sum_{i=1}^{s} \lambda_i \langle e_i, f_i \rangle = \left| \sum_{i=1}^{s} \lambda_i \langle e_i, f_i \rangle \right| \\ &\leqslant \sum_{i=1}^{s} \lambda_i |\langle e_i, f_i \rangle| \leqslant \sum_{i=1}^{s} \lambda_i = tr(|A|), \end{aligned}$$

故 Cauchy-Schwarz 不等式蕴涵: 对所有的 i, 都有 $e_i = \mu_i f_i$, 且 $|\mu_i| = 1$ 成立. 由于

$$\left| \sum_{i=1}^{s} \lambda_i \langle e_i, f_i \rangle \right| = \sum_{i=1}^{s} \lambda_i |\langle e_i, f_i \rangle|,$$

因此对所有 i, 存在相同的角 $\theta \in [0, 2\pi)$ 使得 $\mu_i = e^{\sqrt{-1}\theta}$, 再由不等式 $\sum_{i=1}^{s} \lambda_i \langle e_i, f_i \rangle \geqslant 0$ 得 $\theta = 0$, 即有 $e_i = f_i$. 故 $A = |A| \geqslant 0$. 证毕.

引理 1.2.19 设 $A \in B(\mathcal{H}, \mathcal{K})$, 则有

(1) 存在部分等距算子 $U \in B(\mathcal{H}, \mathcal{K})$, 使得 $A = U(A^*A)^{\frac{1}{2}}$ 与 $N(U) = N(A)$ 都成立, 此时也有 $U^*A = (A^*A)^{\frac{1}{2}}$;

(2) 若 $N(U) = N(A)$, 则 (1) 中的 U 是唯一的;

(3) 若 $n(A)=n(A^*)$, 则存在酉算子 $U\in B(\mathcal{H},\mathcal{K})$, 使得 $A=U(A^*A)^{\frac{1}{2}}$.

引理 1.2.20(Riesz 函数演算)　设 $\mathcal{A}$ 是有单位元 e 的 Banach 代数, 且 $a\in\mathcal{A}$, 令 $\mathrm{Hol}(a)$ 表示在 $\sigma(a)$ 的某邻域上解析函数的全体.

(1) 定义 $f(a):=\dfrac{1}{2\pi\sqrt{-1}}\displaystyle\int_\gamma f(z)(ze-a)^{-1}\mathrm{d}z$, 其中 γ 是可求长的曲线且取正向, $\sigma(a)$ 包含于 γ 的内部, 则映射 $f\to f(a)$ 是从 $\mathrm{Hol}(a)$ 到 $\mathcal{A}$ 的代数同态;

(2) 若 $f\in\mathrm{Hol}(a)$, 则 $\sigma(f(a))=f(\sigma(a))$;

(3) 若 $f\in\mathrm{Hol}(a)$, $b=f(a)$ 与 $g\in\mathrm{Hol}(b)$ 都成立, 则 $g\circ f\in\mathrm{Hol}(a)$, 且 $g\circ f(a)=g(f(a))$.

命题 1.2.21　设 X 是 Banach 空间, $T\in B(X)$, $\sigma(T)$ 有有限个连通分支 $F_1,\cdots,F_n$, 开集 $G_i\supseteq F_i$, 且 $G_i\cap G_j=\varnothing$, $i\neq j$. 令 $E_i=\chi G_i(T)$, 且 $X_i=E_iX$, $i=1,2,\cdots,n$, 则

(1) $X=X_1\dotplus\cdots\dotplus X_n$, 即 $X_1,\cdots,X_n$ 是 X 的非平凡的拓扑互补的闭子空间.

(2) 若 $T_i=T\mid_{X_i}$, 则对 $i=1,2,\cdots,n$, 都有 $\sigma(T_i)=F_i$.

(3) 定义算子 $R:X=X_1\dotplus\cdots\dotplus X_n\to X_1\oplus\cdots\oplus X_n$, 满足 $R(x_1+\cdots+x_n)=x_1\oplus\cdots\oplus x_n$, $(x_i\in X_i)$, 则 R 是可逆的, 且 $RTR^{-1}=T_1\oplus\cdots\oplus T_n$, 其中 $X_1\oplus\cdots\oplus X_n$ 上范数定义为 $\|x_1\oplus\cdots\oplus x_n\|=(\|x_1\|^2\oplus\cdots\oplus\|x_n\|^2)^{\frac{1}{2}}$.

1.3　算子的偏序及拓扑

令 $S(\mathcal{H})$ 表示自伴算子构成的实线性空间. 设 $A,B\in S(\mathcal{H})$, 则 $A\leqslant B$ 是指

$$\langle Ax,x\rangle\leqslant\langle Bx,x\rangle \text{ 对所有的 } x\in\mathcal{H},$$

称在算子序下 $A\leqslant B$. 若满足 $-A\leqslant -B$, 则称在算子序下 $A\geqslant B$. 容易验证: $S(\mathcal{H})$ 在算子序下是偏序集.

定义 1.3.1　设 $A,B\in B(\mathcal{H})^+$, 则下确界 $A\wedge B$ 是 $B(\mathcal{H})^+$ 中的算子, 且满足下面两个条件:

(1) $A\wedge B\leqslant A$ 且 $A\wedge B\leqslant B$;

(2) 若算子 $D\in B(\mathcal{H})^+$ 满足 $D\leqslant A$ 且 $D\leqslant B$, 则 $D\leqslant A\wedge B$.

在文献 [5] 中, Gudder 介绍了 $S(\mathcal{H})$ 上的另一种偏序, 称为逻辑序 (用符号 $\preceq$ 表示). 若存在 $C\in S(\mathcal{H})$ 使得 $AC=0$ 且 $A+C=B$, 则记 $A\preceq B$. 当 P^A 表示 A 的谱测度时, 可以证明: $A\preceq B$ 当且仅当对每一个 Borel 子集 $\triangle$ 使 $0\notin\triangle$, 都有 $P^A(\triangle)\leqslant P^B(\triangle)$. 类似地, 下面给出逻辑序下的下确界定义.

定义 1.3.2　设 $A,B\in S(\mathcal{H})$, 则下确界 $A\wedge B$ 是 $S(\mathcal{H})$ 中的算子, 且同时满足下面两个条件:

(1) $A \wedge B \preceq A$ 且 $A \wedge B \preceq B$;

(2) 若算子 $D \in S(\mathcal{H})$ 满足 $D \preceq A$ 且 $D \preceq B$, 则 $D \preceq A \wedge B$.

类似地, 在偏序集 $(B(\mathcal{H})^+, \leqslant)$ 与 $(S(\mathcal{H}), \preceq)$ 上可以定义上确界, 记为 $A \vee B$ 表示在偏序 $\leqslant$ 或 $\preceq$ 下的最小上界.

作为逻辑序的拓广, 在 $B(\mathcal{H})$ 上可以定义 $*$ 偏序[6−8]. 设 $A, B \in B(\mathcal{H})$, 若 $A^*A = A^*B$ 且 $AA^* = BA^*$, 则称 $A* \leqslant B$. $B(\mathcal{H})$ 上还可以定义其他的偏序, 如减偏序 (minus) 和核偏序 (core) 等[9].

定义 1.3.3 设 $A, B \in S(\mathcal{H})$, 则广义下确界[10] $A \sqcap B$ 定义为

$$A \sqcap B := \frac{1}{2}(A + B - |A - B|).$$

显然, $A \sqcap B \in S(\mathcal{H})$. 但是, 对于 $A, B \in B(\mathcal{H})^+$, 由于 $A \sqcap B$ 可能不是正算子, 则 $A \sqcap B \in B(\mathcal{H})^+$ 不一定成立. 然而, 若 A 与 B 是可交换或可比较的 ($A \leqslant B$ 或 $A \geqslant B$), 则 $A \sqcap B \in B(\mathcal{H})^+$.

在本书中, 涉及算子 $B(\mathcal{H})$ 上的拓扑主要有: 范数拓扑、强算子拓扑、弱算子拓扑和 W* 拓扑, 这四类范数拓扑产生的一个序列或网的收敛性关系为

$$\text{范数拓扑收敛} \Longrightarrow \text{强算子拓扑收敛} \Longrightarrow \text{弱算子拓扑收敛;}$$
$$\text{范数拓扑收敛} \Longrightarrow \text{W}^*\text{拓扑收敛} \Longrightarrow \text{弱算子拓扑收敛.}$$

一个序列或网 A_τ 在强算子拓扑下收敛于 A 的定义为: 对任意向量 $x \in \mathcal{H}$, 都有 $\|(A_\tau - A)x\| \longrightarrow 0$, 记为: $A_\tau \underset{\text{SOT}}{\longrightarrow} A$. 而 A_τ 在弱算子拓扑下收敛于 A 的定义为: 对任意向量 $x, y \in \mathcal{H}$, 都有 $\|\langle (A_\tau - A)x, y\rangle\| \longrightarrow 0$, 记为 $A_\tau \underset{\text{WOT}}{\longrightarrow} A$.

令 V^* 表示赋范线性空间 V 的对偶空间, 即 V 上的有界线性泛函的全体, 由于紧算子构成的赋范空间 $K(\mathcal{H})$ 迹类算子构成的赋范空间 $T(\mathcal{H})$ 与全体算子构成空间 $B(\mathcal{H})$ 之间存在重要的对偶关系, 即 $K(\mathcal{H})^* \simeq T(\mathcal{H}), T(\mathcal{H})^* \simeq B(\mathcal{H})$, 其中 $\simeq$ 表示赋范空间之间的等距同构, 故 $B(\mathcal{H})$ 中的一个序列或网 A_τ 在 W* 拓扑下收敛于 A 的定义为: 对任意的 $X \in T(\mathcal{H})$, 都有 $\operatorname{tr}[(A_\tau - A)X] \longrightarrow 0$; 而 $T(\mathcal{H})$ 中的一个序列或网 A_τ 在 W* 拓扑下收敛于 $A \in T(\mathcal{H})$ 的定义为: 对任意的 $X \in K(\mathcal{H})$, 都有 $\operatorname{tr}[(A_\tau - A)X] \longrightarrow 0$. 因此, 若 $T(\mathcal{H})$ 中的一个序列或网 A_τ 在 W* 拓扑下收敛于 $A \in T(\mathcal{H})$, 则该序列或网 A_τ 可看作 $B(\mathcal{H})$ 中的序列或网, 仍在 $B(\mathcal{H})$ 上的 W* 拓扑下收敛于 $A \in T(\mathcal{H})$. 著名的 Banach-Alaoglu 定理证明了: $B(\mathcal{H})$ 中范数有界集在弱算子拓扑下是紧致集. 另一个重要的结论是: $B(\mathcal{H})$ 中范数有界集上 W* 拓扑与弱算子拓扑的收敛性相同.

第 2 章　算子矩阵的谱扰动

算子矩阵的谱扰动问题就是对缺项算子矩阵的谱进行研究, 讨论其所缺项对整个算子矩阵谱的影响. 缺项算子矩阵的谱及补问题已被众多学者所研究, 并获得了许多较深刻的结果, 参见文献 [11]~[17]. 2×2 上三角算子矩阵作为最简单也是最基本的缺项算子矩阵, 它的研究有着重要的意义. 近二十年来, 2×2 上三角算子矩阵的谱扰动问题吸引了一大批学者, 他们分别对 2×2 上三角及 2×2 算子矩阵的各种谱问题进行了研究[18−26]. 本章将主要研究 2×2 上三角算子矩阵的四种谱的扰动问题.

2.1　2×2 上三角算子矩阵的谱扰动

定理 2.1.1　如果 $C=\begin{pmatrix} C_1 & C_2 \\ C_3 & C_4 \end{pmatrix}$ 是从 $N(B)\oplus N(B)^{\perp}$ 到 $R(A)^{\perp}\oplus\overline{R(A)}$ 上的算子, 那么 M_C 可逆当且仅当

(1) A 左可逆;

(2) B 右可逆;

(3) C_1 可逆.

证明　充分性. 由 A 左可逆得到 $R(A)$ 是闭的, 则空间 $\mathcal{H}\oplus\mathcal{K}$ 可分解为: $\mathcal{H}\oplus\mathcal{K}=\mathcal{H}\oplus N(B)\oplus N(B)^{\perp}=R(A)^{\perp}\oplus R(A)\oplus\mathcal{K}$. M_C 作为从 $\mathcal{H}\oplus N(B)\oplus N(B)^{\perp}$ 到 $R(A)^{\perp}\oplus R(A)\oplus\mathcal{K}$ 上的算子有如下算子矩阵形式:

$$M_C=\begin{pmatrix} A & C \\ 0 & B \end{pmatrix}=\begin{pmatrix} 0 & C_1 & C_2 \\ A_1 & C_3 & C_4 \\ 0 & 0 & B_1 \end{pmatrix}.$$

由于 A 左可逆, B 右可逆, 则 A_1 和 B_1 作为从 $\mathcal{H}$ 到 $R(A)$ 和从 $N(B)^{\perp}$ 到 $\mathcal{K}$ 的算子是可逆的. 又由于

$$\begin{pmatrix} I & 0 & -C_2B_1^{-1} \\ 0 & I & 0 \\ 0 & 0 & I \end{pmatrix}\begin{pmatrix} 0 & C_1 & C_2 \\ A_1 & C_3 & C_4 \\ 0 & 0 & B_1 \end{pmatrix}\begin{pmatrix} I & -A_1^{-1}C_3 & -A_1^{-1}C_4 \\ 0 & I & 0 \\ 0 & 0 & I \end{pmatrix}$$

$$= \begin{pmatrix} 0 & C_1 & 0 \\ A_1 & 0 & 0 \\ 0 & 0 & B_1 \end{pmatrix}$$

且 C_1 是可逆的, 则 $\begin{pmatrix} 0 & C_1 & 0 \\ A_1 & 0 & 0 \\ 0 & 0 & B_1 \end{pmatrix}$ 可逆, 其逆为 $\begin{pmatrix} 0 & A_1^{-1} & 0 \\ C_1^{-1} & 0 & 0 \\ 0 & 0 & B_1^{-1} \end{pmatrix}$, 且是从 $R(A)^\perp \oplus R(A) \oplus \mathcal{K}$ 到 $\mathcal{H} \oplus N(B) \oplus N(B)^\perp$ 的算子. 故 M_C 可逆.

必要性. 如果 M_C 可逆, 由于

$$M_C = \begin{pmatrix} I & 0 \\ 0 & B \end{pmatrix}\begin{pmatrix} I & C \\ 0 & I \end{pmatrix}\begin{pmatrix} A & 0 \\ 0 & I \end{pmatrix},$$

则 A 左可逆, B 右可逆. 因此 $R(A)$ 是闭的, 且 $R(B) = \mathcal{K}$. 由上面的证明知 C_1 是可逆的. 证毕.

注 2.1.2 从定理 2.1.1 的证明过程可以看出, 如果 M_C 可逆, 则 M_C 的逆为

$$\begin{pmatrix} -A_1C_3C_1^{-1} & A_1^{-1} & -A_1^{-1}(C_4 + C_3C_1^{-1}C_2)B_1^{-1} \\ C_1^{-1} & 0 & -C_1^{-1}C_2B_1^{-1} \\ 0 & 0 & B_1^{-1} \end{pmatrix},$$

且是从 $R(A)^\perp \oplus R(A) \oplus \mathcal{K}$ 到 $\mathcal{H} \oplus N(B) \oplus N(B)^\perp$ 的算子.

推论 2.1.3 对给定的算子对 (A, B) 和 $C \in B(\mathcal{K}, \mathcal{H})$, 有

$$\begin{aligned}\sigma(M_C) = {} & \sigma_\pi(A) \cup \sigma_r(B) \cup \{\lambda \in \mathbb{C} : n(B-\lambda) \neq d(A-\lambda)\} \cup \{\lambda \in \mathbb{C} : n(B-\lambda) \\ & = d(A-\lambda), P_1CP\text{作为从 } N(B-\lambda) \text{ 到 } R(A-\lambda)^\perp \text{ 的算子不可逆}\},\end{aligned}$$

其中 P 与 P_1 分别是到 $N(B-\lambda)$ 和 $R(A-\lambda)^\perp$ 上的正交投影.

推论 2.1.4 对给定的算子对 (A, B), 则

$$\bigcap_{C \in B(\mathcal{K},\mathcal{H})} \sigma(M_C) = \sigma_\pi(A) \cup \sigma_r(B) \cup \{\lambda \in \mathbb{C} : n(B-\lambda) \neq d(A-\lambda)\}.$$

证明 由推论 2.1.3 可知, 显然等式左边包含等式右边的集合. 对于相反的包含关系, 只需证明: 如果 $A-\lambda$ 左可逆, $B-\lambda$ 右可逆且 $n(B-\lambda) = d(A-\lambda)$, 则存在 $C \in B(\mathcal{K}, \mathcal{H})$ 使得 $M_C - \lambda$ 是可逆的. 如果 $n(B-\lambda) = d(A-\lambda)$, 令

$$C_0 = \begin{pmatrix} C_1 & 0 \\ 0 & 0 \end{pmatrix} : N(B-\lambda) \oplus N(B-\lambda)^\perp \to R(A-\lambda)^\perp \oplus R(A-\lambda),$$

其中 C_1 是从 $N(B-\lambda)$ 到 $R(A-\lambda)^\perp$ 的酉算子. 由定理 2.1.1 可知 $M_{C_0} - \lambda$ 可逆. 证毕.

推论 2.1.5　设算子对 (A,B) 给定, 则 $\bigcap_{C\in F^m(\mathcal{K},\mathcal{H})}\sigma(M_C)=\sigma_\pi(A)\cup\sigma_r(B)\cup\{\lambda\in\mathbb{C}:n(B-\lambda)\neq d(A-\lambda)\}\cup\{\lambda\in\mathbb{C}:n(B-\lambda)=d(A-\lambda)\geqslant m+1\}$, $m=1,2,3,\cdots$.

证明　如果 $n(B-\lambda)=d(A-\lambda)\geqslant m+1$, P_1 和 P 与推论 2.1.3 中相同, 则对任意 $C\in F^m(\mathcal{K},\mathcal{H}),P_1CP$ 作为 $N(B-\lambda)$ 到 $R(A-\lambda)^\perp$ 上的算子是不可逆的. 因此, 左式包含于右式. 对于相反的包含关系, 等价于证明: 如果

$$\lambda\notin\sigma_\pi(A)\cup\sigma_r(B)\ \text{且}\ n(B-\lambda)=d(A-\lambda)\leqslant m,$$

则存在 $C_\lambda\in F^m(\mathcal{K},\mathcal{H})$ 使得 $\lambda\notin\sigma(M_{C_\lambda})$. 设

$$n(B-\lambda)=d(A-\lambda)=m_0\ (m_0\leqslant m),$$

且 $\{f_i\}_{i=1}^{m_0}$ 和 $\{g_i\}_{i=1}^{m_0}$ 分别是 $N(B-\lambda)$ 和 $R(A-\lambda)^\perp$ 的标准正交基. 令 $\{f_k\}_{k=m_0+1}^{\infty}$ 和 $\{g_j\}_{j=m_0+1}^{m}$ 分别是 $N(B-\lambda)^\perp$ 和 $R(A-\lambda)$ 的标准正交基, 定义

$$\begin{cases}C_\lambda f_i=g_i,\ 1\leqslant i\leqslant m_0(m_0\leqslant m),f_i\in N(B-\lambda),\ g_i\in R(A-\lambda)^\perp,\\ C_\lambda f_j=g_j,\ m_0+1\leqslant j\leqslant m,\ f_j\in N(B-\lambda)^\perp,\ g_j\in R(A-\lambda),\\ C_\lambda f_k=0,\ k>m,\ f_k\in N(B-\lambda)^\perp,\end{cases}$$

则 $C_\lambda\in F^m(\mathcal{K},\mathcal{H})$. 因此, 由定理 2.1.1 知: $M_{C_\lambda}-\lambda$ 可逆, 即 $\lambda\notin\sigma(M_{C_\lambda})$. 证毕.

记

$$\begin{aligned}\Theta(A,B)=&\sigma_\pi(A)\cup\sigma_r(B)\cup\{\lambda\in\mathbb{C}:n(B-\lambda)\neq d(A-\lambda)\}\\&\cup\{\lambda\in\mathbb{C}:n(B-\lambda)=d(A-\lambda)=\infty\}.\end{aligned}$$

由推论 2.1.5 可以得到下面的结论.

推论 2.1.6　设算子对 (A,B) 给定, $m=1,2,3,\cdots$, 则

$$\bigcap\nolimits_{C\in F^m(\mathcal{K},\mathcal{H})}\sigma(M_C)\supseteq\Theta(A,B).$$

引理 2.1.7　设算子对 (A,B) 给定, 则

$$\bigcap\nolimits_{n=1}^{\infty}\bigcap\nolimits_{C\in F^n(\mathcal{K},\mathcal{H})}\sigma(M_C)=\bigcap\nolimits_{C\in F(\mathcal{K},\mathcal{H})}\sigma(M_C).$$

定理 2.1.8　设算子对 (A,B) 给定, 则 $\bigcap_{C\in F(\mathcal{K},\mathcal{H})}\sigma(M_C)=\Theta(A,B)$.

证明　容易验证:

$$\bigcap\nolimits_{n=1}^{\infty}\bigcap\nolimits_{C\in F^n(\mathcal{K},\mathcal{H})}\sigma(M_C)=\bigcap\nolimits_{C\in F(\mathcal{K},\mathcal{H})}\sigma(M_C),$$

则 $\bigcap_{C\in F(\mathcal{K},\mathcal{H})}\sigma(M_C)\supseteq\Theta(A,B)$. 设 $\lambda\notin\sigma_\pi(A)\cup\sigma_r(B)$ 且 $n(B-\lambda)=d(A-\lambda)<\infty$, 下面将证明 $\lambda\notin\bigcap_{C\in F(\mathcal{K},\mathcal{H})}\sigma(M_C)$. 设 $n(B-\lambda)=d(A-\lambda)=m$, 且 $\{g_i\}_{i=1}^{m}$ 和

$\{f_i\}_{i=1}^m$ 分别是 $N(B-\lambda)$ 和 $R(A-\lambda)^\perp$ 的标准正交基. 定义 C_0 作为从 $\mathcal{K}$ 到 $\mathcal{H}$ 上的算子为

$$\begin{cases} C_0 f_i = g_i, & i=1,2,3,\cdots,m, \\ C_0 g = 0, & g\in N(B-\lambda)^\perp, \end{cases}$$

则由定理 2.1.1 知: $M_{C_0}-\lambda$ 是可逆的, 从而 $\lambda\notin\sigma(M_{C_0})$. 因此, $\bigcap_{C\in F(\mathcal{K},\mathcal{H})}\sigma(M_C)=\Theta(A,B)$. 证毕.

由于紧算子构成的集合 $K(\mathcal{H})$ 是有限秩算子之集的范数闭包, 对于紧算子也有下面结论.

定理 2.1.9 设算子对 (A,B) 给定, 则 $\bigcap_{C\in K(\mathcal{K},\mathcal{H})}\sigma(M_C)=\Theta(A,B)$.

证明 由定理 2.1.8 得

$$\bigcap_{C\in K(\mathcal{K},\mathcal{H})}\sigma(M_C)\subseteq\bigcap_{C\in F(\mathcal{K},\mathcal{H})}\sigma(M_C)=\Theta(A,B).$$

因此, 只需证明相反的包含关系. 由推论 2.1.4, 只需证明

$$n(B-\lambda)=d(A-\lambda)=\infty \implies \lambda\in\bigcap_{C\in K(\mathcal{K},\mathcal{H})}\sigma(M_C).$$

设 $C\in K(\mathcal{K},\mathcal{H})$, 且

$$C=\begin{pmatrix} C_1 & C_2 \\ C_3 & C_4 \end{pmatrix}: N(B-\lambda)\oplus N(B-\lambda)^\perp\to R(A-\lambda)^\perp\oplus\overline{R(A-\lambda)},$$

则 C_1 是从 $N(B-\lambda)$ 到 $R(A-\lambda)^\perp$ 的紧算子. 若 C_1 可逆, 由于 $d(A-\lambda)=\infty$, 则 $R(C_1)$ 是无限维的闭子空间, 与 C_1 是紧算子矛盾, 故 C_1 不可逆. 由定理 2.1.1, $\lambda\in M_C$. 因此, $\lambda\in\bigcap_{C\in K(\mathcal{K},\mathcal{H})}\sigma(M_C)$. 证毕.

定理 2.1.10 若 $C\in B(\mathcal{K},\mathcal{H})$, 且 C 的秩为 m, 则 M_C 谱的并集有

$$\begin{aligned}\bigcup_{C\in F^m(\mathcal{K},\mathcal{H})}\sigma(M_C)=&\sigma_\pi(A)\cup\sigma_r(B)\cup\{\lambda\in\mathbb{C}:n(B-\lambda)\neq d(A-\lambda)\}\\&\cup\{\lambda\in\mathbb{C}:n(B-\lambda)=d(A-\lambda)\geqslant 1\}\end{aligned}$$

和

$$\bigcup_{C\in F^n(\mathcal{K},\mathcal{H})}\sigma(M_C)=\bigcup_{C\in F^m(\mathcal{K},\mathcal{H})}\sigma(M_C)$$

成立, 其中 $n\neq m$, 且 $m,n=1,2,3,\cdots$.

证明 因为 $\bigcap_{C\in K(\mathcal{K},\mathcal{H})}\sigma(M_C)\subseteq\bigcup_{C\in F^m(\mathcal{K},\mathcal{H})}\sigma(M_C)$, 由定理 2.1.8, 显然有

$$\sigma_\pi(A)\cup\sigma_r(B)\cup\{\lambda\in\mathbb{C}:n(B-\lambda)\neq d(A-\lambda)\}\subseteq\bigcup_{C\in F^n(\mathcal{K},\mathcal{H})}\sigma(M_C).$$

首先证明

$$\{\lambda\in\mathbb{C}:n(B-\lambda)=d(A-\lambda)\geqslant 1\}\subseteq\bigcup_{C\in F^n(\mathcal{K},\mathcal{H})}\sigma(M_C).$$

由于

$$n(B-\lambda)=d(A-\lambda)\geqslant 1,$$

则存在 $y_0\in N(B-\lambda)(y_0\neq 0)$ 和 $C_0\in F^n(\mathcal{K},\mathcal{H})$, 使得 $C_0y_0=0$. 因此

$$\begin{pmatrix} A-\lambda & C_0 \\ 0 & B-\lambda \end{pmatrix}\begin{pmatrix} 0 \\ y_0 \end{pmatrix}=0,$$

故有 $\lambda\in M_{C_0}$, 则

$$\{\lambda\in\mathbb{C}:n(B-\lambda)=d(A-\lambda)\geqslant 1\}\subseteq\bigcup\nolimits_{C\in F^n(\mathcal{K},\mathcal{H})}\sigma(M_C).$$

下面证明相反的包含关系. 如果 $\lambda\notin\sigma_\pi(A)\cup\sigma_r(B)$ 且 $n(B-\lambda)=d(A-\lambda)=0$, 则 $A-\lambda$ 和 $B-\lambda$ 都可逆. 因此, 对所有 $C\in F^n(K,H)$ 都有

$$\begin{pmatrix} A-\lambda & C \\ 0 & B-\lambda \end{pmatrix}$$

是可逆的. 故有 $\lambda\notin\bigcup_{C\in F^n(\mathcal{K},\mathcal{H})}\sigma(M_C)$. 证毕.

定理 2.1.11 设算子对 (A,B) 给定, 则 $\bigcap_{C\in B(\mathcal{K},\mathcal{H})}\sigma(M_C)=\sigma(A)\cup\sigma(B)$ 的充要条件是若 $\lambda\notin\sigma_\pi(A)\cup\sigma_r(B)$, 则 $n(B-\lambda)=d(A-\lambda)=0$ 或 $n(B-\lambda)\neq d(A-\lambda)$ 成立.

证明 充分性. 由于对 $C\in B(\mathcal{K},\mathcal{H})$, 都有 $\sigma(M_C)\subseteq\sigma(A)\cup\sigma(B)$, 因此

$$\bigcap\nolimits_{C\in B(\mathcal{K},\mathcal{H})}\sigma(M_C)\subseteq\sigma(A)\cup\sigma(B).$$

故只需证明相反的包含关系. 由推论 2.1.4, 需证明

$$\sigma(A)\cup\sigma(B)\subseteq\sigma_\pi(A)\cup\sigma_\delta(B)\cup\{\lambda\in\mathbb{C}:n(B-\lambda)\neq d(A-\lambda)\}.$$

这等价于证明: 若 $\lambda\notin\sigma_\pi(A)\cup\sigma_r(B)$ 且 $n(B-\lambda)=d(A-\lambda)$, 则 $\lambda\notin\sigma(A)\cup\sigma(B)$. 由假设条件知道: 若 $\lambda\notin\sigma_\pi(A)\cup\sigma_r(B)$, 则 $n(B-\lambda)=d(A-\lambda)=0$, 故 $A-\lambda$ 和 $B-\lambda$ 都是可逆的, 即 $\lambda\notin\sigma(A)\cup\sigma(B)$. 因此

$$\sigma(A)\cup\sigma(B)\subseteq\sigma_\pi(A)\cup\sigma_r(B)\cup\{\lambda\in\mathbb{C}:n(B-\lambda)\neq d(A-\lambda)\}.$$

必要性. 若 $\bigcap_{C\in B(\mathcal{K},\mathcal{H})}\sigma(M_C)=\sigma(A)\cup\sigma(B)$, 则由推论 2.1.4 得

$$\sigma(A)\cup\sigma(B)=\sigma_\pi(A)\cup\sigma_r(B)\cup\{\lambda\in\mathbb{C}:n(B-\lambda)\neq d(A-\lambda)\}.$$

因此, 当 $\lambda\notin\sigma_\pi(A)\cup\sigma_r(B)$ 时, 有下面两种情形:

(1) 若 $\lambda\in\sigma(A)\cup\sigma(B)$, 则有 $n(B-\lambda)\neq d(A-\lambda)$;

(2) 若 $\lambda\notin\sigma(A)\cup\sigma(B)$, 则显然有 $n(B-\lambda)=d(A-\lambda)=0$. 证毕.

由定理 2.1.11, 可以给出文献 [12] 和 [27] 中的一些结果的新证明.

引理 2.1.12[1] 设 $A\in\mathcal{SF}$, 则存在 $\delta>0$, 使得对一切 $|\mu|<\delta$ 都有 $n(A-\mu)=n(A)$ 和 $d(A-\mu)=d(A)$ 成立的充要条件是: 对一切正整数 n, 都有 $N(A)\subseteq R(A^n)$ 成立.

设 $T\in B(\mathcal{K},\mathcal{H})$, 如果 $T^*T\geqslant TT^*$, 则称 T 是亚正规的; 如果 $T^*T\leqslant TT^*$, 则称 T 是余亚正规的.

推论 2.1.13[12,27] 如果下列三个条件之一成立, 则对任意的 $C\in B(\mathcal{K},\mathcal{H})$, 都有 $\sigma(M_C)=\sigma(A)\cup\sigma(B)$ 成立:

(1) $\sigma(A)\cap\sigma(B)$ 没有内点;

(2) $A\in B(\mathcal{H})$ 是余亚正规的或 $B\in B(\mathcal{K})$ 是亚正规的;

(3) $\sigma_r(A)\cap\sigma_\pi(B)\backslash\sigma_\pi(A)\cup\sigma_r(B)$ 没有内点.

证明 (1) 如果 $\sigma(A)\cap\sigma(B)$ 没有内点且 $\lambda\in\sigma(A)\cap\sigma(B)$, 则 λ 是 $\sigma(A)\cap\sigma(B)$ 的边界点. 因此, $\lambda\in\partial\sigma(A)$ 与 $\lambda\in\partial\sigma(B)$ 至少有一个成立, 其中 ∂K 表示复数集的子集 K 的全体边界点. 对于算子 T, 我们知道 $\partial\sigma(T)\subseteq\sigma_\pi(T)\cap\sigma_r(T)$. 因此 $\lambda\in\sigma_\pi(A)\cup\sigma_r(B)$, 故

$$\sigma(A)\cap\sigma(B)\subseteq\sigma_\pi(A)\cap\sigma_r(B).$$

因此, 若 $\lambda\notin\sigma_\pi(A)\cup\sigma_r(B)$, 则 $\lambda\notin\sigma(A)\cap\sigma(B)$, 故有 $A-\lambda$ 可逆或 $B-\lambda$ 可逆, 从而有

$$n(B-\lambda_1)=d(A-\lambda_1)=0 \quad \text{或} \quad n(B-\lambda_1)\neq d(A-\lambda_1)$$

成立. 因此, 定理 2.1.11 蕴涵 $\sigma(M_C)=\sigma(A)\cup\sigma(B)$.

(2) 如果 $A\in B(\mathcal{H})$ 是余亚正规算子或 $B\in B(\mathcal{K})$ 是亚正规算子, 则对 $\lambda\notin\sigma_\pi(A)\cup\sigma_r(B)$, 显然有

$$n(B-\lambda)=d(A-\lambda)=0.$$

由定理 2.1.11 得命题成立.

(3) 下面证明若 $\lambda\in\sigma_r(A)\cap\sigma_\pi(B)\backslash\sigma_\pi(A)\cup\sigma_r(B)$, 则

$$n(B-\lambda)=d(A-\lambda)=0 \quad \text{或} \quad n(B-\lambda)\neq d(A-\lambda)$$

成立. 否则, 存在 $\lambda_0\in\sigma_r(A)\cap\sigma_\pi(B)\backslash\sigma_\pi(A)\cup\sigma_r(B)$, 使得

$$n(B-\lambda_0)=d(A-\lambda_0)\neq 0.$$

由于 $\lambda_0 \notin \sigma_\pi(A)\cup\sigma_r(B)$, 则 $A-\lambda_0$ 左可逆, $B-\lambda_0$ 右可逆. 因此, $N(A-\lambda_0)=\{0\}, R(B-\lambda_0)=\mathcal{K}$, 故

$$d(B-\lambda_0)=n(A-\lambda_0)=0,$$

于是对一切 $n\geqslant 1$, 都有

$$N(A-\lambda_0)\subseteq R((A-\lambda_0)^n) \quad 与 \quad N(B-\lambda_0)\subseteq R((B-\lambda_0)^n)$$

成立. 由引理 2.1.12, 存在 $\delta>0$, 使得当 μ 满足 $|\mu-\lambda_0|<\delta$ 时, 都有 $A-\mu\in\mathcal{SF}, B-\mu\in\mathcal{SF}$. 更进一步有

$$n(A-\lambda_0)=n(A-\mu)=0, \quad d(A-\lambda_0)=d(A-\mu);$$

$$d(B-\lambda_0)=d(B-\mu)=0, \quad n(B-\lambda_0)=n(B-\mu).$$

因此, 当 μ 满足 $|\mu-\lambda_0|<\delta$ 时, 都有

$$n(A-\mu)=d(B-\mu)=0 \ 与 \ n(B-\mu)=d(A-\mu)\neq 0$$

成立. 由于 $A-\mu\in\mathcal{SF}$, $B-\mu\in\mathcal{SF}$, 因此 $R(A-\mu)$ 和 $R(B-\mu)$ 都是闭的. 由于 $n(A-\mu)=d(B-\mu)=0$, 则 $A-\mu$ 左可逆, $B-\mu$ 右可逆. 因为

$$n(B-\mu)=d(A-\mu)\neq 0,$$

所以 $A-\mu$ 不是右可逆的, 且 $B-\mu$ 不是左可逆的, 故有

$$\mu\in\sigma_r(A)\cap\sigma_\pi(B)\setminus\sigma_\pi(A)\cup\sigma_r(B)$$

成立. 但这与

$$[\sigma_r(A)\cap\sigma_\pi(B)]\backslash[\sigma_\pi(A)\cup\sigma_r(B)]$$

无内点矛盾. 证毕.

2.2　2 × 2 上三角算子矩阵的左谱扰动

对给定的 A,B,C, 本节主要刻画 M_C 的左谱和右谱, 并利用算子分块, 得到下面集合:

$$\bigcap_{C\in B_l(\mathcal{K},\mathcal{H})}\sigma_l(M_C),\quad \bigcap_{C\in B_r(\mathcal{K},\mathcal{H})}\sigma_r(M_C),\quad \bigcap_{C\in B_c(\mathcal{K},\mathcal{H})}\sigma_l(M_C),\quad \bigcap_{C\in K(\mathcal{K},\mathcal{H})}\sigma_l(M_C)$$

的具体形式.

例如, 在 2.1 节中的应用, 总是有下面的算子矩阵分解形式

$$M_C=\begin{pmatrix} 0 & C_1 & C_2 \\ A_1 & C_3 & C_4 \\ 0 & 0 & B_1 \end{pmatrix}:\mathcal{H}\oplus N(B)\oplus N(B)^{\perp}\to R(A)^{\perp}\oplus\overline{R(A)}\oplus\mathcal{K}, \quad (2.2.1)$$

其中

$$C=\begin{pmatrix} C_1 & C_2 \\ C_3 & C_4 \end{pmatrix}:N(B)\oplus N(B)^{\perp}\to R(A)^{\perp}\oplus\overline{R(A)}. \quad (2.2.2)$$

定理 2.2.1 如果 $A\in B(\mathcal{H}),B\in B(\mathcal{K})$, $C\in B(\mathcal{K},\mathcal{H})$, 那么 M_C 左可逆当且仅当

(1) A 左可逆;

(2) M_1 左可逆, 且

$$M_1:=\begin{pmatrix} C_1 & C_2 \\ 0 & B_1 \end{pmatrix}:N(B)\oplus N(B)^{\perp}\to R(A)^{\perp}\oplus\mathcal{K}. \quad (2.2.3)$$

证明 充分性. 由于 A 左可逆, 则 $R(A)$ 是闭的. 因此

$$\mathcal{H}\oplus\mathcal{K}=\mathcal{H}\oplus N(B)\oplus N(B)^{\perp}=R(A)^{\perp}\oplus R(A)\oplus\mathcal{K}.$$

由式 (2.2.1) 有 A_1 可逆, 则

$$\begin{pmatrix} 0 & C_1 & C_2 \\ A_1 & C_3 & C_4 \\ 0 & 0 & B_1 \end{pmatrix}\begin{pmatrix} I & -A_1^{-1}C_3 & -A_1^{-1}C_4 \\ 0 & I & 0 \\ 0 & 0 & I \end{pmatrix}=\begin{pmatrix} 0 & C_1 & C_2 \\ A_1 & 0 & 0 \\ 0 & 0 & B_1 \end{pmatrix},$$

其中

$$\begin{pmatrix} I & -A_1^{-1}C_3 & -A_1^{-1}C_4 \\ 0 & I & 0 \\ 0 & 0 & I \end{pmatrix}:\mathcal{H}\oplus N(B)\oplus N(B)^{\perp}\to\mathcal{H}\oplus N(B)\oplus N(B)^{\perp}$$

是可逆算子. 因此, M_C 左可逆当且仅当

$$\begin{pmatrix} 0 & C_1 & C_2 \\ A_1 & 0 & 0 \\ 0 & 0 & B_1 \end{pmatrix}$$

是左可逆的. 又由于 A_1 可逆, 则 M_C 左可逆当且仅当 $M_1:=\begin{pmatrix} C_1 & C_2 \\ 0 & B_1 \end{pmatrix}$ 左可逆.

必要性. 如果 M_C 是左可逆的, 显然 A 是左可逆的. 因此, 由上面的证明有 M_1 是左可逆的. 证毕.

由定理 2.2.1 得下面推论.

推论 2.2.2 如果 $A \in B(\mathcal{H}), B \in B(\mathcal{K}), C \in B(\mathcal{K},\mathcal{H})$, 则

$$\sigma_l(M_C) = \sigma_l(A) \cup \{\lambda \in \mathbb{C} : R(C^*|_{R(A-\lambda)^\perp}) + R((B-\lambda)^*) \neq \mathcal{K}\}.$$

证明 M_1 不是左可逆的当且仅当 M_1^* 不是右可逆的, 即

$$\begin{pmatrix} C_1^* & 0 \\ C_2^* & (B_1-\lambda)^* \end{pmatrix}$$

不是满射, 也就是

$$R(C^*|_{R(A-\lambda)^\perp}) + R((B-\lambda)^*) \neq \mathcal{K}.$$

推论 2.2.3 设算子对 (A, B) 给定, 如果 $d(A) < n(B)$, 则对任意的 $C \in B(\mathcal{K},\mathcal{H})$, 都有 M_C 不是左可逆的.

证明 如果 $d(A) < n(B)$, 则对任意的 $C \in B(\mathcal{K},\mathcal{H})$, C_1 不是左可逆的. 由定理 2.2.1 知, M_C 不是左可逆的.

设 M_C 有式 (2.2.1) 的算子矩阵形式, C 有式 (2.2.2) 的算子矩阵形式, 则有下面结论.

推论 2.2.4 设 $A \in B(\mathcal{H})$, $B \in B(\mathcal{K})$, $C \in B(\mathcal{K},\mathcal{H})$, 如果 $R(B)$ 是闭的, 则 M_C 左可逆当且仅当

(1) A 是左可逆的;

(2) C_1 是左可逆的.

证明 必要性. 由定理 2.2.1 显然成立.

充分性. 由定理 2.2.1 可知, 若 A 是左可逆的, 则 M_C 左可逆的充要条件是 M_1 是左可逆的. 如果 $R(B)$ 是闭的, 则 B_1 左可逆. 设 B_1^+ 是 B_1 的一个左逆元, 则

$$\begin{pmatrix} I & -C_2B_1^+ \\ 0 & I \end{pmatrix}\begin{pmatrix} C_1 & C_2 \\ 0 & B_1 \end{pmatrix} = \begin{pmatrix} C_1 & 0 \\ 0 & B_1 \end{pmatrix}.$$

因此, M_1 是左可逆的当且仅当 C_1 是左可逆的. 证毕.

推论 2.2.5 如果 A 左可逆,$R(B)$ 是闭的且 $n(B) \leqslant d(A)$, 则存在 $C_0 \in B_l(\mathcal{K},\mathcal{H})$ 使得 M_{C_0} 是左可逆的.

证明 显然, $\dim R(A) = \infty$. 由于 $n(B) \leqslant d(A)$, 令 S_1 是从 $N(B)$ 到 $R(A)^\perp$ 的部分等距算子, S_2 是从 $N(B)^\perp$ 到 $R(A)$ 的部分等距算子, 定义

$$C_0 = \begin{pmatrix} S_1 & 0 \\ 0 & S_2 \end{pmatrix} : N(B) \oplus N(B)^\perp \to R(A)^\perp \oplus R(A).$$

显然 C_0 左可逆. 由推论 2.2.4 得 M_{C_0} 左可逆. 证毕.

推论 2.2.6　对给定的算子对 (A,B) 有

$$\sigma_l(A)\cup\{\lambda\in\mathbb{C}:n(B-\lambda)>d(A-\lambda)\}\subseteq\bigcap_{C\in B(\mathcal{K},\mathcal{H})}\sigma_l(M_C)\subseteq\bigcap_{C\in B_l(\mathcal{K},\mathcal{H})}\sigma_l(M_C)\subseteq$$

$$\sigma_l(A)\cup\{\lambda\in\mathbb{C}:n(B-\lambda)>d(A-\lambda)\}\cup\{\lambda\in\mathbb{C}:R(B-\lambda)\text{是不闭的}\}.$$

证明　由推论 2.2.3 和推论 2.2.5 知结论显然成立.

定理 2.2.7　对给定的算子对 (A,B) 有

$$\bigcap_{C\in B_l(\mathcal{K},\mathcal{H})}\sigma_l(M_C)=\sigma_l(A)\cup\{\lambda\in\mathbb{C}:d(A-\lambda)<n(B-\lambda)\}\cup\Psi_l,$$

其中

$$\Psi_l=\{\lambda\in\mathbb{C}:R(B-\lambda)\text{ 不是闭值域, 且}d(A-\lambda)<\infty\}.$$

证明　显然, $M_C-\lambda$ 作为从空间分解 $\mathcal{H}\oplus N(B-\lambda)\oplus N(B-\lambda)^{\perp}$ 到 $R(A-\lambda)^{\perp}\oplus\overline{R(A-\lambda)}\oplus\mathcal{K}$ 上的算子有矩阵形式

$$M_C-\lambda=\begin{pmatrix}0&C_1&C_2\\A_1&C_3&C_4\\0&0&B_1\end{pmatrix}$$

且 C 有算子矩阵形式

$$C=\begin{pmatrix}C_1&C_2\\C_3&C_4\end{pmatrix}:N(B-\lambda)\oplus N(B-\lambda)^{\perp}\to R(A-\lambda)^{\perp}\oplus\overline{R(A-\lambda)}.$$

若 $A-\lambda$ 左可逆, 则由定理 2.2.1 知: 对 $C\in B(\mathcal{K},\mathcal{H})$, 都有 $M_C-\lambda$ 不左可逆当且仅当对 $C_1\in B(N(B-\lambda),R(A-\lambda)^{\perp})$ 与 $C_2\in B(N(B-\lambda)^{\perp},R(A-\lambda)^{\perp})$ 都有

$$M_1=\begin{pmatrix}C_1&C_2\\0&B_1-\lambda\end{pmatrix}N(B-\lambda)\oplus N(B-\lambda)^{\perp}\to R(A-\lambda)^{\perp}\oplus\mathcal{K}$$

不左可逆.

为叙述方便, 下面分两步来证明.

断言 1　若 $\lambda\in\Psi_l\setminus\sigma_l(A)$, 则对任意 $C\in B(\mathcal{K},\mathcal{H})$ 有 $M_C-\lambda$ 不左可逆.

反设存在 $C_1^0\in B(N(B-\lambda),R(A-\lambda)^{\perp})$ 和 $C_2^0\in B(N(B-\lambda)^{\perp},R(A-\lambda)^{\perp})$ 使得

$$\begin{pmatrix}C_1^0&C_2^0\\0&B_1-\lambda\end{pmatrix}$$

左可逆. 由于 $\lambda \in \Psi_l \setminus \sigma_l(A)$, 则 $d(A-\lambda) < \infty$. 显然 C_1^0 和 C_2^0 都是紧算子. 由引理 2.1.4, 可以得到

$$\begin{pmatrix} 0 & 0 \\ 0 & B_1-\lambda \end{pmatrix}$$

是左 Fredholm 算子. 因此, $R(B_1-\lambda)$ 是闭的, 但 $\lambda \in \Psi_l \setminus \sigma_l(A)$ 蕴涵 $R(B-\lambda)$ 是不闭的. 矛盾!

断言 2　若 $\lambda \in \{\lambda \in \mathbb{C} : R(B-\lambda)$ 是不闭的且 $d(A-\lambda)=\infty\} \setminus \sigma_l(A)$, 则存在 $C_0 \in B_l(\mathcal{K},\mathcal{H})$ 使得 $M_{C_0}-\lambda$ 左可逆.

记 H_1 是 $R(A-\lambda)^{\perp}$ 的闭子空间且满足

$$\dim H_1 = n(B-\lambda) \quad 和 \quad \dim(R(A-\lambda)^{\perp} \ominus H_1) = \dim N(B-\lambda)^{\perp}.$$

定义: C_1 和 C_2 分别是从 $N(B-\lambda)$ 到 H_1 和从 $N(B-\lambda)^{\perp}$ 到 $R(A-\lambda)^{\perp} \ominus H_1$ 的酉算子, 再定义

$$C_0 = \begin{pmatrix} C_1 & C_2 \\ 0 & 0 \end{pmatrix} : N(B-\lambda) \oplus N(B-\lambda)^{\perp} \to R(A-\lambda)^{\perp} \oplus R(A-\lambda).$$

显然

$$\begin{pmatrix} C_1^* & 0 \\ C_2^* & 0 \end{pmatrix} \begin{pmatrix} C_1 & C_2 \\ 0 & 0 \end{pmatrix} = \begin{pmatrix} I & 0 \\ 0 & I \end{pmatrix},$$

其中

$$\begin{pmatrix} C_1^* & 0 \\ C_2^* & 0 \end{pmatrix} : R(A-\lambda)^{\perp} \oplus R(A-\lambda) \to N(B-\lambda) \oplus N(B-\lambda)^{\perp}.$$

直接验证, 可知

$$M_1^* M_1 = \begin{pmatrix} C_1^* & 0 \\ C_2^* & (B-\lambda)^* \end{pmatrix} \begin{pmatrix} C_1 & C_2 \\ 0 & B-\lambda \end{pmatrix} = \begin{pmatrix} I & 0 \\ 0 & I+(B-\lambda)^*(B-\lambda) \end{pmatrix}$$

可逆, 则 M_1 左可逆, 从而由定理 2.2.1 知: $M_{C_0}-\lambda$ 是左可逆算子.

由断言 1, 显然

$$\bigcap_{C \in B(\mathcal{K},\mathcal{H})} \sigma_l(M_C) \supseteq \Psi_l \setminus \sigma_l(A).$$

再由推论 2.2.6, 容易得到

$$\begin{aligned} \bigcap_{C \in B(\mathcal{K},\mathcal{H})} \sigma_l(M_C) &\supseteq (\Phi_B \setminus \sigma_l(A)) \cup \sigma_l(A) \cup \{\lambda \in \mathbb{C} : d(A-\lambda) < n(B-\lambda)\} \\ &= \sigma_l(A) \cup \{\lambda \in \mathbb{C} : d(A-\lambda) < n(B-\lambda)\} \cup \Psi_l. \end{aligned}$$

由断言 2 和推论 2.2.6, 可以得到

$$\bigcap_{C\in B_l(\mathcal{K},\mathcal{H})}\sigma_l(M_C)\subseteq\sigma_l(A)\cup\{\lambda\in\mathbb{C}:d(A-\lambda)<n(B-\lambda)\}\cup\Psi_l.$$

由上面两个包含关系, 显然有

$$\bigcap_{C\in B_l(\mathcal{K},\mathcal{H})}\sigma_l(M_C)=\sigma_l(A)\cup\{\lambda\in\mathbb{C}:d(A-\lambda)<n(B-\lambda)\}\cup\Psi_l.$$

证毕.

作为推论, 可以得到 Hwang 和 Lee[26] 中的主要结论.

推论 2.2.8[26]　设 $A\in B(\mathcal{H}),B\in B(\mathcal{K})$, 则

$$\bigcap_{C\in B(\mathcal{K},\mathcal{H})}\sigma_l(M_C)=\sigma_l(A)\cup\{\lambda\in\mathbb{C}:d(A-\lambda)<n(B-\lambda)\}\cup\Psi_l.$$

推论 2.2.9　设 $A\in B(\mathcal{H}),B\in B(\mathcal{K})$, $C\in B(\mathcal{K},\mathcal{H})$, 则 M_C 是右可逆的当且仅当

(1) B 是右可逆的;

(2) $R(C\mid_{N(B)})+R(A)=\mathcal{H}$.

证明　M_C 是右可逆的当且仅当

$$M_C^*=\begin{pmatrix}A^* & 0\\ C^* & B^*\end{pmatrix}$$

是左可逆的. 因此, M_C 是右可逆的当且仅当 $\begin{pmatrix}B^* & C^*\\ 0 & A^*\end{pmatrix}$ 是左可逆的. 由推论 2.2.2 知 M_C 是右可逆当且仅当 B 是右可逆的且 $R(C\mid_{N(B)})+R(A)=\mathcal{H}$. 证毕.

推论 2.2.10　对给定的算子对 (A,B) 有

$$\bigcap_{C\in B(\mathcal{K},\mathcal{H})}\sigma_r(M_C)=\sigma_r(B)\cup\{\lambda\in\mathbb{C}:d(A-\lambda)>n(B-\lambda)\}\cup\Psi_r,$$

其中

$$\Psi_r=\{\lambda\in\mathbb{C}:R(A-\lambda)\text{ 不是闭值域, 且 }n(B-\lambda)<\infty\}.$$

证明　注意到 M_C 和 M_C^* 的伴随关系, 直接计算得

$$\begin{aligned}&\bigcap_{C\in B(\mathcal{K},\mathcal{H})}\sigma_r(M_C)\\ =&\bigcap_{C\in B(\mathcal{K},\mathcal{H})}(\sigma_l(M_C^*))^*\\ =&\left(\bigcap_{C\in B(\mathcal{K},\mathcal{H})}\sigma_l(M_C^*)\right)^*\\ =&(\sigma_l(B^*))^*\cup(\{\lambda\in\mathbb{C}:d(B^*-\lambda)<n(A^*-\lambda)\})^*\\ &\cup(\{\lambda\in\mathbb{C}:R(A^*-\lambda)\text{ 是不闭的}d(B^*-\lambda)<\infty\text{ 且}n(A^*-\lambda)<\infty\})^*\\ =&\sigma_r(B)\cup\{\lambda\in\mathbb{C}:d(A-\lambda)>n(B-\lambda)\}\cup\Psi_r(A,B),\end{aligned}$$

其中, 若 $K \subseteq \mathbb{C}$, 则 $K^* = \{\overline{\lambda} : \lambda \in K\}$. 证毕.

推论 2.2.11 设 $B_c(\mathcal{K},\mathcal{H})$ 表示从 $\mathcal{K}$ 到 $\mathcal{H}$ 的闭值域算子之集, 则对给定的算子对 (A,B) 有

$$\bigcap_{C\in B_c(\mathcal{K},\mathcal{H})}\sigma_l(M_C) = \sigma_l(A)\cup\{\lambda\in\mathbb{C} : d(A-\lambda) < n(B-\lambda)\}\cup\Psi_l(A,B).$$

证明 断言

$$\bigcap_{C\in B(\mathcal{K},\mathcal{H})}\sigma_l(M_C) = \bigcap_{C\in B_c(\mathcal{K},\mathcal{H})}\sigma_l(M_C).$$

容易验证, $B_c(\mathcal{K},\mathcal{H})$ 在 $B(\mathcal{K},\mathcal{H})$ 中是稠密的, 则对任意 $C\in B(\mathcal{K},\mathcal{H})$, 都存在 $C_n \in B_c(\mathcal{K},\mathcal{H})$ $(n=1,2,\cdots)$, 使得 $\|C_n - C\| \to 0$ $(n\to\infty)$. 如果 $\lambda\in\bigcap_{C\in B_c(\mathcal{K},\mathcal{H})}\sigma_l(M_C)$, 则 $M_{C_n}-\lambda$ 都不可逆. 因此, $M_C-\lambda$ 不可逆, 故有 $\lambda\in\bigcap_{C\in B(\mathcal{K},\mathcal{H})}\sigma_l(M_C)$. 证毕.

定理 2.2.12 对给定的算子对 (A,B) 有

$$\begin{aligned}\bigcap_{C\in K(\mathcal{K},\mathcal{H})}\sigma_l(M_C) &= \bigcap_{C\in F(\mathcal{K},\mathcal{H})}\sigma_l(M_C)\\ &= \sigma_l(A)\cup\{\lambda\in\mathbb{C} : d(A-\lambda) < n(B-\lambda)\}\\ &\quad \cup\{\lambda\in\mathbb{C} : R(B-\lambda)\ \text{不闭的}\}\cup\{\lambda\in\mathbb{C} : d(A-\lambda)\\ &= n(B-\lambda)=\infty\}.\end{aligned}$$

证明 由定理 2.2.7 有

$$\sigma_l(A)\cup\{\lambda\in\mathbb{C} : n(B-\lambda) > d(A-\lambda)\}\subseteq\bigcap_{C\in K(\mathcal{K},\mathcal{H})}\sigma_l(M_C) = \bigcap_{C\in F(\mathcal{K},\mathcal{H})}\sigma_l(M_C).$$

如果 $\lambda\in\{\mathbb{C} : R(B-\lambda)\ \text{不闭的}\}$, 则由定理 2.2.1 有 $\lambda\in\bigcap_{C\in K(\mathcal{K},\mathcal{H})}\sigma_l(M_C)$.

为了叙述方便, 下面分两步来证明.

第一步 如果 $\lambda\in\{d(A-\lambda)=\infty\}\backslash\{\sigma_l(A)\cup\{\lambda\in\mathbb{C} : R(B-\lambda)\text{是不闭的}\}\}$, 则由推论 2.2.4 得, $M_C-\lambda$ 是左可逆的当且仅当 C_1 是左可逆. 对任意的紧算子 C, 则 C_1 是紧算子. 若 C_1 是从 $N(B-\lambda)$ 到 $R(A-\lambda)^{\perp}$ 的可逆算子, 由于 $d(A-\lambda)=\infty$, 则 $R(C_1)$ 是无限维的闭子空间, 与 C_1 是紧算子矛盾. 因此, 对任意 C 和 C_1 都不可逆. 从而 $\lambda\in\bigcap_{C\in K(\mathcal{K},\mathcal{H})}\sigma_l(M_C)$.

第二步 $\bigcap_{C\in F(\mathcal{K},\mathcal{H})}\sigma_l(M_C)\subseteq\sigma_l(A)\cup\{\lambda\in\mathbb{C} : n(B-\lambda) > d(A-\lambda)\}\cup\{\lambda\in\mathbb{C} : R(B-\lambda)\ \text{不闭的}\}\cup\{\lambda\in\mathbb{C} : d(A-\lambda)=\infty\ \text{且} n(B-\lambda)=\infty\}$.

如果 $\lambda\notin$ 右端, 则 $A-\lambda$ 左可逆, $R(B-\lambda)$ 是闭的, $d(A-\lambda)\geqslant n(B-\lambda)$ 且 $n(B-\lambda)<\infty$.

令 C_1 是从 $N(B-\lambda)$ 到 $R(A-\lambda)^{\perp}$ 的等距算子. 定义

$$C_0 = \begin{pmatrix} C_1 & 0\\ 0 & 0\end{pmatrix} : N(B-\lambda)\oplus N(B-\lambda)^{\perp}\to R(A-\lambda)^{\perp}\oplus R(A-\lambda).$$

显然, $C_0\in F(\mathcal{K},\mathcal{H})$. 因为 $R(B-\lambda)$ 是闭的, $A-\lambda$ 左可逆, C_0 左可逆, 所以由推论 2.2.4 知 $M_{C_0}-\lambda$ 是左可逆. 故 $\lambda\notin\bigcap_{C\in F(\mathcal{K},\mathcal{H})}\sigma_l(M_C)$.

综上, 结论显然. 证毕.

推论 2.2.13　对给定的算子对 (A,B) 有

$$\begin{aligned}\bigcap\nolimits_{C\in K(\mathcal{K},\mathcal{H})}\sigma_r(M_C)=&\bigcap\nolimits_{C\in F(\mathcal{K},\mathcal{H})}\sigma_r(M_C)\\&=\{\lambda\in\mathbb{C}:d(A-\lambda)>n(B-\lambda)\}\cup\{\lambda\in\mathbb{C}:R(A-\lambda)\text{不闭的}\}\\&\quad\cup\sigma_r(B)\cup\{\lambda\in\mathbb{C}:d(A-\lambda)=n(B-\lambda)=\infty\}.\end{aligned}$$

证明　由 M_C 和 M_C^* 的伴随关系及 $T\in B(\mathcal{K},\mathcal{H})$ 是紧的当且仅当 T^* 是紧的, 可以直接得到结论. 证毕.

基于上面的结论, 可以得到定理 2.1.8 的另一种证明.

推论 2.2.14　对给定的算子对 (A,B) 有

$$\begin{aligned}\bigcap\nolimits_{C\in K(\mathcal{K},\mathcal{H})}\sigma(M_C)=&\bigcap\nolimits_{C\in F(\mathcal{K},\mathcal{H})}\sigma(M_C)\\&=\sigma_l(A)\cup\{\lambda\in\mathbb{C}:d(A-\lambda)\neq n(B-\lambda)\}\\&\quad\cup\sigma_r(B)\cup\{\lambda\in\mathbb{C}:d(A-\lambda)=n(B-\lambda)=\infty\}.\end{aligned}$$

证明　由定理 2.2.12 和推论 2.2.13 知结论显然成立.

注 2.2.15　由定理 2.2.7, 推论 2.2.8 及推论 2.2.11, 可以知道

$$\bigcap\nolimits_{C\in B_l(\mathcal{K},\mathcal{H})}\sigma_l(M_C)=\bigcap\nolimits_{C\in B(\mathcal{K},\mathcal{H})}\sigma_l(M_C)=\bigcap\nolimits_{C\in B_c(\mathcal{K},\mathcal{H})}\sigma_l(M_C).$$

不难证明, $B_c(\mathcal{K},\mathcal{H})$ 在 $B(\mathcal{K},\mathcal{H})$ 中是稠密的. 但是, $B_l(\mathcal{K},\mathcal{H})$ 在 $B_c(\mathcal{K},\mathcal{H})$ 中不稠密. 由于 $\operatorname{ind}(T)$ 是从 $\mathcal{SF}$ 到 $\mathbb{Z}\cup\{+\infty,-\infty\}$ 的连续函数, 如果 $C\in\mathcal{SF}$ 且 $\operatorname{ind}(C)=1$, 则不存在 $C_n\in B_l(\mathcal{K},\mathcal{H})(n=1,2,\cdots)$ 使得 $\|C_n-C\|\to 0\ (n\to\infty)$. 否则有 $\operatorname{ind}(C_n)\to\operatorname{ind}(C)$.

利用类似的证明方法, 对右谱获得下面的结论.

推论 2.2.16　对给定的算子对 (A,B) 有

$$\begin{aligned}\bigcap\nolimits_{C\in B_r(\mathcal{K},\mathcal{H})}\sigma_r(M_C)=&\bigcap\nolimits_{C\in B(\mathcal{K},\mathcal{H})}\sigma_r(M_C)\\&=\sigma_r(B)\cup\{\lambda\in\mathbb{C}:d(A-\lambda)>n(B-\lambda)\}\cup\Psi_r,\end{aligned}$$

其中 $B_r(\mathcal{K},\mathcal{H})$ 表示 $B(\mathcal{K},\mathcal{H})$ 中右可逆算子之集.

我们也得到文献 [14] 中的主要结论.

推论 2.2.17　对给定的算子对 (A,B) 有

$$\bigcap\nolimits_{C\in B(\mathcal{K},\mathcal{H})}\sigma(M_C)=\sigma_l(A)\cup\sigma_r(B)\cup\{\lambda\in\mathbb{C}:d(A-\lambda)\neq n(B-\lambda)\}.$$

下面将主要刻画集合 $\bigcap_{C\in \mathrm{Inv}(\mathcal{K},\mathcal{H})}\sigma_l(M_C)$ 与$\bigcup_{C\in \mathrm{Inv}(\mathcal{K},\mathcal{H})}\sigma_l(M_C)$, 并将给出集合 $\bigcap_{C\in\mathrm{Inv}(\mathcal{K},\mathcal{H})}\sigma_l(M_C)$ 与$\bigcap_{C\in B(\mathcal{K},\mathcal{H})}\sigma_l(M_C)$之间的联系.

定理 2.2.18　对给定的算子对 (A,B) 有

$$\bigcap_{C\in \mathrm{Inv}(\mathcal{K},\mathcal{H})}\sigma_l(M_C)=\bigcap_{C\in B(\mathcal{K},\mathcal{H})}\sigma_l(M_C)\cup\{\lambda\in\mathbb{C}:\ B-\lambda \text{ 是紧算子}\}.$$

我们需要下面几个引理.

引理 2.2.19　若 A 左可逆, $n(B)\leqslant d(A)$ 且 $R(B)$ 是闭的, 则存在可逆算子 $C\in\mathrm{Inv}(\mathcal{K},\mathcal{H})$ 使得 M_C 左可逆当且仅当 $\dim N(B)^{\perp}=\infty$.

证明　设 C 有式 (2.2.2) 的算子矩阵形式.

必要性. 由于 A 左可逆, 则 $\dim R(A)=\infty$. 设 $C\in\mathrm{Inv}(\mathcal{K},\mathcal{H})$ 使得 M_C 左可逆, 由定理 2.2.1 知 C_1 左可逆. 令 C_1^+ 是 C_1 的一个左逆元, 由于 C 可逆, 则

$$\begin{pmatrix} I & 0\\ -C_3C_1^+ & I\end{pmatrix}\begin{pmatrix} C_1 & C_2\\ C_3 & C_4\end{pmatrix}=\begin{pmatrix} C_1 & C_2\\ 0 & C_4-C_3C_1^+C_2\end{pmatrix}$$

可逆. 因此 $C_4-C_3C_1^+C_2$ 是从 $N(B)^{\perp}$ 到 $R(A)$ 的右可逆算子, 故 $\dim R(A)=\infty$, 蕴涵 $\dim N(B)^{\perp}=\infty$.

充分性. 由于 $n(B)\leqslant d(A)$, 则存在 $R(A)^{\perp}$ 的闭子空间 H_1 使得 $\dim\mathcal{H}_1=\dim N(B)$. 记 $R(A)^{\perp}=\mathcal{H}_1\oplus\mathcal{H}_1^{\perp}$, 由于 $\dim N(B)^{\perp}=\infty$, 则存在 $N(B)^{\perp}$ 的闭子空间 $\mathcal{H}_2$ 使得

$$\dim\mathcal{H}_2=\dim\mathcal{H}_1^{\perp}\ \text{ 且 }\dim(N(B)^{\perp}\cap\mathcal{H}_2^{\perp})=\infty.$$

记 $\mathcal{H}_2^{\perp}$ 表示 $N(B)^{\perp}\cap\mathcal{H}_2^{\perp}$. 因此, $N(B)^{\perp}=\mathcal{H}_2\oplus\mathcal{H}_2^{\perp}$. 定义

$$C=\begin{pmatrix} V_1 & 0 & 0\\ 0 & V_2 & 0\\ 0 & 0 & V_3\end{pmatrix}:N(B)\oplus\mathcal{H}_2\oplus\mathcal{H}_2^{\perp}\to\mathcal{H}_1\oplus\mathcal{H}_1^{\perp}\oplus R(A),$$

其中 V_1,V_2 和 V_3 都是酉算子. 显然: C 可逆且 $C_1=\begin{pmatrix} V_1\\ 0\end{pmatrix}$ 左可逆. 由推论 2.2.4 可得 M_C 左可逆. 证毕.

引理 2.2.20[2]　设 $A\in B(\mathcal{K},\mathcal{H})$, 则 A 是紧算子当且仅当 $R(A)$ 不包含任意无限维的闭子空间.

引理 2.2.21　若 A 左可逆, $R(B)$ 不闭且 $d(A)=\infty$, 则 B 是非紧算子当且仅当存在 $C\in\ \mathrm{Inv}(\mathcal{K},\mathcal{H})$ 使得 M_C 左可逆.

证明 充分性. 若 B 是紧算子, 反设存在 $C_0\in \mathrm{Inv}(\mathcal{K},\mathcal{H})$ 使得 M_{C_0} 左可逆, 则

$$\begin{pmatrix} I & 0 \\ -BC_0^{-1} & I \end{pmatrix}\begin{pmatrix} A & C_0 \\ 0 & B \end{pmatrix}\begin{pmatrix} I & 0 \\ -C_0^{-1}A & I \end{pmatrix}=\begin{pmatrix} 0 & C_0 \\ -BC_0^{-1}A & 0 \end{pmatrix},$$

因此 $-BC_0^{-1}A$ 左可逆, 但这与 $-BC_0^{-1}A$ 是紧算子矛盾.

必要性. 若 B 不是紧算子, 由引理 2.2.21 知 $R(B)$ 包含一个闭的无限维子空间. 不失一般性, 设 K_1 是 $R(B)$ 的一个闭子空间使得

$$\dim K_1=\infty \quad 和 \quad \dim K_1^{\perp}=\infty$$

成立. 记

$$H_1=\{x\in N(B)^{\perp}: Bx\in K_1\}, H_1^{\perp}=N(B)^{\perp}\ominus H_1.$$

显然, H_1 是 $N(B)^{\perp}$ 的闭子空间, 满足 $\dim H_1=\infty$. 不妨设 $\dim H_1^{\perp}=\infty$. 否则, 令 $\{e_n\}_{n=1}^{\infty}$ 是 H_1 的一组标准正交基, 记

$$H_0=\vee\{e_n: n=2,4,6,\cdots\} \quad 和 \quad K_0=\{Bx: x\in H_0\},$$

其中 $\vee\{e_n: n=2,4,6,\cdots\}$ 表示集合 $\{e_n: n=2,4,6,\cdots\}$ 的闭线性张, 则 H_1 和 K_1 能够分别被 H_0 和 K_0 代替. 由于 $d(A)=\infty$, 可以得到 $R(A)^{\perp}=H_2\oplus H_2^{\perp}$ 满足

$$\dim H_2=\dim N(B) \quad 和 \quad \dim H_2^{\perp}=\infty$$

成立. 令

$$C=\begin{pmatrix} V_1 & 0 & 0 \\ 0 & V_2 & 0 \\ 0 & 0 & V_3 \end{pmatrix}: N(B)\oplus H_1^{\perp}\oplus H_1\rightarrow H_2\oplus H_2^{\perp}\oplus R(A),$$

其中 V_1, V_2 和 V_3 都是酉算子. 显然, C 是可逆算子. 算子 B_1 从 $H_1^{\perp}\oplus H_1$ 到 $K_1\oplus K_1^{\perp}$ 满足下面算子矩阵形式

$$B_1=\begin{pmatrix} B_{11} & B_{12} \\ B_{13} & 0 \end{pmatrix}.$$

显然 B_{12} 是可逆算子, 则 M_1 作为从 $N(B)\oplus H_1^{\perp}\oplus H_1$ 到 $H_2\oplus H_2^{\perp}\oplus K_1\oplus K_1^{\perp}$ 的

算子, 有下面算子矩阵形式

$$M_1 = \begin{pmatrix} V_1 & 0 & 0 \\ 0 & V_2 & 0 \\ 0 & B_{11} & B_{12} \\ 0 & B_{13} & 0 \end{pmatrix}.$$

定义 W 是从 $H_2 \oplus H_2^{\perp} \oplus K_1 \oplus K_1^{\perp}$ 到 $N(B) \oplus H_1^{\perp} \oplus H_1$ 的算子有下面矩阵形式

$$W = \begin{pmatrix} V_1^* & 0 & 0 & 0 \\ 0 & V_2^* & 0 & 0 \\ 0 & -B_{12}^{-1}B_{11}V_2^* & B_{12}^{-1} & 0 \end{pmatrix},$$

则

$$WM_1 = \begin{pmatrix} V_1^* & 0 & 0 & 0 \\ 0 & V_2^* & 0 & 0 \\ 0 & -B_{12}^{-1}B_{11}V_2^* & B_{12}^{-1} & 0 \end{pmatrix} \begin{pmatrix} V_1 & 0 & 0 \\ 0 & V_2 & 0 \\ 0 & B_{11} & B_{12} \\ 0 & B_{13} & 0 \end{pmatrix} = \begin{pmatrix} I & 0 & 0 \\ 0 & I & 0 \\ 0 & 0 & I \end{pmatrix}.$$

因此, M_1 是左可逆. 由定理 2.2.1, M_C 左可逆. 证毕.

定理 2.2.18 的证明　由引理 2.2.19, 显然

$$\bigcap_{C\in \mathrm{Inv}(\mathcal{K},\mathcal{H})} \sigma_l(M_C) \supseteq \bigcap_{C\in B(\mathcal{K},\mathcal{H})} \sigma_l(M_C) \cup \{\lambda \in \mathbb{C} : B-\lambda\text{是紧算子}\}.$$

为证明相反的包含关系, 令 $\lambda \notin \bigcap_{C\in B(\mathcal{K},\mathcal{H})} \sigma_l(M_C) \cup \{\lambda \in \mathbb{C} : B-\lambda\text{是紧算子}\}$, 需要讨论下面两种情形.

情形 1　若 $R(B-\lambda)$ 不闭, 则 $d(A-\lambda)=\infty, A-\lambda$ 左可逆且 $B-\lambda$ 不是紧算子. 由引理 2.2.21 知, 存在算子 $C \in \mathrm{Inv}(\mathcal{K},\mathcal{H})$ 使得 $M_C-\lambda$ 是左可逆算子.

情形 2　若 $R(B-\lambda)$ 是闭的, 由于 $B-\lambda$ 是非紧算子, 则 $\dim N(B-\lambda)^{\perp}=\infty$. 由引理 2.2.19 知, 因为 $A-\lambda$ 是左可逆且 $d(A-\lambda) \geqslant n(B-\lambda)$, 所以存在算子 $C \in \mathrm{Inv}(\mathcal{K},\mathcal{H})$ 使得 $M_C-\lambda$ 是左可逆算子. 证毕.

注 2.2.22　容易证明 $\{\lambda \in \mathbb{C} : B-\lambda\text{是紧算子}\}$ 至多是单点集, 从而集合 $\bigcap_{C\in \mathrm{Inv}(\mathcal{K},\mathcal{H})} \sigma_l(M_C)$ 比集合 $\bigcap_{C\in B_l(\mathcal{K},\mathcal{H})} \sigma_l(M_C)$ 至多包含一个点.

采用类似的方法, 可以证明下面结论.

推论 2.2.23　对给定的算子对 (A,B) 有

$$\bigcap_{C\in \mathrm{Inv}(\mathcal{K},\mathcal{H})} \sigma_r(M_C) = \bigcap_{C\in B(\mathcal{K},\mathcal{H})} \sigma_r(M_C) \cup \{\lambda \in \mathbb{C} : A-\lambda \text{ 是紧算子}\}.$$

定理 2.2.24 对给定的算子对 (A,B) 有

$\bigcap_{C\in \text{Inv}(\mathcal{K},\mathcal{H})}\sigma(M_C)=\bigcap_{C\in B(\mathcal{K},\mathcal{H})}\sigma(M_C)\cup\{\lambda\in\mathbb{C}:A-\lambda$ 或 $B-\lambda$ 是紧算子$\}$.

定理 2.2.25 对给定的算子对 (A,B), 则对任意 $C\in \text{Inv}(\mathcal{K},\mathcal{H})$, M_C 左可逆当且仅当 A 和 B 都是左可逆算子.

证明 由于

$$M_C=\begin{pmatrix} I & 0\\ 0 & B\end{pmatrix}\begin{pmatrix} I & C\\ 0 & I\end{pmatrix}\begin{pmatrix} A & 0\\ 0 & I\end{pmatrix},$$

则充分性显然.

必要性. 显然 A 是左可逆算子. 记 A' 是 A 的一个左逆元. 下面证明 B 左可逆. 反设 B 不是左可逆算子, 下面分两种情形进行证明.

情形 1 若 $N(B)\neq\{0\}$, 选取向量 $y_0\in N(B)$ 和一个单位向量 $x_0\in R(A)$. 由于 A 是左可逆算子, 则存在唯一向量 $z_0\in\mathcal{H}$ 使得 $Az_0=x_0$. 实际上, $z_0=A'x_0$.

由于 $\text{dim}{y_0}^{\perp}=\text{dim}{x_0}^{\perp}=\infty$, 可定义一个可逆算子 C_1 使得 $C_1y_0=x_0$, 显然

$$\begin{pmatrix} -A'x_0\\ y_0\end{pmatrix}\in N(M_{C_1}).$$

这是一个矛盾.

情形 2 若 $N(B)=\{0\}$, 则 $R(B)$ 不闭, 故存在正交单位向量列 $\{y_n\}_{n=1}^{\infty}$ 使得 $By_n\to 0(n\to\infty)$. 不失一般性, 假设 $(\vee\{y_n:n=1,2,\cdots\})^{\perp}$ 是无限维子空间, 否则用 y_{2n} 代替 y_n. A 左可逆蕴涵 $R(A)$ 是无限维闭子空间. 令 $H_1\subset R(A)$, 使得

$$\text{dim}H_1=\text{dim}(H\ominus H_1)=\infty.$$

设 $\{z_n\}_{n=1}^{\infty},\{f_n\}_{n=1}^{\infty}$ 和 $\{g_n\}_{n=1}^{\infty}$ 分别是 $(\vee\{y_n:n=1,2,\cdots\})^{\perp},H_1$ 和 $H\ominus H_1$ 的标准正交基. 定义算子 C_0 为

$$\begin{cases} C_0g_i=f_i,\\ C_0z_i=g_i,\end{cases}\quad 1\leqslant i<\infty.$$

显然 C_0 是可逆算子. 若 $x_n=-A'f_n$, 则

$$\begin{pmatrix} A & C_0\\ 0 & B\end{pmatrix}\begin{pmatrix} -A'f_n\\ y_n\end{pmatrix}=\begin{pmatrix} -AA'f_n+C_0y_n\\ By_n\end{pmatrix}=\begin{pmatrix} 0\\ By_n\end{pmatrix}\to 0,\text{as } n\to\infty.$$

显然, $\left\|\begin{pmatrix} -A'f_n\\ y_n\end{pmatrix}\right\|\geqslant 1$. 因此 $\begin{pmatrix} A & C_0\\ 0 & B\end{pmatrix}$ 不左可逆, 再一次矛盾. 证毕.

推论 2.2.26 对给定的算子对 (A,B) 有

$$\bigcup\nolimits_{C\in\text{Inv}(\mathcal{K},\mathcal{H})}\sigma_l(M_C)=\sigma_l(A)\cup\sigma_l(B).$$

2.3 2 × 2 上三角算子矩阵的本性近似点谱的扰动

本节主要刻画集合 $\bigcap_{C\in \mathrm{Inv}(\mathcal{K},\mathcal{H})}\sigma_{ea}(M_C)$和$\bigcup_{C\in \mathrm{Inv}(\mathcal{K},\mathcal{H})}\sigma_{ea}(M_C)$. 记 $\Phi_+(\mathcal{H},\mathcal{K})$ 表示 $B(\mathcal{H},\mathcal{K})$ 上左 Fredholm 算子, $\Phi_-(\mathcal{H},\mathcal{K})$ 表示右 Fredholm 算子.

$$\Phi_+^-(H,K)=\{T\in\Phi_+(\mathcal{H},\mathcal{K}):\mathrm{ind}(T)\leqslant 0\};$$

$$\sigma_{ea}(T)=\{\lambda\in\mathbb{C}:T-\lambda\notin\Phi_+^-(\mathcal{H},\mathcal{H})\}.$$

$$\sigma_{SF_-^+}(T):=\{\lambda\in\mathbb{C}:T-\lambda\notin\Phi_-(\mathcal{H},\mathcal{K})\ \text{或}\ \mathrm{ind}(T-\lambda)<0\}.$$

为了证明本节主要结论, 需要下面几个引理.

引理 2.3.1 设 $A\in B(\mathcal{H}),B\in B(\mathcal{K})$ 且 $C\in B(\mathcal{K},\mathcal{H})$ 有式 (2.2.2) 的算子矩阵形式, 则

(1) $M_C\in\Phi_+^-(H\oplus K)$ 当且仅当

(i) $A\in\Phi_+(H)$;

(ii) $M_1\in\Phi_+^-(N(A)\oplus N(B)\oplus N(B)^\perp,R(A)^\perp\oplus R(B)^\perp\oplus\overline{R(B)})$, 其中

$$M_1:=\begin{pmatrix}0&C_1&C_2\\0&0&0\\0&0&B_1\end{pmatrix}N(A)\oplus N(B)\oplus N(B)^\perp\to R(A)^\perp\oplus R(B)^\perp\oplus\overline{R(B)},\tag{2.3.1}$$

B 有下面算子矩阵形式:

$$B=\begin{pmatrix}0&0\\0&B_1\end{pmatrix}:N(B)\oplus N(B)^\perp\to R(B)^\perp\oplus\overline{R(B)}.\tag{2.3.2}$$

(2) 若 $R(B)$ 是闭的, 则 $M_C\in\Phi_+^-(H\oplus K)$ 当且仅当

(i) $A\in\Phi_+(H)$;

(ii) C_1 是闭值域算子, 满足 $n(C_1)<\infty$ 和 $n(C_1)+n(A)\leqslant d(C_1)+d(B)$ 成立.

证明 (1) 充分性. 由于 $A\in\Phi_+(H)$, 则 $R(A)$ 是闭的. 空间 $\mathcal{H}\oplus\mathcal{K}$ 可以分解为

$$\mathcal{H}\oplus\mathcal{K}=N(A)\oplus N(A)^\perp\oplus N(B)\oplus N(B)^\perp=R(A)^\perp\oplus R(A)\oplus\overline{R(B)}\oplus R(B)^\perp,$$

则 M_C 作为从 $N(A)\oplus N(A)^\perp\oplus N(B)\oplus N(B)^\perp$ 到 $R(A)^\perp\oplus R(A)\oplus\overline{R(B)}\oplus R(B)^\perp$ 的算子有下面矩阵形式:

$$M_C=\begin{pmatrix}A&C\\0&B\end{pmatrix}=\begin{pmatrix}0&0&C_1&C_2\\0&A_1&C_3&C_4\\0&0&0&B_1\\0&0&0&0\end{pmatrix},\tag{2.3.3}$$

其中 A_1 是从 $N(A)^{\perp}$ 到 $R(A)$ 的算子, B_1 是从 $N(B)^{\perp}$ 到 $\overline{R(B)}$ 的算子. 由于 $A\in\Phi_+(H)$, 则 A_1 可逆, 故

$$\begin{pmatrix} 0 & 0 & C_1 & C_2 \\ 0 & A_1 & C_3 & C_4 \\ 0 & 0 & 0 & B_1 \\ 0 & 0 & 0 & 0 \end{pmatrix}\begin{pmatrix} I & 0 & 0 & 0 \\ 0 & I & -A_1^{-1}C_3 & -A_1^{-1}C_4 \\ 0 & 0 & I & 0 \\ 0 & 0 & 0 & I \end{pmatrix}=\begin{pmatrix} 0 & 0 & C_1 & C_2 \\ 0 & A_1 & 0 & 0 \\ 0 & 0 & 0 & B_1 \\ 0 & 0 & 0 & 0 \end{pmatrix},$$

其中

$$\begin{pmatrix} I & 0 & 0 & 0 \\ 0 & I & -A_1^{-1}C_3 & -A_1^{-1}C_4 \\ 0 & 0 & I & 0 \\ 0 & 0 & 0 & I \end{pmatrix}$$

是从 $N(A)\oplus N(A)^{\perp}\oplus N(B)\oplus N(B)^{\perp}$ 到 $N(A)\oplus N(A)^{\perp}\oplus N(B)\oplus N(B)^{\perp}$ 的可逆算子. 因此 $M_C\in\Phi_+^-(H\oplus K)$ 当且仅当

$$\begin{pmatrix} 0 & 0 & C_1 & C_2 \\ 0 & A_1 & 0 & 0 \\ 0 & 0 & 0 & B_1 \\ 0 & 0 & 0 & 0 \end{pmatrix}$$
$$\in\Phi_+^-(N(A)\oplus N(A)^{\perp}\oplus N(B)\oplus N(B)^{\perp}, R(A)^{\perp}\oplus R(A)\oplus R(B)^{\perp}\oplus\overline{R(B)}).$$

由上面证明知: 若 $A\in\Phi_+(H)$, 则 $M_C\in\Phi_+^-(H\oplus K)$ 当且仅当

$$M_1=\begin{pmatrix} 0 & C_1 & C_2 \\ 0 & 0 & 0 \\ 0 & 0 & B_1 \end{pmatrix}\in\Phi_+^-(N(A)\oplus N(B)\oplus N(B)^{\perp}, R(A)^{\perp}\oplus R(B)^{\perp}\oplus\overline{R(B)}).$$

必要性. 显然 $A\in\Phi_+(H)$. 由上面证明, 容易得到 (ii) 成立.

(2) 若 $R(B)$ 是闭的, 则 B_1 作为从 $N(B)^{\perp}$ 到 $R(B)$ 的算子是可逆的, 从而

$$\begin{pmatrix} I & 0 & -C_2B_1^{-1} \\ 0 & I & 0 \\ 0 & 0 & I \end{pmatrix}\begin{pmatrix} 0 & C_1 & C_2 \\ 0 & 0 & 0 \\ 0 & 0 & B_1 \end{pmatrix}=\begin{pmatrix} 0 & C_1 & 0 \\ 0 & 0 & 0 \\ 0 & 0 & B_1 \end{pmatrix}.$$

由于 $n(A)<\infty$ 且 B_1 可逆, 可以得到

$$M_1\in\Phi_+^-(N(A)\oplus N(B)\oplus N(B)^{\perp}, R(A)^{\perp}\oplus R(B)^{\perp}\oplus\overline{R(B)})$$

当且仅当 $R(C_1)$ 是闭的, $n(C_1) < \infty$ 且

$$n(C_1) + n(A) \leqslant d(C_1) + d(B).$$

证毕.

推论 2.3.2　设 (A, B) 是给定的算子对, 若 $A \in \Phi_+(H), R(B)$ 是闭的且 $d(A) + d(B) < n(A) + n(B)$, 则对任意 $C \in B(\mathcal{K}, \mathcal{H})$, 都有 $M_C \notin \Phi_+^-(H \oplus K)$.

证明　设 $C \in B(\mathcal{K}, \mathcal{H})$ 有式 (2.2.2) 的算子矩阵形式的分解, 下面分两种情形证明.

(1) $n(B) = \infty$. 由于 $d(A) < \infty$, 则对一切 C 都有 $n(C_1) = \infty$. 由引理 2.3.1 得 $M_C \notin \Phi_+^-(H \oplus K)$.

(2) $n(B) < \infty, n(A) < \infty, d(A) < \infty$ 且 $d(B) < \infty$. 由于 C_1 是从 $N(B)$ 到 $R(A)^\perp$ 的算子, 则显然 $n(B) = n(C_1) + \dim N(C_1)^\perp$, 且 $d(A) = d(C_1) + \dim R(C_1)$. 显然 $n(B) + n(A) > d(A) + d(B)$ 和$\dim N(C_1)^\perp = \dim R(C_1)$ 成立, 则

$$n(C_1) + n(A) > d(B) + d(C_1).$$

再由引理 2.3.1 知, 对一切 C, 都有 $M_C \notin \Phi_+^-(H \oplus K)$. 证毕.

推论 2.3.3　若 $R(B)$ 是闭的, $A \in \Phi_+(H)$ 且 $n(B) + n(A) \leqslant d(B) + d(A)$, 则对一切 $C \in B_l(\mathcal{K}, \mathcal{H})$ 都有 $M_C \notin \Phi_+^-(H \oplus K)$ 当且仅当 $d(A) < \infty$ 和 $n(B) = d(B) = \infty$ 成立.

证明　设对一切 $C \in B(\mathcal{K}, \mathcal{H})$, 设 C 有式 (2.2.2) 的算子矩阵形式的分解.

充分性. 由于 $n(B) = d(B) = \infty$ 与$d(A) < \infty$ 成立, 则 $n(C_1) = \infty$. 由引理 2.3.1 知, 对一切 C, 都有 $M_C \notin \Phi_+^-(H \oplus K)$.

必要性. 反设 $d(A) < \infty$ 和$n(B) = d(B) = \infty$ 不同时成立, 考虑下面四种情形.

情形 1　$n(B) = d(A) = \infty$.

若 $n(A) \leqslant d(B)$, 则定义 S 是从 $N(B)$ 到 $R(A)^\perp$ 的酉算子. 由于 $A \in \Phi_+(H)$, $\dim R(A) = \infty$, 则可以定义 S_1 是从 $N(B)^\perp$ 到 $R(A)$ 的左可逆算子, 定义 C_0 有下面矩阵形式:

$$C_0 = \begin{pmatrix} S & 0 \\ 0 & S_1 \end{pmatrix}, \quad N(B) \oplus N(B)^\perp \to R(A)^\perp \oplus R(A),$$

由引理 2.3.1 可以得到 $M_{C_0} \in \Phi_+^-(H \oplus K)$.

若 $n(A) > d(B)$, 令 $\{e_i\}_{i=1}^\infty$ 和 $\{f_i\}_{i=1}^\infty$ 分别表示 $N(B)$ 和 $R(A)^\perp$ 的正规正交基, 不妨设 $n(A) - d(B) = m$. 定义 C_1 作为从 $N(B)$ 到 $R(A)^\perp$ 的算子形式为

$$C_1(e_i) = f_{m+i}, \quad i = 1, 2, \cdots.$$

显然 $n(C_1)=0$ 且 $n(C_1^*)=m$, 则 $n(C_1)+n(A)=d(C_1)+d(B)$. 定义 C_0 为矩阵形式: $C_0=\begin{pmatrix} C_1 & 0 \\ 0 & S_1 \end{pmatrix}$. 由引理 2.3.1 得 $M_{C_0}\in\Phi_+^-(H\oplus K)$.

情形 2 $n(B)<\infty$ 和 $d(A)=\infty$ 成立.

容易验证对一切 $C\in B(\mathcal{K},\mathcal{H})$, 都有 $M_C\in\Phi_+^-(H\oplus K)$.

情形 3 $n(B)<\infty, d(A)<\infty$ 且 $d(B)=\infty$ 成立.

显然, 对一切 $C\in B(\mathcal{K},\mathcal{H})$, 都有 $M_C\in\Phi_+^-(H\oplus K)$.

情形 4 $n(B)<\infty, d(A)<\infty$ 和 $d(B)<\infty$ 成立.

利用与推论 2.3.2(2) 类似的方法, 可以得到对一切 C, 都有 $n(C_1)<\infty$ 与$n(C_1)+n(A)\leqslant d(C_1)+d(B)$ 成立. 由引理 2.3.1 知, 对一切 $C\in B(\mathcal{K},\mathcal{H})$ 都有 $M_C\in\Phi_+^-(H\oplus K)$, 矛盾. 证毕.

定理 2.3.4 对给定的算子对 (A,B) 有

$$\bigcap_{C\in B_l(\mathcal{K},\mathcal{H})}\sigma_{ea}(M_C)=\sigma_{le}(A)\cup\Phi_{lw}(A,B)\cup\Upsilon_{lw}(A,B)\cup\Psi_l,$$

其中

$$\Psi_l=\{\lambda\in\mathbb{C}: R(B-\lambda)\text{是不闭的且}d(A-\lambda)<\infty\},$$

$$\Phi_{lw}(A,B)=\{\lambda\in\mathbb{C}: R(B-\lambda)\text{是闭的且 } n(B-\lambda)+n(A-\lambda)>d(B-\lambda)+d(A-\lambda)\},$$

$$\Upsilon_{lw}(A,B)=\{\lambda\in\mathbb{C}: R(B-\lambda)\text{ 是闭的, } n(B-\lambda)=d(B-\lambda)=\infty\text{且 } d(A-\lambda)<\infty\}.$$

证明 下面分两步证明.

断言 1 若 $\lambda\in\Psi_l(A,B)\backslash\sigma_{le}(A)$, 则对任意 $C\in B(\mathcal{K},\mathcal{H})$, $M_C-\lambda\notin\Phi_+^-(H\oplus K)$.

设 $M_C-\lambda$ 有式 (2.2.1) 的算子矩阵形式, 且 C 有式 (2.2.2). 由引理 2.3.1 知: 对 $C\in B(\mathcal{K},\mathcal{H})$ 有 $M_C-\lambda\notin\Phi_+^-(H\oplus K)$ 当且仅当对 $C_1\in B(N(B-\lambda),R(A-\lambda)^\perp)$ 与 $C_2\in B(N(B-\lambda)^\perp,R(A-\lambda)^\perp)$ 都有

$$\begin{pmatrix} 0 & C_1 & C_2 \\ 0 & 0 & 0 \\ 0 & 0 & B_1-\lambda \end{pmatrix}\notin\Phi_+^-(N(A-\lambda)\oplus N(B-\lambda)\oplus N(B-\lambda)^\perp,$$

$$R(A-\lambda)^\perp\oplus R(B-\lambda)^\perp\oplus\overline{R(B-\lambda)}).$$

反设存在 $C_1^0\in B(N(B-\lambda),R(A-\lambda)^\perp)$ 和 $C_2^0\in B(N(B-\lambda)^\perp,R(A-\lambda)^\perp)$ 使得

$$\begin{pmatrix} 0 & C_1 & C_2 \\ 0 & 0 & 0 \\ 0 & 0 & B_1-\lambda \end{pmatrix}\in\Phi_+^-(N(A)\oplus N(B)\oplus N(B)^\perp,R(A)^\perp\oplus R(B)^\perp\oplus\overline{R(B)}).$$

由于 $\lambda \in \Psi_l(A,B) \setminus \sigma_{le}(A)$, 则 $d(A-\lambda) < \infty$, 因此 C_1^0 和 C_2^0 都是紧算子. 由半 Fredholm 算子的紧扰动定理, 可以得到

$$\begin{pmatrix} 0 & 0 & 0 \\ 0 & 0 & 0 \\ 0 & 0 & B_1-\lambda \end{pmatrix}$$

是左 Fredholm. 因此 $R(B_1-\lambda)$ 是闭的, 但 $\lambda \in \Psi_l(A,B) \setminus \sigma_{le}(A)$ 蕴涵 $R(B-\lambda)$ 是不闭的. 矛盾!

断言 2　若 $\lambda \in \{\lambda \in \mathbb{C} : R(B-\lambda)$ 是不闭的, $d(A-\lambda)=\infty\} \setminus \sigma_{le}(A)$, 则存在 $C_0 \in B_l(\mathcal{K},\mathcal{H})$ 使得 $M_{C_0}-\lambda \in \Phi_+^-(H\oplus K)$.

令 H_1 是 $R(A-\lambda)^\perp$ 的闭子空间满足

$$\dim H_1 = n(B-\lambda) \quad 和 \quad \dim(R(A-\lambda)^\perp \ominus H_1) = \dim N(B-\lambda)^\perp$$

成立. 定义 C_1 和 C_2 分别是从 $N(B-\lambda)$ 到 H_1 和从 $N(B-\lambda)^\perp$ 到 $R(A-\lambda)^\perp \ominus H_1$ 的酉算子, 再定义

$$C_0 = \begin{pmatrix} C_1 & C_2 \\ 0 & 0 \end{pmatrix} : N(B-\lambda)\oplus N(B-\lambda)^\perp \to R(A-\lambda)^\perp \oplus R(A-\lambda).$$

显然

$$\begin{pmatrix} C_1^* & 0 \\ C_2^* & 0 \end{pmatrix}\begin{pmatrix} C_1 & C_2 \\ 0 & 0 \end{pmatrix} = \begin{pmatrix} I & 0 \\ 0 & I \end{pmatrix},$$

其中

$$\begin{pmatrix} C_1^* & 0 \\ C_2^* & 0 \end{pmatrix} : R(A-\lambda)^\perp \oplus R(A-\lambda) \to N(B-\lambda)\oplus N(B-\lambda)^\perp,$$

则 C_0 左可逆. 由于

$$\begin{pmatrix} I & 0 & 0 \\ 0 & I & 0 \\ -(B_1-\lambda)C_2^* & 0 & I \end{pmatrix}\begin{pmatrix} 0 & C_1 & C_2 \\ 0 & 0 & 0 \\ 0 & 0 & B_1-\lambda \end{pmatrix} = \begin{pmatrix} 0 & C_1 & C_2 \\ 0 & 0 & 0 \\ 0 & 0 & 0 \end{pmatrix}$$

且

$$\begin{pmatrix} 0 & C_1 & C_2 \\ 0 & 0 & 0 \\ 0 & 0 & 0 \end{pmatrix} \in \Phi_+^-(N(A-\lambda)\oplus N(B-\lambda)\oplus N(B-\lambda)^\perp,$$
$$R(A-\lambda)^\perp \oplus R(B-\lambda)^\perp \oplus \overline{R(B-\lambda)}),$$

由引理 2.3.1(1) 可以得到 $M_{C_0}-\lambda\in\Phi_+^-(H\oplus K)$.

由断言 1, 显然,

$$\bigcap_{C\in B_l(\mathcal{K},\mathcal{H})}\sigma_{ea}(M_C)\supseteq\Psi_l(A,B)\setminus\sigma_{le}(A).$$

由推论 2.3.2 和推论 2.3.3 容易得到

$$\begin{aligned}\bigcap_{C\in B(\mathcal{K},\mathcal{H})}\sigma_{ea}(M_C)&\supseteq(\Psi_l(A,B)\setminus\sigma_{le}(A))\cup\sigma_{le}(A)\cup\Phi_{lw}(A,B)\cup\Upsilon_{lw}(A,B)\\&=\sigma_{le}(A)\cup\Phi_{lw}(A,B)\cup\Upsilon_{lw}(A,B)\cup\Psi_l(A,B).\end{aligned}$$

由推论 2.3.3 和断言 2, 显然

$$\bigcap_{C\in B_l(\mathcal{K},\mathcal{H})}\sigma_{ea}(M_C)\subseteq\sigma_{le}(A)\cup\Phi_{lw}(A,B)\cup\Upsilon_{lw}(A,B)\cup\Psi_l(A,B).$$

结合上面两个包含关系, 可以得到

$$\bigcap_{C\in B_l(\mathcal{K},\mathcal{H})}\sigma_{ea}(M_C)=\sigma_{le}(A)\cup\Phi_{lw}(A,B)\cup\Upsilon_{lw}(A,B)\cup\Psi_l(A,B).$$

证毕.

作为推论, 可以得到文献 [18] 的两个主要结论.

推论 2.3.5　对给定的算子 $A\in B(\mathcal{H}),B\in B(\mathcal{K})$ 有

$$\bigcap_{C\in B(\mathcal{K},\mathcal{H})}\sigma_{ea}(M_C)=\sigma_{le}(A)\cup\Phi_{lw}(A,B)\cup\Upsilon_{lw}(A,B)\cup\Psi_l(A,B).$$

推论 2.3.6　对给定的算子对 (A,B) 有

$$\begin{aligned}\bigcap_{C\in B_r(\mathcal{K},\mathcal{H})}\sigma_{SF_-^+}(M_C)&=\bigcap_{C\in B(\mathcal{K},\mathcal{H})}\sigma_{SF_-^+}(M_C)\\&=\sigma_{re}(B)\cup\Phi_{rw}(A,B)\cup\Upsilon_{rw}(A,B)\cup\Psi_r(A,B),\end{aligned}$$

其中

$\Phi_{rw}(A,B)=\{\lambda\in\mathbb{C}:R(A-\lambda)$是闭的, $n(B-\lambda)+n(A-\lambda)<d(B-\lambda)+d(A-\lambda)\}$,

$\Upsilon_{rw}(A,B)=\{\lambda\in\mathbb{C}:R(A-\lambda)$是闭的, $n(A-\lambda)=d(A-\lambda)=\infty,n(B-\lambda)<\infty\}$,

$\Psi_r(A,B)=\{\lambda\in\mathbb{C}:R(A-\lambda)$是不闭的, $n(B-\lambda)<\infty\}$.

下面考虑问题: 是否 $\bigcap_{C\in\mathrm{Inv}(\mathcal{K},\mathcal{H})}\sigma_{ea}(M_C)=\bigcap_{C\in B(\mathcal{K},\mathcal{H})}\sigma_{ea}(M_C)$.

下面结论是本节的一个主要结果.

定理 2.3.7　对给定的算子对 (A,B) 有

$$\bigcap_{C\in\ \mathrm{Inv}(\mathcal{K},\mathcal{H})}\sigma_{ea}(M_C)=\bigcap_{C\in B(\mathcal{K},\mathcal{H})}\sigma_{ea}(M_C)\cup\{\lambda\in\mathbb{C}:B-\lambda\ 是紧算子\}.$$

需要下面几个引理.

引理 2.3.8　设 $A \in B(\mathcal{H}), B \in B(\mathcal{K})$, 且 $C \in B(\mathcal{K},\mathcal{H})$, 则 M_C 可逆当且仅当 A 左可逆, B 右可逆, 且 C_1 可逆.

证明　充分性. 由于 A 左可逆, 则 A_1 可逆, 因此

$$\begin{pmatrix} 0 & C_1 & C_2 \\ A_1 & C_3 & C_4 \\ 0 & 0 & B_1 \end{pmatrix}\begin{pmatrix} I & -A_1^{-1}C_3 & -A_1^{-1}C_4 \\ 0 & I & 0 \\ 0 & 0 & I \end{pmatrix} = \begin{pmatrix} 0 & C_1 & C_2 \\ A_1 & 0 & 0 \\ 0 & 0 & B_1 \end{pmatrix}.$$

由于 B 右可逆, 则 B_1 可逆, 因此

$$\begin{pmatrix} I & 0 & -C_2B_1^{-1} \\ 0 & I & 0 \\ 0 & 0 & I \end{pmatrix}\begin{pmatrix} 0 & C_1 & C_2 \\ A_1 & 0 & 0 \\ 0 & 0 & B_1 \end{pmatrix} = \begin{pmatrix} 0 & C_1 & 0 \\ A_1 & 0 & 0 \\ 0 & 0 & B_1 \end{pmatrix}.$$

因此, 若 C_1 可逆, 则 M_C 可逆.

必要性. 若 M_C 可逆, 则 A 左可逆, B 右可逆. 由上面证明知 C_1 可逆.

引理 2.3.9　若 $A \in \Phi_+(H), n(B)+n(A) \leqslant d(A)+d(B)$ 且 $R(B)$ 是闭的, 则对一切 $C \in \mathrm{Inv}(\mathcal{K},\mathcal{H})$ 都有 $M_C \notin \Phi_+^-(H)$ 当且仅当下面两个条件之一成立:

(1) $\dim N(B)^\perp < \infty$;

(2) $n(B) = d(B) = \infty$ 且 $d(A) < \infty$.

证明　必要性. 反设 (2) 不成立, 下面将证明 (1) 成立. 这等价于证明: 若 $\dim N(B)^\perp = \infty$, 则存在 $C \in \mathrm{Inv}(\mathcal{K},\mathcal{H})$ 使得 $M_C \in \Phi_+^-(H \oplus K)$. 由推论 2.3.3 知, 仅仅需要证明: 若 $n(B) = d(A) = \infty$ 且$\dim N(B)^\perp = \infty$, 则存在 $C \in \mathrm{Inv}(\mathcal{K},\mathcal{H})$ 使得 $M_C \in \Phi_+^-(H \oplus K)$.

情形 1　$n(A) \leqslant d(B)$. 定义 S 是从 $N(B)$ 到 $R(A)^\perp$ 的酉算子, 由于 $\dim R(A) = \infty$, 定义 S_1 是从 $N(B)^\perp$ 到 $R(A)$ 的可逆算子, 再定义

$$C_0 = \begin{pmatrix} S & 0 \\ 0 & S_1 \end{pmatrix}, \quad N(B) \oplus N(B)^\perp \to R(A)^\perp \oplus R(A)$$

则由引理 2.3.1 得 $M_{C_0} \in \Phi_+^-(H \oplus K)$.

情形 2　$n(A) > d(B)$. 记 $n(A) - d(B) = n$. 定义 w_1 是从 $N(B)$ 到 $R(A)^\perp$ 的左可逆算子, 满足 $n(w_1^*) = 2n$; w_3 是从 $N(B)^\perp$ 到 $R(A)$ 的右可逆算子, 满足 $n(w_3) = 2n$; w_2 是从 $N(B)^\perp$ 到 $R(A)^\perp$ 的可逆算子, 满足 $P_{N(w_1^*)}w_2|_{N(w_3)}$ 作为从 $N(w_3)$ 到 $N(w_1^*)$ 的算子是可逆的, 其中 $P_{N(w_1^*)}$ 是在 $N(w_1^*)$ 上的正交投影. 显然, $n(w_1)+n(A) \leqslant d(w_1)+d(B)$. 定义

$$C_0 = \begin{pmatrix} w_1 & w_2 \\ 0 & w_3 \end{pmatrix} N(B) \oplus N(B)^\perp \to R(A)^\perp \oplus R(A).$$

由上面引理知 C_0 可逆. 由引理 2.3.1 得 $M_{C_0}\in\Phi_+^-(H\oplus K)$.

充分性. 由推论 2.3.3 可知, 只需证明: 若 $\dim N(B)^\perp<\infty$, 则对一切 $C\in\operatorname{Inv}(\mathcal{K},\mathcal{H})$ 都有 $M_C\notin\Phi_+^-(H\oplus K)$. 由于 $A\in\Phi_+(H)$, 则 $\dim R(A)=\infty$. 反设存在 $C\in\operatorname{Inv}(\mathcal{K},\mathcal{H})$ 使得 $M_C\in\Phi_+^-(H\oplus K)$. 由引理 2.3.1 可知 C_1 是闭值域算子且 $n(C_1)<\infty$. 记 C_1^+ 是从 $R(A)^\perp$ 到 $N(B)$ 的算子满足 $C_1^+C_1=I_{N(B)}+K_0$, 其中 K_0 是从 $N(B)$ 到 $N(B)$ 的紧算子. 因此,

$$\begin{pmatrix} I & 0 \\ -C_3C_1^+ & I \end{pmatrix}\begin{pmatrix} C_1 & C_2 \\ C_3 & C_4 \end{pmatrix}=\begin{pmatrix} C_1 & C_2 \\ -C_3K_0 & C_4-C_3C_1^+C_2 \end{pmatrix}$$

可逆, 则

$$\begin{pmatrix} C_1 & 0 \\ 0 & 0 \end{pmatrix}:N(B)\oplus N(B)^\perp\to R(A)^\perp\oplus R(A)$$

是 Fredholm 算子, 与 $\dim R(A)=\infty$ 矛盾. 证毕.

引理 2.3.10　若 $A\in\Phi_+(H)$ 且 B 是紧算子, 则对一切 $C\in\operatorname{Inv}(\mathcal{K},\mathcal{H})$ 都有 $M_C\notin\Phi_+^-(H\oplus K)$.

证明　反设存在 $C_0\in\operatorname{Inv}(\mathcal{K},\mathcal{H})$ 使得 $M_{C_0}\in\Phi_+^-(H\oplus K)$, 则

$$\begin{pmatrix} I & 0 \\ -BC_0^{-1} & I \end{pmatrix}\begin{pmatrix} A & C_0 \\ 0 & B \end{pmatrix}\begin{pmatrix} I & 0 \\ -C_0^{-1}A & I \end{pmatrix}=\begin{pmatrix} 0 & C_0 \\ -BC_0^{-1}A & 0 \end{pmatrix},$$

因此 $-BC_0^{-1}A\in\Phi_+(H,K)$. 但这与 $-BC_0^{-1}A$ 是紧算子矛盾. 证毕.

引理 2.3.11　若 $A\in\Phi_+(H)$, $R(B)$ 是不闭的, 且 $d(A)=\infty$, 则 B 不是紧算子当且仅当存在 $C\in\operatorname{Inv}(\mathcal{K},\mathcal{H})$ 使得 $M_C\in\Phi_+^-(H\oplus K)$.

证明　充分性. 若 B 是紧算子, 由引理 2.3.10 知: 对一切 $C\in\operatorname{Inv}(\mathcal{K},\mathcal{H})$ 都有 $M_C\notin\Phi_+^-(H\oplus K)$.

必要性. 若 B 不是紧算子, 则 $R(B)$ 包含一个闭的无限维空间. 不失一般性, 假设 K_1 是 $R(B)$ 的一个闭子空间使得 $\dim K_1=\infty$ 和 $\dim K_1^\perp=\infty$ 成立. 记 $H_1=\{x\in N(B)^\perp: Bx\in K_1\}$ 且 $H_1^\perp=N(B)^\perp\ominus H_1$. 显然, H_1 是 $N(B)^\perp$ 的闭子空间, 满足 $\dim H_1=\infty$. 可以假设 $\dim H_1^\perp=\infty$. 否则, 令 $\{e_n\}_{n=1}^\infty$ 是 H_1 的一组标准正交基. 记 $H_0=\vee\{e_n:n=2,4,6,\cdots\}$ 且$K_0=\{Bx:x\in H_0\}$, 其中 $\vee\{e_n:n=2,4,6,\cdots\}$ 表示集合 $\{e_n:n=2,4,6,\cdots\}$ 的闭线性张, H_1 和 K_1 能够分别被 H_0 和 K_0 所代替. 由于 $d(A)=\infty$, 可以分解 $R(A)^\perp=H_2\oplus H_2^\perp$ 使 $\dim H_2=\dim N(B)$ 和$\dim H_2^\perp=\infty$ 成立. 令

$$C=\begin{pmatrix} V_1 & 0 & 0 \\ 0 & V_2 & 0 \\ 0 & 0 & V_3 \end{pmatrix}:N(B)\oplus H_1^\perp\oplus H_1\to H_2\oplus H_2^\perp\oplus R(A),$$

其中 V_1, V_2 和 V_3 都是酉算子. 显然, C 是可逆算子. 算子 B_1 从 $H_1^{\perp} \oplus H_1$ 到 $K_1 \oplus K_1^{\perp}$ 满足下面算子矩阵形式:

$$B_1 = \begin{pmatrix} B_{11} & B_{12} \\ B_{13} & 0 \end{pmatrix}.$$

显然 B_{12} 是可逆算子, 则 M_1 有下面算子矩阵形式:

$$M_1 = \begin{pmatrix} 0 & V_1 & 0 & 0 \\ 0 & 0 & V_2 & 0 \\ 0 & 0 & B_{11} & B_{12} \\ 0 & 0 & B_{13} & 0 \end{pmatrix}, \quad N(A) \oplus N(B) \oplus H_1^{\perp} \oplus H_1 \to H_2 \oplus H_2^{\perp} \oplus K_1 \oplus K_1^{\perp}.$$

定义

$$W = \begin{pmatrix} I & 0 & 0 & 0 \\ 0 & I & 0 & 0 \\ 0 & -B_{11}V_2^* & I & 0 \\ 0 & -B_{13}V_2^* & 0 & I \end{pmatrix}, \quad H_2 \oplus H_2^{\perp} \oplus K_1 \oplus K_1^{\perp} \to H_2 \oplus H_2^{\perp} \oplus K_1 \oplus K_1^{\perp},$$

则

$$WM_1 = \begin{pmatrix} I & 0 & 0 & 0 \\ 0 & I & 0 & 0 \\ 0 & -B_{11}V_2^* & I & 0 \\ 0 & -B_{13}V_2^* & 0 & I \end{pmatrix} \begin{pmatrix} 0 & V_1 & 0 & 0 \\ 0 & 0 & V_2 & 0 \\ 0 & 0 & B_{11} & B_{12} \\ 0 & 0 & B_{13} & 0 \end{pmatrix} = \begin{pmatrix} 0 & V_1 & 0 & 0 \\ 0 & 0 & V_2 & 0 \\ 0 & 0 & 0 & B_{12} \\ 0 & 0 & 0 & 0 \end{pmatrix}.$$

容易验证

$$\begin{pmatrix} 0 & V_1 & 0 & 0 \\ 0 & 0 & V_2 & 0 \\ 0 & 0 & 0 & B_{12} \\ 0 & 0 & 0 & 0 \end{pmatrix} \in \Phi_+^-(N(A) \oplus N(B) \oplus H_1^{\perp} \oplus H_1, H_2 \oplus H_2^{\perp} \oplus K_1 \oplus K_1^{\perp}),$$

则 $M_1 \in \Phi_+^-(N(A) \oplus N(B) \oplus H_1^{\perp} \oplus H_1, H_2 \oplus H_2^{\perp} \oplus K_1 \oplus K_1^{\perp})$. 由引理 2.3.1 得 $M_C \in \Phi_+^-(H \oplus K)$. 证毕.

定理 2.3.7 的证明 由引理 2.3.10 知

$$\bigcap_{C \in \operatorname{Inv}(\mathcal{K},\mathcal{H})} \sigma_{ea}(M_C) \supseteq \bigcap_{C \in B(\mathcal{K},\mathcal{H})} \sigma_{ea}(M_C) \cup \{\lambda \in \mathbb{C}:\ B - \lambda \text{ 是紧算子}\}.$$

为证明相反的包含关系, 令 $\lambda \notin (\bigcap_{C \in B(\mathcal{K},\mathcal{H})} \sigma_{ea}(M_C) \cup \{\lambda \in \mathbb{C} : B - \lambda \text{是紧算子}\})$, 需要讨论下面两种情形.

情形 1 $R(B-\lambda)$ 是不闭的, 则 $d(A-\lambda)=\infty, A-\lambda\in\Phi_+(H)$ 且 $B-\lambda$ 不是紧算子. 由引理 2.3.11, 存在 $C\in \operatorname{Inv}(\mathcal{K},\mathcal{H})$ 使得 $M_C-\lambda\in\Phi_+^-(H\oplus K)$.

情形 2 $R(B-\lambda)$ 是闭的. 由于 $B-\lambda$ 不是紧算子, 则 $\dim N(B-\lambda)^\perp=\infty$. 由引理 2.3.9 可知, 存在 $C\in \operatorname{Inv}(\mathcal{K},\mathcal{H})$ 使得 $M_C-\lambda\in\Phi_+^-(H\oplus K)$, 因此 $A-\lambda\in\Phi_+(H)$与$d(A-\lambda)+d(B-\lambda)\geqslant n(A-\lambda)+n(B-\lambda)$ 成立. 证毕.

利用类似的方法, 可以得到下面推论.

推论 2.3.12 对给定的算子对 (A,B) 有

$$\bigcap_{C\in \operatorname{Inv}(\mathcal{K},\mathcal{H})}\sigma_{SF_-^+}(M_C)=\bigcap_{C\in B(\mathcal{K},\mathcal{H})}\sigma_{SF_-^+}(M_C)\cup\{\lambda\in\mathbb{C}:\ A-\lambda\ \text{是紧算子}\}.$$

定理 2.3.13 对给定的算子对 (A,B) 有

$$\bigcap_{C\in \operatorname{Inv}(\mathcal{K},\mathcal{H})}\sigma_w(M_C)=\bigcap_{C\in B(\mathcal{K},\mathcal{H})}\sigma_w(M_C)\cup\{\lambda\in\mathbb{C}:\ A-\lambda\ \text{或}\ B-\lambda\ \text{是紧算子}\}.$$

下面刻画集合 $\bigcup_{C\in\operatorname{Inv}(\mathcal{K},\mathcal{H})}\sigma_{ea}(M_C)=?$

定理 2.3.14 对给定的算子对 (A,B), 则对一切 $C\in \operatorname{Inv}(\mathcal{K},\mathcal{H})$ 都有 $M_C\in\Phi_+^-(H\oplus K)$ 当且仅当下面条件同时成立:

(1) $A\in\Phi_+(H)$;

(2) $B\in\Phi_+(H)$;

(3) $\operatorname{ind}(A)+\operatorname{ind}(B)\leqslant 0$.

证明 由于 $M_C=\begin{pmatrix} I & 0\\ 0 & B\end{pmatrix}\begin{pmatrix} I & C\\ 0 & I\end{pmatrix}\begin{pmatrix} A & 0\\ 0 & I\end{pmatrix}$, 充分性显然.

必要性. 显然 $A\in\Phi_+(H)$ 且 $n(B)<\infty$. 首先证明 $R(B)$ 是闭的. 反设 $R(B)$ 不闭, 由定理 2.3.4 和引理 2.3.10 可以得到 $d(A)=\infty$ 且 B 不是紧算子. 因此, $R(B)$ 包含一个闭的无限维子空间 K_1, 即 $\dim K_1^\perp=\infty$. 令 $H_1=\{x\in N(B)^\perp: Bx\in K_1\}$, 利用与引理 2.3.11 相同的技巧, 可以假设 H_1 是 $N(B)^\perp$ 的闭子空间, 满足 $\dim H_1=\infty$ 和$\dim H_1^\perp=\infty$ 成立. 由于 $d(A)=\infty$, 记 $R(A)^\perp=H_2\oplus H_2^\perp$, 使得 $\dim H_2=\dim N(B)$ 与$\dim H_2^\perp=\infty$ 成立, 因此

$$M_C=\begin{pmatrix} 0 & 0 & C_{11} & C_{12}\\ 0 & A_1 & C_{21} & C_{22}\\ 0 & 0 & B_1 & B_2\\ 0 & 0 & 0 & B_4\end{pmatrix}: N(A)\oplus N(A)^\perp\oplus H_1\oplus H_1^\perp\to R(A)^\perp\oplus R(A)\oplus K_1\oplus K_1^\perp,$$

其中 B_1 是从 H_1 到 K_1 的可逆算子. 由于 A_1 可逆, 则 $M_C\in\Phi_+^-(H\oplus K)$ 当且

仅当

$$\begin{pmatrix} 0 & C_{11} & C_{12} \\ 0 & B_1 & B_2 \\ 0 & 0 & B_4 \end{pmatrix} \in \Phi_+^-(N(A) \oplus H_1 \oplus H_1^\perp, R(A)^\perp \oplus K_1 \oplus K_1^\perp).$$

由于

$$\begin{pmatrix} I & -C_{11}B_1^{-1} & 0 \\ 0 & I & 0 \\ 0 & 0 & I \end{pmatrix} \begin{pmatrix} 0 & C_{11} & C_{12} \\ 0 & B_1 & B_2 \\ 0 & 0 & B_4 \end{pmatrix} \begin{pmatrix} I & 0 & 0 \\ 0 & I & -B_1^{-1}B_2 \\ 0 & 0 & I \end{pmatrix}$$

$$= \begin{pmatrix} 0 & 0 & -C_{11}B_1^{-1}B_2 + C_{12} \\ 0 & B_1 & 0 \\ 0 & 0 & B_4 \end{pmatrix}, \tag{2.3.4}$$

则 $M_C \in \Phi_+^-(H \oplus K)$ 当且仅当

$$\begin{pmatrix} 0 & 0 & -C_{11}B_1^{-1}B_2 + C_{12} \\ 0 & B_1 & 0 \\ 0 & 0 & B_4 \end{pmatrix} \in \Phi_+^-(N(A) \oplus H_1 \oplus H_1^\perp, R(A)^\perp \oplus K_1 \oplus K_1^\perp).$$

因为 $d(A) = \infty$, 所以可以定义算子 $C_0 : \mathcal{K} \to \mathcal{H}$ 形式为

$$C_0 = \begin{pmatrix} V_2 & V_2B_1^{-1}B_2 \\ 0 & V_1 \end{pmatrix} : H_1 \oplus H_1^\perp \to R(A)^\perp \oplus R(A), \tag{2.3.5}$$

其中 V_1 和 V_2 都是酉算子. 显然 C_0 可逆, 由等式 (2.3.4), $M_{C_0} \in \Phi_+^-(H \oplus K)$ 当且仅当

$$M_0 := \begin{pmatrix} 0 & 0 & 0 \\ 0 & B_1 & 0 \\ 0 & 0 & B_4 \end{pmatrix} \in \Phi_+^-(N(A) \oplus H_1 \oplus H_1^\perp, R(A)^\perp \oplus K_1 \oplus K_1^\perp).$$

因此, $B_4 \in \Phi_+(H_1^\perp, K_1^\perp)$, 故有 $\begin{pmatrix} B_1 & B_2 \\ 0 & B_4 \end{pmatrix} \in \Phi_+(K)$, 则 $R(B)$ 是闭的. 这是一个矛盾, 从而 $R(B)$ 是闭值域的.

由于 $n(M_0) = n(A) + n(B_4) < \infty, d(M_0) = d(A) + d(B_4)$, 则

$$n(M_0) - d(M_0) = n(A) - d(A) + n(B_4) - d(B_4) = \text{ind}(A) + \text{ind}(B),$$

最后一个等式成立是因为 B_1 是可逆算子. 因此, $\text{ind}(A) + \text{ind}(B) \leqslant 0$. 证毕.

用类似的方法, 可以得到下面的结论.

推论 2.3.15 对给定的算子对 (A,B) 有

$$\bigcup_{C\in\mathrm{Inv}(\mathcal{K},\mathcal{H})}\sigma_{ea}(M_C)=\sigma_{ea}\begin{pmatrix} A & 0\\ 0 & B\end{pmatrix}.$$

推论 2.3.16 对给定的算子对 (A,B) 有

$$\bigcup_{C\in\mathrm{Inv}(\mathcal{K},\mathcal{H})}\sigma_{SF_{-}^{+}}(M_C)=\sigma_{SF_{-}^{+}}\begin{pmatrix} A & 0\\ 0 & B\end{pmatrix}.$$

推论 2.3.17 对给定的算子对 (A,B) 有

$$\bigcup_{C\in\mathrm{Inv}(\mathcal{K},\mathcal{H})}\sigma_{w}(M_C)=\sigma_{w}\begin{pmatrix} A & 0\\ 0 & B\end{pmatrix}.$$

2.4 2×2 上三角算子矩阵的左本性谱的扰动

在本节中, 主要刻画集合 $\bigcap_{C\in\ \mathrm{Inv}(\mathcal{K},\mathcal{H})}\sigma_{le}(M_C)$ 与 $\bigcup_{C\in\ \mathrm{Inv}(\mathcal{K},\mathcal{H})}\sigma_{le}(M_C)$. 本节结论的证明方法与 2.3 节中结论证明方法类似, 因此略去证明过程, 只给出主要定理和证明所需要引理的叙述.

设 $F(\mathcal{K},\mathcal{H})$ 表示 $B(\mathcal{K},\mathcal{H})$ 中的 Fredholm 算子之集, 显然 $\mathrm{Inv}(\mathcal{K},\mathcal{H})\subsetneqq F(\mathcal{K},\mathcal{H})$. 本节的主要结果如下.

定理 2.4.1 对给定的算子对 (A,B) 有

$$\begin{aligned}\bigcap_{C\in F(\mathcal{K},\mathcal{H})}\sigma_{le}(M_C)&=\bigcap_{C\in\ \mathrm{Inv}(\mathcal{K},\mathcal{H})}\sigma_{le}(M_C)\\ &=\Big(\bigcap_{C\in B(\mathcal{K},\mathcal{H})}\sigma_{le}(M_C)\Big)\cup\{\lambda\in\mathbb{C}:\ B-\lambda\ \text{是紧算子}\}.\end{aligned}$$

证明需要下面引理.

引理 2.4.2 设 $A\in B(\mathcal{H}),B\in B(\mathcal{K})$ 且 $C\in B(\mathcal{K},\mathcal{H})$, 若 C 有式 (2.2.2) 的算子矩阵形式, 则

(1) M_C 是左 Fredholm 算子当且仅当

(i) A 是左 Fredholm 算子;

(ii) M_1 是左 Fredholm 算子, 其中 M_1 作为从 $N(A)\oplus N(B)\oplus N(B)^{\perp}$ 到 $R(A)^{\perp}\oplus R(B)^{\perp}\oplus\overline{R(B)}$ 的算子有下面的矩阵形式:

$$M_1:=\begin{pmatrix} 0 & C_1 & C_2\\ 0 & 0 & 0\\ 0 & 0 & B_1\end{pmatrix},\tag{2.4.1}$$

其中B 从 $N(B)\oplus N(B)^{\perp}$ 到 $R(B)^{\perp}\oplus\overline{R(B)}$ 的算子有下面的矩阵形式:

$$B=\begin{pmatrix}0&0\\0&B_1\end{pmatrix}.$$

(2) 若 $R(B)$ 是闭的, 则 M_C 是左 Fredholm 算子当且仅当

(i) A 是左 Fredholm 算子;

(ii) C_1 是闭值域算子且 $n(C_1)<\infty$.

引理 2.4.3 若 A 是左 Fredholm 算子, $R(B)$ 是闭的且 $n(B)<\infty$, 则对一切 $C\in B(\mathcal{K},\mathcal{H})$ 都有 M_C 是左 Fredholm 算子.

引理 2.4.4 若 A 是左 Fredholm 算子, $R(B)$ 是闭的且 $n(B)=d(A)=\infty$, 则下列命题等价:

(1) 存在算子 $C\in \mathrm{Inv}(\mathcal{K},\mathcal{H})$ 使得 M_C 是左 Fredholm 算子;

(2) 存在算子 $C\in F(\mathcal{K},\mathcal{H})$ 使得 M_C 是左 Fredholm 算子;

(3) $\dim N(B)^{\perp}=\infty$.

引理 2.4.5 若 A 是左 Fredholm 算子且 B 是紧算子, 则对任意 $C\in F(\mathcal{K},\mathcal{H})$, M_C 不是左 Fredholm 算子.

引理 2.4.6 若 A 是左 Fredholm 算子, $R(B)$ 不闭且 $d(A)=\infty$, 则下面命题等价:

(1) B 是非紧算子;

(2) 存在 $C\in \mathrm{Inv}(\mathcal{K},\mathcal{H})$ 使得 M_C 是左 Fredholm 算子;

(3) 存在 $C\in F(\mathcal{K},\mathcal{H})$ 使得 M_C 是左 Fredholm 算子.

引理 2.4.7[29] 对给定的算子对 (A,B) 有

$$\bigcap\nolimits_{C\in B(\mathcal{K},\mathcal{H})}\sigma_{le}(M_C)=\sigma_{le}(A)\cup\Phi_l(A,B)\cup\Psi_l(A,B),$$

其中

$$\Psi_l(A,B)=\{\lambda\in\mathbb{C}:R(B-\lambda)\text{不闭且 }d(A-\lambda)<\infty\};$$

$$\Phi_l(A,B)=\{\lambda\in\mathbb{C}:R(B-\lambda)\text{ 是闭的, }n(B-\lambda)=\infty\text{ 且 }d(A-\lambda)<\infty\}.$$

利用类似的方法, 可以得到下面结论.

推论 2.4.8 对给定的算子对 (A,B) 有

$$\bigcap\nolimits_{C\in\ \mathrm{Inv}(\mathcal{K},\mathcal{H})}\sigma_{re}(M_C)=\left(\bigcap\nolimits_{C\in B(\mathcal{K},\mathcal{H})}\sigma_{re}(M_C)\right)\cup\{\lambda\in\mathbb{C}:\ A-\lambda\text{ 是紧算子}\}.$$

推论 2.4.9 给定的算子对 (A,B) 有

$$\bigcap\nolimits_{C\in\ \mathrm{Inv}(\mathcal{K},\mathcal{H})}\sigma_{e}(M_C)=\left(\bigcap\nolimits_{C\in B(\mathcal{K},\mathcal{H})}\sigma_{e}(M_C)\right)\cup\{\lambda\in\mathbb{C}:A-\lambda\text{ 或 }B-\lambda\text{ 是紧算子}\}.$$

定理 2.4.10　对给定的算子对 (A,B), 则对一切 $C\in \mathrm{Inv}(\mathcal{K},\mathcal{H})$, M_C 都是左 Fredholm 算子当且仅当 A 和 B 都是左 Fredholm 算子.

推论 2.4.11　对给定的算子对 (A,B) 有

$$\bigcup\nolimits_{C\in F(\mathcal{K},\mathcal{H})}\sigma_{le}(M_C)=\bigcup\nolimits_{C\in Inv(\mathcal{K},\mathcal{H})}\sigma_{le}(M_C)=\sigma_{le}\begin{pmatrix} A & 0\\ 0 & B\end{pmatrix}=\sigma_{le}(A)\cup\sigma_{le}(B).$$

利用类似的方法, 可以得到下面两个推论.

推论 2.4.12　对给定的算子对 (A,B) 有

$$\bigcup\nolimits_{C\in \mathrm{Inv}(\mathcal{K},\mathcal{H})}\sigma_{re}(M_C)=\sigma_{re}(A)\cup\sigma_{re}(B).$$

推论 2.4.13　对给定的算子对 (A,B) 有

$$\bigcup\nolimits_{C\in \mathrm{Inv}(\mathcal{K},\mathcal{H})}\sigma_{e}(M_C)=\sigma_{e}(A)\cup\sigma_{e}(B).$$

2.5　2×2 算子矩阵的本性谱的扰动

本节主要是对

$$M_x=\begin{pmatrix} A & C\\ X & B\end{pmatrix}\quad 和\quad \begin{pmatrix} A & C\\ D & X\end{pmatrix}$$

的缺项算子矩阵的本性谱和 Weyl 谱的并集进行刻画.

引理 2.5.1　对给定算子 $A\in B(\mathcal{H}), B\in B(\mathcal{K})$ 和 $C\in B(\mathcal{K},\mathcal{H})$, 若 A 是 Fredholm 算子, 则 $M_0=\begin{pmatrix} A & C\\ 0 & B\end{pmatrix}$ 是 Fredholm 算子的充要条件是: B 是 Fredholm 算子.

证明　由于

$$M_0=\begin{pmatrix} I & 0\\ 0 & B\end{pmatrix}\begin{pmatrix} I & C\\ 0 & I\end{pmatrix}\begin{pmatrix} A & 0\\ 0 & I\end{pmatrix},$$

充分性显然.

必要性. 由于 A 是 Fredholm 算子, 则存在 $A^{+}\in B(\mathcal{H})$, 使 $AA^{+}=I_{\mathcal{H}}+K_0$, 其中 K_0 是紧算子. 由于

$$\begin{pmatrix} A & C\\ 0 & B\end{pmatrix}\begin{pmatrix} I & -A^{+}C\\ 0 & I\end{pmatrix}=\begin{pmatrix} A & -K_0C\\ 0 & B\end{pmatrix},$$

则 $\begin{pmatrix} A & -K_0C\\ 0 & B\end{pmatrix}$ 是 Fredholm 算子. 由于 $-K_0C$ 是紧算子, 则 $\begin{pmatrix} A & 0\\ 0 & B\end{pmatrix}$ 是

Fredholm 算子, 因此 B 是 Fredholm 算子. 证毕.

类似于上面证明, 有下面的结论.

引理 2.5.2　对给定算子$A \in B(\mathcal{H}), B \in B(\mathcal{K})$ 和 $C \in B(\mathcal{K},\mathcal{H})$, 若 B 是 Fredholm 算子, 则 $M_0 = \begin{pmatrix} A & C \\ 0 & B \end{pmatrix}$ 是 Fredholm 算子的充要条件是: A 是 Fredholm 算子.

注 2.5.3　上面两引理证明了 $M_0 = \begin{pmatrix} A & C \\ 0 & B \end{pmatrix}$ 是 Fredholm 算子蕴涵 $n(B) < \infty$ 和$d(A) < \infty$ 同时成立或同时不成立.

引理 2.5.4　设算子 $A \in B(\mathcal{H}), B \in B(\mathcal{K})$ 和 $C \in B(\mathcal{K},\mathcal{H})$, 若 $n(B) = d(A) = \infty$ 且 $C = \begin{pmatrix} C_1 & C_2 \\ C_3 & C_4 \end{pmatrix} : N(B) \oplus N(B)^{\perp} \to R(A)^{\perp} \oplus \overline{R(A)}$, 则 M_0 是 Fredholm 算子的充要条件是: A 是左 Fredholm 算子, B 是右 Fredholm 算子, C_1 是 Fredholm 算子.

证明　利用类似于定理 2.1.1 的分解方法. 证毕.

引理 2.5.5　对给定算子 $A \in B(\mathcal{H}), B \in B(\mathcal{K})$ 和 $C \in B(\mathcal{K},\mathcal{H})$, 若 $d(A) < \infty$, 则对一切 $X \in B(\mathcal{H},\mathcal{K})$, M_X 是 Fredholm 算子的充要条件是: A 是 Fredholm 算子, B 是 Fredholm 算子, C 是紧算子.

证明　充分性. 由于 C 是紧算子, 则对任意 $X \in B(\mathcal{K},\mathcal{H})$, M_X 是 Fredholm 算子当且仅当 $\begin{pmatrix} A & 0 \\ X & B \end{pmatrix}$ 是 Fredholm 算子. 由引理 2.5.1 知结论显然成立.

必要性. 由 M_0 是 Fredholm 算子, 则 A 是左 Fredholm 算子, B 是右 Fredholm 算子. 显然, A 是左 Fredholm 算子且 $d(A) < \infty$, 蕴涵 A 是 Fredholm 算子. 由引理 2.5.1 知 B 是 Fredholm 算子, 有下面空间分解:

$$\mathcal{H} \oplus \mathcal{K} = \mathcal{H} \oplus N(B) \oplus N(B)^{\perp} = R(A)^{\perp} \oplus R(A) \oplus \mathcal{K}.$$

M_X 作为从 $\mathcal{H} \oplus N(B) \oplus N(B)^{\perp}$ 到 $R(A)^{\perp} \oplus R(A) \oplus \mathcal{K}$ 的算子矩阵有下面的形式

$$M_X = \begin{pmatrix} 0 & C_1 & C_2 \\ A_1 & C_3 & C_4 \\ X & 0 & B_1 \end{pmatrix}.$$

又由于 $d(A) < \infty$ 和$n(B) < \infty$, 则 C_1, C_2, C_3 都是紧算子. 因此,

$$\begin{pmatrix} 0 & 0 & 0 \\ A_1 & 0 & C_4 \\ X & 0 & B_1 \end{pmatrix}$$

是 Fredholm 算子. 由于 A_1 是从 $\mathcal{H}$ 到 $R(A)$ 的右可逆算子, 则存在 A^+ 是从 $R(A)$ 到 $\mathcal{H}$ 的左可逆算子, 使得 $A_1A^+=I_{R(A)}$. 由于

$$\begin{pmatrix} 0 & 0 & 0 \\ A_1 & 0 & C_4 \\ X & 0 & B_1 \end{pmatrix}\begin{pmatrix} I & 0 & -A^+C_4 \\ 0 & I & 0 \\ 0 & 0 & I \end{pmatrix}=\begin{pmatrix} 0 & 0 & 0 \\ A_1 & 0 & 0 \\ X & 0 & B_1-XA^+C_4 \end{pmatrix},$$

其中

$$\begin{pmatrix} I & 0 & -A_1^+C_4 \\ 0 & I & 0 \\ 0 & 0 & I \end{pmatrix}:\mathcal{H}\oplus N(B)\oplus N(B)^\perp\to\mathcal{H}\oplus N(B)\oplus N(B)^\perp,$$

是可逆算子, 则

$$\begin{pmatrix} 0 & 0 & 0 \\ A_1 & 0 & 0 \\ X & 0 & B_1-XA^+C_4 \end{pmatrix}$$

是 Fredholm 算子. 再由 $n(B)<\infty$, $d(A)<\infty$ 得 $\begin{pmatrix} A_1 & 0 \\ X & B_1-XA^+C_4 \end{pmatrix}$ 是 Fredholm 算子. 应用引理 2.5.1, 对一切 $X\in B(\mathcal{K},\mathcal{H})$, 都有 $B_1-XA^+C_4:N(B)^\perp\to\mathcal{K}$ 是 Fredholm 算子.

下面证明 C_4 是紧算子. 反设 C_4 不是紧算子, 则 $R(C_4)$ 包含无限维的闭子空间 $\mathcal{M}$, 故 A^+ 是左可逆算子, 蕴涵 $A^+(\mathcal{M})$ 是 $\mathcal{H}$ 的无限维闭子空间. 记

$$\mathcal{N}=\{x:C_4x\in\mathcal{M} \text{ 且 } x\in N(C_4)^\perp\},$$

则 $\mathcal{N}$ 是 $N(B)^\perp$ 的无限维闭子空间. 不妨设 $\mathcal{N}=\vee\{e_n:n=1,2,3,\cdots\}$, 其中 $\{e_n\}_{n=1}^\infty$ 是一组正规正交基. 显然, $A^+C_4(\mathcal{N})=A^+(\mathcal{M})$.

定义 X_0 是从 $\mathcal{H}$ 到 $\mathcal{K}$ 的映射, 形式为

$$\begin{cases} X_0(A^+C_4(e_n))=B_1(e_n), & i=1,2,3,\cdots, \\ X_0(x)=0, x\in(A^+(\mathcal{M}))^\perp. \end{cases}$$

显然, X_0 是从 $\mathcal{H}$ 到 $\mathcal{K}$ 的线性映射. 由于 A^+C_4 是从 $\mathcal{N}$ 到 $A^+(\mathcal{M})$ 的可逆算子, 则易证 X_0 是有界算子, 因此 $X_0\in B(\mathcal{H},\mathcal{K})$. 显然 $\mathcal{N}\subseteq N(B_1-X_0A^+C_4)$, 则 $n(B_1-X_0A^+C_4)=\infty$, 故 $B_1-X_0A^+C_4$ 不是 Fredholm 算子. 这是一个矛盾, 故 C_4 是紧算子, 则 C 是紧算子. 证毕.

类似地, 可以证明下面结论.

推论 2.5.6　对给定算子 $A \in B(\mathcal{H}), B \in B(\mathcal{K})$ 和 $C \in B(\mathcal{K}, \mathcal{H})$, 若 $n(B) < \infty$, 则对一切 $X \in B(\mathcal{H}, \mathcal{K})$ 都有 M_X 是 Fredholm 算子的充要条件是: A 是 Fredholm 算子, B 是 Fredholm 算子, C 是紧算子.

引理 2.5.7　设 $A \in B(\mathcal{H}), B \in B(\mathcal{K})$ 且 $C \in B(\mathcal{K}, \mathcal{H})$ 有下面的算子矩阵形式: $C = \begin{pmatrix} C_1 & C_2 \\ C_3 & C_4 \end{pmatrix} : N(B) \oplus N(B)^\perp \to R(A)^\perp \oplus \overline{R(A)}$. 若 $n(B) = d(A) = \infty$, 则对一切 $X \in B(\mathcal{H}, \mathcal{K})$, M_X 是 Fredholm 算子的充要条件是:

(1) A 是左 Fredholm 算子, B 是右 Fredholm 算子;

(2) C_1 是 Fredholm 算子且 $C_4 = C_3 C_1^+ C_2 + K_0$, 其中 C_1^+ 是 C_1 的 Fredholm 逆, 即

$$C_1^+ C_1 = I_{N(B)} + K_1, \quad C_1 C_1^+ = I_{R(A)^\perp} + K_2,$$

其中 K_0, K_1, K_2 都是紧算子.

证明　必要性. 由于 $M_0 = \begin{pmatrix} A & C \\ 0 & B \end{pmatrix}$ 是 Fredholm 算子, 应用引理 2.5.4 可得: A 是左 Fredholm 算子且 B 是右 Fredholm 算子. 由于 A 是左 Fredholm 算子, 则 $R(A)$ 是闭的. 类似于引理 2.5.5, 有如下空间分解:

$$\mathcal{H} \oplus \mathcal{K} = \mathcal{H} \oplus N(B) \oplus N(B)^\perp = R(A)^\perp \oplus R(A) \oplus \mathcal{K},$$

且

$$M_X = \begin{pmatrix} 0 & C_1 & C_2 \\ A_1 & C_3 & C_4 \\ X & 0 & B_1 \end{pmatrix} : \mathcal{H} \oplus N(B) \oplus N(B)^\perp \to R(A)^\perp \oplus R(A) \oplus \mathcal{K},$$

其中 A_1,B_1 分别是 Fredholm 算子且 A_1 是右可逆算子. 记 A_1^+ 是其右逆元, 由于

$$\begin{pmatrix} 0 & C_1 & C_2 \\ A_1 & C_3 & C_4 \\ X & 0 & B_1 \end{pmatrix} \begin{pmatrix} I & -A_1^+ C_3 & -A_1^+ C_4 \\ 0 & I & 0 \\ 0 & 0 & I \end{pmatrix}$$
$$= \begin{pmatrix} 0 & C_1 & C_2 \\ A_1 & 0 & 0 \\ X & -XA_1^+ C_3 & B_1 - XA_1^+ C_4 \end{pmatrix},$$

则 M_X 是 Fredholm 算子当且仅当

$$\begin{pmatrix} 0 & C_1 & C_2 \\ A_1 & 0 & 0 \\ X & -XA_1^+ C_3 & B_1 - XA_1^+ C_4 \end{pmatrix}$$

是 Fredholm 算子. 由于 $A_1^+A_1 = I_{\mathcal{H}} + K$, K 是紧算子, 则

$$\begin{pmatrix} I & 0 & 0 \\ 0 & I & 0 \\ 0 & -XA_1^+ & I \end{pmatrix}\begin{pmatrix} 0 & C_1 & C_2 \\ A_1 & 0 & 0 \\ X & -XA_1^+C_3 & B_1 - XA_1^+C_4 \end{pmatrix}$$
$$= \begin{pmatrix} 0 & C_1 & C_2 \\ A_1 & 0 & 0 \\ -XK & -XA_1^+C_3 & B_1 - XA_1^+C_4 \end{pmatrix},$$

故

$$\begin{pmatrix} 0 & C_1 & C_2 \\ A_1 & 0 & 0 \\ -XK & -XA_1^+C_3 & B_1 - XA_1^+C_4 \end{pmatrix}$$

是 Fredholm 算子当且仅当

$$\begin{pmatrix} 0 & C_1 & C_2 \\ A_1 & 0 & 0 \\ 0 & -XA_1^+C_3 & B_1 - XA_1^+C_4 \end{pmatrix}$$

是 Fredholm 算子, 当且仅当

$$\begin{pmatrix} C_1 & C_2 \\ -XA_1^+C_3 & B_1 - XA_1^+C_4 \end{pmatrix}$$

是 Fredholm 算子, 由 A_1 是 Fredholm 算子可得. C_1 是 Fredholm 算子蕴涵存在 C_1^+ 从 $N(B)$ 到 $R(A)^\perp$ 的算子, 满足 $C_1^+C_1 = I_{N(B)} + K_1$, $\quad C_1C_1^+ = I_{R(A)^\perp} + K_2$, 其中 K_1, K_2 都是紧算子. 又由于

$$\begin{pmatrix} C_1 & C_2 \\ -XA_1^+C_3 & B_1 - XA_1^+C_4 \end{pmatrix}\begin{pmatrix} I & -C_1^+C_2 \\ 0 & I \end{pmatrix}$$
$$= \begin{pmatrix} C_1 & -C_1K_2 \\ -XA_1^+C_3 & B_1 - XA_1^+C_4 - XA_1^+C_3C_1^+C_2 \end{pmatrix},$$

则

$$\begin{pmatrix} C_1 & 0 \\ -XA_1^+C_3 & B_1 - XA_1^+C_4 - XA_1^+C_3C_1^+C_2 \end{pmatrix}$$

是 Fredholm 算子. 由引理 2.5.1 得 $B_1 - XA_1^+(C_4 - C_3C_1^+C_2)$ 是 Fredholm 算子. 应用引理 2.5.5 的证明方法, 可得 $C_4 - C_3C_1^+C_2$ 是紧算子.

充分性. 对任意 $X \in B(\mathcal{H},\mathcal{K})$, 记

$$M_X^+ = \begin{pmatrix} -A_1^+C_3C_1^+ & A_1^+ & 0 \\ (1-C_1^+C_2B_1^+XA_1^+C_3)C_1^+ & C_1^+C_2B_1^+XA_1^+ & -C_1^+C_2B_1^+ \\ B_1^+XA_1^+C_3C_1^+ & -B_1^+XA_1^+ & B_1^+ \end{pmatrix}$$

为 $R(A)^\perp \oplus R(A) \oplus \mathcal{K}$ 到 $\mathcal{H} \oplus N(B) \oplus N(B)^\perp$ 的算子, 其中 A_1^+, B_1^+ 分别满足

$$A_1^+A_1 = I_\mathcal{H} + K_3, \quad B_1B_1^+ = I_\mathcal{K} + K_4,$$

其中 K_3, K_4 都是紧算子. 直接可以验证

$$M_X^+M_X = I_{\mathcal{H}\oplus\mathcal{K}} + K_5, \quad M_XM_X^+ = I_{\mathcal{H}\oplus\mathcal{K}} + K_6,$$

其中 K_5 和 K_6 是 $\mathcal{H}\oplus\mathcal{K}$ 上的紧算子. 证毕.

定理 2.5.8 对给定算子 $A \in B(\mathcal{H}), B \in B(\mathcal{K})$ 和 $C \in B(\mathcal{K},\mathcal{H})$, 则

$$\bigcup_{X\in B(\mathcal{K},\mathcal{H})}\sigma_e(M_X) = \mathbb{C}\backslash\rho_f(M_X),$$

其中

$$\begin{aligned}\rho_f(M_X)=&(\{\lambda\in\mathbb{C}:(B-\lambda)^*\text{与 } A-\lambda \text{ 是左 Fredholm 算子 }\}\\ &\cap\{\lambda\in\mathbb{C}:n(B-\lambda)=d(A-\lambda)=\infty, P_{R(A-\lambda)^\perp}C|_{N(B-\lambda)}\text{ 为}\\ &N(B-\lambda)\text{到}R(A-\lambda)^\perp\text{ 的 Fredholm 算子且}P_{R(A-\lambda)}C|_{N(B-\lambda)^\perp}\\ &-(P_{R(A-\lambda)}C|_{N(B-\lambda)}(P_{R(A-\lambda)^\perp}CP|_{N(B-\lambda)})^+)(P_{R(A-\lambda)^\perp}C\,|_{N(B-\lambda)^\perp})\\ &\text{是紧算子 }\})\cup\{B-\lambda, A-\lambda\text{是 Fredholm 算子且}C\text{ 是紧算子 }\}.\end{aligned}$$

其中 $(P_{R(A-\lambda)^\perp}CP|_{N(B-\lambda)})^+$ 是 $(P_{R(A-\lambda)^\perp}CP|_{N(B-\lambda)})$ 的 Fredholm 逆.

证明 由引理 2.5.5 和引理 2.5.6 知结论显然成立. 证毕.

应用类似于引理 2.5.6 的证明方法, 还可以得到下面结论.

引理 2.5.9 给定算子 $A \in B(\mathcal{H}), B \in B(\mathcal{K})$ 和 $C \in B(\mathcal{K},\mathcal{H})$, 若 $d(A) < \infty$, 或 $n(B) < \infty$, 则 M_X 对一切 $X \in B(\mathcal{K},\mathcal{H})$ 是 Weyl 算子的充要条件是: A 是 Fredholm 算子, B 是 Fredholm 算子, C 是紧算子且 $\operatorname{ind}(A) + \operatorname{ind}(B) = 0$.

引理 2.5.10 设 $A \in B(\mathcal{H}), B \in B(\mathcal{K})$ 且 $C \in B(\mathcal{K},\mathcal{H})$ 有下面算子矩阵形式: $C = \begin{pmatrix} C_1 & C_2 \\ C_3 & C_4 \end{pmatrix} : N(B) \oplus N(B)^\perp \to R(A)^\perp \oplus \overline{R(A)}$. 若 $n(B) = d(A) = \infty$, 则对一切 $X \in B(\mathcal{K},\mathcal{H})M_X$ 是 Fredholm 算子的充要条件是:

(1) A 是左 Fredholm 算子, B 是右 Fredholm 算子;

(2) C_1 是 Fredholm 算子, $i(A)+i(B)+i(C_1)=0$ 且 $C_4=C_3C_1^+C_2+K_0$, 其中 C_1^+ 是 C_1 的 Fredholm 逆, 即

$$C_1^+C_1=I_{N(B)}+K_1,\quad C_1C_1^+=I_{R(A)^\perp}+K_2,$$

其中 K_0,K_1,K_2 都是紧算子.

类似于定理 2.5.8 的结论, 可以得到下面结论.

定理 2.5.11 对给定算子 $A\in B(\mathcal{H}),B\in B(\mathcal{K})$ 和 $C\in B(\mathcal{K},\mathcal{H})$, 则

$$\bigcup_{X\in B(\mathcal{K},\mathcal{H})}\sigma_w(M_X)=\mathbb{C}\backslash\rho_w(M_X),$$

其中

$$\begin{aligned}\rho_w(M)=&(\{\lambda\in\mathbb{C}:(B-\lambda)^* \text{ 与 } A-\lambda \text{ 是左 Fredholm 算子 }\}\cap\\&\{\lambda\in\mathbb{C}:n(B-\lambda)=d(A-\lambda)=\infty,P_{R(A-\lambda)^\perp}C|_{N(B-\lambda)} \text{ 为} N(B-\lambda)\\&\text{到} R(A-\lambda)^\perp \text{ 的 Fredholm 算子}, P_{R(A-\lambda)}C|_{N(B-\lambda)^\perp}-P_{\overline{R(A-\lambda)}}C|_{N(B-\lambda)}\\&(P_{R(A-\lambda)^\perp}C|_{N(B-\lambda)})^+P_{R(A-\lambda)^\perp}C|_{N(B-\lambda)^\perp} \text{ 是紧算子, 且} \mathrm{ind}(B-\lambda)\\&+\mathrm{ind}(A-\lambda)+\mathrm{ind}(C_1)=0\})\cup\{B-\lambda \text{ 与 } A-\lambda \text{ 是 Fredholm 算子},\\&\mathrm{ind}(B-\lambda)+\mathrm{ind}(A-\lambda)=0, \text{ 且} C \text{是紧算子}\}.\end{aligned}$$

下面讨论 $N_X:=\begin{pmatrix}A & C\\ B & ?\end{pmatrix}$ 的谱补问题. 显然

$$N_X=\begin{pmatrix}C & A\\ X & B\end{pmatrix}:\mathcal{K}\oplus\mathcal{H}\to\mathcal{H}\oplus\mathcal{K}.$$

对 N_X 应用引理 2.5.5 和引理 2.5.7 的证明方法, 可以得到下面结论.

引理 2.5.12 给定算子 $A\in B(\mathcal{H}),B\in B(\mathcal{K})$ 和 $C\in B(\mathcal{K},\mathcal{H})$. 如果 $d(C)<\infty$ 或 $n(B)<\infty$, 则对一切 $X\in B(\mathcal{K},\mathcal{H})$ 都有 N_X 是 Fredholm 算子的充要条件是: C 是 Fredholm 算子, B 是 Fredholm 算子, A 是紧算子.

引理 2.5.13 设 $A\in B(\mathcal{H}),B\in B(\mathcal{K})$ 且 $C\in B(\mathcal{K},\mathcal{H})$ 有下面算子矩阵形式 $A=\begin{pmatrix}A_1 & A_2\\ A_3 & A_4\end{pmatrix}:N(B)\oplus N(B)^\perp\to R(C)^\perp\oplus\overline{R(C)}$. 如果 $n(B)=d(C)=\infty$, 则对一切 $X\in B(\mathcal{K},\mathcal{H})$ 都有 M_X 是 Fredholm 算子的充要条件是

(1) C 是左 Fredholm 算子, B 是右 Fredholm 算子;

(2) A_1 是 Fredholm 算子且 $A_4=A_3A_1^+A_2+K_0$, 其中 A_1^+ 是 A_1 的 Fredholm 逆.

定理 2.5.14　对给定算子 $A\in B(\mathcal{H}),B\in B(\mathcal{K})$ 和 $C\in B(\mathcal{K},\mathcal{H})$, 则下面五种情形之一成立.

(1) C 是 Fredholm 算子且 B 是 Fredholm 算子,

$$\bigcup_{X\in B(\mathcal{K},\mathcal{H})}\sigma_e(N_X)=\{\lambda\in\mathbb{C}:A-\lambda\text{不是紧算子}\}.$$

(2) C 是 Fredholm 算子且 B 仅是右 Fredholm 算子,

$$\bigcup_{X\in B(\mathcal{K},\mathcal{H})}\sigma_e(N_X)=\mathbb{C}.$$

(3) B 是 Fredholm 算子且 C 仅是左 Fredholm 算子,

$$\bigcup_{X\in B(\mathcal{K},\mathcal{H})}\sigma_e(N_X)=\mathbb{C}.$$

(4) C 不是左 Fredholm 算子或 B 不是右 Fredholm 算子,

$$\bigcup_{X\in B(\mathcal{K},\mathcal{H})}\sigma_e(N_X)=\mathbb{C}.$$

(5) C 和 B 都不是 Fredholm 算子, 但 C 是左 Fredholm 算子且 B 是右 Fredholm 算子,

$$\begin{aligned}&\bigcup_{X\in B(\mathcal{K},\mathcal{H})}\sigma_e(N_X)\\=&\{\lambda\in\mathbb{C}:P_{R(C)^\perp}(A-\lambda)P_{N(B)}\text{ 不是 }N(B)\text{ 到 }R(C)^\perp\text{的 Fredholm 算子}\}\\&\cup\{\lambda\in\mathbb{C}:P_{R(C)}(A-\lambda)P_{N(B)^\perp}-P_{R(C)}(A-\lambda)|_{N(B)}(P_{R(C)^\perp}(A-\lambda)|_{N(B)})\\&+P_{R(C)^\perp}(A-\lambda)|_{N(B)^\perp}\text{ 不是紧算子 }\}.\end{aligned}$$

证明　对 $\lambda\in\mathbb{C}$, $N_X-\lambda$ 是 Fredholm 算子当且仅当 $\begin{pmatrix}C&A-\lambda\\X-\lambda&B\end{pmatrix}:\mathcal{K}\oplus\mathcal{H}\to\mathcal{H}\oplus\mathcal{K}$ 是 Fredholm 算子. 由引理 2.5.11 和引理 2.5.12 知结论成立. 证毕.

对 Weyl 谱也有类似的结论, 定理的叙述与证明留给读者.

对于定理 2.5.14(1)~(4) 四种情形的例子较简单, 留给读者, 对情形 (5) 有下面例子.

例 2.5.15　设 $\mathcal{K}$ 和 $\mathcal{L}$ 都是无限维空间, $\{e_n\}_{n=0}^\infty$ 是 $\mathcal{L}$ 的一个标准正交基, 令 $\mathcal{H}=\mathcal{L}\oplus\mathcal{L}$, $S\in B(\mathcal{L})$ 为右单侧移位算子即 $Se_n=e_{n+1}$, 令 $C_1\in B(\mathcal{K},\mathcal{L})$ 是 Fredholm 算子, $B_1\in B(\mathcal{L},\mathcal{K})$ 是可逆算子, $A=\begin{pmatrix}S&0\\0&0\end{pmatrix}$, $C=\begin{pmatrix}0\\C_1\end{pmatrix}$, $B=\begin{pmatrix}0&B_1\end{pmatrix}$, 则 $\bigcup_{X\in B(\mathcal{K},\mathcal{H})}\sigma_e(N_X)=\partial\mathbb{D}$, 其中 $\partial\mathbb{D}$ 表示单位圆盘的边界.

2.6 2 × 2 算子矩阵的左谱的扰动

下面考虑缺项算子矩阵的左谱. 显然, 若 M_X 可逆, 则 $R(B^*)+R(C^*)=\mathcal{K}$, $R(A)+R(C)=\mathcal{H}$. 但是若 M_X 左可逆, 则只能得到 $R(B^*)+R(C^*)=\mathcal{K}$, 而算子 A 与 C 之间的关系不能直接确定. 因此, 缺项算子矩阵的左谱的讨论比谱的讨论要困难很多.

定理 2.6.1 设 $A\in B(\mathcal{H}), B\in B(\mathcal{K}), C\in K(\mathcal{K},\mathcal{H})$ 且 $R(A)$ 是不闭的, 则存在 $X\in B(\mathcal{H},\mathcal{K})$ 使得 M_X 左可逆当且仅当 $d(B)=\infty$ 且 $R(B^*)+R(C^*)=\mathcal{K}$.

证明 必要性. 不妨设 $M_{X_0}=\begin{pmatrix} A & C \\ X_0 & B\end{pmatrix}$ 是左可逆算子. 显然 $R(B^*)+R(C^*)=\mathcal{K}$. 由于 $C\in K(\mathcal{K},\mathcal{H})$, 则由 Fredholm 算子扰动定理知 $\begin{pmatrix} A & 0 \\ X_0 & B\end{pmatrix}$ 是左 Fredholm 算子, 因此 B 是左 Fredholm 算子. 反设 $d(B)<\infty$, 则 B 是 Fredholm 算子. 由于

$$\begin{pmatrix} A & 0 \\ X_0 & B\end{pmatrix}=\begin{pmatrix} A & 0 \\ 0 & I\end{pmatrix}\begin{pmatrix} I & 0 \\ X_0 & I\end{pmatrix}\begin{pmatrix} I & 0 \\ 0 & B\end{pmatrix},$$

则 $\begin{pmatrix} A & 0 \\ 0 & I\end{pmatrix}$ 是左 Fredholm 算子. 故 A 是左 Fredholm 算子, 这与 $R(A)$ 是不闭的矛盾.

充分性. 由于 $R(B^*)+R(C^*)=\mathcal{K}$, 则 B^*B+C^*C 是可逆算子, 故 B^*B 是 Fredholm 算子, 因此 B 是左 Fredholm 算子. 由于 $R(B)$ 是闭空间, 则有空间分解

$$\mathcal{H}\oplus\mathcal{K}=N(A)\oplus N(A)^{\perp}\oplus N(B)\oplus N(B)^{\perp}=R(A)^{\perp}\oplus\overline{R(A)}\oplus R(B)^{\perp}\oplus R(B).$$

由于 $d(B)=\infty$, 则有分解 $R(B)^{\perp}=\mathcal{H}_1\oplus\mathcal{H}_2$, 使得 $\dim\mathcal{H}_1=n(A)$ 和$\dim\mathcal{H}_2=\dim N(A)^{\perp}$ 成立. 定义算子 W_1 和 W_2 分别是从 $N(A)$ 到 $\mathcal{H}_1$ 和从 $N(A)^{\perp}$ 到 $\mathcal{H}_2$ 的可逆算子. 因此, W_1 和 W_2 分别为从 $N(A)$ 和 $N(A)^{\perp}$ 到 $R(B)^{\perp}$ 的左可逆算子. 容易验证

$$W_1^{+}=\begin{pmatrix} W_1^{-1}, & 0\end{pmatrix}:\mathcal{H}_1\oplus\mathcal{H}_2\to N(A)$$

和

$$W_2^{+}=\begin{pmatrix} 0, & W_2^{-1}\end{pmatrix}:\mathcal{H}_1\oplus\mathcal{H}_2\to N(A)^{\perp}$$

分别为 W_1 和 W_2 的一个左逆元. 定义

$$X_0=\begin{pmatrix} W_1 & W_2 \\ 0 & 0\end{pmatrix}:N(A)\oplus N(A)^{\perp}\to R(B)^{\perp}\oplus R(B).$$

因此 $M_{X_0}=\begin{pmatrix}0&0&C_1&C_2\\0&A_1&C_3&C_4\\W_1&W_2&0&0\\0&0&0&B_1\end{pmatrix}$ 是从 $N(A)\oplus N(A)^{\perp}\oplus N(B)\oplus N(B)^{\perp}$ 到 $R(A)^{\perp}\oplus\overline{R(A)}\oplus R(B)^{\perp}\oplus R(B)$ 的算子.

下面证明 M_{X_0} 是左可逆算子. 由于 B_1 是可逆算子, 则

$$\begin{pmatrix}I&0&0&-C_2B_1^{-1}\\0&I&0&-C_4B_1^{-1}\\0&0&I&0\\0&0&0&I\end{pmatrix}\begin{pmatrix}0&0&C_1&C_2\\0&A_1&C_3&C_4\\W_1&W_2&0&0\\0&0&0&B_1\end{pmatrix}=\begin{pmatrix}0&0&C_1&0\\0&A_1&C_3&0\\W_1&W_2&0&0\\0&0&0&B_1\end{pmatrix},$$

故只需证明 $\begin{pmatrix}0&0&C_1\\0&A_1&C_3\\W_1&W_2&0\end{pmatrix}$ 是左可逆算子. 由于

$$\begin{pmatrix}0&0&W_1^+\\0&0&W_2^+\\0&0&0\end{pmatrix}\begin{pmatrix}0&0&0\\0&A_1&0\\W_1&W_2&0\end{pmatrix}=\begin{pmatrix}I&0&0\\0&I&0\\0&0&0\end{pmatrix}$$

且

$$\begin{pmatrix}I&0&0\\0&I&0\\0&0&0\end{pmatrix}:N(A)\oplus N(A)^{\perp}\oplus N(B)\to N(A)\oplus N(A)^{\perp}\oplus N(B)$$

是左 Fredholm 算子 (由于 $n(B)<\infty$), 则 $\begin{pmatrix}0&0&0\\0&A_1&0\\W_1&W_2&0\end{pmatrix}$ 是左 Fredholm 算子.

由 Fredholm 算子的紧扰动定理知 $\begin{pmatrix}0&0&C_1\\0&A_1&C_3\\W_1&W_2&0\end{pmatrix}$ 的值域是闭的.

设 $x_1\in N(A),x_2\in N(A)^{\perp},x_3\in N(B)$, 若

$$\begin{pmatrix}0&0&C_1\\0&A_1&C_3\\W_1&W_2&0\end{pmatrix}\begin{pmatrix}x_1\\x_2\\x_3\end{pmatrix}=\begin{pmatrix}0\\0\\0\end{pmatrix},$$

则

$$C_1x_3=A_1x_2+C_3x_3=W_1x_1+W_2x_2=0.$$

因为 $R(W_1)$ 与 $R(W_2)$ 是正交空间且 W_1 和 W_2 是左可逆算子, 由 $W_1x_1+W_2x_2=0$ 得 $x_1=x_2=0$, 所以 $C_1x_3=C_3x_3=0$, 故 $x_3\in N(C)\cap N(B)$. 又由于

$$R(B^*)+R(C^*)=\mathcal{K}\Longrightarrow N(C)\cap N(B)=\{0\},$$

故 $x_3=0$, 因此

$$\begin{pmatrix} 0 & 0 & C_1 \\ 0 & A_1 & C_3 \\ W_1 & W_2 & 0 \end{pmatrix}$$

是左可逆算子. 证毕.

由上面定理的充分性证明, 显然下面结论成立.

推论 2.6.2 设 $B\in B(\mathcal{K})$, $C\in K(\mathcal{K},\mathcal{H})$ 且 $R(B^*)+R(C^*)=\mathcal{K}$, 则对任意 $A\in B(\mathcal{H})$ 都存在 $X\in B(\mathcal{H},\mathcal{K})$ 使得 M_X 左可逆.

下面考虑: 当 $C\in K(\mathcal{K},\mathcal{H})$ 时, 对一切 $X\in B(\mathcal{H},\mathcal{K})$, M_X 都左可逆的充要条件.

定理 2.6.3 设 $A\in B(\mathcal{H})$, $B\in B(\mathcal{K})$, $C\in K(\mathcal{K},\mathcal{H})$, 则对一切 $X\in B(\mathcal{H},\mathcal{K})$, M_X 都左可逆当且仅当下面四个条件都成立:

(1) A 是左可逆算子;

(2) B 是左 Fredholm 算子;

(3) $R(A)\cap R(C)=\{0\}$;

(4) $N(B)\cap N(C)=\{0\}$.

证明 必要性. 由于 $\begin{pmatrix} A & C \\ 0 & B \end{pmatrix}$ 左可逆, 则 A 是左可逆算子. 又由于 $C\in K(\mathcal{K},\mathcal{H})$, 则 $\begin{pmatrix} A & 0 \\ 0 & B \end{pmatrix}$ 是左 Fredholm 算子, 因此 B 是左 Fredholm 算子.

若 $R(A)\cap R(C)\neq\{0\}$, 则存在单位向量 $x_1\in\mathcal{H}$ 和非零向量 $x_2\in\mathcal{K}$ 使得 $Ax_1+Cx_2=0$. 令 $X_0=(-Bx_2)\otimes x_1$, 其中 $x\otimes y$ 表示一秩算子 $x\otimes y(z)=\langle z,y\rangle x$. 容易验证 $M_{X_0}(x_1\oplus x_2)=0$, 故 M_{X_0} 不是左可逆算子. 这与题设矛盾, 故 $R(A)\cap R(C)=\{0\}$.

如果 $N(B)\cap N(C)\neq\{0\}$, 设 $0\neq x_2\in N(B)\cap N(C)$, 则对任意算子 $X\in B(\mathcal{H},\mathcal{K})$, 都有 $M_X(0\oplus x_2)=0$, 与题设矛盾.

充分性. 由条件 (1) 和 (2), 对任意 $X\in B(\mathcal{H},\mathcal{K})$, $\begin{pmatrix} A & 0 \\ X & B \end{pmatrix}$ 是左 Fredholm 算子, 故 M_X 是左 Fredholm 算子. 下面只需证明对任意 X 都有 $n(M_X)=0$.

如果

$$\begin{pmatrix} A & C \\ X & B \end{pmatrix}\begin{pmatrix} x_1 \\ x_2 \end{pmatrix} = 0,$$

则

$$\begin{cases} Ax_1 + Cx_2 = 0 \\ Xx_1 + Bx_2 = 0. \end{cases}$$

由条件 (3) 得 $Ax_1 = Cx_2 = 0$. 因为 A 是左可逆算子, 所以 $x_1 = 0$. 因此,

$$x_2 \in N(B) \cap N(C) = \{0\}.$$

证毕.

接下来, 记

$$\begin{aligned}
\Sigma(A,B,C) &:= \{\lambda : R(A-\lambda) + R(C) \neq \mathcal{H} \text{ 或} R(B^* - \overline{\lambda}) + R(C^*) \neq \mathcal{K}\},\\
\Phi_l(A,B,C) &:= \{\lambda \in \mathbb{C} : R(P_{R(C)^\perp}(A-\lambda)) \text{ 不闭, 且} d((B-\lambda)P_{N(C)}) < \infty\},\\
\Phi_r(A,B,C) &:= \{\lambda \in \mathbb{C} : R((B-\lambda)P_{N(C)}) \text{ 不闭, 且} n(P_{R(C)^\perp}(A-\lambda)) < \infty\}.
\end{aligned}$$

引理 2.6.4 设 $B \in B(\mathcal{H}_1, \mathcal{K})$, $C \in B(\mathcal{H}_2, \mathcal{K})$, 则算子对 (B, C) 右可逆当且仅当存在 $\delta > 0$, 使得 $BB^* + CC^* \geqslant \delta I$.

由定理 2.2.1 和推论 2.2.4 知, 下面结论显然成立.

引理 2.6.5 设 $A \in B(\mathcal{H}_1, \mathcal{K}_1)$, $B \in B(\mathcal{H}_2, \mathcal{K}_2)$, 则存在 $C \in B(\mathcal{H}_2, \mathcal{K}_1)$ 使得

$$M_C = \begin{pmatrix} A & C \\ 0 & B \end{pmatrix} : \mathcal{H}_1 \oplus \mathcal{H}_2 \to \mathcal{K}_1 \oplus \mathcal{K}_2$$

左可逆当且仅当

(1) A 是左可逆的;

(2) 如果 $R(B)$ 是闭的, 则 $d(A) \geqslant n(B)$ 成立; 如果 $R(B)$ 不是闭的, 则 $d(A) = \infty$ 成立.

定理 2.6.6 设 $A \in B(\mathcal{H}), B \in B(\mathcal{K})$, $C \in B(\mathcal{K}, \mathcal{H})$, 若 (B^*, C^*) 右可逆且 $R(C)$ 是闭的, 则存在 $X \in B(\mathcal{H}, \mathcal{K})$ 使得 $M_X(A, B, C)$ 左可逆当且仅当下面两个条件中有一个成立:

(1) 如果 $R(P_{R(C)^\perp}A)$ 是闭的, 则 $d(BP_{N(C)}) \geqslant n(P_{R(C)^\perp}A)$ 成立;

(2) 如果 $R(P_{R(C)^\perp}A)$ 不是闭的, 则 $d(BP_{N(C)}) = \infty$ 成立.

证明 空间 $\mathcal{H} \oplus \mathcal{K}$ 可作如下分解:

$$\mathcal{H} \oplus \mathcal{K} = \mathcal{H} \oplus N(C) \oplus N(C)^\perp = R(C)^\perp \oplus R(C) \oplus \mathcal{K}.$$

因此

$$M_X := \begin{pmatrix} A_1 & 0 & 0 \\ A_2 & 0 & C_1 \\ X & B_1 & B_2 \end{pmatrix} : \mathcal{H} \oplus N(C) \oplus N(C)^{\perp} \to R(C)^{\perp} \oplus R(C) \oplus \mathcal{K}. \quad (2.6.1)$$

显然, C_1 是可逆的. 因为

$$\begin{pmatrix} I & 0 & 0 \\ 0 & I & 0 \\ 0 & -B_2C_1^{-1} & I \end{pmatrix} \begin{pmatrix} A_1 & 0 & 0 \\ A_2 & 0 & C_1 \\ X & B_1 & B_2 \end{pmatrix} \begin{pmatrix} I & 0 & 0 \\ 0 & I & 0 \\ -C_1^{-1}A_2 & 0 & I \end{pmatrix}$$
$$= \begin{pmatrix} A_1 & 0 & 0 \\ 0 & 0 & C_1 \\ X - B_2C_1^{-1}A_2 & B_1 & 0 \end{pmatrix},$$

所以 M_X 左可逆当且仅当

$$\begin{pmatrix} A_1 & 0 & 0 \\ 0 & 0 & C_1 \\ X - B_2C_1^{-1}A_2 & B_1 & 0 \end{pmatrix}$$

左可逆. 因此, M_X 左可逆当且仅当

$$\begin{pmatrix} A_1 & 0 \\ X - B_2C_1^{-1}A_2 & B_1 \end{pmatrix} : \mathcal{H} \oplus N(C) \to R(C)^{\perp} \oplus \mathcal{K}$$

左可逆, 当且仅当

$$\begin{pmatrix} B_1 & X - B_2C_1^{-1}A_2 \\ 0 & A_1 \end{pmatrix} : N(C) \oplus \mathcal{H} \to \mathcal{K} \oplus R(C)^{\perp}$$

左可逆. 由于 (B^*, C^*) 右可逆, 由引理 2.6.4 知存在 $\delta > 0$ 使得 $B^*B + C^*C \geqslant \delta I$, 故 $P_{N(C)}B^*B|_{N(C)} \geqslant \delta I|_{N(C)}$, 即 B_1 左可逆. 由引理 2.6.5 知存在 X 使得 M_X 是左可逆当且仅当: 若 $R(P_{R(C)^{\perp}}A)$ 是闭的, 则 $d(B_1) \geqslant n(A_1)$ 成立; 若 $R(P_{R(C)^{\perp}}A)$ 不是闭的, 则 $d(B_1) = \infty$ 成立. 显然有 $d(B_1) = d(BP_{N(C)})$ 与$n(A_1) = n(P_{R(C)^{\perp}}A)$ 成立, 故结论成立. 证毕.

定理 2.6.7 设 $A \in B(\mathcal{H})$, $B \in B(\mathcal{K})$, $C \in B(\mathcal{K}, \mathcal{H})$, 如果 $R(C)$ 是闭的, 则

$$\bigcap_{X \in B(\mathcal{H},\mathcal{K})} \sigma_l(M_X) = \{\lambda \in \mathbb{C} : ((B-\lambda)^*, C^*) \text{ 不是右可逆的}\} \cup \Phi_l(A, B, C)$$
$$\cup \{\lambda \in \mathbb{C} : d((B-\lambda)P_{N(C)}) < n(P_{R(C)^{\perp}}(A-\lambda))\}.$$

证明　由定理 2.6.6 知结论成立. 证毕.

推论 2.6.8　设 $A\in B(\mathcal{H})$, $B\in B(\mathcal{K})$, $C\in B(\mathcal{K},\mathcal{H})$, 如果 $R(C)$ 是闭的, 则

$$\bigcap_{X\in B(\mathcal{K},\mathcal{H})}\sigma_r(M_X)=\{\lambda\in\mathbb{C}:((A-\lambda),C)\text{ 不是右可逆的}\}\cup\Phi_r(A,B,C)\\ \cup\{\lambda\in\mathbb{C}:d((B-\lambda)P_{N(C)})>n(P_{R(C)^\perp}(A-\lambda))\}.$$

证明　注意到 M_X 和 M_X^* 的伴随关系, 可以直接得到结论. 证毕.

推论 2.6.9　设 $A\in B(\mathcal{H})$, $B\in B(\mathcal{K})$, $C\in B(\mathcal{K},\mathcal{H})$, 如果 $R(C)$ 是闭的, 则

$$\bigcap_{X\in B(\mathcal{H},\mathcal{K})}\sigma(M_X)=\Sigma(A,B,C)\cup\{\lambda\in\mathbb{C}:d((B-\lambda)P_{N(C)})\neq n(P_{R(C)^\perp}(A-\lambda))\}.$$

作为推论, 下面给出文献 [13] 中两个主要结论的新的证明方法.

推论 2.6.10[13]　设 $A\in B(\mathcal{H})$, $B\in B(\mathcal{K})$, $C\in B(\mathcal{K},\mathcal{H})$, 如果 $\dim\mathcal{H},\dim\mathcal{K}<\infty$, 则

$$\bigcap_{X\in B(\mathcal{H},\mathcal{K})}\sigma(M_X)=\Sigma(A,B,C).$$

证明　只需证明如果 $\mathcal{H}$ 和 $\mathcal{K}$ 都是有限维的, 则

$$\{\lambda\in\mathbb{C}:d((B-\lambda)P_{N(C)})\neq n(P_{R(C)^\perp}(A-\lambda))\}\backslash\Sigma(A,B,C)=\varnothing.$$

如果

$$\lambda\in\{\lambda\in\mathbb{C}:d((B-\lambda)P_{N(C)})\neq n(P_{R(C)^\perp}(A-\lambda))\}\backslash\Sigma(A,B,C),$$

则

$$R(A-\lambda)+R(C)=\mathcal{H}\text{ 与 }R(B-\lambda)^*+R(C^*)=\mathcal{K}$$

成立. 因此 $R(P_{R(C)^\perp}(A-\lambda))\supseteq R(C)^\perp$, 故 $P_{R(C)^\perp}(A-\lambda)$ 是右可逆. 同理 $(B-\lambda)|_{N(C)}$ 是左可逆. 因为 $\mathcal{H}$ 和 $\mathcal{K}$ 都是有限维, 所以 $(B-\lambda)|_{N(C)}$ 是可逆的且 $P_{R(C)^\perp}(A-\lambda)$ 是可逆的. 因此, $d((B-\lambda)P_{N(C)})=n(P_{R(C)^\perp}(A-\lambda))=0$, 这与 λ 的选取矛盾. 证毕.

推论 2.6.11[13]　设 $A\in B(\mathcal{H})$, $B\in B(\mathcal{K})$, $C\in F(\mathcal{K},\mathcal{H})$, 则

$$\bigcap_{X\in B(\mathcal{H},\mathcal{K})}\sigma(M_X)=\Sigma(A,B,C)\cup G(A,B)\cup G(B^*,A)\\ \cup\{\lambda\in\mathbb{C}:\ A-\lambda,B-\lambda\in\mathcal{F},\mathrm{ind}(A-\lambda)+\mathrm{ind}(B-\lambda)\neq 0\},$$

其中

$$G(A,B)=\{\lambda\in\mathbb{C}:A-\lambda,B-\lambda\in\mathcal{SF},\mathrm{ind}(A-\lambda)=\infty,|\mathrm{ind}(B-\lambda)|<\infty\}.$$

证明　不失一般性, 设 $\lambda=0$, 并分下面三种情形讨论.

(1) 如果

$$0\in\{\lambda\in\mathbb{C}:\ A-\lambda, B-\lambda\in\mathcal{F}, \mathrm{ind}(A-\lambda)+\mathrm{ind}(B-\lambda)\neq 0\}\backslash\Sigma(A,B,C),$$

则

$$\mathrm{ind}(A)=n(A)-d(A)\neq d(B)-n(B).$$

由于算子对 (A,C) 和 (B^*,C^*) 都是右可逆的, 则

$$R(A)+R(C)=\mathcal{H}\ \text{ 与 }\ R(B^*)+R(C^*)=\mathcal{K}$$

成立. 又由于 $R(C)^\perp\cap R(A)^\perp=\{0\}$, 则 $P_{R(C)}$ 是从 $R(A)^\perp$ 到 $P_{R(C)}R(A)^\perp$ 上的双射, 因此 $\mathrm{dim}P_{R(C)}R(A)^\perp=d(A)$. 因为

$$n(P_{R(C)^\perp}A)=n(A)+\mathrm{dim}(R(C)\cap R(A))$$

与

$$\begin{aligned}R(C)&=[R(C)\cap R(A)]\oplus[(R(C)^\perp\vee R(A)^\perp)\cap R(C)]\\&=[R(C)\cap R(A)]\oplus P_{R(C)}R(A)^\perp\end{aligned}$$

成立, 所以

$$n(P_{R(C)^\perp}A)=n(A)+\mathrm{dim}R(C)-d(A).$$

同理,

$$d(BP_{N(C)})=d(B)+\mathrm{dim}N(C)^\perp-n(B).$$

由于 $\mathrm{dim}R(C)=\mathrm{dim}N(C)^\perp$ 和 $n(A)-d(A)\neq d(B)-n(B), d(BP_{N(C)})\neq n(P_{R(C)^\perp}A)$ 都成立, 则 $0\in\bigcap_{X\in B(\mathcal{H},\mathcal{K})}\sigma(M_X)$.

(2) 如果 $0\in G(A,B)$, 则 $\mathrm{ind}(A)=\infty$ 且 $|\mathrm{ind}(B)|<\infty$. 因此, $n(A)=\infty$, $d(A)<\infty, n(B)<\infty$ 与$d(B)<\infty$ 都成立. 显然, $n(P_{R(C)^\perp}A)=\infty, d(BP_{N(C)})<\infty$, 故 $d(BP_{N(C)})\neq n(P_{R(C)^\perp}A)$. 因此, $0\in\bigcap_{X\in B(\mathcal{H},\mathcal{K})}\sigma(M_X)$.

(3) 如果 $0\in G(B^*,A)$, 则 $\mathrm{ind}(B^*)=\infty$ 且 $|\mathrm{ind}(A)|<\infty$. 因此, $n(A)<\infty, d(A)<\infty, n(B)<\infty$ 与 $d(B)=\infty$ 都成立. 显然, $n(P_{R(C)^\perp}A)<\infty, d(BP_{N(C)})=\infty$, 故 $d(BP_{N(C)})\neq n(P_{R(C)^\perp}A)$. 因此, $0\in\bigcap_{X\in B(\mathcal{H},\mathcal{K})}\sigma(M_X)$.

因为 $\Sigma(A,B,C)\subseteq\bigcap_{X\in B(\mathcal{H},\mathcal{K})}\sigma(M_X)$, 且 $G(A,B)\subseteq\bigcap_{X\in B(\mathcal{H},\mathcal{K})}\sigma(M_x)$ 与 $G(B^*,A)\subseteq\bigcap_{x\in B(\mathcal{H},\mathcal{K})}\sigma(M_x)$, 所以包含关系成立.

对相反的包含关系, 如果

$$0\in\{\lambda\in\mathbb{C}:d((B-\lambda)P_{N(C)})\neq n(P_{R(C)^\perp}(A-\lambda))\}\backslash\Sigma(A,B,C),$$

则

$$R(A)+R(C)=\mathcal{H}\ \text{ 与 }\ R(B^*)+R(C^*)=\mathcal{K}$$

成立. 因此, AA^*+CC^* 和 B^*B+C^*C 都是可逆的. 因为 C 是有限秩的算子, 所以由定义 1.1.4 知 AA^* 和 B^*B 都是 Fredholm 算子. 因此, $A\in\mathcal{SF},B\in\mathcal{SF}$. 下面分三种情形进行讨论:

(i) 若 $n(A)=\infty;n(B^*)<\infty$, 则 $0\in G(A,B)$;

(ii) 若 $n(A)<\infty;n(B^*)=\infty$, 则 $0\in G(B^*,A)$;

(iii) 若 $n(A)<\infty;n(B^*)<\infty$, 则 A 和 B 都是 Fredholm 算子. 由于

$$0\in\{\lambda\in\mathbb{C}:d((B-\lambda)P_{N(C)})\neq n(P_{R(C)^\perp}(A-\lambda))\},$$

则由 (i) 得 $\mathrm{ind}(A)+\mathrm{ind}(B)\neq 0$. 因此

$$\begin{aligned}0\in&\Sigma(A,B,C)\cup G(A,B)\cup G(B^*,A)\\&\cup\{\lambda\in\mathbb{C}:\ A-\lambda,B-\lambda\in\mathcal{F},\mathrm{ind}(A-\lambda)+\mathrm{ind}(B-\lambda)\neq 0\}.\end{aligned}$$

证毕.

注记　关于算子矩阵谱的研究, 特别是上三角算子矩阵谱的扰动研究, 早期文献 [13]、[14]、[24]~[27] 取得了深刻的研究成果. 本章的主要内容是作者攻读硕士、博士学位期间的研究成果, 已发表于文献 [28]~[32]. 近年来, 国内外多名研究者关注和进一步研究了上三角算子矩阵的各种谱的扰动问题, 可见文献 [11]、[12]、[18]~[20]、[33] ~[42]. 特别是近三年来, 关于算子矩阵谱的研究有了许多新的成果出现, 可见文献 [43]~[47].

第 3 章　幂等算子与算子矩阵

投影算子是结构最简单和最重要的算子之一. 由投影算子的和、差与乘积及其线性组合所生成算子的结构特征是重要的算子理论问题. 近年来, 投影的和与差的可逆性 (非奇异性), 投影的分解性质以及投影的线性组合的可逆性等问题受到了广泛关注, 相关结果主要见文献 [48]~[75]. 本章应用投影的算子矩阵形式, 给出了两个子空间之间的极大和极小交角的表达式, 延伸了一些已知的结论, 并给出了投影的和、差及乘积的 Fredholm 性的等价刻画.

在 3.1 节中, 将使用分块算子矩阵的技巧, 讨论 Hilbert 空间中的两个闭子空间的角度问题, 对文献 [55] 中已经获得的结果进行延伸, 并给出新的结论. 在 3.2 节中, 将运用分块算子矩阵的技巧, 研究 Hilbert 空间 $\mathcal{H}$ 上两个幂等算子差的 Fredholm 性.

3.1　两个闭子空间之间的夹角

首先回顾: 两个闭子空间 $\mathcal{M}$ 和 $\mathcal{N}$ 之间的夹角 θ 定义为 $\theta \in \left[0, \dfrac{\pi}{2}\right]$ 且 θ 的余弦为 $c(\mathcal{M},\mathcal{N})$, 其形式为

$$\begin{aligned} c(\mathcal{M},\mathcal{N}) = \sup\{|\langle x, y\rangle| : x \in \mathcal{M} \cap (\mathcal{M}\cap\mathcal{N})^{\perp}, \\ y \in \mathcal{N} \cap (\mathcal{M}\cap\mathcal{N})^{\perp} \text{ 且 } \|x\| = \|y\| = 1\}. \end{aligned} \tag{3.1.1}$$

显然, $c(\mathcal{M},\mathcal{N})$ 是定义好的当且仅当 $\mathcal{M}$ 不是 $\mathcal{N}$ 的子空间, 且 $\mathcal{N}$ 也不是 $\mathcal{M}$ 的子空间. 故补充定义当 $\mathcal{M} \subseteq \mathcal{N}$ 或者 $\mathcal{N} \subseteq \mathcal{M}$ 时, $c(\mathcal{M},\mathcal{N}) = 0$.

在文献 [51] 中, 定义 $\mathcal{M}$ 和 $\mathcal{N}$ 之间的最小夹角为 $\left[0, \dfrac{\pi}{2}\right]$ 中的角, 其余弦为

$$c_0(\mathcal{M},\mathcal{N}) = \sup\{|\langle x, y\rangle| : x \in \mathcal{M}, y \in \mathcal{N} \text{ 和} \|x\| = \|y\| = 1\}. \tag{3.1.2}$$

另外, 在文献 [51]、[55] 中, 两闭子空间 $\mathcal{M}$ 和 $\mathcal{N}$ 的最小间隙定义为

$$\gamma(\mathcal{M},\mathcal{N}) = \inf_{x\in\mathcal{M}, x\notin\mathcal{N}} \frac{\operatorname{dist}(x,\mathcal{N})}{\operatorname{dist}(x,\mathcal{M}\cap\mathcal{N})}. \tag{3.1.3}$$

显然, $\gamma(\mathcal{M},\mathcal{N})$ 是定义好的当且仅当 $\mathcal{M}$ 不是 $\mathcal{N}$ 的子空间. 补充定义当 $\mathcal{M} \subseteq \mathcal{N}$ 时, $\gamma(\mathcal{M},\mathcal{N}) = 1$.

设 $A\in B(\mathcal{H})$, 约化极小模 $\gamma(A)$ 的定义为

$$\gamma(A)=\begin{cases}\inf\{\|Ax\|:\operatorname{dist}(x,\mathcal{N}(A))=1\}, & A\neq 0,\\ 0, & A=0.\end{cases}$$

容易证明: 对于 $A\neq 0$, 则 $R(A)$ 是闭子空间当且仅当 $\gamma(A)>0$. 设 $\mathcal{M},\mathcal{N}$ 是 $\mathcal{H}$ 的两个闭子空间, 若满足这样四个条件: $\mathcal{M}\cap\mathcal{N}=\{0\}$, $\mathcal{M}\cap\mathcal{N}^{\perp}=\{0\}$, $\mathcal{M}^{\perp}\cap\mathcal{N}=\{0\}$, $\mathcal{M}^{\perp}\cap\mathcal{N}^{\perp}=\{0\}$, 则称 $(\mathcal{M},\mathcal{N})$ 是 $\mathcal{H}$ 的正则对. 下面引理给出正则对 $(\mathcal{M},\mathcal{N})$ 所对应的正交投影的算子矩阵形式, 其证明见文献 [67]. 为读者方便, 下面给出详细证明.

引理 3.1.1　设 $\mathcal{M},\mathcal{N}$ 是 $\mathcal{H}$ 的两个闭子空间, $P_{\mathcal{M}}$ 和 $P_{\mathcal{N}}$ 是其上的正交投影. 若 $(\mathcal{M},\mathcal{N})$ 是 $\mathcal{H}$ 的正则对, 则在空间分解 $\mathcal{H}=\mathcal{M}\oplus M^{\perp}$ 下, $P_{\mathcal{M}}$ 和 $P_{\mathcal{N}}$ 有算子矩阵形式:

$$P_{\mathcal{M}}=\begin{pmatrix} I_{\mathcal{M}} & 0\\ 0 & 0\end{pmatrix},\quad P_{\mathcal{N}}=\begin{pmatrix} Q & Q^{\frac{1}{2}}(I_{\mathcal{U}}-Q)^{\frac{1}{2}}D\\ D^{*}Q^{\frac{1}{2}}(I_{\mathcal{U}}-Q)^{\frac{1}{2}} & D^{*}(I_{\mathcal{U}}-Q)D\end{pmatrix},\tag{3.1.4}$$

其中 Q 是 $\mathcal{M}$ 上的正压缩算子, $0,1$ 不是 Q 的特征值, D 是从 $\mathcal{M}^{\perp}$ 到 $\mathcal{M}$ 的酉算子.

证明　显然, $P_{\mathcal{M}}$ 与 $P_{\mathcal{N}}$ 分别在空间分解 $\mathcal{H}=\mathcal{M}\oplus M^{\perp}$ 下有算子矩阵形式:

$$P_{\mathcal{M}}=\begin{pmatrix} I_{\mathcal{M}} & 0\\ 0 & 0\end{pmatrix},\quad P_{\mathcal{N}}=\begin{pmatrix} Q_{11} & Q_{11}^{\frac{1}{2}}DQ_{22}^{\frac{1}{2}}\\ Q_{22}^{\frac{1}{2}}D^{*}Q_{11}^{\frac{1}{2}} & Q_{22}\end{pmatrix},$$

其中 Q_{11},Q_{22} 分别是 $\mathcal{M},\mathcal{M}^{\perp}$ 上的正压缩算子, D 是从 $\mathcal{M}^{\perp}$ 到 $\mathcal{M}$ 压缩算子. 由于 $P_{\mathcal{N}}^{2}=P_{\mathcal{N}}$, 则

$$\begin{pmatrix} Q_{11}^{2}+Q_{11}^{\frac{1}{2}}DQ_{22}D^{*}Q_{11}^{\frac{1}{2}} & Q_{11}^{\frac{3}{2}}DQ_{22}^{\frac{1}{2}}+Q_{11}^{\frac{1}{2}}DQ_{22}^{\frac{3}{2}}\\ Q_{22}^{\frac{1}{2}}D^{*}Q_{11}^{\frac{3}{2}}+Q_{22}^{\frac{3}{2}}D^{*}Q_{11}^{\frac{1}{2}} & Q_{22}^{\frac{1}{2}}D^{*}Q_{11}DQ_{22}^{\frac{1}{2}}+Q_{22}^{2}\end{pmatrix}=\begin{pmatrix} Q_{11} & Q_{11}^{\frac{1}{2}}DQ_{22}^{\frac{1}{2}}\\ Q_{22}^{\frac{1}{2}}D^{*}Q_{11}^{\frac{1}{2}} & Q_{22}\end{pmatrix}.$$

比较等式两边可得

$$\begin{cases} Q_{11}^{2}+Q_{11}^{\frac{1}{2}}DQ_{22}D^{*}Q_{11}^{\frac{1}{2}}=Q_{11},\\ Q_{11}^{\frac{3}{2}}DQ_{22}^{\frac{1}{2}}+Q_{11}^{\frac{1}{2}}DQ_{22}^{\frac{3}{2}}=Q_{11}^{\frac{1}{2}}DQ_{22}^{\frac{1}{2}},\\ Q_{22}^{\frac{1}{2}}D^{*}Q_{11}^{\frac{3}{2}}+Q_{22}^{\frac{3}{2}}D^{*}Q_{11}^{\frac{1}{2}}=Q_{22}^{\frac{1}{2}}D^{*}Q_{11}^{\frac{1}{2}},\\ Q_{22}^{\frac{1}{2}}D^{*}Q_{11}DQ_{22}^{\frac{1}{2}}+Q_{22}^{2}=Q_{22}.\end{cases}$$

注意到 $(\mathcal{M},\mathcal{N})$ 是正则对, 于是断言 Q_{11}, Q_{22}, $I_{\mathcal{M}}-Q_{11}$ 和 $I_{\mathcal{M}^{\perp}}-Q_{22}$ 都是单射. 事实上, 若 $n\ (Q_{11})\neq 0$, 则令 $0\neq x\in N(Q_{11})\subseteq\mathcal{M}$, 直接验证知

$$x\in N(P_{\mathcal{N}})\cap\mathcal{M}=\mathcal{N}^{\perp}\cap\mathcal{M}=\{0\},$$

矛盾! 因此, Q_{11} 是单射. 同理, 有

$$N(Q_{22}) \subseteq N(P_{\mathcal{N}}) \cap \mathcal{M}^{\perp} = \mathcal{N}^{\perp} \cap \mathcal{M}^{\perp} = \{0\},$$

$$N(I_{\mathcal{M}} - Q_{11}) \subseteq N(I_{\mathcal{M}} - P_{\mathcal{N}}) \cap \mathcal{M}^{\perp} = \mathcal{N} \cap \mathcal{M} = \{0\}$$

与

$$N(I_{\mathcal{M}^{\perp}} - Q_{22}) \subseteq R(P_{\mathcal{N}}) \cap \mathcal{M}^{\perp} = \mathcal{N} \cap \mathcal{M}^{\perp} = \{0\}$$

成立.

注意到, Q_{11}, Q_{22}, $I_{\mathcal{M}} - Q_{11}$ 和 $I_{\mathcal{M}^{\perp}} - Q_{22}$ 都是单射, 由上面的算子方程组可得

$$\begin{cases} Q_{11} + DQ_{22}D^* = I_{\mathcal{M}}, \\ Q_{11}D + DQ_{22} = D, \\ D^*Q_{11} + Q_{22}D^* = D^*, \\ D^*Q_{11}D + Q_{22} = I_{\mathcal{M}^{\perp}}. \end{cases}$$

结合前两个方程, 可得: $DQ_{22}(I_{\mathcal{M}^{\perp}} - D^*D) = 0$; 结合后两个方程, 可得

$$D^*Q_{11}(I_{\mathcal{M}} - DD^*) = 0.$$

又因为第一个与第四个方程蕴涵

$$N(D) \subseteq N(I_{\mathcal{M}^{\perp}} - Q_{22}) = \{0\} \quad 与 \quad N(D^*) \subseteq N(I_{\mathcal{M}} - Q_{11}) = \{0\}$$

成立, 即 D 和 D^* 都是单射, 则由上面两式可解出 $DD^* = I_{\mathcal{M}}$ 与 $D^*D = I_{\mathcal{M}^{\perp}}$, 故 $Q_{22} = D^*(I_{\mathcal{M}} - Q_{11})D$. 令 $Q = Q_{11}$, 则 Q 与 $I_{\mathcal{U}} - Q$ 都是单射, 由此可得 0 和 1 不是 Q 的特征值. 证毕.

下面引理给出两个正交投影在相同空间分解下的算子矩阵形式, 是本节结论证明的基础. 类似的分解可见文献 [70]. 设 $\mathcal{M}$ 和 $\mathcal{N}$ 是 $\mathcal{H}$ 的两个闭子空间, 记 $P_{\mathcal{M}}$ 和 $P_{\mathcal{N}}$ 分别是在 $\mathcal{M}$ 和 $\mathcal{N}$ 上的正交投影. 令

$$\mathcal{H}_1 = \mathcal{M} \cap \mathcal{N}, \quad \mathcal{H}_2 = \mathcal{M} \cap \mathcal{N}^{\perp},$$

$$\mathcal{H}_3 = \mathcal{M}^{\perp} \cap \mathcal{N}, \quad \mathcal{H}_4 = \mathcal{M}^{\perp} \cap \mathcal{N}^{\perp},$$

$$\mathcal{H}_5 = \mathcal{M} \ominus (\mathcal{H}_1 \oplus \mathcal{H}_2), \qquad \mathcal{H}_6 = \mathcal{H} \ominus (\oplus_{j=1}^{5} \mathcal{H}_j),$$

记 I_i 表示 $\mathcal{H}_i$ 的单位算子, $i = 1, \cdots, 5$, 则 $\mathcal{M}_1 := \oplus_{i=1}^{2} \mathcal{H}_i \subseteq \mathcal{M}$ 与 $\mathcal{N}_1 := \mathcal{H}_1 \oplus \mathcal{H}_3 \subseteq \mathcal{N}$ 成立. 同时, 直接验证有 $\mathcal{M} \ominus \mathcal{M}_1$ 与 $\mathcal{N} \ominus \mathcal{N}_1$ 是正则对. 因此, 由引理 3.1.1 知, 对一般的两个正交投影, 有下面的算子矩阵分解形式.

引理 3.1.2[52,53]　设 $\mathcal{M}$ 和 $\mathcal{N}$ 是 $\mathcal{H}$ 的两个闭子空间, 则 $P_{\mathcal{M}}$ 和 $P_{\mathcal{N}}$ 在空间分解 $\mathcal{H}=\oplus_{i=1}^{6}\mathcal{H}_i$ 下的算子矩阵形式分别为

$$P_{\mathcal{M}}=I_1\oplus I_2\oplus 0I_3\oplus 0I_4\oplus I_5\oplus 0I_6 \tag{3.1.5}$$

$$P_{\mathcal{N}}=I_1\oplus 0I_2\oplus I_3\oplus 0I_4\oplus \begin{pmatrix} Q & Q^{\frac{1}{2}}(I_5-Q)^{\frac{1}{2}}D \\ D^*Q^{\frac{1}{2}}(I_5-Q)^{\frac{1}{2}} & D^*(I_5-Q)D \end{pmatrix}, \tag{3.1.6}$$

其中 Q 是 $\mathcal{H}_5$ 上的正压缩算子, 0 和 1 不是 Q 的特征值, 且 D 是从 $\mathcal{H}_6$ 到 $\mathcal{H}_5$ 的酉算子.

为叙述简便, 我们总设 $P_{\mathcal{M}}$ 和 $P_{\mathcal{N}}$ 分别有式 (3.1.5) 和式 (3.1.6) 的算子矩阵形式, 且用 $0I_i$ 表示 $\mathcal{H}_i$ 上的零算子.

首先, 给出 $\mathcal{H}_5=\mathcal{H}_6=\{0\}$ 的一些充要条件.

引理 3.1.3　设 $\mathcal{M}$ 和 $\mathcal{N}$ 是 $\mathcal{H}$ 的两个闭子空间, 则下面的陈述是等价的.

(1) $P_{\mathcal{M}}$ 和 $P_{\mathcal{N}}$ 满足交换性: $P_{\mathcal{M}}P_{\mathcal{N}}=P_{\mathcal{N}}P_{\mathcal{M}}$;

(2) $P_{\mathcal{M}}P_{\mathcal{N}}=P_{\mathcal{N}\cap\mathcal{M}}$;

(3) $P_{\mathcal{M}}P_{\mathcal{N}}$ 是正交投影;

(4) $P_{\mathcal{M}}P_{\mathcal{N}}$ 是幂等算子;

(5) $P_{\mathcal{M}}P_{\mathcal{N}}P_{\mathcal{M}}=P_{\mathcal{N}}P_{\mathcal{M}}P_{\mathcal{N}}$;

(6) $\mathcal{H}=\mathcal{M}\cap\mathcal{N}\oplus\mathcal{M}\cap\mathcal{N}^{\perp}\oplus\mathcal{M}^{\perp}\cap\mathcal{N}\oplus\mathcal{N}^{\perp}\cap\mathcal{M}^{\perp}$;

(7) $\mathcal{M}=\mathcal{M}\cap\mathcal{N}\oplus\mathcal{M}\cap\mathcal{N}^{\perp}$.

证明　由于 $\|P_{\mathcal{M}}P_{\mathcal{N}}\|\leqslant 1$, 显然 (3)$\Longleftrightarrow$(4).

(3)$\Longrightarrow$(6): 由引理 3.1.2 知 $P_{\mathcal{M}}$ 和 $P_{\mathcal{N}}$ 有式 (3.1.5) 和式 (3.1.6) 的算子矩阵形式, 容易计算出

$$P_{\mathcal{M}}P_{\mathcal{N}}=I_1\oplus 0I_2\oplus 0I_3\oplus 0I_4\oplus\begin{pmatrix} Q & Q^{\frac{1}{2}}(I_5-Q)^{\frac{1}{2}}D \\ 0 & 0\end{pmatrix},$$

$$(P_{\mathcal{M}}P_{\mathcal{N}})^2=I_1\oplus 0I_2\oplus 0I_3\oplus 0I_4\oplus\begin{pmatrix} Q^2 & Q^{\frac{3}{2}}(I_5-Q)^{\frac{1}{2}}D \\ 0 & 0\end{pmatrix}.$$

因此, 如果 $\mathcal{H}_5\neq\{0\}$, 那么 $Q^2=Q$, 因此 $\sigma(Q)=\{0,1\}$, 故 0 和 1 是 Q 的特征值. 这与引理 3.1.1 相矛盾, 故 $\mathcal{H}_5=\{0\}$, 则引理 3.1.1 蕴涵 $\mathcal{H}_6=\{0\}$, 因此

$$\mathcal{H}=\mathcal{M}\cap\mathcal{N}\oplus\mathcal{M}\cap\mathcal{N}^{\perp}\oplus\mathcal{M}^{\perp}\cap\mathcal{N}\oplus\mathcal{N}^{\perp}\cap\mathcal{M}^{\perp}.$$

(5)$\Longrightarrow$(6): 通过与上面类似的计算, 得到 $P_{\mathcal{M}}P_{\mathcal{N}}P_{\mathcal{M}}=P_{\mathcal{N}}P_{\mathcal{M}}P_{\mathcal{N}}$ 蕴涵 $\mathcal{H}_5=\mathcal{H}_6=\{0\}$.

显然有: (6)$\Longrightarrow$ (7) $\Longrightarrow$(1)$\Longleftrightarrow$(2)$\Longleftrightarrow$(3). 证毕.

引理 3.1.4[111] 设 $T \in B(\mathcal{H})$, 则

$$\gamma(T) = \gamma(T^*) = (\inf\{\sigma(TT^*) \setminus \{0\}\})^{\frac{1}{2}} = (\inf\{\sigma(T^*T) \setminus \{0\}\})^{\frac{1}{2}}.$$

定理 3.1.5 设 $\mathcal{M}$ 和 $\mathcal{N}$ 是 $\mathcal{H}$ 的非零子空间, 则

$$\gamma(P_{\mathcal{M}}P_{\mathcal{N}}) = \begin{cases} 1, & P_{\mathcal{M}}P_{\mathcal{N}} \text{ 是非零正交投影}, \\ 0, & P_{\mathcal{M}}P_{\mathcal{N}} = 0 \\ (1 - \|I_5 - Q\|)^{\frac{1}{2}}, & P_{\mathcal{M}}P_{\mathcal{N}} \text{ 不是正交投影}. \end{cases}$$

证明 如果 $P_{\mathcal{M}}P_{\mathcal{N}}$ 不是正交投影, 则 $\mathcal{H}_5 \neq \{0\}$ 且 $\mathcal{H}_6 \neq \{0\}$. 由引理 3.1.2, 直接计算得

$$P_{\mathcal{M}}P_{\mathcal{N}}(P_{\mathcal{M}}P_{\mathcal{N}})^* = I_1 \oplus 0I_2 \oplus I_3 \oplus 0I_4 \oplus \begin{pmatrix} Q & 0 \\ 0 & 0 \end{pmatrix}.$$

因为 0 不是 Q 的特征值, 所以 0 不是 $\sigma(Q)$ 的孤立点, 则由引理 3.1.4 知

$$\gamma(P_{\mathcal{M}}P_{\mathcal{N}}) = (\inf\{\sigma(Q) \setminus \{0\}\})^{\frac{1}{2}} = (\inf\{\sigma(Q)\})^{\frac{1}{2}}.$$

因此

$$\begin{aligned} \gamma(P_{\mathcal{M}}P_{\mathcal{N}}) &= \inf\{\lambda \in \mathbb{C} : \lambda \in \sigma(Q)\}^{\frac{1}{2}} \\ &= (1 - \sup\{\lambda \in \mathbb{C} : \lambda \in \sigma(I_5 - Q)\})^{\frac{1}{2}} \\ &= (1 - \|I_5 - Q\|)^{\frac{1}{2}}. \end{aligned}$$

证毕.

下面的结论与算子理论中的重要公式, 即谱半径计算公式 $\sup\{|\sigma(T)|\} = \lim\limits_{n\to\infty} \|(T^n)\|^{\frac{1}{n}}$ 相关. 与谱半径公式相对应的, 约化极小模公式为: 若 T 可逆, 则有 $\lim\limits_{k\to\infty} \gamma(T^k)^{\frac{1}{k}} = \inf\{|\sigma(T)|\}$. 条件 T 可逆是充分非必要的, 对算子 $T = P_{\mathcal{M}}P_{\mathcal{N}}$, 可以得到类似的结论.

定理 3.1.6 设 $T \neq 0$ 是两个正交投影的乘积, 则

$$\lim_{k\to\infty} \gamma(T^k)^{\frac{1}{k}} = \inf\{|\sigma(T)| \setminus \{0\}\}.$$

证明 如果 T 是正交投影, 则由引理 3.1.4 知 $\lim\limits_{k\to\infty} \gamma(T^k)^{\frac{1}{k}} = 1$ 成立.

如果 T 不是正交投影, 则不妨设 $T = P_{\mathcal{M}}P_{\mathcal{N}}$, 其中 $P_{\mathcal{M}}$ 和 $P_{\mathcal{N}}$ 有式 (3.1.5) 和式 (3.1.6) 的算子矩阵形式. 由引理 3.1.3 知 $\mathcal{H}_5 \neq \{0\}$ 且 $\mathcal{H}_6 \neq \{0\}$. 容易计算

$$(P_{\mathcal{M}}P_{\mathcal{N}})^k = I_1 \oplus 0I_2 \oplus I_3 \oplus 0I_4 \oplus \begin{pmatrix} Q^k & Q^{\frac{2k-1}{2}}(I_5 - Q)^{\frac{1}{2}}D \\ 0 & 0 \end{pmatrix},$$

$$(P_{\mathcal{M}}P_{\mathcal{N}})^k((P_{\mathcal{M}}P_{\mathcal{N}})^*)^k = I_1 \oplus 0I_2 \oplus I_3 \oplus 0I_4 \oplus \begin{pmatrix} Q^{2k-1} & 0 \\ 0 & 0 \end{pmatrix}.$$

因此

$$\begin{aligned}\gamma((P_{\mathcal{M}}P_{\mathcal{N}})^k) &= \inf\{\sigma(Q^{2k-1}) \setminus \{0\}\}^{\frac{1}{2}} \\ &= (\inf\{\sigma(Q)^{2k-1} \setminus \{0\}\})^{\frac{1}{2}} \quad (\text{谱映射定理}) \\ &= (\inf\{\sigma(Q)^{2k-1}\})^{\frac{1}{2}} \quad (\text{由于0 不是}Q^{2k-1}\text{的特征值}) \\ &= (\inf\{\sigma(Q)\})^{\frac{2k-1}{2}}.\end{aligned}$$

故引理 3.1.4 蕴涵 $\lim\limits_{k\to\infty}\gamma(T^k)^{\frac{1}{k}} = \inf\{\sigma(Q)\}$. 显然有

$$\sigma(Q) \subseteq \sigma(T) = \sigma(P_{\mathcal{M}}P_{\mathcal{N}}) \subseteq \{1, 0\} \cup \sigma(Q),$$

则由已知条件 Q 是正压缩算子和 0 不是 Q 的特征值, 可以得到

$$\inf\{|\sigma(T)| \setminus \{0\}\} = \inf\{\sigma(Q) \setminus \{0\}\} = \inf\{\sigma(Q)\}.$$

因此

$$\lim_{k\to\infty}\gamma(T^k)^{\frac{1}{k}} = \inf\{\sigma(T) \setminus \{0\}\}.$$

证毕.

由文献 [87] 中引理 2.10 可以得到下面的结论. 为了完整性, 并给出简单证明.

引理 3.1.7　设 $\mathcal{M}$ 和 $\mathcal{N}$ 是 $\mathcal{H}$ 的非零子空间, 则有

$$c_0(\mathcal{M}, \mathcal{N}) = \|P_{\mathcal{M}}P_{\mathcal{N}}\| = \|P_{\mathcal{M}}P_{\mathcal{N}}P_{\mathcal{M}}\|^{\frac{1}{2}},$$

$$c(\mathcal{M}, \mathcal{N}) = \|P_{\mathcal{M}}P_{\mathcal{N}}P_{(\mathcal{M}\cap\mathcal{N})^\perp}\|.$$

证明

$$\begin{aligned}c_0(\mathcal{M}, \mathcal{N}) &= \sup\{|\langle x, y\rangle| : x \in \mathcal{M}, y \in \mathcal{N} \text{ 且} \|x\| = \|y\| = 1\} \\ &= \sup\{|\langle P_{\mathcal{M}}x, P_{\mathcal{N}}y\rangle| : x, y \in \mathcal{H} \text{ 且} \|x\| = \|y\| = 1\} \\ &= \sup\{|\langle x, P_{\mathcal{M}}P_{\mathcal{N}}y\rangle| : x, y \in \mathcal{H} \text{ 且} \|x\| = \|y\| = 1\} \\ &= \|P_{\mathcal{M}}P_{\mathcal{N}}\|. \\ c(\mathcal{M}, \mathcal{N}) &= c_0(\mathcal{M} \cap (\mathcal{M}\cap\mathcal{N})^\perp, \mathcal{N} \cap (\mathcal{M}\cap\mathcal{N})^\perp) \\ &= \|P_{\mathcal{M}\cap(\mathcal{M}\cap\mathcal{N})^\perp}P_{\mathcal{N}\cap(\mathcal{M}\cap\mathcal{N})^\perp}\| \\ &= \|P_{\mathcal{M}}P_{(\mathcal{M}\cap\mathcal{N})^\perp}P_{\mathcal{N}}P_{(\mathcal{M}\cap\mathcal{N})^\perp}\| \\ &= \|P_{\mathcal{M}}P_{\mathcal{N}}P_{(\mathcal{M}\cap\mathcal{N})^\perp}\|.\end{aligned}$$

证毕.

下面结论是文献 [74] 中定理 4 的延伸.

推论 3.1.8 设 $\mathcal{M}$ 和 $\mathcal{N}$ 是 $\mathcal{H}$ 的非零子空间, 则

$$c(\mathcal{M},\mathcal{N})=\begin{cases}0, & P_{\mathcal{M}}P_{\mathcal{N}}\text{ 是正交投影},\\ \|Q\|^{\frac{1}{2}}, & P_{\mathcal{M}}P_{\mathcal{N}}\text{ 不是正交投影};\end{cases}$$

$$c_0(\mathcal{M},\mathcal{N})=\begin{cases}1, & \mathcal{M}\cap\mathcal{N}\neq\{0\},\\ 0, & P_{\mathcal{M}}P_{\mathcal{N}}=0,\\ \|Q\|^{\frac{1}{2}}, & \text{否则}.\end{cases}$$

证明 由引理 3.1.7 和引理 3.1.3 容易得到: 若 $P_{\mathcal{M}}P_{\mathcal{N}}$ 是正交投影, 则 $c(\mathcal{M},\mathcal{N})=0$; 若 $P_{\mathcal{M}}P_{\mathcal{N}}$ 不是正交投影, 则 $\mathcal{H}_5\neq 0$ 和 $\mathcal{H}_6\neq 0$. 注意到 $P_{(\mathcal{M}\cap\mathcal{N})^\perp}=0I_1\oplus I_2\oplus I_3\oplus I_4\oplus I_5\oplus I_6$, 因此,

$$c(\mathcal{M},\mathcal{N})=\|P_{\mathcal{M}}P_{\mathcal{N}}P_{(\mathcal{M}\cap\mathcal{N})^\perp}\|=\|P_{\mathcal{M}}P_{\mathcal{N}}P_{(\mathcal{M}\cap\mathcal{N})^\perp}P_{\mathcal{N}}P_{\mathcal{M}}\|^{\frac{1}{2}}=\|Q\|^{\frac{1}{2}}.$$

再由引理 3.1.7 中 $c(\mathcal{M},\mathcal{N})$ 和 $c_0(\mathcal{M},\mathcal{N})$ 的关系, 得到 $c_0(\mathcal{M},\mathcal{N})$ 的表达式. 证毕.

定理 3.1.9 设 $\mathcal{M}$ 和 $\mathcal{N}$ 是 $\mathcal{H}$ 的非零子空间, 则有

(1) 如果 $\mathcal{M}\subseteq\mathcal{N}$, 那么 $\gamma(P_{\mathcal{N}^\perp}P_{\mathcal{M}})=c(\mathcal{M},\mathcal{N})=0$;

(2) 如果 $\mathcal{M}\not\subseteq\mathcal{N}$, 那么 $\gamma^2(P_{\mathcal{N}^\perp}P_{\mathcal{M}})+c^2(\mathcal{M},\mathcal{N})=1$.

证明 (1) 结论是显然成立的.

(2) **情形 1** 如果 $P_{\mathcal{M}}P_{\mathcal{N}}$ 是正交投影, 则 $P_{\mathcal{N}^\perp}P_{\mathcal{M}}$ 是非零的正交投影, 故由定理 3.1.7 得 $\gamma(P_{\mathcal{N}^\perp}P_{\mathcal{M}})=1$ 和 $c(\mathcal{M},\mathcal{N})=0$ 成立.

情形 2 如果 $P_{\mathcal{M}}P_{\mathcal{N}}$ 不是正交投影, 由引理 3.1.3 知: $\mathcal{H}_5\neq\{0\}$ 且 $\mathcal{H}_6\neq\{0\}$. 再由引理 3.1.2 容易计算出

$$P_{\mathcal{N}^\perp}P_{\mathcal{M}}=0I_1\oplus I_2\oplus 0I_3\oplus 0I_4\oplus\begin{pmatrix}1-Q & 0\\ D^*(I_5-Q)^{\frac{1}{2}}Q^{\frac{1}{2}} & 0\end{pmatrix}$$

$$P_{\mathcal{N}^\perp}P_{\mathcal{M}}(P_{\mathcal{N}^\perp}P_{\mathcal{M}})^*=0I_1\oplus I_2\oplus 0I_3\oplus 0I_4\oplus\begin{pmatrix}1-Q & 0\\ 0 & 0\end{pmatrix}.$$

因此, 由引理 3.1.4 可以得到

$$\begin{aligned}\gamma(P_{\mathcal{N}^\perp}P_{\mathcal{M}})&=\inf\{\sigma(1-Q)\setminus\{0\}\}^{\frac{1}{2}}\\&=(1-\sup\{\lambda\in\mathbb{C}:\lambda\in\sigma(Q)\})^{\frac{1}{2}}\\&=(1-\|Q\|)^{\frac{1}{2}}.\end{aligned}$$

再由推论 3.1.8 可得 $\gamma^2(P_{\mathcal{N}^\perp}P_{\mathcal{M}})+c^2(\mathcal{M},\mathcal{N})=1$. 证毕.

下面推论是文献 [51] 中定理 2.15 和定理 2.16 的简单证明.

推论 3.1.10 设 $\mathcal{M}$ 和 $\mathcal{N}$ 是 $\mathcal{H}$ 的非零子空间, 则有

(1) $c(\mathcal{M},\mathcal{N})=c(\mathcal{M}^{\perp},\mathcal{N}^{\perp})$;

(2) 若 $\mathcal{M}\cap\mathcal{N}=\{0\}$ 和 $\mathcal{M}+\mathcal{N}=\mathcal{H}$ 成立, 则 $c_0(\mathcal{M},\mathcal{N})=c_0(\mathcal{M}^{\perp},\mathcal{N}^{\perp})$.

证明 (1) **情形 1** 如果 $\mathcal{M}\subseteq\mathcal{N}$, 那么 $\mathcal{N}^{\perp}\subseteq\mathcal{M}^{\perp}$, 则由推论 3.1.8 可得

$$c(\mathcal{M},\mathcal{N})=c(\mathcal{M}^{\perp},\mathcal{N}^{\perp})=0.$$

情形 2 如果 $\mathcal{M}\not\subseteq\mathcal{N}$, 则 $\mathcal{N}^{\perp}\not\subseteq\mathcal{M}^{\perp}$, 则由定理 3.1.9 可知

$$\gamma^2(P_{\mathcal{N}^{\perp}}P_{\mathcal{M}})+c^2(\mathcal{M},\mathcal{N})=1,\gamma^2(P_{\mathcal{M}}P_{\mathcal{N}^{\perp}})+c^2(\mathcal{N}^{\perp},\mathcal{M}^{\perp})=1.$$

由引理 3.1.4 知 $\gamma(P_{\mathcal{N}^{\perp}}P_{\mathcal{M}})=\gamma(P_{\mathcal{M}}P_{\mathcal{N}^{\perp}})$, 则

$$c(\mathcal{M},\mathcal{N})=c(\mathcal{N}^{\perp},\mathcal{M}^{\perp})=c(\mathcal{M}^{\perp},\mathcal{N}^{\perp}).$$

(2) 由于 $\mathcal{M}\cap\mathcal{N}=\{0\}$, 则 $c_0(\mathcal{M},\mathcal{N})=c(\mathcal{M},\mathcal{N})$ 是显然成立的. 因为 $\mathcal{M}+\mathcal{N}=\mathcal{H}$, 所以 $\mathcal{M}^{\perp}\cap\mathcal{N}^{\perp}=\{0\}$, 故有 $c_0(\mathcal{M}^{\perp},\mathcal{N}^{\perp})=c(\mathcal{M}^{\perp},\mathcal{N}^{\perp})$. 再由 (1) 得 $c_0(\mathcal{M},\mathcal{N})=c_0(\mathcal{M}^{\perp},\mathcal{N}^{\perp})$. 证毕.

下面的两个推论是文献 [51] 中定理 2.13 与引理 2.1.4 的简单证明.

推论 3.1.11 设 $\mathcal{M}$ 和 $\mathcal{N}$ 是 $\mathcal{H}$ 的非零子空间, 则下面命题等价:

(1) $c(\mathcal{M},\mathcal{N})<1$;

(2) $\mathcal{M}+\mathcal{N}$ 是闭子空间;

(3) $\mathcal{M}^{\perp}+\mathcal{N}^{\perp}$ 是闭子空间.

证明 如果 $\mathcal{M}\subseteq\mathcal{N}$, 则结论显然成立. 在下面的证明中, 不妨设 $\mathcal{M}\not\subseteq\mathcal{N}$, 则有

$$\mathcal{M}+\mathcal{N}=\mathcal{N}+P_{\mathcal{N}^{\perp}}(\mathcal{M}),$$

其中

$$P_{\mathcal{N}^{\perp}}(\mathcal{M}):=\{P_{\mathcal{N}^{\perp}}y:y\in\mathcal{M}\}.$$

因此

$$\mathcal{M}+\mathcal{N}\ \text{是闭子空间}\iff P_{\mathcal{N}^{\perp}}(\mathcal{M})\ \text{是闭子空间}.$$

而 $P_{\mathcal{N}^{\perp}}(\mathcal{M})$ 是闭子空间当且仅当 $R(P_{\mathcal{N}^{\perp}}P_{\mathcal{M}})$ 是闭子空间, 又

$$R(P_{\mathcal{N}^{\perp}}P_{\mathcal{M}})\ \text{是闭子空间}\iff\gamma(P_{\mathcal{N}^{\perp}}P_{\mathcal{M}})>0.$$

因此, 由定理 3.1.9 得

$$\mathcal{M}+\mathcal{N}\ \text{是闭子空间}\iff c(\mathcal{M},\mathcal{N})<1.$$

同理有

$$c(\mathcal{M}^{\perp},\mathcal{N}^{\perp})<1 \Longleftrightarrow \mathcal{M}^{\perp}+\mathcal{N}^{\perp} \text{ 是闭子空间}.$$

因此, 定理 3.1.9 蕴涵 $c(\mathcal{M},\mathcal{N})<1$ 当且仅当 $\mathcal{M}^{\perp}+\mathcal{N}^{\perp}$ 是闭子空间. 证毕.

推论 3.1.12[51] 设 $\mathcal{M}$ 和 $\mathcal{N}$ 是 $\mathcal{H}$ 的非零子空间. 若 $c_0(\mathcal{M},\mathcal{N})<1$, 且 $\mathcal{H}$ 中闭子空间 X 满足 $X\supseteq\mathcal{M}+\mathcal{N}$, 则有 $c_0(\mathcal{M},\mathcal{N})\leqslant c_0(\mathcal{M}^{\perp}\cap X,\mathcal{N}^{\perp}\cap X)$.

证明 为叙述简便, 下面分三种情形来证明.

情形 1 如果 $\mathcal{M}^{\perp}\cap\mathcal{N}^{\perp}\cap X\neq\{0\}$, 则 $c_0(\mathcal{M}^{\perp}\cap X,\mathcal{N}^{\perp}\cap X)=1$, 故

$$c_0(\mathcal{M},\mathcal{N})\leqslant c_0(\mathcal{M}^{\perp}\cap X,\mathcal{N}^{\perp}\cap X).$$

情形 2 若 $X=\mathcal{H}$, 由于 $c_0(\mathcal{M},\mathcal{N})<1$, 则引理 3.1.7 蕴涵

$$\mathcal{M}\cap\mathcal{N}=\{0\}\text{且}c(\mathcal{M},\mathcal{N})\leqslant c_0(\mathcal{M},\mathcal{N})<1,$$

故推论 3.1.11 蕴涵 $\mathcal{M}+\mathcal{N}$ 是闭子空间. 若 $\mathcal{M}^{\perp}\cap\mathcal{N}^{\perp}\neq\{0\}$, 则

$$c_0(\mathcal{M}^{\perp}\cap X,\mathcal{N}^{\perp}\cap X)=c_0(\mathcal{M}^{\perp},\mathcal{N}^{\perp})=1.$$

因此

$$c_0(\mathcal{M},\mathcal{N})\leqslant c_0(\mathcal{M}^{\perp}\cap X,\mathcal{N}^{\perp}\cap X).$$

如果 $\mathcal{M}^{\perp}\cap\mathcal{N}^{\perp}=\{0\}$, 则 $\mathcal{M}+\mathcal{N}=\mathcal{H}$. 由于 $\mathcal{M}+\mathcal{N}$ 是闭子空间, 则由推论 3.1.10 可得

$$c_0(\mathcal{M},\mathcal{N})=c_0(\mathcal{M}^{\perp},\mathcal{N}^{\perp})=c_0(\mathcal{M}^{\perp}\cap X,\mathcal{N}^{\perp}\cap X).$$

情形 3 如果 $\mathcal{M}^{\perp}\cap\mathcal{N}^{\perp}\cap X=\{0\}$, 则 $(\mathcal{M}+\mathcal{N})^{\perp}\cap X=\{0\}$, 故 $X=\mathcal{M}+\mathcal{N}$. 因为

$$X\supseteq\mathcal{M}+\mathcal{N}\ \text{ 且 }\ \mathcal{M}+\mathcal{N}$$

是闭子空间, 所以显然有

$$c_0(\mathcal{M},\mathcal{N})=c_0(\mathcal{M}\cap X,\mathcal{N}\cap X),$$

用 X 代替 $\mathcal{H}$, 由情形 2 可得

$$c_0(\mathcal{M},\mathcal{N})\leqslant c_0(\mathcal{M}^{\perp}\cap X,\mathcal{N}^{\perp}\cap X).$$

证毕.

推论 3.1.13[112] 如果 A 和 B 是 $\mathcal{H}$ 上的有界闭值域算子, 则下面命题等价:

(1) AB 值域是闭的;

(2) $c(R(B), N(A)) < 1$;

(3) $R(B) + N(A)$ 是闭的.

证明 若 $AB = 0$, 则结论显然成立. 不妨设 $AB \neq 0$, 则 $R(B) \not\subseteq N(A)$. 因为 $R(A)$ 是闭的, 所以

$$A = \begin{pmatrix} A_1 & 0 \\ 0 & 0 \end{pmatrix} : N(A)^{\perp} \oplus N(A) \to R(A) \oplus R(A)^{\perp},$$

其中 A_1 是从 $N(A)^{\perp}$ 到 $R(A)$ 的可逆算子. 显然有

$$R(AB) = R(A_1 P_{N(A)^{\perp}} P_{R(B)}).$$

由于 A_1 是可逆的, 则 $R(AB)$ 是闭的当且仅当 $R(P_{N(A)^{\perp}} P_{R(B)})$ 是闭的. 又

$$R(P_{N(A)^{\perp}} P_{R(B)}) \text{ 是闭子空间} \Longleftrightarrow \gamma(P_{N(A)^{\perp}} P_{R(B)}) > 0,$$

则由定理 3.1.9(2) 知

$$\gamma(P_{N(A)^{\perp}} P_{R(B)}) > 0 \Longleftrightarrow c(R(B), N(A)) < 1.$$

因此, (1) $\Longleftrightarrow$ (2) 和 (3) $\Longleftrightarrow$ (2) 由推论 3.1.11 可证. 证毕.

定理 3.1.14[51] 设 $\mathcal{M}$ 和 $\mathcal{N}$ 是 $\mathcal{H}$ 的非零子空间, 则

$$\gamma(\mathcal{M}, \mathcal{N}) = \begin{cases} 1, & P_{\mathcal{M}} P_{\mathcal{N}} \text{ 是正交投影}, \\ (1 - \|Q\|)^{\frac{1}{2}}, & P_{\mathcal{M}} P_{\mathcal{N}} \text{ 不是正交投影}, \end{cases}$$

特别地, $\mathcal{M} + \mathcal{N}$ 是闭子空间当且仅当 $\gamma(\mathcal{M}, \mathcal{N}) > 0$.

证明 若 $P_{\mathcal{M}} P_{\mathcal{N}}$ 是正交投影, 那么 $\mathcal{H}_5 = \mathcal{H}_6 = 0$, 因此

$$P_{\mathcal{M}} = I_1 \oplus I_2 \oplus 0I_3 \oplus 0I_4 \quad \text{且} \quad P_{\mathcal{N}} = I_1 \oplus 0I_2 \oplus I_3 \oplus 0I_4.$$

情形 1 若 $\mathcal{M} \cap \mathcal{N}^{\perp} = \{0\}$, 则 $\mathcal{M} \subseteq \mathcal{N}$, 由定义得 $\gamma(\mathcal{M}, \mathcal{N}) = 1$.

情形 2 若 $\mathcal{M}^{\perp} \cap \mathcal{N} = \{0\}$, 则 $\mathcal{M} \supseteq \mathcal{N}$, 由定义得 $\gamma(\mathcal{M}, \mathcal{N}) = 1$.

情形 3 若 $\mathcal{M}^{\perp} \cap \mathcal{N} \neq \{0\}$ 且 $\mathcal{M} \cap \mathcal{N}^{\perp} \neq \{0\}$, 设 $x \in \mathcal{M} \setminus \mathcal{N}$, 则 $x = x_1 + x_2$, 其中 $x_1 \in \mathcal{M} \cap \mathcal{N}$ 且 $0 \neq x_2 \in \mathcal{M} \cap \mathcal{N}^{\perp}$. 由于 $P_{\mathcal{M}} P_{\mathcal{N}}$ 是正交投影, 则有

$$\begin{aligned} \operatorname{dist}(x, \mathcal{N}) &= \inf\{\|x - y\| : y \in \mathcal{N}\} \\ &= \inf\{\|x_2 - y\| : y \in \mathcal{N}\} = \|x_2\|, \end{aligned}$$

$$\begin{aligned} \operatorname{dist}(x, \mathcal{M} \cap \mathcal{N}) &= \inf\{\|x - y\| : y \in \mathcal{M} \cap \mathcal{N}\} \\ &= \inf\{\|x_2 - y\| : y \in \mathcal{M} \cap \mathcal{N}\} = \|x_2\|. \end{aligned}$$

因此, $\gamma(\mathcal{M},\mathcal{N})=1$.

如果 $P_{\mathcal{M}}P_{\mathcal{N}}$ 不是正交投影, 那么 $\mathcal{H}_5\neq 0$ 和 $\mathcal{H}_6\neq 0$. 对于向量 $x\in\mathcal{M}\setminus\mathcal{N}$, x 可以分解为 $x=x_1+x_2+x_5$, 其中 $x_i\in\mathcal{H}_i, i=1,2,5$, 且 $\|x_2\|^2+\|x_5\|^2\neq 0$. 因此

$$\begin{aligned}\gamma(\mathcal{M},\mathcal{N})&=\inf_{x\in\mathcal{M},x\notin\mathcal{N}}\frac{\operatorname{dist}(x,\mathcal{N})}{\operatorname{dist}(x,\mathcal{M}\cap\mathcal{N})}\\&=\inf_{x\in\mathcal{M},x\notin\mathcal{N}}\sqrt{\frac{\|x_2\|^2+\|(I_5-Q)^{\frac12}x_5\|^2}{\|x_2\|^2+\|x_5\|^2}}\quad(\text{由于}\|(I_5-Q)^{\frac12}x_5\|\leqslant\|x_5\|)\\&=\inf_{x\in\mathcal{M},x\notin\mathcal{N}}\frac{\|(I_5-Q)^{\frac12}x_5\|}{\|x_5\|}\\&=\inf_{x_5\in\mathcal{H}_5\setminus\{0\}}\frac{\|(I_5-Q)^{\frac12}x_5\|}{\|x_5\|}(\text{注意由}x_5\in\mathcal{H}_5\text{可得到}x_5\in\mathcal{M}\setminus\mathcal{N})\\&=\gamma((I_5-Q)^{\frac12}),\end{aligned}$$

由于 $\mathcal{N}(I_5-Q)=\{0\}$, 则由引理 3.1.4 可得

$$\begin{aligned}\gamma((I_5-Q)^{\frac12})&=(\inf\{\sigma(I_5-Q)\setminus\{0\}\})^{\frac12}\\&=(\inf\{\sigma(I_5-Q)\})^{\frac12}\\&=(1-\sup\{\lambda\in\mathbb{C}:\lambda\in\sigma(Q)\})^{\frac12}\\&=(1-\|Q\|)^{\frac12}.\end{aligned}$$

由推论 3.1.11 和推论 3.1.8 知

$$\mathcal{M}+\mathcal{N}\ \text{是闭子空间}\Longleftrightarrow c(\mathcal{M},\mathcal{N})<1,$$

且

$$c(\mathcal{M},\mathcal{N})<1\Longleftrightarrow\|Q\|<1\Longleftrightarrow\gamma(\mathcal{M},\mathcal{N})>0.$$

因此

$$\mathcal{M}+\mathcal{N}\ \text{是闭子空间}\Longleftrightarrow\gamma(\mathcal{M},\mathcal{N})>0.$$

证毕.

推论 3.1.15 设 $\mathcal{M}$ 和 $\mathcal{N}$ 是 $\mathcal{H}$ 的非零子空间, 则有

(1) 如果 $\mathcal{M}\subseteq\mathcal{N}$, 那么 $\gamma(P_{\mathcal{N}^\perp}P_{\mathcal{M}})=0$ 和 $\gamma(\mathcal{M},\mathcal{N})=1$;

(2) 如果 $\mathcal{M}\nsubseteq\mathcal{N}$, 那么 $\gamma(P_{\mathcal{N}^\perp}P_{\mathcal{M}})=\gamma(\mathcal{M},\mathcal{N})$;

(3) $\gamma(\mathcal{M},\mathcal{N})=\gamma(\mathcal{N}^\perp,\mathcal{M}^\perp)$.

3.2 幂等算子和、差的 Fredholm 性

引理 3.2.1 设 $A\in B(\mathcal{H})$ 且 A 关于空间 $\mathcal{H}=\mathcal{H}_1\oplus\mathcal{H}_2$ 有算子矩阵形式

$A=\begin{pmatrix} B & C \\ D & E \end{pmatrix}$, 若 $E\in\mathcal{B}(\mathcal{H}_1)$ 是可逆算子, 则 A 是 Fredholm 可逆当且仅当 $B-CE^{-1}D$ 是 Fredholm 可逆.

证明 由于

$$\begin{pmatrix} I & -CE^{-1} \\ 0 & I \end{pmatrix}\begin{pmatrix} B & C \\ D & E \end{pmatrix}\begin{pmatrix} I & 0 \\ -E^{-1}D & I \end{pmatrix}=\begin{pmatrix} B-CE^{-1}D & 0 \\ 0 & E \end{pmatrix},$$

则结论成立. 证毕.

引理 3.2.2 设 $A\in B(\mathcal{H})$ 有算子矩阵形式

$$A=\begin{pmatrix} A_{11} & A_{12} \\ A_{21} & A_{22} \end{pmatrix}:\mathcal{H}_1\oplus\mathcal{H}_2. \tag{3.2.1}$$

则 $A\geqslant 0$ 当且仅当

(1) $A_{ii}\in B(\mathcal{H}_i)$ 且 $A_{ii}\geqslant 0,\ i=1,2$;

(2) $A_{21}=A_{12}^*$;

(3) 存在从 $\mathcal{H}_2$ 到 $\mathcal{H}_1$ 的压缩算子 D 使得 $A_{12}=A_{11}^{\frac{1}{2}}DA_{22}^{\frac{1}{2}}$, 其中 $A_{ii}^{\frac{1}{2}}$ 是 A_{ii}, $i=1,2$ 的正平方根.

引理 3.2.3 设 P 是 $B(\mathcal{H})$ 中的幂等元, 则存在可逆算子 $S\in B(\mathcal{H})$ 使得 SPS^{-1} 是正交投影.

证明 由于 $P^2=P$, 则有下面的算子矩阵分解形式:

$$P=\begin{pmatrix} I & P_1 \\ 0 & 0 \end{pmatrix}:R(P)\oplus R(P)^{\perp}\to R(P)\oplus R(P)^{\perp}.$$

定义可逆算子 S 为 $S=\begin{pmatrix} I & P_1 \\ 0 & I \end{pmatrix}$, 则 $S^{-1}=\begin{pmatrix} I & -P_1 \\ 0 & I \end{pmatrix}$ 且

$$SPS^{-1}=\begin{pmatrix} I & P_1 \\ 0 & I \end{pmatrix}\begin{pmatrix} I & P_1 \\ 0 & 0 \end{pmatrix}\begin{pmatrix} I & -P_1 \\ 0 & I \end{pmatrix}=\begin{pmatrix} I & 0 \\ 0 & 0 \end{pmatrix}.$$

证毕.

引理 3.2.4 设 $A,B\in B(\mathcal{H})$, $S\in B(\mathcal{H})$ 是可逆算子, 则 $\dim(R(A)\cap R(B))=\dim(R(SAS^{-1})\cap R(SBS^{-1}))$ 且 $\dim R(A)^{\perp}=\dim R(SAS^{-1})^{\perp}$.

下面是本节的主要结论.

定理 3.2.5 设 P 和 Q 是两个幂等算子, 则

(1) 若 $R(P)^{\perp}$ 或 $R(Q)^{\perp}$ 不是有限维空间, 则 $P-Q$ 是 Fredholm 算子当且仅当 $P+Q$ 是 Fredholm 算子且 $R(P)\cap R(Q)$ 是有限维空间;

(2) 若 $R(P)^\perp$ 和 $R(Q)^\perp$ 都是有限维空间, 则 $P+Q$ 是 Fredholm 算子, $P-Q$ 不是 Fredholm 算子.

证明 (1) 必要性. 设 S 是可逆算子, 容易验证: A 是 Fredholm 算子当且仅当 SAS^{-1} 是 Fredholm 算子. 若 $R(P)^\perp$ 是无限维空间, 由引理 3.2.3, 可以假设 Q 是正交投影. 若 $R(Q)^\perp$ 是无限维, 将调换 P 和 Q 的位置. 不失一般性, 假设 $R(P)^\perp$ 是无限维空间. 设

$$P=\begin{pmatrix} I & P_1 \\ 0 & 0 \end{pmatrix}: R(P)\oplus R(P)^\perp \to R(P)\oplus R(P)^\perp \tag{3.2.2}$$

$$Q=\begin{pmatrix} Q_1 & Q_1^{\frac{1}{2}}DQ_2^{\frac{1}{2}} \\ Q_2^{\frac{1}{2}}D^*Q_1^{\frac{1}{2}} & Q_2 \end{pmatrix}: R(P)\oplus R(P)^\perp \to R(P)\oplus R(P)^\perp. \tag{3.2.3}$$

$P-Q$ 是 Fredholm 算子当且仅当

$$\begin{pmatrix} 1-Q_1 & P_1-Q_1^{\frac{1}{2}}DQ_2^{\frac{1}{2}} \\ -Q_2^{\frac{1}{2}}D^*Q_1^{\frac{1}{2}} & -Q_2 \end{pmatrix} \tag{3.2.4}$$

是 Fredholm 算子. 由于 $R(P)^\perp$ 是无限维的, 则容易验证: 若 $P-Q$ 是 Fredholm 算子, 则 $P_{R(P)^\perp}(P-Q)$ 是右 Fredholm 算子. 事实上,

$$\begin{aligned}[P_{R(P)^\perp}(P-Q)](P-Q)^+ &= P_{R(P)^\perp}[(P-Q)(P-Q)^+] \\ &= P_{R(P)^\perp}(I_{\mathcal{H}}+K) \\ &= P_{R(P)^\perp}+P_{R(P)^\perp}K,\end{aligned}$$

其中 $(P-Q)^+\in B(\mathcal{H})$ 满足 $(P-Q)(P-Q)^+=I_{\mathcal{H}}+K$, $K\in B(\mathcal{H})$. 因此

$$(-Q_2^{\frac{1}{2}}D^*Q_1^{\frac{1}{2}},-Q_2): R(P)\oplus R(P)^\perp \to R(P)^\perp$$

是右 Fredholm 算子, 则

$$Q_2^{\frac{1}{2}}D^*Q_1^{\frac{1}{2}}Q_1^{\frac{1}{2}}DQ_2^{\frac{1}{2}}+Q_2^2=(-Q_2^{\frac{1}{2}}D^*Q_1^{\frac{1}{2}},-Q_2)(-Q_2^{\frac{1}{2}}D^*Q_1^{\frac{1}{2}},-Q_2)^*$$

是 Fredholm 算子. 因此, $Q_2^{\frac{1}{2}}$ 是右 Fredholm 算子, 则 Q_2 是 Fredholm 算子. 因此

$$P-Q=\begin{pmatrix} I-Q_1 & P_{10}-Q_1^{\frac{1}{2}}\widetilde{D}Q_{20}^{\frac{1}{2}} & P_{01} \\ -Q_{20}^{\frac{1}{2}}\widetilde{D}^*Q_1^{\frac{1}{2}} & -Q_{20} & 0 \\ 0 & 0 & 0 \end{pmatrix}: R(P)\oplus R(Q_2)\oplus R(Q_2)^\perp,$$

其中 $Q_{20}=P_{R(Q_2)}Q_2\,|_{R(Q_2)}$ 是从 $R(Q_2)$ 到 $R(Q_2)$ 的可逆算子且 $\widetilde{D}=D\,|_{R(Q_2)}$. 由于 $n(Q_2)<\infty$, 则 $P-Q$ 是 Fredholm 算子当且仅当

$$\begin{pmatrix} 1-Q_1 & P_{10}-Q_1^{\frac{1}{2}}\widetilde{D}Q_{20}^{\frac{1}{2}} \\ -Q_{20}^{\frac{1}{2}}\widetilde{D}^*Q_1^{\frac{1}{2}} & -Q_{20} \end{pmatrix}: R(P)\oplus R(Q_2)\to R(P)\oplus R(Q_2)$$

是 Fredholm 算子 (引理 3.2.1) 当且仅当

$$I - P_{10}Q_{20}^{-\frac{1}{2}}\widetilde{D}^*Q_1^{\frac{1}{2}} - Q_1^{\frac{1}{2}}(I - \widetilde{D}\widetilde{D}^*)Q_1^{\frac{1}{2}} = I - Q_1 - (P_{10} - Q_1^{\frac{1}{2}}\widetilde{D}Q_{20}^{\frac{1}{2}})Q_{20}^{-1}Q_{20}^{\frac{1}{2}}\widetilde{D}^*Q_1^{\frac{1}{2}} \tag{3.2.5}$$

是 Fredholm 算子.

由于 $\|Q\| = 1$, 则 $Q_{20} = \begin{pmatrix} Q_{22} & 0 \\ 0 & I \end{pmatrix} : (R(P)^\perp \ominus N(I - Q_{20})) \oplus N(I - Q_{20})$,
其中 Q_{22} 是可逆算子. 用相似的方法计算得

$$Q_1 = \begin{pmatrix} 0 & 0 & 0 \\ 0 & I & 0 \\ 0 & 0 & Q_{11} \end{pmatrix} : N(Q_1) \oplus N(I - Q_1) \oplus (R(P) \ominus (N(Q_1) \oplus N(I - Q_1)). \tag{3.2.6}$$

令

$$\mathcal{H}_1 = N(Q_1), \quad \mathcal{H}_2 = N(I - Q_1),$$
$$\mathcal{H}_3 = R(P) \ominus (\mathcal{H}_1 \oplus \mathcal{H}_2), \quad \mathcal{H}_4 = R(P)^\perp \ominus \mathcal{H}_5 \ominus \mathcal{H}_6,$$
$$\mathcal{H}_5 = N(I - Q_{20}), \quad \mathcal{H}_6 = R(Q_2)^\perp,$$

则 P 和 Q 能被分解为算子矩阵形式

$$P = \begin{pmatrix} I & 0 & 0 & P_{11} & P_{12} & P_{13} \\ 0 & I & 0 & P_{21} & P_{22} & P_{23} \\ 0 & 0 & I & P_{31} & P_{32} & P_{33} \\ 0 & 0 & 0 & 0 & 0 & 0 \\ 0 & 0 & 0 & 0 & 0 & 0 \\ 0 & 0 & 0 & 0 & 0 & 0 \end{pmatrix}, Q = \begin{pmatrix} 0 & 0 & 0 & 0 & 0 & 0 \\ 0 & I & 0 & 0 & 0 & 0 \\ 0 & 0 & Q_{11} & Q_{11}^{\frac{1}{2}}D_1Q_{22}^{\frac{1}{2}} & 0 & 0 \\ 0 & 0 & Q_{22}^{\frac{1}{2}}D_1^*Q_{11}^{\frac{1}{2}} & Q_{22} & 0 & 0 \\ 0 & 0 & 0 & 0 & I & 0 \\ 0 & 0 & 0 & 0 & 0 & 0 \end{pmatrix}. \tag{3.2.7}$$

关于 $H = \oplus_{i=1}^6 \mathcal{H}_i$, P_{ij} 是从 $\mathcal{H}_j$ 到 $\mathcal{H}_i$ 的算子且

$$\widetilde{D} = \begin{pmatrix} D_5 & D_6 \\ D_3 & D_4 \\ D_1 & D_2 \end{pmatrix} : \mathcal{H}_4 \oplus \mathcal{H}_5 \to \mathcal{H}_1 \oplus \mathcal{H}_2 \oplus \mathcal{H}_3.$$

容易验证: Q_{11} 与 $I - Q_{11}$ 作为 $\mathcal{H}_3$ 上的算子, Q_{22} 与 $I - Q_{22}$ 作为 $\mathcal{H}_4$ 上的算子是单射. 由引理 3.2.2 知 D_1 是从 $\mathcal{H}_4$ 到 $\mathcal{H}_3$ 的压缩算子. 由于 Q 有式 (3.2.7) 形式的分解, 则 $Q_{11}^{\frac{1}{2}}D_2I = 0$, 从而 $D_2 = 0$. 类似地, 可以证明 $D_3 = D_4 = 0$.

$$\widetilde{D} = \begin{pmatrix} D_5 & D_6 \\ 0 & 0 \\ D_1 & 0 \end{pmatrix} : \mathcal{H}_4 \oplus \mathcal{H}_5 \to \mathcal{H}_1 \oplus \mathcal{H}_2 \oplus \mathcal{H}_3. \tag{3.2.8}$$

由于 Q 是正交投影, 则

$$\begin{pmatrix} Q_{11} & Q_{11}^{\frac{1}{2}}D_1Q_{22}^{\frac{1}{2}} \\ Q_{22}^{\frac{1}{2}}D_1^*Q_{11}^{\frac{1}{2}} & Q_{22} \end{pmatrix}^2 = \begin{pmatrix} Q_{11} & Q_{11}^{\frac{1}{2}}D_1Q_{22}^{\frac{1}{2}} \\ Q_{22}^{\frac{1}{2}}D_1^*Q_{11}^{\frac{1}{2}} & Q_{22} \end{pmatrix},$$

因此得算子方程组为

$$\begin{cases} Q_{11}^2 + Q_{11}^{\frac{1}{2}}D_1Q_{22}D_1^*Q_{11}^{\frac{1}{2}} = Q_{11}, \\ Q_{11}^{\frac{3}{2}}D_1Q_{22}^{\frac{1}{2}} + Q_{11}^{\frac{1}{2}}D_1Q_{22}^{\frac{3}{2}} = Q_{11}^{\frac{1}{2}}D_1Q_{22}^{\frac{1}{2}}, \\ Q_{22}^{\frac{1}{2}}D_1^*Q_{11}^{\frac{3}{2}} + Q_{22}^{\frac{3}{2}}D_1^*Q_{11}^{\frac{1}{2}} = Q_{22}^{\frac{1}{2}}D_1^*Q_{11}^{\frac{1}{2}}, \\ Q_{22}^2 + Q_{22}^{\frac{1}{2}}D_1^*Q_{11}D_1Q_{22}^{\frac{1}{2}} = Q_{22}. \end{cases} \tag{3.2.9}$$

由于 Q_{11} 和 Q_{22} 以及 $I-Q_{11}$ 和 $I-Q_{22}$ 都是单射, 解算子方程组 (3.2.9)(计算方法参看引理 3.1.1), 可以得到

$$\begin{cases} Q_{22} = D_1^*(I-Q_{11})D_1, \\ D_1D_1^* = I, \\ D_1^*D_1 = I, \end{cases} \tag{3.2.10}$$

则 D_1 是从 $\mathcal{H}_4$ 到 $\mathcal{H}_3$ 的酉算子, 容易计算

$$I - P_{10}Q_{20}^{-\frac{1}{2}}\widetilde{D}^*Q_1^{\frac{1}{2}} = \begin{pmatrix} I & 0 & -P_{11}Q_{22}^{-\frac{1}{2}}D_1^*Q_{11}^{\frac{1}{2}} \\ 0 & I & -P_{21}Q_{22}^{-\frac{1}{2}}D_1^*Q_{11}^{\frac{1}{2}} \\ 0 & 0 & I - P_{31}Q_{22}^{-\frac{1}{2}}D_1^*Q_{11}^{\frac{1}{2}} \end{pmatrix} \text{且} Q_1^{\frac{1}{2}}(I-\widetilde{D}\widetilde{D}^*)Q_1^{\frac{1}{2}}$$

$$= \begin{pmatrix} 0 & 0 & 0 \\ 0 & I & 0 \\ 0 & 0 & 0 \end{pmatrix}. \tag{3.2.11}$$

由等式 (3.2.5) 容易计算知: 若 Q_2 是 Fredholm 算子, 则 $P-Q$ 是 Fredholm 算子当且仅当

$$\begin{pmatrix} I & 0 & -P_{11}Q_{22}^{-\frac{1}{2}}D_1^*Q_{11}^{\frac{1}{2}} \\ 0 & 0 & -P_{21}Q_{22}^{-\frac{1}{2}}D_1^*Q_{11}^{\frac{1}{2}} \\ 0 & 0 & I - P_{31}Q_{22}^{-\frac{1}{2}}D_1^*Q_{11}^{\frac{1}{2}} \end{pmatrix} : \mathcal{H}_1 \oplus \mathcal{H}_2 \oplus \mathcal{H}_3$$

是 Fredholm 算子, 当且仅当 $\dim\mathcal{H}_2 < \infty$ 且

$$I - P_{31}Q_{22}^{-\frac{1}{2}}D_1^*Q_{11}^{\frac{1}{2}}$$

是 Fredholm 算子,

利用类似的证明方法, 可以得到: 若 Q_2 是 Fredholm 算子, 则 $P+Q$ 是 Fredholm 算子当且仅当

$$I-P_{10}Q_{20}^{-\frac{1}{2}}\widetilde{D}^*Q_1^{\frac{1}{2}}+Q_1^{\frac{1}{2}}(I-\widetilde{D}\widetilde{D}^*)Q_1^{\frac{1}{2}}$$

是 Fredholm 算子, 当且仅当

$$\begin{pmatrix} I & 0 & -P_{11}Q_{22}^{-\frac{1}{2}}D_1^*Q_{11}^{\frac{1}{2}} \\ 0 & 2I & -P_{21}Q_{22}^{-\frac{1}{2}}D_1^*Q_{11}^{\frac{1}{2}} \\ 0 & 0 & I-P_{31}Q_{22}^{-\frac{1}{2}}D_1^*Q_{11}^{\frac{1}{2}} \end{pmatrix}:\mathcal{H}_1\oplus\mathcal{H}_2\oplus\mathcal{H}_3$$

是 Fredholm 算子, 当且仅当 $I-P_{31}Q_{22}^{-\frac{1}{2}}D_1^*Q_{11}^{\frac{1}{2}}$ 是 Fredholm 算子.

若 $P+Q$ 是 Fredholm 算子, 类似于上面的证明知 Q_2 是 Fredholm 算子. 显然: $\mathcal{H}_2\subseteq R(P)\cap R(Q)$. 由上面的证明知 $P-Q$ 是 Fredholm 算子.

必要性. 由于 $R(P)\cap R(Q)\subseteq N(P-Q)$, 则 $R(P)\cap R(Q)$ 是有限维空间. 由上面证明知: 若 $P-Q$ 是 Fredholm 算子, 则 $P+Q$ 是 Fredholm 算子.

(2) 若 $R(P)^\perp$ 与 $R(Q)^\perp$ 都是有限维空间, 则 $P-Q$ 是 Fredholm 算子当且仅当 $I_{R(P)}-Q_1$ 是 Fredholm, 当且仅当 $I-Q$ 是 Fredholm 算子. 由于 $Q^2=Q=Q^*$ 且 $\dim R(Q)^\perp<\infty$, 则 $n(I-Q)=\infty$, 从而 $I-Q$ 不是 Fredholm 算子. 因此, $P-Q$ 不是 Fredholm 算子. 显然有: $I+Q_1$ 可逆, 则 $P+Q$ 是 Fredholm 算子. 证毕.

由定理 3.2.5 可得下面结论.

推论 3.2.6 设 P 和 Q 是两个幂等算子, 若 $P-Q$ 是 Fredholm 算子, 则 $P+Q$ 是 Fredholm 算子.

推论 3.2.7[71] 设 P 和 Q 是两个幂等算子, 则 $P-Q$ 是 Fredholm 算子当且仅当 $P+Q$ 和 $I-PQ$ 都是 Fredholm 算子.

证明 设 P 和 Q 分别有式 (3.2.2) 和式 (3.2.3) 的算子矩阵形式, 由定理 3.2.5 可以得到: 若 Q_2 是 Fredholm 算子, 则 P 和 Q 有式 (3.2.7) 的算子矩阵形式.

充分性. 若 $I-PQ$ 是 Fredholm 算子, 可以证明: $R(P)^\perp$ 或 $R(Q)^\perp$ 是无限维空间. 否则, 假设 $R(P)^\perp$ 与 $R(Q)^\perp$ 都是有限维空间, 由式 (3.2.2) 和式 (3.2.3) 知: $I-Q_1$ 是 Fredholm 算子, 则 $I-Q$ 是 Fredholm 算子. 但 $R(Q)^\perp$ 是有限维空间, 矛盾. 不失一般性, 假设 $R(P)^\perp$ 是无限维空间, 则由定理 3.2.5 知: $P-Q$ 是 Fredholm 算子当且仅当 $\dim\mathcal{H}_2<\infty$ 且$P+Q$ 是 Fredholm 算子. 若 $P+Q$ 是 Fredholm 算

子, 则 Q_2 是 Fredholm 算子. 由式 (3.2.7) 容易计算

$$I-PQ=\begin{pmatrix} I & 0 & * & * & * & 0 \\ 0 & 0 & * & * & * & 0 \\ 0 & 0 & I-Q_{11}-P_{31}Q_{22}^{\frac{1}{2}}D_1^*Q_{11}^{\frac{1}{2}} & * & * & 0 \\ 0 & 0 & 0 & I & 0 & 0 \\ 0 & 0 & 0 & 0 & I & 0 \\ 0 & 0 & 0 & 0 & 0 & I \end{pmatrix}. \tag{3.2.12}$$

因此, $I-PQ$ 是 Fredholm 算子当且仅当 $\dim\mathcal{H}_2<\infty$ 且$I-Q_{11}-P_{31}Q_{22}^{\frac{1}{2}}D_1^*Q_{11}^{\frac{1}{2}}$ 是 Fredholm 算子. 由定理 3.2.5 知 $P-Q$ 是 Fredholm 算子.

必要性. 由推论 3.2.6 得 $P+Q$ 是 Fredholm 算子. 由定理 3.2.5 知: 若 $P-Q$ 是 Fredholm 算子, 则 $R(P)^\perp$ 或 $R(Q)^\perp$ 是无限维空间. 不失一般性, 假设 $R(P)^\perp$ 是无限维空间. 由等式 (3.2.10) 知 $I-Q_{11}=D_1Q_{22}D_1^*$, 则 $I-Q_{11}$ 可逆, 因此

$$\begin{aligned} & I-Q_{11}-P_{31}Q_{22}^{\frac{1}{2}}D_1^*Q_{11}^{\frac{1}{2}} \\ =&[I-P_{31}Q_{22}^{\frac{1}{2}}D_1^*Q_{11}^{\frac{1}{2}}(I-Q_{11})^{-1}](I-Q_{11}) \\ =&[I-P_{31}Q_{22}^{\frac{1}{2}}D_1^*(I-Q_{11})^{-1}Q_{11}^{\frac{1}{2}}](I-Q_{11}) \\ =&[I-P_{31}Q_{22}^{\frac{1}{2}}Q_{22}^{-1}D_1^*Q_{11}^{\frac{1}{2}}](I-Q_{11}) \\ =&[I-P_{31}Q_{22}^{-\frac{1}{2}}D_1^*Q_{11}^{\frac{1}{2}}](I-Q_{11}), \end{aligned} \tag{3.2.13}$$

由于 $(I-Q_{11})^{-1}=D_1Q_{22}^{-1}D_1^*$, 则由定理 3.2.5 知: 若 $P-Q$ 是 Fredholm, 则 $\dim\mathcal{H}_2<\infty$ 且 $I-P_{31}Q_{22}^{-\frac{1}{2}}D_1^*Q_{11}^{\frac{1}{2}}$ 是 Fredholm 算子. 因此, $I-Q_{11}-P_{31}Q_{22}^{\frac{1}{2}}D_1^*Q_{11}^{\frac{1}{2}}$ 是 Fredholm 算子, 则 $I-PQ$ 是 Fredholm 算子. 证毕.

推论 3.2.8 设 P 和 Q 是两个幂等算子, 则 $P-Q$ 是 Fredholm 算子当且仅当 $I-PQ$ 与 $P+Q-PQ$ 都是 Fredholm 算子.

证明 由推论 3.2.7 和等式 $P+Q-PQ=I-(I-P)(I-Q)$ 知: 必要性显然.

充分性. 设 P 和 Q 分别有式 (3.2.2) 和式 (3.2.3) 的算子矩阵形式. 由推论 3.2.7 的证明知: 若 $I-PQ$ 是 Fredholm 算子, 则 $R(P)^\perp$ 或 $R(Q)^\perp$ 是无限维空间. 不失一般性, 假设 $R(P)^\perp$ 是无限维空间. 由于

$$P+Q-PQ=\begin{pmatrix} * & * \\ Q_2^{\frac{1}{2}}D_1^*Q_1^{\frac{1}{2}} & Q_2 \end{pmatrix}$$

是 Fredholm 算子, 则 Q_2 是 Fredholm 算子. 因此, 式 (3.2.10) 和式 (3.2.13) 成立, 式 (3.2.13) 显然蕴涵: 若 $I-Q_{11}-P_{31}Q_{22}^{\frac{1}{2}}D_1^*Q_{11}^{\frac{1}{2}}$ 是 Fredholm 算子, 则 $I-P_{31}Q_{22}^{-\frac{1}{2}}D_1^*Q_{11}^{\frac{1}{2}}$ 是 Fredholm 算子. 由定理 3.2.5 的证明知 $P-Q$ 是 Fredholm 算子. 证毕.

我们给出 $P-Q$ 是 Fredholm 算子的另一个充要条件.

定理 3.2.9　设 P 和 Q 是两个幂等算子, 则 $P-Q$ 是 Fredholm 算子当且仅当 $I-PQ$ 是 Fredholm 算子, $\dim N(P^*)\cap N(Q^*)<\infty$, 且 $R(P)+R(Q)$ 是闭的.

证明　设 P 和 Q 分别有式 (3.2.2) 的算子矩阵形式和式 (3.2.3) 的算子矩阵形式.

充分性. 若 $I-PQ$ 是 Fredholm 算子, 不失一般性, 不妨设 $R(P)^\perp$ 是无限维空间. 由于 $R(PP^*+QQ^*)^{\frac{1}{2}}=R(P)+R(Q)$, 则 $R(PP^*+QQ^*)^{\frac{1}{2}}$ 是闭的, 故有 $R(PP^*+QQ^*)$ 是闭的. 容易证明 $N(PP^*+QQ^*)\subseteq N(P^*)\cap N(Q^*)$, 则 PP^*+QQ^* 是 Fredholm 算子. 利用式 (3.2.2) 和式 (3.2.3) 可以得到

$$PP^*+QQ^*=\begin{pmatrix} I+P_1P_1^*+Q_1 & Q_1^{\frac{1}{2}}DQ_2^{\frac{1}{2}} \\ Q_2^{\frac{1}{2}}D^*Q_1^{\frac{1}{2}} & Q_2, \end{pmatrix}. \tag{3.2.14}$$

其中 $Q^2=Q=Q^*$. 类似于定理 3.2.5 的证明, Q_2 是 Fredholm 算子. 由推论 3.2.8 的证明知 $P-Q$ 是 Fredholm 算子.

必要性. 由推论 3.2.7 知 $I-PQ$ 是 Fredholm 算子. 若 $P-Q$ 是 Fredholm 算子, 则 P^*-Q^* 是 Fredholm 算子. 由于

$$N(P^*)\cap N(Q^*)\subseteq N(P^*-Q^*),$$

则 $\dim N(P^*)\cap N(Q^*)<\infty$. 由定理 3.2.5 的证明知 Q_2 是 Fredholm 算子. 由等式 (3.2.14) 知

$$PP^*+QQ^*=\begin{pmatrix} I+P_1P_1^*+Q_1 & Q_1^{\frac{1}{2}}\widetilde{D}Q_{20}^{\frac{1}{2}} & 0 \\ Q_{20}^{\frac{1}{2}}\widetilde{D}^*Q_1^{\frac{1}{2}} & Q_{20} & 0 \\ 0 & 0 & 0 \end{pmatrix}: R(P)\oplus R(Q_2)\oplus R(Q_2)^\perp, \tag{3.2.15}$$

其中 $Q_{20}=P_{R(Q_2)}Q_2\mid_{R(Q_2)}$ 是从 $R(Q_2)$ 到 $R(Q_2)$ 的可逆算子且 $\widetilde{D}=D\mid_{R(Q_2)}$. 由引理 3.2.1 得

$$\begin{pmatrix} I+P_1P_1^*+Q_1 & Q_1^{\frac{1}{2}}\widetilde{D}Q_{20}^{\frac{1}{2}} \\ Q_{20}^{\frac{1}{2}}\widetilde{D}^*Q_1^{\frac{1}{2}} & Q_{20} \end{pmatrix}: R(P)\oplus R(Q_2)$$

可逆当且仅当

$$I+P_1P_1^*+Q_1-Q_1^{\frac{1}{2}}\widetilde{D}Q_{20}^{\frac{1}{2}}Q_{20}^{-1}Q_{20}^{\frac{1}{2}}\widetilde{D}^*Q_1^{\frac{1}{2}}$$

可逆. 利用式 (3.2.6) 和式 (3.2.8), 容易计算

$$I+Q_1^{\frac{1}{2}}(I-\widetilde{D}\widetilde{D}^*)Q_1^{\frac{1}{2}}=\begin{pmatrix} I & 0 & 0 \\ 0 & 2I & 0 \\ 0 & 0 & I \end{pmatrix}, \tag{3.2.16}$$

则

$$I+P_1P_1^*+Q_1-Q_1^{\frac{1}{2}}\widetilde{D}Q_{20}^{\frac{1}{2}}Q_{20}^{-1}Q_{20}^{\frac{1}{2}}\widetilde{D}^*Q_1^{\frac{1}{2}}$$

可逆. 由式 (3.2.15) 与 $n(Q_2)<\infty$ 知 PP^*+QQ^* 是 Fredholm 算子, 因此

$$R(P)+R(Q)=R(PP^*+QQ^*)^{\frac{1}{2}}=R(PP^*+QQ^*),$$

则 $R(P)+R(Q)$ 是闭的. 证毕.

推论 3.2.10 设 P 和 Q 是两个幂等算子, 则下面两个命题等价:

(1) $P-Q$ 和 $I-P-Q$ 是 Fredholm 算子;

(2) $PQ-QP$ 和 $P+Q$ 是 Fredholm 算子.

证明 (1) $\Rightarrow$ (2). 由推论 3.2.6 知 $P+Q$ 是 Fredholm 算子. 由于

$$PQ-QP=(I-P-Q)(P-Q),$$

则 $PQ-QP$ 是 Fredholm 算子.

(2) $\Rightarrow$ (1). 由式 (3.2.2) 和式 (3.2.3) 知

$$PQ-QP=\begin{pmatrix} P_1Q_2^{\frac{1}{2}}D^*Q_1^{\frac{1}{2}} & Q_1^{\frac{1}{2}}DQ_2^{\frac{1}{2}}+P_1Q_2-Q_1P_1 \\ -Q_2^{\frac{1}{2}}D^*Q_1^{\frac{1}{2}} & -Q_2^{\frac{1}{2}}D^*Q_1^{\frac{1}{2}}P_1 \end{pmatrix}:R(P)\oplus R(P)^{\perp}.$$

若 $R(P)^{\perp}$ 是有限维空间, 式 (3.2.2) 和式 (3.2.3) 蕴涵 $Q_2^{\frac{1}{2}}D^*Q_1^{\frac{1}{2}}$, 且 P_1 是紧算子, 则 $PQ-QP$ 是紧算子. 这是一个矛盾, 故 $R(P)^{\perp}$ 是无限维空间. 因此, 若 $P+Q$ 是 Fredholm 算子, 则 Q_2 是 Fredholm 算子. 利用式 (3.2.7), 关于空间分解 $H=\oplus_{i=1}^{6}\mathcal{H}_i$ 可以得到

$$PQ-QP=\begin{pmatrix} 0&0&*&*&*&* \\ 0&0&*&*&*&* \\ 0&0&*&*&*&* \\ 0&0&*&*&*&* \\ 0&0&0&0&0&0 \\ 0&0&0&0&0&0 \end{pmatrix},$$

则

$$\dim H_2\leqslant n(PQ-QP)<\infty.$$

由定理 3.2.5 知 $P-Q$ 是 Fredholm 算子. 设 $(P-Q)^+\in\mathcal{B}(\mathcal{H})$ 是 Fredholm 算子, 使得 $(P-Q)(P-Q)^+=I+K$ 成立, 其中 K 是紧算子, 则

$$\begin{aligned}(PQ-QP)(P-Q)^+&=(I-P-Q)(P-Q)(P-Q)^+\\&=(I-P-Q)+(I-P-Q)K,\end{aligned}$$

从而 $I-P-Q$ 是 Fredholm 算子. 证毕.

注 3.2.11　本节主要定理使用的技巧, 可以用来考虑在什么条件下两个幂等算子的差是可逆的.

推论 3.2.12　设 P 和 Q 是两个幂等算子, 则 $P-Q$ 可逆当且仅当 $I-PQ$ 可逆且 $R(P)+R(Q)=\mathcal{H}$.

证明　充分性. 由于 $R(PP^*+QQ^*)^{\frac{1}{2}}=R(P)+R(Q)=\mathcal{H}$, 则 $(PP^*+QQ^*)^{\frac{1}{2}}$ 是满射, 则 $(PP^*+QQ^*)^{\frac{1}{2}}$ 和 PP^*+QQ^* 都可逆. 由等式 (3.2.14) 容易验证 Q_2 是满射, 则 Q_2 可逆. 利用 Q_2 代替 Q_{20}, 则 P 和 Q 关于空间分解 $H=\oplus_{i=1}^5\mathcal{H}_i$ 分别有矩阵形式

$$P=\begin{pmatrix} I & 0 & 0 & P_{11} & P_{12} \\ 0 & I & 0 & P_{21} & P_{22} \\ 0 & 0 & I & P_{31} & P_{32} \\ 0 & 0 & 0 & 0 & 0 \\ 0 & 0 & 0 & 0 & 0 \end{pmatrix},\quad Q=\begin{pmatrix} 0 & 0 & 0 & 0 & 0 \\ 0 & I & 0 & 0 & 0 \\ 0 & 0 & Q_{11} & Q_{11}^{\frac{1}{2}}D_1Q_{22}^{\frac{1}{2}} & 0 \\ 0 & 0 & Q_{22}^{\frac{1}{2}}D_1^*Q_{11}^{\frac{1}{2}} & Q_{22} & 0 \\ 0 & 0 & 0 & 0 & I \end{pmatrix}. \tag{3.2.17}$$

类似于式 (3.2.12) 的计算, 可以得到

$$I-PQ=\begin{pmatrix} I & 0 & * & * & * \\ 0 & 0 & * & * & * \\ 0 & 0 & I-Q_{11}-P_{31}Q_{22}^{\frac{1}{2}}D_1^*Q_{11}^{\frac{1}{2}} & * & * \\ 0 & 0 & 0 & I & 0 \\ 0 & 0 & 0 & 0 & I \end{pmatrix}. \tag{3.2.18}$$

由引理 3.2.1 知 $P-Q$ 可逆当且仅当 $\dim\mathcal{H}_2=0$ 且 $I-P_{31}Q_{22}^{-\frac{1}{2}}D_1^*Q_{11}^{\frac{1}{2}}$ 可逆. 由等式 (3.2.18) 知: $I-PQ$ 可逆当且仅当 $\dim\mathcal{H}_2=0$ 且$I-Q_{11}-P_{31}Q_{22}^{\frac{1}{2}}D_1^*Q_{11}^{\frac{1}{2}}$ 可逆. 由等式 (3.2.13) 知 $P-Q$ 可逆.

必要性. 若 $P-Q$ 可逆, 则 Q_2 可逆. 由式 (3.2.18) 和式 (3.2.13) 知: $I-PQ$ 可逆. 由引理 3.2.1 和式 (3.2.14), PP^*+QQ^* 可逆当且仅当

$$I+P_1P_1^*+Q_1-Q_1^{\frac{1}{2}}\widetilde{D}Q_2^{\frac{1}{2}}Q_2^{-1}Q_2^{\frac{1}{2}}\widetilde{D}^*Q_1^{\frac{1}{2}}$$

可逆. 由式 (3.2.16) 知: PP^*+QQ^* 可逆, 因此 $R(P)+R(Q)=\mathcal{H}$. 证毕.

利用类似的方法, 可以得到下面两个推论: 当 P 和 Q 是正交投影时, 下面结论由文献 [74] 中定理 6.2 可得.

推论 3.2.13　设 P 和 Q 是两个幂等算子, 则 $P-Q$ 可逆当且仅当 $I-PQ$ 和 $P+Q-PQ$ 都可逆, 当且仅当 $I-PQ$ 和 $P+Q$ 都可逆.

推论 3.2.14 设 $P, Q \in C^{d\times d}$ 是两个幂等算子, 则 $P-Q$ 可逆当且仅当 $I-PQ$ 和 $P+Q$ 都可逆.

注记 本章的主要内容已发表于文献 [57]. 关于幂等算子组合的可逆性与 Fredholm 可逆性的研究成果, 见文献 [52]、[63]、[68].

第 4 章　特殊算子类的广义逆

算子的广义逆, 特别是 Moore-Penrose 逆和 Drazin 逆, 是近年来研究非常活跃的课题之一, 主要研究成果见文献 [76]~[108]. 1958 年, Drazin 在半群中引入了 Drazin 逆[88]. 文献 [97] 在 Banach 空间中, 证明了算子 Drazin 可逆当且仅当升标与降标有限且相等. 不难证明: 如果 $\mathcal{H}$ 是有限维 Hilbert 空间, 则 $\mathcal{B}(\mathcal{H})$ 中的算子都是 Moore-Penrose 可逆的, 也是 Drazin 可逆的. 但是, 当 $\mathcal{H}$ 是无限维时, 则算子 Moore-Penrose 可逆当且仅当该算子的值域是闭子空间, 且单侧移位算子不是 Drazin 可逆的算子. 随着广义逆理论研究的深入, 国内外多名研究者, 在 Banach 代数与 C^* 代数上研究 Moore-Penrose 逆和 Drazin 逆的表示和特征[77,101,103−105]. 本章将主要给出下三角算子矩阵的 Moore-Penrose 逆的表示及其应用, 并进一步在 C^* 代数上, 研究投影的和与积的 Moore-Penrose 逆及 Drazin 逆的表示.

4.1　下三角算子矩阵的 Moore-Penrose 逆

设算子 $A \in B(\mathcal{H})$, $\mathcal{M}$ 和 $\mathcal{N}$ 是 $\mathcal{H}$ 的两个互补子空间, 则当 $(AP_{\mathcal{M},\mathcal{N}} + P_{\mathcal{N},\mathcal{M}})^\dagger$ 存在时, A 的广义 Bott-Duffin 逆 $A^\dagger_{\mathcal{M},\mathcal{N}}$ 定义为 $A^\dagger_{\mathcal{M},\mathcal{N}} := P_{\mathcal{M},\mathcal{N}}(AP_{\mathcal{M},\mathcal{N}} + P_{\mathcal{N},\mathcal{M}})^\dagger$, (对矩阵的定义, 见文献 [80]). 当 $\mathcal{M}^\perp = \mathcal{N}$, 时, 广义 Bott-Duffin 逆 $A^\dagger_{\mathcal{M},\mathcal{N}}$ 用 $A^\dagger_{\mathcal{M}}$ 表示, 即有 $A^\dagger_{\mathcal{M}} = P_{\mathcal{M}}(AP_{\mathcal{M}} + P_{\mathcal{M}^\perp})^\dagger$. 如果 $(AP_{\mathcal{M}} + P_{\mathcal{M}^\perp})^\dagger$ 存在, 显然有

$$AP_{\mathcal{M},\mathcal{N}} + P_{\mathcal{N},\mathcal{M}} = \begin{pmatrix} * & 0 \\ * & I \end{pmatrix} : \mathcal{M} \dotplus \mathcal{N},$$

故作为 $AP_{\mathcal{M},\mathcal{N}} + P_{\mathcal{N},\mathcal{M}}$ 的延伸, 下三角算子 A 可以表示为

$$A = \begin{pmatrix} A_1 & 0 \\ A_2 & A_3 \end{pmatrix} : \mathcal{M} \dotplus \mathcal{N}, \tag{4.1.1}$$

其中 $A_1 \in \mathcal{B}(\mathcal{M})$, $A_2 \in \mathcal{B}(\mathcal{M},\mathcal{N})$ 且 $A_3 \in \mathcal{B}(\mathcal{N})$.

在文献 [83] 中, Bott 和 Duffin 介绍和使用了新形式的广义逆, 这个广义逆在文献 [98] 中被称作 Bott-Duffin 逆. 在文献 [84] 中, Chen 定义了广义 Bott-Duffin 逆并且给出了它的一些性质和应用. 文献 [85]~[87] 研究了广义 Bott-Duffin 逆的摄动理论. 文献 [80] 研究了有限维空间上 Bott-Duffin 的逆的一个新的性质. 本节的目的是将文献 [80]、[86] 的主要结果, 推广到无限维的 Hilbert 空间上. 本节主要

给出下三角算子的 Moore-Penrose 逆是下三角算子或者上三角算子的充要条件. 首先, 给出下三角算子的 Moore-Penrose 逆是下三角算子的充要条件.

定理 4.1.1 设 $A\in B(\mathcal{H})$ 有 (4.1.1) 的形式, 且 $\mathcal{M}^{\perp}=\mathcal{N}$, 则 $A^{\dagger}$ 在空间分解 $\mathcal{M}\oplus\mathcal{M}^{\perp}$ 下是下三角算子矩阵当且仅当 A_1 和 A_3 是 Moore-Penrose 可逆的且有 $N(A_1)\subseteq N(A_2)$ 和 $R(A_2)\subseteq R(A_3)$.

证明 充分性. 令

$$B=\begin{pmatrix} A_1^{\dagger} & 0 \\ -A_3^{\dagger}A_2A_1^{\dagger} & A_3^{\dagger} \end{pmatrix}:\mathcal{M}\oplus\mathcal{M}^{\perp},$$

下面验证 $B=A^{\dagger}$. 显然,

$$BA=\begin{pmatrix} A_1^{\dagger}A_1 & 0 \\ A_3^{\dagger}A_2-A_3^{\dagger}A_2A_1^{\dagger}A_1 & A_3^{\dagger}A_3 \end{pmatrix},\quad AB=\begin{pmatrix} A_1A_1^{\dagger} & 0 \\ A_2A_1^{\dagger}-A_3A_3^{\dagger}A_2A_1^{\dagger} & A_3A_3^{\dagger} \end{pmatrix}.$$

因为 $A_3^{\dagger}A_2-A_3^{\dagger}A_2A_1^{\dagger}A_1=A_3^{\dagger}A_2(I_{\mathcal{M}}-A_1^{\dagger}A_1)$ 与 $A_1(I_{\mathcal{M}}-A_1^{\dagger}A_1)=0$ 成立, 又由于 $N(A_1)\subseteq N(A_2)$, 所以 $A_3^{\dagger}A_2-A_3^{\dagger}A_2A_1^{\dagger}A_1=0$, $BA\in P(\mathcal{H})$. 同理, 由 $R(A_2)\subseteq R(A_3)$ 得

$$A_2A_1^{\dagger}-A_3A_3^{\dagger}A_2A_1^{\dagger}=(I_{\mathcal{M}^{\perp}}-A_3A_3^{\dagger})A_2A_1^{\dagger}=A_2A_1^{\dagger}-A_2A_1^{\dagger}=0.$$

因此, $AB\in P(\mathcal{H})$. 直接计算得 $ABA=A$ 和$BAB=B$ 成立, 故 $A^{\dagger}=B$, 即 $A^{\dagger}$ 是下三角算子矩阵.

必要性. 设

$$A^{\dagger}=\begin{pmatrix} B_1 & 0 \\ B_2 & B_3 \end{pmatrix}:\mathcal{M}\oplus\mathcal{M}^{\perp},$$

那么

$$AA^{\dagger}=\begin{pmatrix} A_1B_1 & 0 \\ A_2B_1+A_3B_2 & A_3B_3 \end{pmatrix}\in P(\mathcal{H}),$$

因此, $A_2B_1+A_3B_2=0$, $A_3B_3\in P(\mathcal{M}^{\perp})$ 且 $A_1B_1\in P(\mathcal{M})$. 同理, 由 $A^{\dagger}A\in P(\mathcal{H})$ 可得 $B_2A_1+B_3A_2=0$ 与 $B_3A_3\in P(\mathcal{M}^{\perp})$ 且 $B_1A_1\in P(\mathcal{M})$ 成立, 则

$$AA^{\dagger}A=\begin{pmatrix} A_1 & 0 \\ A_2 & A_3 \end{pmatrix}\begin{pmatrix} B_1A_1 & 0 \\ 0 & B_3A_3 \end{pmatrix}=\begin{pmatrix} A_1B_1A_1 & 0 \\ A_2B_1A_1 & A_3B_3A_3 \end{pmatrix},$$

因此, $A_1B_1A_1=A_1$, $A_3B_3A_3=A_3$ 与 $A_2B_1A_1=A_2$ 都成立. 因此, $N(A_1)\subseteq N(A_2)$. 同理, 由 $A^{\dagger}AA^{\dagger}=A^{\dagger}$, 可得 $B_1A_1B_1=B_1$ 与 $B_3A_3B_3=B_3$ 成立. 因此, $B_1=A_1^{\dagger}$ 与 $B_3=A_3^{\dagger}$ 都成立. 又由于

$$AA^{\dagger}A=\begin{pmatrix} A_1B_1 & 0 \\ 0 & A_3B_3 \end{pmatrix}\begin{pmatrix} A_1 & 0 \\ A_2 & A_3 \end{pmatrix}=\begin{pmatrix} A_1B_1A_1 & 0 \\ A_3B_3A_2 & A_3B_3A_3 \end{pmatrix},$$

故 $A_3B_3A_2 = A_2$, 因此 $R(A_2) \subseteq R(A_3)$. 证毕.

引理 4.1.2　设 $A \in B(\mathcal{H})$ 用式 (4.1.1) 表示, 若 A_3 是可逆的, 则 $A^\dagger$ 存在当且仅当 A_1 是 Moore-Penrose 可逆的.

证明　由于 A_3 是可逆的, 则

$$\begin{pmatrix} A_1 & 0 \\ A_2 & A_3 \end{pmatrix}\begin{pmatrix} I & 0 \\ -A_3^{-1}A_2 & A_3^{-1} \end{pmatrix} = \begin{pmatrix} A_1 & 0 \\ 0 & I \end{pmatrix}.$$

由于 $A^\dagger$ 存在当且仅当 $R(A)$ 是闭的, 而 $R(A)$ 是闭的当且仅当 $R(A_1)$ 是闭的. 因此, $A^\dagger$ 存在当且仅当 A_1 是 Moore-Penrose 可逆的. 证毕.

由上面的定理 4.1.1 和引理 4.1.2, 容易得到下面的推论.

推论 4.1.3　设 $A \in B(\mathcal{H})$ 用式 (4.1.1) 表示, 其中 $\mathcal{M}^\perp = \mathcal{N}$. 若 A_3 是可逆的, 且 A_1 是 Moore-Penrose 可逆的, 则下面五个命题等价:

(1) $P_\mathcal{M}A^\dagger = (P_\mathcal{M}AP_\mathcal{M})^\dagger$;

(2) $A^\dagger$ 在 $\mathcal{M} \oplus \mathcal{M}^\perp$ 的分解下是下三角算子矩阵;

(3) $N(A_1) \subseteq N(A_2)$;

(4) $A^\dagger = \begin{pmatrix} A_1^\dagger & 0 \\ -A_2A_1^\dagger & A_3^{-1} \end{pmatrix} : \mathcal{M} \oplus \mathcal{M}^\perp$;

(5) $A^\dagger P_{\mathcal{M}^\perp} = (P_{\mathcal{M}^\perp}AP_{\mathcal{M}^\perp})^\dagger$.

设 $A \in \mathcal{B}(\mathcal{H})$, $\mathcal{M}$ 和 $\mathcal{N}$ 是 $\mathcal{H}$ 中互补的闭子空间, 那么由引理 4.1.2 可知 $(P_{\mathcal{M}\mathcal{N}}AP_{\mathcal{M}\mathcal{N}})^\dagger$ 存在当且仅当 $(AP_{\mathcal{M},\mathcal{N}}+P_{\mathcal{N},\mathcal{M}})^\dagger$ 存在. 下面给出 $A_\mathcal{M}^\dagger = (P_\mathcal{M}AP_\mathcal{M})^\dagger$ 的充要条件. 在有限维空间中, (1),(2) 和 (5) 的等价性已在文献 [86] 中得到.

推论 4.1.4　设 $A \in B(\mathcal{H})$, 且 $\mathcal{M}$ 是 $\mathcal{H}$ 的闭子空间, 若 $(P_\mathcal{M}AP_\mathcal{M})^\dagger$ 存在, 则下面的几个命题等价:

(1) $A\mathcal{M} \cap \mathcal{M}^\perp = \{0\}$;

(2) $N(P_\mathcal{M}AP_\mathcal{M}) = N(AP_\mathcal{M})$;

(3) $(AP_\mathcal{M} + P_{\mathcal{M}^\perp})^\dagger P_{\mathcal{M}^\perp} = P_{\mathcal{M}^\perp}$;

(4) $A_\mathcal{M}^\dagger P_{\mathcal{M}^\perp} = 0$;

(5) $A_\mathcal{M}^\dagger = (P_\mathcal{M}AP_\mathcal{M})^\dagger$.

证明　由上面的推论 4.1.3, 等价性显然. 证毕.

在推论 4.1.3 的条件下, 可以得到下三角算子矩阵的 Moore-Penrose 逆是上三角算子矩阵的充要条件.

定理 4.1.5　设 $A \in B(\mathcal{H})$ 有下三角算子矩阵式 (4.1.1) 的形式, 其中 $\mathcal{M}^\perp = \mathcal{N}$, 若 A_3 可逆且 A_1 Moore-Penrose 可逆, 则下面四个命题等价:

(1) $A^\dagger P_\mathcal{M} = (P_\mathcal{M}AP_\mathcal{M})^\dagger$;

(2) $A^\dagger$ 在 $\mathcal{M} \oplus \mathcal{M}^\perp$ 的分解下是上三角算子;

(3) $N(A_1)^{\perp} \subseteq N(A_2)$;

(4) $A^{\dagger} = \begin{pmatrix} A_1^{\dagger} & A_2^*(A_2A_2^* + A_3A_3^*)^{-1} \\ 0 & A_3^*(A_2A_2^* + A_3A_3^*)^{-1} \end{pmatrix} : \mathcal{M} \oplus \mathcal{M}^{\perp}$.

证明 由于 A_3 可逆, 则 $A_3A_3^*$ 是可逆的. 又由于 $A_2A_2^* + A_3A_3^* \geqslant A_3A_3^*$, 则 $A_2A_2^* + A_3A_3^*$ 在空间 $\mathcal{N}$ 上可逆. 因此, (1) $\Longrightarrow$ (2) 和 (4) $\Longrightarrow$ (1) 显然.

(2) $\Longrightarrow$ (3). 如果 $A^{\dagger}$ 在空间分解 $\mathcal{M} \oplus \mathcal{M}^{\perp}$ 下是上三角矩阵的形式, 不妨设

$$A^{\dagger} = \begin{pmatrix} B_1 & B_2 \\ 0 & B_3 \end{pmatrix} : \mathcal{M} \oplus \mathcal{M}^{\perp}.$$

直接计算得

$$AA^{\dagger} = \begin{pmatrix} A_1B_1 & A_1B_2 \\ A_2B_1 & A_2B_2 + A_3B_3 \end{pmatrix}, \quad AA^{\dagger}A = \begin{pmatrix} * & A_1B_2A_3 \\ * & (A_2B_2 + A_3B_3)A_3 \end{pmatrix},$$

则 $(A_2B_2 + A_3B_3)A_3 = A_3$ 与 $A_1B_2A_3 = 0$ 都成立, 进一步有 $A_2B_2 + A_3B_3 = I_{\mathcal{M}^{\perp}}$ 和$A_1B_2 = 0$ 成立. 又由于 A_3 可逆, 则 $A^{\dagger}A \in P(\mathcal{H})$, 蕴涵

$$\begin{pmatrix} B_1A_1 + B_2A_2 & B_2A_3 \\ B_3A_2 & B_3A_3 \end{pmatrix} \in P(\mathcal{H}),$$

故

$$B_3A_3 = A_3^*B_3^*, \quad B_2A_3 = A_2^*B_3^*.$$

因此, $B_2 = A_2^*B_3^*A_3^{-1}$ 且 $A_2B_2 = A_2A_2^*B_3^*A_3^{-1}$. 由于 $A_2B_2 + A_3B_3 = I_{\mathcal{M}^{\perp}}$, 可得

$$A_2A_2^*B_3^*A_3^{-1} + A_3B_3 = I_{\mathcal{M}^{\perp}},$$

那么 $A_2A_2^*B_3^* + A_3B_3A_3 = A_3$, 故 $A_3^{-1}A_2A_2^*B_3^* + B_3A_3 = I_{\mathcal{M}^{\perp}}$. 显然, $B_3A_3 = A_3^*B_3^*$ 蕴涵 $A_3^{-1}A_2A_2^*B_3^* + A_3^*B_3^* = I_{\mathcal{M}^{\perp}}$, 则 $B_3^* = (A_2A_2^* + A_3A_3^*)^{-1}A_3$, 因此

$$B_2 = A_2^*B_3^*A_3^{-1} = A_2^*(A_2A_2^* + A_3A_3^*)^{-1}.$$

又由于 $A_1B_2 = 0$, 则 $A_1A_2^*(A_2A_2^* + A_3A_3^*)^{-1} = 0$, 故 $A_2A_1^* = (A_1A_2^*)^* = 0$. 因此, $R(A_1^*) \subseteq N(A_2)$, 也即 $N(A_1)^{\perp} \subseteq N(A_2)$.

(3) $\Longrightarrow$ (4). 令 $B = \begin{pmatrix} A_1^{\dagger} & A_2^*(A_2A_2^* + A_3A_3^*)^{-1} \\ 0 & A_3^*(A_2A_2^* + A_3A_3^*)^{-1} \end{pmatrix} : \mathcal{M} \oplus \mathcal{M}^{\perp}$, 下面验证 $A^{\dagger} = B$. 由于 $N(A_1)^{\perp} \subseteq N(A_2)$ 且 $N(A_1)^{\perp} = R(A_1^{\dagger})$, 直接计算可得 $AB \in P(\mathcal{H}), ABA = A$ 和 $BAB = B$ 都成立. 显然有

$$BA = \begin{pmatrix} A_1^{\dagger}A_1 + A_2^*(A_2A_2^* + A_3A_3^*)^{-1}A_2 & A_2^*(A_2A_2^* + A_3A_3^*)^{-1}A_3 \\ A_3^*(A_2A_2^* + A_3A_3^*)^{-1}A_2 & A_3^*(A_2A_2^* + A_3A_3^*)^{-1}A_3 \end{pmatrix}$$

是自伴的且 $BABA = BA$, 则 $BA \in P(\mathcal{H})$, 故 $A^\dagger = B$. 证毕.

引理 4.1.6　设 $P \in B(\mathcal{H})$ 是幂等算子, 则 P 是正交投影的充要条件是 $R(P) \perp N(P)$.

定理 4.1.7[80]　设 $A \in B(\mathcal{H})$ 有式 (4.1.1) 的形式. 若 A_3 可逆, A_1 是 Moore-Penrose 可逆且满足 $A\mathcal{M} \cap \mathcal{N} = \{0\}$ 与 $P_{\mathcal{M},\mathcal{N}}A^\dagger = (P_{\mathcal{M},\mathcal{N}}AP_{\mathcal{M},\mathcal{N}})^\dagger$ 成立, 则 $\mathcal{N} = \mathcal{M}^\perp$.

证明　因为 A_3 是可逆的, 所以 $\mathcal{N} \subseteq R(AA^\dagger)$, 故对所有 $x \in \mathcal{N}$, 都有 $AA^\dagger x = x$. 设 $A^\dagger x = x_1 + x_2$, 满足 $x_1 \in \mathcal{M}$ 且 $x_2 \in \mathcal{N}$, 则有 $x = Ax_1 + A_3x_2$, 因此 $x - A_3x_2 = Ax_1 \in A\mathcal{M} \cap \mathcal{N} = \{0\}$. 因此, $x = A_3x_2$ 且 $Ax_1 = 0$. 又由

$$A^\dagger x = x_1 + x_2 = x_1 + A_3^{-1}x,$$

可知

$$(P_{\mathcal{M},\mathcal{N}}AP_{\mathcal{M},\mathcal{N}})^\dagger x = P_{\mathcal{M},\mathcal{N}}A^\dagger x = x_1,$$

这蕴涵

$$x_1 \in R((P_{\mathcal{M},\mathcal{N}}AP_{\mathcal{M},\mathcal{N}})^\dagger) = N(P_{\mathcal{M},\mathcal{N}}AP_{\mathcal{M},\mathcal{N}})^\perp.$$

再利用等式 $Ax_1 = 0$ 可得 $A_1x_1 = 0$, 故有 $x_1 \in N(P_{\mathcal{M},\mathcal{N}}AP_{\mathcal{M},\mathcal{N}})$, 结合上式有 $x_1 = 0$. 因此, 对所有的 $x \in \mathcal{N}$ 都有 $A^\dagger x = A_3^{-1}x$ 成立, 故 $A^\dagger$ 在空间 $\mathcal{M} \dotplus \mathcal{N} = \mathcal{H}$ 的分解下的算子矩阵是

$$A^\dagger = \begin{pmatrix} B_1 & 0 \\ B_2 & A_3^{-1} \end{pmatrix} : \mathcal{M} \dotplus \mathcal{N}. \tag{4.1.2}$$

因为 $P_{\mathcal{M},\mathcal{N}}A^\dagger = (P_{\mathcal{M},\mathcal{N}}AP_{\mathcal{M},\mathcal{N}})^\dagger$, 所以

$$(P_{\mathcal{M},\mathcal{N}}AP_{\mathcal{M},\mathcal{N}})^\dagger = \begin{pmatrix} B_1 & 0 \\ 0 & 0 \end{pmatrix} : \mathcal{M} \dotplus \mathcal{N},$$

$$P_{\mathcal{M},\mathcal{N}}AP_{\mathcal{M},\mathcal{N}} = \begin{pmatrix} A_1 & 0 \\ 0 & 0 \end{pmatrix} : \mathcal{M} \dotplus \mathcal{N}.$$

直接计算得 $B_1 = A_1^\dagger$ 且 $\begin{pmatrix} B_1A_1 & 0 \\ 0 & 0 \end{pmatrix} \in P(\mathcal{H})$. 因此, 引理 4.1.6 蕴涵 $R(A_1^\dagger A_1) \perp \mathcal{N}$.

再设 $x \in N(A_1^\dagger A_1) \subseteq \mathcal{M}$, 那么 $A_1^\dagger A_1x = 0$ 和 $A_1x = A_1A_1^\dagger A_1x = A_10 = 0$ 成立. 因此, $A_2x = Ax \in \mathcal{M} \cap \mathcal{N} = \{0\}$, 故 $x \in N(A)$. 由等式 (4.1.2) 可得 $\mathcal{N} \subseteq R(A^\dagger) = N(A)^\perp$, 则 $x \perp \mathcal{N}$, 因此 $N(A_1^\dagger A_1) \perp \mathcal{N}$. 又因为 $\mathcal{M} = N(A_1^\dagger A_1) + R(A_1^\dagger A_1)$, 所以 $\mathcal{M} \perp \mathcal{N}$. 证毕.

在有限维空间中, 由上面的定理 4.1.7, 可以得到下面的推论 [80].

推论 4.1.8 设 $A \in B(\mathcal{H})$, 且 $\mathcal{M}$ 和 $\mathcal{N}$ 是 $\mathcal{H}$ 的两个互补的闭子空间. 若 $(P_{\mathcal{M}\mathcal{N}}AP_{\mathcal{M}\mathcal{N}})^\dagger$ 存在, $A\mathcal{M} \cap \mathcal{N} = \{0\}$ 且 $A^\dagger_{\mathcal{M},\mathcal{N}} = (P_{\mathcal{M},\mathcal{N}}AP_{\mathcal{M},\mathcal{N}})^\dagger$, 则 $\mathcal{N} = \mathcal{M}^\perp$.

类似于定理 4.1.7 的证明, 可以得到下面结论.

命题 4.1.9 设 $A \in B(\mathcal{H})$ 有 (4.1.1) 的表示形式. 若 A_3 可逆, A_1 Moore-Penrose 可逆, 且 $A^\dagger P_{\mathcal{M},\mathcal{N}} = (P_{\mathcal{M},\mathcal{N}}AP_{\mathcal{M},\mathcal{N}})^\dagger$, 则 $\mathcal{N} = \mathcal{M}^\perp$.

证明 设

$$A^\dagger = \begin{pmatrix} B_1 & B_3 \\ B_2 & B_4 \end{pmatrix} : \mathcal{M} \dotplus \mathcal{N},$$

那么

$$(P_{\mathcal{M},\mathcal{N}}AP_{\mathcal{M},\mathcal{N}})^\dagger = A^\dagger P_{\mathcal{M},\mathcal{N}} = \begin{pmatrix} B_1 & 0 \\ B_2 & 0 \end{pmatrix}.$$

因此

$$(P_{\mathcal{M},\mathcal{N}}AP_{\mathcal{M},\mathcal{N}})(P_{\mathcal{M},\mathcal{N}}AP_{\mathcal{M},\mathcal{N}})^\dagger = \begin{pmatrix} A_1B_1 & 0 \\ 0 & 0 \end{pmatrix} \in P(\mathcal{H}),$$

且

$$(P_{\mathcal{M},\mathcal{N}}AP_{\mathcal{M},\mathcal{N}})(P_{\mathcal{M},\mathcal{N}}AP_{\mathcal{M},\mathcal{N}})^\dagger(P_{\mathcal{M},\mathcal{N}}AP_{\mathcal{M},\mathcal{N}}) = P_{\mathcal{M},\mathcal{N}}AP_{\mathcal{M},\mathcal{N}}. \tag{4.1.3}$$

因此, 由引理 4.1.6 知 $A_1B_1 \in P(\mathcal{M})$ 与 $R(A_1B_1) \perp \mathcal{N}$ 成立. 又式 (4.1.3) 蕴涵 $A_1B_1A_1 = A_1$, 故 $R(A_1) = R(A_1B_1) \perp \mathcal{N}$. 同理, 由

$$(P_{\mathcal{M},\mathcal{N}}AP_{\mathcal{M},\mathcal{N}})^\dagger(P_{\mathcal{M},\mathcal{N}}AP_{\mathcal{M},\mathcal{N}})(P_{\mathcal{M},\mathcal{N}}AP_{\mathcal{M},\mathcal{N}})^\dagger = (P_{\mathcal{M},\mathcal{N}}AP_{\mathcal{M},\mathcal{N}})^\dagger,$$

直接计算得 $B_1A_1B_1 = B_1$, $B_2A_1B_1 = B_2$, 故有 $B_1(I_\mathcal{M} - A_1B_1) = 0$, $B_2(I_\mathcal{M} - A_1B_1) = 0$. 因此, $\mathcal{M} \ominus R(A_1) \subseteq N(B_1) \cap N(B_2)$. 设 $x \in \mathcal{M} \ominus R(A_1)$, 那么 $x \in N(B_1) \cap N(B_2)$, 则 $A^\dagger x = 0$. 又因为 $N(A^\dagger) = R(A)^\perp = (R(A_1) + \mathcal{N})^\perp$, 所以 $x \in (R(A_1) + \mathcal{N})^\perp$, 即有 $(\mathcal{M} \ominus R(A_1)) \perp (R(A_1) + \mathcal{N})$. 最后, 由

$$(\mathcal{M} \ominus R(A_1)) \oplus R(A_1) = \mathcal{M},$$

可知 $\mathcal{N} = \mathcal{M}^\perp$. 证毕.

4.2 C^* 代数中投影生成的反交换子的 Moore-Penrose 逆

设 $\mathcal{A}$ 表示有单位元 e 的 C^* 代数, 若 $p \in \mathcal{A}$ 满足 $p^2 = p = p^*$, 则 p 称作投影. 记

$$P(\mathcal{H}) = \{P \in B(\mathcal{H}) : P^2 = P = P^*\}, \quad P(\mathcal{A}) = \{p \in \mathcal{A} : p^2 = p = p^*\}.$$

设 $a \in \mathcal{A}$, 用 $\mathrm{acc}\sigma(a)$ 表示 a 谱的聚点之集. 记 $a(\mathcal{A}) := \{ax : x \in \mathcal{A}\}$. $a^0 := \{x \in \mathcal{A} : ax = 0\}$ 表示 a 的核构成的右理想 [108].

近年来, 许多学者研究了 C^* 代数上元素的 Drazin 逆和 Moore-Penrose 逆问题. 文献 [89]、[91] 分别讨论了 Hilbert 空间上正交投影的乘积与差的 Drazin 可逆以及 Moore-Penrose 可逆的充要条件; 文献 [103]、[104] 讨论了 C^* 代数上投影的乘积与交换子的 Drazin 可逆与 Moore-Penrose 可逆的表示问题. 本节主要目的是讨论反交换子 $pq+qp$ 可逆和 Moore-Penrose 可逆的充要条件, 并进一步讨论交换子 $pq-qp$ 与反交换子 $pq+qp$ 可逆性和 Moore-Penrose 可逆性之间的关系.

引理 4.2.1　设 $a, b \in \mathcal{A}$ 是 Moore-Penrose 可逆, 若 $ab^* = 0 = a^*b$, 则 $a+b$ Moore-Penrose 可逆, 且 $(a+b)^\dagger = a^\dagger + b^\dagger$.

证明　直接验证 $a^\dagger + b^\dagger$ 是 $a+b$ 的 Moore-Penrose 逆元.

引理 4.2.2[108]　设 $a \in \mathcal{A}$, 则下面命题等价:

(1) a Moore-Penrose 可逆;

(2) a^*a(或 aa^*) Moore-Penrose 可逆;

(3) a^*a(或 aa^*) Drazin 可逆;

(4) $0 \notin \mathrm{acc}\sigma(a^*a)$(或 $0 \notin \mathrm{acc}\sigma(aa^*)$).

同时, $a^\dagger = a^*(aa^*)^D = a^*(aa^*)^\dagger = (a^*a)^D a^* = (a^*a)^\dagger a^*$.

引理 4.2.3[108]　设 $a \in \mathcal{A}$ 是正规元, 则

(1) a Moore-Penrose 可逆当且仅当 a Drazin 可逆;

(2) 若 a Drazin 可逆, 则 $a^\dagger = a^D$, 且 $a^2a^D = a$.

引理 4.2.4[104]　设 $p, q \in P(\mathcal{A})$, 则下面命题等价:

(1) $p-q$ Moore-Penrose 可逆;

(2) $p+q$ Moore-Penrose 可逆;

(3) $p-qp$ Moore-Penrose 可逆;

(4) $q-qp$ Moore-Penrose 可逆.

引理 4.2.5[104]　设 $p, q \in P(\mathcal{A})$, 若 pq Moore-Penrose 可逆, 则

(1) $p(qp)^\dagger = (qp)^\dagger$;

(2) $(qp)^\dagger q = (qp)^\dagger$;

(3) $(qp)^\dagger pq = pq$;

(4) $(pqp)^\dagger p = (pqp)^\dagger$;

(5) $p[(e-p)(e-q)]^\dagger = -(qp)^\dagger(e-p)$.

下面结论给出了 $pq+qp$ Moore-Penrose 可逆的充要条件, 其中 $p, q \in \mathcal{P}(\mathcal{A})$.

定理 4.2.6　设 $p, q \in P(\mathcal{A})$, 则 $pq+qp$ Moore-Penrose 可逆当且仅当 pqp 与

$p+q$ 都 Moore-Penrose 可逆. 若 $pq+qp$ Moore-Penrose 可逆, 则

$$(pq+qp)^{\dagger}=[(p+q)^{\dagger}]^2[q(pqp)^{\dagger}+(pqp)^{\dagger}q].$$

证明 显然 $pq+qp=(e-p-q)^2-(e-p-q)$. 利用谱映射定理, 则 $\sigma(pq+qp)=\{\lambda^2-\lambda:\lambda\in\sigma(e-p-q)\}$.

必要性. 若 $pq+qp$ Moore-Penrose 可逆, 由引理 4.2.2 和引理 4.2.3 知 $0\notin \mathrm{acc}\sigma(pq+qp)$, 则由上面等式知 $0\notin \mathrm{acc}\sigma(e-p-q)$ 且 $1\notin \mathrm{acc}\sigma(e-p-q)$. 因此, $e-p-q$ Drazin 可逆且 $0\notin \mathrm{acc}\sigma(p+q)$. 再次应用引理 4.2.3, 则 $e-p-q$ 与 $p+q$ 都 Moore-Penrose 可逆. 由文献 [104] 与引理 4.2.2 得 pqp Moore-Penrose 可逆.

充分性. 若 pqp Moore-Penrose 可逆, 由文献 [104] 与引理 4.2.2, 则 $e-p-q$ Moore-Penrose 可逆. 容易验证 $pq+qp=(p+q-e)(p+q)=(p+q)(p+q-e)$. 由于 $p+q$ 与 $p+q-e$ 都是自伴元, 利用文献 [107], 则有

$$(p+q)^{\dagger}(p+q-e)=(p+q-e)(p+q)^{\dagger},$$

$$(p+q)(p+q-e)^{\dagger}=(p+q-e)^{\dagger}(p+q)$$

与

$$(p+q)^{\dagger}(p+q-e)^{\dagger}=(p+q-e)^{\dagger}(p+q)^{\dagger}$$

都成立. 直接计算可得

$$(pq+qp)^{\dagger}=(p+q-e)^{\dagger}(p+q)^{\dagger}.$$

因此 $pq+qp$ Moore-Penrose 可逆.

应用文献 [104] 与本书引理 4.2.5 (5), 则

$$\begin{aligned}(p+q-e)^{\dagger}&=[p-(e-q)]^{\dagger}\\&=p-(e-q)+[p-p(e-q)]^{\dagger}(e-q)-p[(e-p)(e-q)]^{\dagger}\\&=p-e+q+(pq)^{\dagger}(e-q)+(qp)^{\dagger}(e-p).\end{aligned}$$

因此

$$\begin{aligned}(p+q)(p+q-e)^{\dagger}=&pq+qp+p(pq)^{\dagger}-p(pq)^{\dagger}q+q(pq)^{\dagger}-q(pq)^{\dagger}q\\&+p(qp)^{\dagger}-p(qp)^{\dagger}p+qp(qp)^{\dagger}-qp(qp)^{\dagger}p.\end{aligned}$$

由引理 4.2.5 (1),(2), 显然

$$qp(qp)^{\dagger}p=qp(qp)^{\dagger}qp=qp$$

与

$$p(pq)^\dagger = pq(pq)^\dagger = (pq(pq)^\dagger)^* = (qp)^\dagger qp = (qp)^\dagger p = p(qp)^\dagger p$$

成立. 类似地, 可以得到

$$-q(pq)^\dagger q = -(pq)^\dagger pq = -qp(qp)^\dagger$$

$$-p(pq)^\dagger q = -pq(pq)^\dagger pq = -pq,$$

则

$$\begin{aligned}(pq+qp)^\dagger &= [(p+q)^\dagger]^2(p+q)(p+q-e)^\dagger \\ &= [(p+q)^\dagger]^2[(pq)^\dagger + (qp)^\dagger] \\ &= [(p+q)^\dagger]^2[q(pqp)^\dagger + (pqp)^\dagger q].\end{aligned}$$

证毕.

推论 4.2.7　设 $p, q \in P(\mathcal{A})$, 则 $pq+qp$ Moore-Penrose 可逆当且仅当 $pq-qp$ Moore-Penrose 可逆.

显然, $a \in \mathcal{A}$ 可逆蕴涵 a 是 Moore-Penrose 可逆. 下面给出 $pq-qp$ 与 $pq+qp$ 可逆的充要条件.

定理 4.2.8　设 $p, q \in P(\mathcal{A})$, 则 $pq-qp$ 可逆当且仅当下面三个条件都成立:

(1) $p-q$ 可逆;

(2) pqp Moore-Penrose 可逆;

(3) $p(\mathcal{A}) \cap q^0 = \{0\}$ 且 $q(\mathcal{A}) \cap p^0 = \{0\}$.

证明　必要性. 容易验证

$$pq-qp = (e-p-q)(p-q) = -(p-q)(e-p-q),$$

则 $p-q$ 与 $e-p-q$ 都可逆, 由文献 [104] 与引理 4.2.2 知 pqp Moore-Penrose 可逆. 设 $a \in p\mathcal{A} \cap q^0$, 则 $pa = a$ 且 $qa = 0$, 因此 $(pq-qp)a = 0$. 又由于 $pq-qp$ 可逆, 则 $a = 0$. 用类似的方法可以得到: $q(\mathcal{A}) \cap p^0 = \{0\}$.

充分性. 我们将证明 $(pqp)^\dagger(p-q)^{-1} - (p-q)^{-1}(pqp)^\dagger$ 是 $pq-qp$ 的一个右逆元. 由于 pqp Moore-Penrose 可逆, 由引理 4.2.2, pq Moore-Penrose 可逆. 显然 $p(e-(pq)^\dagger) \in p(\mathcal{A})$ 与 $qp(e-(pq)^\dagger) = qp - (qp)(pq)^\dagger = qp - qp = 0$ 成立, 则 $p(e-(pq)^\dagger) \in p(\mathcal{A}) \cap q^0 = \{0\}$, 从而 $p = p(pq)^\dagger$. 容易证明

$$(e-(pq)^\dagger)q = q-(pq)^\dagger q = q - q(pq)^\dagger q = q(q-(pq)^\dagger q) \in q(\mathcal{A})$$

$$p(q-(pq)^\dagger q) = pq - p(pq)^\dagger q = pq - pq(pq)^\dagger pq = 0,$$

则 $q-(pq)^\dagger q\in q(\mathcal{A})\cap p^0=\{0\}$, 故 $q=(pq)^\dagger q$. 因此

$$\begin{aligned}
&(pq-qp)[(pqp)^\dagger(p-q)^{-1}-(p-q)^{-1}(pqp)^\dagger]\\
=&(pq-qp)(pqp)^\dagger(p-q)^{-1}-(e-p-q)(pqp)^\dagger\\
=&(e-p-q)(p-q)(pqp)^\dagger(p-q)^{-1}-(e-p-q)(pqp)^\dagger\\
=&(e-p-q)[(p-q)(pqp)^\dagger-(pqp)^\dagger(p-q)](p-q)^{-1}\\
=&(e-p-q)[-q(pqp)^\dagger+(pqp)^\dagger q](p-q)^{-1}\\
=&[pq(pqp)^\dagger-qp(pqp)^\dagger q](p-q)^{-1}\\
=&[p(pq)^\dagger-(pq)^\dagger q](p-q)^{-1}\\
=&(p-q)(p-q)^{-1}\\
=&e.
\end{aligned}$$

由于 $pq-qp$ 是正规元, 则 $pq-qp$ 可逆. 证毕.

推论 4.2.9 设 $p,q\in P(\mathcal{A})$, 则 $pq+qp$ 可逆当且仅当下面三个条件都成立:

(1) $p+q$ 可逆;

(2) pqp Moore-Penrose 可逆;

(3) $p(\mathcal{A})\cap q^0=\{0\}$ 且 $q(\mathcal{A})\cap p^0=\{0\}$.

证明 必要性. 显然 $pq+qp=(p+q)(p+q-e)=(p+q-e)(p+q)$, 则 $p+q$ 与 $e-p-q$ 都可逆, 从而 pqp Moore-Penrose 可逆. 设 $a\in p(\mathcal{A})\cap q^0$, 则 $pa=a$ 且 $qa=0$, 因此 $(pq+qp)a=0$. 又由于 $pq+qp$ 可逆, 则 $a=0$. 用类似的方法可以得到: $q(\mathcal{A})\cap p^0=\{0\}$.

充分性. 我们将证明 $(p+q)^{-1}\{[q(pqp)^\dagger-(pqp)^\dagger q](p-q)+p-e+q\}$ 是 $pq+qp$ 的右逆元. 由定理 4.2.8 得 $pq(pqp)^\dagger=p(pq)^\dagger=p$与$q(pqp)^\dagger q=(pq)^\dagger q=q$ 成立, 则

$$\begin{aligned}
&(pq+qp)(p+q)^{-1}\{[(q(pqp)^\dagger-(pqp)^\dagger q](p-q)+p-e+q\}\\
=&(p+q-e)[q(pqp)^\dagger-(pqp)^\dagger q](p-q)+(p-e+q)^2\\
=&pq(pqp)^\dagger-pq(pqp)^\dagger q-q(pqp)^\dagger qp+q(pqp)^\dagger q+(p+q-e)^2\\
=&p-pq-qp+q+(p+q-e)^2\\
=&e.
\end{aligned}$$

由于 $pq+qp$ 是自伴元, 则 $pq+qp$ 可逆. 证毕.

推论 4.2.10 设 $p,q\in P(\mathcal{A})$, 则 $pq-qp$ 可逆当且仅当 $pq+qp$ 可逆, 且 $p(\mathcal{A})\cap q(\mathcal{A})=\{0\}$.

证明 由定理 4.2.8 和推论 4.2.9, 只需证明: $p-q$ 可逆当且仅当 $p+q$ 可逆, 且 $p(\mathcal{A})\cap q(\mathcal{A})=\{0\}$. 设 $p-q$ 可逆, 由于 $\sigma[(p-q)^2]=\{2\lambda-\lambda^2:\lambda\in\sigma(p+q)\}$, 则 $0\notin\sigma(p-q)$ 蕴涵 $0\notin\sigma(p+q)$, 因此 $p+q$ 可逆. 若 $a\in p(\mathcal{A})\cap q(\mathcal{A})$, 则 $(p-q)a=0$, 故 $a=0$. 因此, $p(\mathcal{A})\cap q(\mathcal{A})=\{0\}$.

若 $p+q$ 可逆, 则 $p+q$ Moore-Penrose 可逆且 $p^0 \cap q^0 = \{0\}$. 由引理 4.2.4 得 $p-q$ Moore-Penrose 可逆. 由于 $p-q=(p-q)(p-q)^\dagger(p-q)$, 则

$$p[e-(p-q)^\dagger(p-q)] = q[e-(p-q)^\dagger(p-q)],$$

因此

$$p[e-(p-q)^\dagger(p-q)] \in p(\mathcal{A}) \cap q(\mathcal{A}) = \{0\}.$$

由于

$$e-(p-q)^\dagger(p-q) \in p^0 \cap q^0 = \{0\},$$

则

$$e = (p-q)^\dagger(p-q) = [(p-q)^\dagger(p-q)]^* = (p-q)(p-q)^\dagger.$$

证毕.

下面给出 $(pq)^k-(qp)^k$ (k 是正整数) 是 Moore-Penrose 可逆的充要条件 [104].

定理 4.2.11 设 k 是正整数,$p, q \in P(\mathcal{A})$, 则

(1) $(pq)^k-(qp)^k$ 当且仅当 $p-q$ 与 pqp 都 Moore-Penrose 可逆;

(2) 若 $(pq)^k-(qp)^k$ Moore-Penrose 可逆, 则

$$[(pq)^k-(qp)^k]^\dagger = [(pqp)^\dagger]^k(p-q)^\dagger - (p-q)^\dagger[(pqp)^\dagger]^k.$$

证明 容易验证下面等式

$$(pq)^k-(qp)^k = (p+q-e)^{2k-1}(q-p) = (p-q)(p+q-e)^{2k-1}$$

与 $(p+q-e)^2+(q-p)^2=e$ 成立. 因此

$$[(pq)^k-(qp)^k]^2 = (p+q-e)^{2k-1}(q-p)(p-q)(p+q-e)^{2k-1} = (p+q-e)^{4k}-(p+q-e)^{4k-2}.$$

由于 $(pq)^k-(qp)^k$ 是正规元, 由引理 4.2.3 得 $(pq)^k-(qp)^k$ Moore-Penrose 可逆当且仅当 $[(pq)^k-(qp)^k]^2$ Moore-Penrose 可逆.

必要性. 若 $(pq)^k-(qp)^k$ Moore-Penrose 可逆, 则 $0 \notin \mathrm{acc}\sigma[(pq)^k-(qp)^k]^2$, 由谱映射定理知 $0 \notin \mathrm{acc}\sigma(p+q-e)$ 且 $-1 \notin \mathrm{acc}\sigma(p+q-e)$. 利用引理 4.2.4 与文献 [104], 可以得到 $p-q$ 与 pqp 都 Moore-Penrose 可逆.

充分性. 若 $p-q$ 与 pqp 都 Moore-Penrose 可逆, 则 $(p+q-e)^{4k-2}$ 与 $(p-q)^2$ 都 Moore-Penrose 可逆. 由于

$$[(pq)^k-(qp)^k]^2 = -(p+q-e)^{4k-2}(p-q)^2 = -(p-q)^2(p+q-e)^{4k-2},$$

又由文献 [107] 知 $[(pq)^k-(qp)^k]^2$ Moore-Penrose 可逆, 因此 $(pq)^k-(qp)^k$ Moore-Penrose 可逆

容易证明

$$[(pq)^k(e-p)]^\dagger=(e-p)(qp)^k[(pq)^k(e-p)(qp)^k]^\dagger=-(p-q)(qp)^k[(pqp)^{2k-1}-(pqp)^{2k}]^\dagger.$$

由于 $(pqp)^{2k-1}-(pqp)^{2k}=(pqp)^{2k-1}(p-q)^2=(p-q)^2(pqp)^{2k-1}$, 则

$$[(pqp)^{2k-1}-(pqp)^{2k}]^\dagger=[(pqp)^\dagger]^{2k-1}[(p-q)^\dagger]^2=[(p-q)^\dagger]^2[(pqp)^\dagger]^{2k-1},$$

因此

$$[(pq)^k(e-p)]^\dagger=-(p-q)^\dagger(qp)^k[(pqp)^{2k-1}]^\dagger=-(p-q)^\dagger q[(pqp)^k]^\dagger.$$

剩余部分的证明与文献 [104] 相同. 证毕.

类似的, 可以得到 $(pq)^k+(qp)^k$ Moore-Penrose 可逆的充要条件.

推论 4.2.12 设 $p,q\in P(\mathcal{A})$, 则下面命题等价:

(1) 存在正整数 k, 使得 $(pq)^k+(qp)^k$ Moore-Penrose 可逆;

(2) 存在正整数 k, 使得 $(pqp)^k-(qpq)^k$ Moore-Penrose 可逆;

(3) 存在正整数 k, 使得 $(pqp)^k+(qpq)^k$ Moore-Penrose 可逆;

(4) $p+q$ 与 pqp 都 Moore-Penrose 可逆;

(5) 对任意正整数 k, 都有 $(pq)^k+(qp)^k((pqp)^k-(qpq)^k$, $(pqp)^k+(qpq)^k$ 或 $(pq)^k-(qp)^k)$ 是 Moore-Penrose 可逆.

证明 利用下面几个等式

$$(pq)^k+(qp)^k=(e-p-q)^{2k}-(e-p-q)^{2k-1}=(p+q-e)^{2k-1}(p+q), \tag{4.2.1}$$

$$(pqp)^k+(qpq)^k=(e-p-q)^{2k}-(e-p-q)^{2k+1}=(p+q-e)^{2k}(p+q), \tag{4.2.2}$$

$$(pqp)^k-(qpq)^k=(e-p-q)^{2k}(p-q)=(q-p)(p+q-e)^{2k}, \tag{4.2.3}$$

$$[(pqp)^k-(qpq)^k]^2=(e-p-q)^{4k+2}-(e-p-q)^{4k}, \tag{4.2.4}$$

证明方法类似于定理 4.2.11.

设 $P,Q\in P(\mathcal{H})$, 令 $\mathcal{H}_1=R(P)\cap R(Q),\mathcal{H}_2=R(P)\cap N(Q)$, $\mathcal{H}_3=N(P)\cap R(Q),\mathcal{H}_4=N(P)\cap N(Q),\mathcal{H}_5=R(P)\ominus(\mathcal{H}_1\oplus\mathcal{H}_2)$, $\mathcal{H}_6=\mathcal{H}\ominus(\oplus_{i=1}^5\mathcal{H}_i)$, 则 P 和 Q 关于空间分解 $\mathcal{H}=\oplus_{i=1}^6\mathcal{H}_i$ 有下面算子矩阵形式:

$$P=I\oplus I\oplus 0\oplus 0\oplus\begin{pmatrix} I & 0\\ 0 & 0\end{pmatrix},$$

$$Q = I \oplus 0 \oplus I \oplus 0 \oplus \begin{pmatrix} Q_0 & Q_0^{\frac{1}{2}}(I-Q_0)^{\frac{1}{2}}D \\ D^*Q_0^{\frac{1}{2}}(I-Q_0)^{\frac{1}{2}} & D^*(I-Q_0)D \end{pmatrix},$$

其中 Q_0 是 $\mathcal{H}_5$ 上正的压缩算子, 且满足 0 与 1 都不属于 Q_0 的点谱, D 是从 $\mathcal{H}_6$ 到 $\mathcal{H}_5$ 的酉算子. 容易验证: $P-Q$ Moore-Penrose 可逆当且仅当 $I-Q_0$ 可逆, 也显然有 PQP Moore-Penrose 可逆当且仅当 Q_0 可逆.

设 $P-Q$ 与 PQP 都 Moore-Penrose 可逆, 由推论 4.2.12 知道

$$(PQ)^k + (QP)^k = 2I \oplus_{i=2}^4 0 \oplus \begin{pmatrix} 2Q_0^k & Q_0^{k-\frac{1}{2}}(I-Q_0)^{\frac{1}{2}}D \\ D^*Q_0^{k-\frac{1}{2}}(I-Q_0)^{\frac{1}{2}} & 0 \end{pmatrix},$$

$$[(PQ)^k+(QP)^k]^\dagger = \frac{I}{2} \oplus_{i=2}^4 0 \oplus \begin{pmatrix} 0 & Q_0^{-k+\frac{1}{2}}(I-Q_0)^{-\frac{1}{2}}D \\ D^*Q_0^{-k+\frac{1}{2}}(I-Q_0)^{-\frac{1}{2}} & -2D^*(I-Q_0)^{-1}Q_0^{-k+1}D \end{pmatrix}.$$

类似地, 可以得到

$$(PQP)^k + (QPQ)^k = 2I \oplus_{i=2}^4 0 \oplus \begin{pmatrix} Q_0^k(I+Q_0) & Q_0^{k+\frac{1}{2}}(I-Q_0)^{\frac{1}{2}}D \\ D^*Q_0^{k+\frac{1}{2}}(I-Q_0)^{\frac{1}{2}} & D^*(I-Q_0)Q_0^kD \end{pmatrix},$$

$$\begin{aligned}&[(PQP)^k + (QPQ)^k]^\dagger \\ &= \frac{I}{2} \oplus_{i=2}^4 0 \oplus \begin{pmatrix} Q_0^{-k} & -Q_0^{-k+\frac{1}{2}}(I-Q_0)^{-\frac{1}{2}}D \\ -D^*Q_0^{-k+\frac{1}{2}}(I-Q_0)^{-\frac{1}{2}} & D^*(I-Q_0)^{-1}Q_0^{-k}(I+Q_0)D \end{pmatrix},\end{aligned}$$

$$(PQP)^k - (QPQ)^k = \oplus_{i=1}^4 0 \oplus \begin{pmatrix} Q_0^k(I-Q_0) & -Q_0^{k+\frac{1}{2}}(I-Q_0)^{\frac{1}{2}}D \\ -D^*Q_0^{k+\frac{1}{2}}(I-Q_0)^{\frac{1}{2}} & -D^*(I-Q_0)Q_0^kD \end{pmatrix},$$

$$[(PQP)^k-(QPQ)^k]^\dagger = \oplus_{i=1}^4 0 \oplus \begin{pmatrix} Q_0^{-k} & -Q_0^{-k+\frac{1}{2}}(I-Q_0)^{-\frac{1}{2}}D \\ -D^*Q_0^{-k+\frac{1}{2}}(I-Q_0)^{-\frac{1}{2}} & -D^*Q_0^{-k}D \end{pmatrix}.$$

证毕.

4.3 C^* 代数上投影的积与差的 Drazin 逆

若 A,B 是 $n\times n$ 复矩阵, 则 Cline's 公式 [99] 是 $(AB)^D = A[(BA)^D]^2B$. 对半群中的元 a,b 由 Cline's 公式容易验证: ab Drazin 可逆当且仅当 ba Drazin 可逆. 因此有下面的引理.

引理 4.3.1 设 $a,b\in\mathcal{A}$, 则 ab Drazin 可逆当且仅当 ba Drazin 可逆.

注 4.3.2 本章后面部分均设 $\mathcal{A}$ 是含单位元 e 的 C^* 代数.

引理 4.3.3 设 $a,b\in\mathcal{A}$ 都是 Drazin 可逆的, 且 $ab=ba=0$, 则 $a+b$ 是 Drazin 可逆的且 $(a+b)^D=a^D+b^D$.

证明 由定义可得 $ab^D=b^Da=0$ 与 $a^Db=ba^D=0$ 成立, 故直接验证有: $(a+b)^D=a^D+b^D$. 证毕.

引理 4.3.4 设 $p,q\in\mathcal{A}$ 是正交投影, 则 $e-p-q$ Drazin 可逆当且仅当 pq Drazin 可逆.

证明 对 Hilbert 空间上的正交投影 p,q, 下面等式已在文献 [71] 中获得

$$(\lambda-1+p)(\lambda-p-q)(\lambda-1+q)=\lambda((\lambda-1)^2-pq). \tag{4.3.1}$$

容易验证式 (4.3.1) 对 C^* 代数上的正交投影 p,q 仍成立. 因此, 对 $\lambda\in\mathbb{C}\setminus\{0,1\}$, 显然有: $\lambda\in\sigma(p+q)$ 当且仅当 $(\lambda-1)^2\in\sigma(pq)$.

若 pq 不是 Drazin 可逆, 则由引理 4.3.1, pqp 不是 Drazin 可逆, 从而 $0\in\mathrm{acc}\sigma(pqp)$[108]. 由引理 1.2.4 知: $0\in\mathrm{acc}\sigma(pq)$, 则存在 $\lambda_n\to 1$ ($\lambda_n\neq 1$, 当 $n=1,2,\cdots$), 使得 $(\lambda_n-1)^2\in\sigma(pq)$, 由于 $\sigma(pq)\subseteq[0,1]$. 因此, $1\in\mathrm{acc}\sigma(p+q)$, 则 $e-p-q$ 不是 Drazin 可逆.

若 $e-p-q$ 不是 Drazin 可逆, 由于 $e-p-q$ 是自伴元, 则 $1\in\mathrm{acc}\sigma(p+q)$, 故由上面的证明可以得到: $0\in\mathrm{acc}\sigma(pq)$, 从而 $0\in\mathrm{acc}\sigma(pqp)$. 因此, pqp 不是 Drazin 可逆, 则 pq 不是 Drazin 可逆. 证毕.

定理 4.3.5 设 $p,q\in\mathcal{A}$ 是投影, 则下面命题相互等价:

(1) pq Drazin 可逆;

(2) qp Drazin 可逆;

(3) $(e-p)(e-q)$ Drazin 可逆;

(4) $(e-q)(e-p)$ Drazin 可逆;

(5) $0\notin\mathrm{acc}\sigma(pq)$;

(6) pqp Drazin 可逆.

证明 由引理 4.3.1、引理 4.3.3 和引理 4.3.4 可知只需要证明: (2) $\Longleftrightarrow$ (3).

由引理 4.3.4 知: pq Drazin 可逆当且仅当 $e-p-q$ Drazin 可逆, 当且仅当 $e-(e-p)-(e-q)$ Drazin 可逆, 当且仅当 $(e-p)(e-q)$ Drazin 可逆. 证毕.

定理 4.3.6 设 $p,q\in\mathcal{A}$ 是投影, 则下面命题相互等价:

(1) $p-q$ Drazin 可逆;

(2) $p+q$ Drazin 可逆;

(3) $p-qp$ Drazin 可逆;

(4) $q-qp$ Drazin 可逆;

(5) $q-pq$ Drazin 可逆;

(6) $p-pq$ Drazin 可逆.

证明 对 Hilbert 空间上的正交投影 p, q, 下面等式已在 [71] 中获得

$$(\lambda-1+p)(\lambda-p+q)(\lambda-1+q)=\lambda(\lambda^2-1+pq). \tag{4.3.2}$$

容易验证式 (4.3.2) 对 C^* 代数上的正交投影 p, q 仍成立. 由式 (4.3.1) 和式 (4.3.2) 容易验证 $0\in\mathrm{acc}\sigma(p-q)$ 当且仅当 $0\in\mathrm{acc}\sigma(p+q)$. 因此, $p-q$ Drazin 可逆当且仅当 $p+q$ Drazin 可逆.

又由引理 4.3.4 知: $p-q$ Drazin 可逆当且仅当 $(e-p)q$ Drazin 可逆, 当且仅当 $q(e-p)$ Drazin 可逆, 当且仅当 $(e-q)p$ Drazin 可逆, 当且仅当 $p(e-q)$ Drazin 可逆. 证毕.

引理 4.3.7 设 $p\in\mathcal{A}$ 是投影且 $a\in\mathcal{A}$ 是 Drazin 可逆的自伴算子, 若 $pa(e-p)=0$, 则 $pa^D(e-p)=0$.

证明 由于 $pa(e-p)=0$ 蕴涵 $(e-p)ap=0$, 则 $a=pap+(e-p)a(e-p)$. 因此 $a^D=(pap)^D+[(e-p)a(e-p)]^D$.

由于 $(e-p)pap=0$且$(pap)^D=(pap)[(pap)^D]^2$, 则有 $(e-p)(pap)^D=0$, 从而 $p(pap)^D=(pap)^D$. 利用类似的计算方法, 可以得到 $(pap)^Dp=(pap)^D$ 与

$$[(e-p)a(e-p)]^D=(e-p)[(e-p)a(e-p)]^D=[(e-p)a(e-p)]^D(e-p).$$

因此

$$a^D=(pap)^Dp+(e-p)[(e-p)a(e-p)]^D,$$

故 $pa^D(e-p)=0$. 证毕.

定理 4.3.8 设 $p, q\in\mathcal{A}$ 是投影且 pq Drazin 可逆, 则下面命题成立:

(1) $(pq)^D=qp\Longleftrightarrow pq=qp$;

(2) $p(pq)^D=(pq)^D$;

(3) $(pqp)^D=(pq)^Dp$;

(4) $p[(e-q)(e-p)]^D=-(pq)^D(e-p)$;

(5) $(pq)^D=(pqp)^D-p[(e-q)(e-p)]^D$.

证明 (1) 充分性显然.

必要性. 若 $(pq)^D=qp$, 则 $qp(pq)qp=qp$, 因此 $(qp)^2=qp$. 因此 $pq=(pq)^2$, 则 $(pq)^D=pq$, 故由 Drazin 逆的唯一性知: $pq=qp$.

(2) 由于 $(e-p)pq=0$ 且 $(pq)^D=(pq)(pq)^D(pq)^D$, 则 $(e-p)(pq)^D=0$, 故 $p(pq)^D=(pq)^D$.

(3) 利用 Cline's 公式知 $(ab)^D=a[(ba)^D]^2b$. 令 $a=pq$ 且 $b=p$, 则由 $pq[(pq)^D]^2=(pq)^D$, 得 $(pqp)^D=pq[(pq)^D]^2p=(pq)^Dp$.

(4) 由 (2) 知

$$\begin{aligned}p[(e-q)(e-p)]^D =& p[(e-q)(e-p)]^D(e-p)\\ &-(pq)^D(e-p)=-p(pq)^D(e-p),\end{aligned}$$

则

$$\begin{aligned}&p[(e-q)(e-p)]^D+(pq)^D(e-p)\\ =&p([(e-q)(e-p)]^D+(pq)^D)(e-p)\\ =&p[(e-q)(e-p)+pq]^D(e-p)\\ =&p[e-(p-q)^2]^D(e-p).\end{aligned}$$

容易验证

$$p[e-(p-q)^2](e-p)=0.$$

由引理 4.3.7, 则 $p[e-(p-q)^2]^D(e-p)=0$.

由 (3) 与 (4), (5) 显然. 证毕.

定理 4.3.9 设 $p,q\in\mathcal{A}$ 是投影且 $p-q$ Drazin 可逆, 则下面命题成立:

(1) $(p-q)^D=p-q \Longleftrightarrow pq=qp$;

(2) $(p+q)^D=(p+q) \Longleftrightarrow pq=qp=0$;

(3) $(p+q)^D=p+q-\dfrac{3}{2}pq \Longleftrightarrow pq=qp$;

(4) $(p+q)^D=-\dfrac{1}{2}p+q \Longleftrightarrow pq=p$;

(5) $(p+q)^D=p-\dfrac{1}{2}q \Longleftrightarrow pq=q$.

证明 (1) 若 $pq=qp$, 则 $(p-q)^3=p-q$, 容易验证: $(p-q)^D=p-q$. 反之, 若 $(p-q)^D=p-q$, 则 $(p-q)^3=p-q$, 直接计算得 $pqp=qpq$.

因此

$$(pq)(pq)^*=pqp=qpq=(pq)^*(pq),$$

故 pq 是正规元. 由于 $\sigma(pq)\subseteq[0,1]$, 则 pq 是自伴元, 从而 $pq=qp$.

(2) 充分性显然.

必要性. 若 $(p+q)^D=(p+q)$, 则 $(p+q)^3=(p+q)$, 直接计算得 $pqp+qpq=-2(pq+qp)$,

因此 $pq+qp\leqslant 0$. 由于 $p(pq+qp)p\leqslant 0$, 则 $pqp\leqslant 0$, 故 $pqp=0$. 类似地, 可以得到: $qpq=0$, 则 $pq+qp=0$, 因此 $qp=(pq+qp)p=0$. 故 $pq=qp=0$.

(3) 若 $pq=qp$, 则容易验证: $(p+q)^D=p+q-\dfrac{3}{2}pq$.

若 $(p+q)^D = p+q-\frac{3}{2}pq$, 则

$$(p+q)\left(p+q-\frac{3}{2}pq\right) = \left(p+q-\frac{3}{2}pq\right)(p+q),$$

直接计算得: $pqp = qpq$. 由 (1) 的证明知: $pq = qp$.

(4) 充分性显然.

若 $(p+q)^D = -\frac{1}{2}p+q$, 则

$$(p+q)\left(-\frac{1}{2}p+q\right) = \left(-\frac{1}{2}p+q\right)(p+q),$$

直接计算得: $pq = qp$. 由于 $p+q$ 是自伴元, 则 $(p+q)^D = -\frac{1}{2}p+q$ 蕴涵

$$(p+q)\left(-\frac{1}{2}p+q\right)(p+q) = p+q.$$

直接计算得

$$2pqp + qp + pq - qpq = 3p,$$

则

$$p(2pqp + qp + pq - qpq) = 3p,$$

故 $pqp = p$, 则 $pq = p$. 证毕.

(5) 证明类似 (4).

推论 4.3.10　设 $p, q \in \mathcal{A}$ 是投影, 则下面命题相互等价:

(1) $[(pq)^m]^D = [(qp)^n]^D$ 对某个 $m, n \geqslant 1$;

(2) $pq = qp$;

(3) $[(pq)^m]^D = [(qp)^n]^D$ 对一切 $m, n \geqslant 1$.

证明　(1) $\Longrightarrow$ (2). 不失一般性, 设 $m \leqslant n$, 显然 $[(pq)^m]^D = [(qp)^n]^D$ 蕴涵

$$[(pq)^D]^m = [(qp)^D]^n.$$

由于 $p(pq)^D = (pq)^D = (pq)^D q$, 则

$$[(pq)^D]^m = (pq)^D p(pq)^D \cdots p(pq)^D = [(qp)^D]^n,$$

因此

$$[(pq)^D]^m p = (pq)^D p(pq)^D \cdots p(pq)^D p = [(qp)^D]^n p = [(qp)^D]^n.$$

由于 $(pq)^Dp = (pqp)^D$, 则 $[(pq)^D]^m = [(pqp)^D]^m$, 从而 $[pq)^D]^m$ 是自伴元, 则 $[(pq)^D]^m = [(qp)^D]^m$. 类似地, 可以得到

$$[(pqp)^D]^m = [(pq)^D]^m = [(qp)^D]^m = [(qpq)^D]^m,$$

则 $pqp = qpq$. 由定理 4.3.9(1) 的证明知: $pq = qp$.

(2) $\Longrightarrow$ (3) 与 (3) $\Longrightarrow$ (1) 的证明显然. 证毕.

定理 4.3.11 设 $p, q \in \mathcal{A}$ 是投影且 $p-q$ Drazin 可逆, 则下面命题成立:

(1) $(p-q)^D = (p-q)^2[(p-qp)^D - (q-qp)^D]$;

(2) $p[(p+q)^D - (p-q)^D](p-q) = 0$.

证明 (1) 由定理 4.3.6, $p-qp$ 和 $q-qp$ 都 Drazin 可逆. 显然

$$\begin{aligned}&(p-q)^2[(p-qp)^D - (q-qp)^D]\\ =&(p-q)(p-pq+pq-q)[(p-qp)^D - (q-qp)^D]\\ =&(p-q)[p(e-q)-(e-p)q]\{[(e-q)p]^D - [q(e-p)]^D\}.\end{aligned}$$

由定理 4.3.8(2) 知 $p(e-q)[q(e-p)]^D = 0$ 且 $(e-p)q[(e-q)p]^D = 0$, 因此

$$\begin{aligned}&(p-q)^2[(p-qp)^D - (q-qp)^D]\\ =&(p-q)\{p(e-q)[(e-q)p]^D + (e-p)q[q(e-p)]^D\}.\end{aligned}$$

再利用定理 4.3.8(3), 得到

$$\begin{aligned}&(p-q)^2[(p-qp)^D - (q-qp)^D]\\ =&(p-q)\{[p(e-q)p]^D + [(e-p)q(e-p)]^D\}\\ =&(p-q)[p(e-q)p + (e-p)q(e-p)]^D\}\\ =&(p-q)[(p-q)^2]^D\\ =&(p-q)(p-q)^D(p-q)^D\\ =&(p-q)^D.\end{aligned}$$

证毕.

为了证明定理 4.3.11(2), 需要下面引理.

引理 4.3.12 设 $p, q, w \in \mathcal{A}$ 都是投影, 若 $(p+q)w = 0$, 则 $pqw = 0$.

证明 显然 $(p+q)w = 0$ 蕴涵

$$pwp + qwp = 0 \text{ 与} (e-p)qw = 0. \tag{4.3.3}$$

因此, $qw = pqw$ 与qwp 是自伴元成立. 又由于

$$\sigma(qwp)\setminus\{0\} = \sigma(pqw)\setminus\{0\} = \sigma(qw)\setminus\{0\} = \sigma(qwq)\setminus\{0\} \subseteq [0,1],$$

则 $\sigma(qwp)\subseteq[0,1]$, 故 $qwp\geqslant 0$. 因此, 式 (4.3.3) 蕴涵 $pwp=0$, 则 $pw=0$, 因此 $qw=0$. 显然有 $pqw=0$. 证毕.

引理 4.3.13[108]　设 $a\in\mathcal{A}$ 是自伴元, 则 $a^+=a^D$ 且 $a^2a^D=a$.

Harte 和 Mbekhta[101] 在 C^* 代数中得到下面结论.

引理 4.3.14　设 $a,b\in\mathcal{A}$ 都 Moore-Penrose 可逆, 则

$$\begin{aligned}b^+-a^+=&-b^+(b-a)a^++(e-b^+b)(b^*-a^*)(a^+)^*a^+\\&+b^+(b^+)^*(b^*-a^*)(e-aa^+).\end{aligned}$$

定理 4.3.11(2) 的证明　由定理 4.3.5 知 $p+q$ Drazin 可逆. 为方便, 记 $b=p+q$ 且 $a=p-q$. 由引理 4.3.12 和引理 4.3.13 知

$$\begin{aligned}b^D-a^D=&b^+-a^+\\=&-b^D(2q)a^D+(e-b^Db)(2q)(a^D)^2+(b^D)^2(2q)(e-aa^D),\end{aligned}$$

则

$$(b^D-a^D)a=-b^D(2q)a^Da+(e-b^Db)(2q)a^D,$$

因此

$$\begin{aligned}&p[(p+q)^D-(p-q)^D](p-q)\\=&p[2q(p-q)^D-2(p+q)^Dq(p-q)^D(p-q)-2(p+q)^D(p+q)q(p-q)^D].\end{aligned}$$

由于 $(p+q)(qp+pq)=(qp+pq)(p+q)$ 蕴涵

$$(p+q)(qp+pq)^D=(qp+pq)^D(p+q)^{[107]},$$

则

$$\begin{aligned}&p[(p+q)^D-(p-q)^D](p-q)\\=&2p[q(p-q)^D-(p+q)^D(qp+pq)(p-q)^D]\\=&2[pq(p-q)^D-p(qp+pq)(p+q)^D(p-q)^D].\end{aligned}$$

因此

$$\begin{aligned}&p[(p+q)^D-(p-q)^D](p-q)\\=&2[pq(p-q)^D-p(qp+pq)(p+q)^D(p-q)^D]\\=&2[pq(p-q)^D-pq(p+q)(p+q)^D(p-q)^D]\\=&2\{pq[e-(p+q)(p+q)^D](p-q)^D\}.\end{aligned}$$

显然有下面两个等式成立:

$$[e-(p+q)(p+q)^D]^*=e-(p+q)(p+q)^D$$

$$[e-(p+q)(p+q)^D]^2 = e-(p+q)(p+q)^D,$$

则 $e-(p+q)(p+q)^D$ 是正交投影. 又由于

$$(p+q)[e-(p+q)(p+q)^D] = 0,$$

则由引理 4.3.12, 可以得到

$$pq[e-(p+q)(p+q)^D] = 0,$$

因此

$$p[(p+q)^D-(p-q)^D](p-q) = 0.$$

证毕.

注 4.3.15 文献 [91] 中的主要结果都被延伸到 C^* 代数中.

4.4 C^* 代数上投影的积与差的 Moore-Penrose 逆

首先, 回顾下面的定义: 若 $0 \notin \mathrm{acc}\sigma(a)$, 则称 a 是 quasipolar; 若 a 是 quasipolar 且 0 是 a 的预解集 $R(\lambda;a)=(\lambda e-a)^{-1}$ 的极点, 则称 a 是 polar; 若 a 是 quasipolar 且 0 是 a 的预解集 $R(\lambda;a)=(\lambda e-a)^{-1}$ 的一阶极点, 则称 a 是单 polar.

引理 4.4.1 设 $a \in \mathcal{A}$, 则下面命题相互等价:

(1) a 是 Moore-Penrose 可逆;

(2) a^*a(分别 aa^*) 是 Moore-Penrose 可逆;

(3) a^*a(分别 aa^*) 是 quasipolar;

(4) a^*a(分别 aa^*) 是单 polar.

若上述命题之一成立, 则有

$$a^+ = a^*(aa^*)^D = a^*(aa^*)^+ = (a^*a)^D a^* = (a^*a)^+ a^*.$$

引理 4.4.2 设 $a, b \in \mathcal{A}$ 都 Moore-Penrose 可逆且满足 $a^*b = ab^* = 0$, 则 $a+b$ 是 Moore-Penrose 可逆且 $(a+b)^+ = a^+ + b^+$.

引理 4.4.3[108] 设 $a \in \mathcal{A}$ 是正规元, 则

(1) a 是 Moore-Penrose 可逆当且仅当 a 是 Drazin 可逆;

(2) 若 a 是 Drazin 可逆, 则 $a^+ = a^D$ 且 $a^2a^D = a$.

引理 4.4.4 设 $p, q \in \mathcal{A}$ 是投影, 则 $e-p-q$ Moore-Penrose 可逆当且仅当 pq Moore-Penrose 可逆.

证明 由引理 4.3.4, 引理 4.4.3 和引理 4.4.1, 结论显然. 证毕.

定理 4.4.5 设 $p, q \in \mathcal{A}$ 是投影, 则下面命题相互等价:

(1) pq Moore-Penrose 可逆;

(2) qp Moore-Penrose 可逆;

(3) $(e-p)(e-q)$ Moore-Penrose 可逆;

(4) $(e-q)(e-p)$ Moore-Penrose 可逆;

(5) $0 \notin \mathrm{acc}\sigma(pq)$;

(6) pq Drazin 可逆.

证明　由引理 4.4.1 和引理 4.3.1, 则 pq Moore-Penrose 可逆当且仅当 pqp Moore-Penrose 可逆, 当且仅当 pq Drazin 可逆. 因此, (1) $\Longleftrightarrow$ (6). 由定理 4.3.5, (5) $\Longleftrightarrow$ (6).

(2) $\Longleftrightarrow$ (3). 由引理 4.4.4 知: pq Moore-Penrose 可逆当且仅当 $e-p-q$ Moore-Penrose 可逆, 当且仅当 $e-(e-p)-(e-q)$ Moore-Penrose 可逆, 当且仅当 $(e-p)(e-q)$ Moore-Penrose 可逆. 证毕.

类似地, 利用等式

$$(\lambda-1+p)(\lambda-p+q)(\lambda-1+q)=\lambda(\lambda^2-1+pq)^{[71]} \tag{4.4.1}$$

和引理 4.4.4, 可以获得下面结论.

定理 4.4.6　设 $p,q\in\mathcal{A}$ 是投影, 则下面命题相互等价:

(1) $p-q$ Moore-Penrose 可逆;

(2) $p+q$ Moore-Penrose 可逆;

(3) $p-qp$ Moore-Penrose 可逆;

(4) $q-qp$ Moore-Penrose 可逆;

(5) $q-pq$ Moore-Penrose 可逆;

(6) $p-pq$ Moore-Penrose 可逆.

引理 4.4.7　设 $p\in\mathcal{A}$ 是正交投影且 $a\in\mathcal{A}$ 是 Moore-Penrose 可逆的自伴算子, 若 $pa(e-p)=0$, 则 $pa^+(e-p)=0$.

证明　由于 $a\in\mathcal{A}$ 自伴算子, 则由引理 4.4.3 知: a Drazin 可逆且 $a^+=a^D$. 应用引理 4.3.7, 可以得到 $pa^D(e-p)=0$, 因此 $pa^+(e-p)=0$. 证毕.

定理 4.4.8　设 $p,q\in\mathcal{A}$ 是投影且 pq Moore-Penrose 可逆, 则下面命题成立:

(1) $p(qp)^+=(qp)^+$;

(2) $(qp)^+q=(qp)^+$;

(3) $(qp)^+pq=pq$;

(4) $(pqp)^+p=(pqp)^+$;

(5) $p[(e-p)(e-q)]^+=-(qp)^+(e-p)$.

证明　由引理 4.4.1 和定理 4.4.5 得 qp, pqp 和 $(e-p)(e-q)$ 都 Moore-Penrose 可逆.

(1) 由于 $(e-p)(qp)^*=0$ 且 $(qp)^+=(qp)^*(qpq)^+$, 则 $(e-p)(qp)^+=0$, 因此 $p(qp)^+=(qp)^+$.

(2) 和 (4) 的证明方法与 (1) 类似, 故省略.

(3) 由 $(qp)^+q=(qp)^+$ 知 $(qp)^+pq=[(qp)^+q]pq$. 由引理 4.4.1, 可以得到

$$(qp)^+pq=(qp)^+qpq=pq(qpq)^+qpq=pq[(qpq)^+qp]pq=pq(pq)^+pq=pq.$$

(5) 由 (1) 和 (2) 知

$$\begin{aligned}p[(e-p)(e-q)]^+=&p[(e-p)(e-q)]^+(e-p),\\ -(qp)^+(e-p)=&-p(qp)^+(e-p),\end{aligned}$$

则

$$\begin{aligned}&p[(e-p)(e-q)]^++(qp)^+(e-p)\\ =&p\{[(e-p)(e-q)]^++(qp)^+\}(e-p)\\ =&p\{[(e-q)(e-p)(e-q)]^+(e-q)(e-p)+pq(qpq)^+\}(e-p).\end{aligned}$$

由 (4) 容易得到

$$\begin{aligned}&p[(e-p)(e-q)]^++(qp)^+(e-p)\\ =&p\{[(e-q)(e-p)(e-q)]^++(qpq)^+\}(e-p)\\ =&p[(e-q)(e-p)(e-q)+qpq]^+(e-p)\\ =&p(e-p-q+pq+qp)^+(e-p)\\ =&p[e-(p-q)^2]^+(e-p).\end{aligned}$$

显然 $p[e-(p-q)^2](e-p)=0$. 由引理 4.4.7, 可以得到: $p[e-(p-q)^2]^+(e-p)=0$, 则

$$p[(e-p)(e-q)]^+=-(qp)^+(e-p).$$

证毕.

定理 4.4.9 设 $p,q\in\mathcal{A}$ 是投影, 则

(1) 若 pq Moore-Penrose 可逆, 则 $(qp)^+=pq-p[(e-p)(e-q)]^+q$;

(2) 若 $p-q$ Moore-Penrose 可逆, 则

$$(p-q)^+=(p-pq)^++(pq-q)^+=(p-qp)^++(qp-q)^+, \tag{4.4.2}$$

$$\begin{aligned}(p-q)^+=&p-q+q(p-qp)^+-(q-qp)^+p\\ =&p-q+(p-pq)^+q-p(q-pq)^+.\end{aligned} \tag{4.4.3}$$

证明 (1) 由定理 4.4.5, 则 $(e-p)(e-q)$ Moore-Penrose 可逆. 由引理 4.4.8 (5), 则 $p[(e-p)(e-q)]^+=-(qp)^+(e-p)$, 因此

$$p[(e-p)(e-q)]^+q=-(qp)^+(e-p)q=-(qp)^+q+(qp)^+pq.$$

再由引理 4.4.8(2) 和 (3), 可以得到 $p[(e-p)(e-q)]^+q=-(qp)^++pq$, 故

$$(qp)^+=pq-p[(e-p)(e-q)]^+q.$$

(2) 由定理 4.4.6, 得 $p-qp$, $q-qp$, $q-pq$ 和 $p-pq$ 都 Moore-Penrose 可逆. 又由于 $p-q=p-pq-(q-pq)=p(e-q)-(e-p)q$ 且

$$p(e-q)[(e-p)q]^*=0=[p(e-q)]^*[(e-p)q],$$

则

$$\begin{aligned}p-q=[p(e-q)-(e-p)q]^+&=[p(e-q)]^+-[(e-p)q]^+\\&=(p-pq)^++(pq-q)^+.\end{aligned}$$

类似地, 可以得到

$$(p-q)^+=(p-qp)^++(qp-q)^+.$$

为证明等式 (4.4.3), 将证明分为三步.

第一步　证明 $q(p-qp)^+-(q-qp)^+p$ 是自伴元. 由于 $p-q$ 是自伴元, 显然有 $(p-q)^+$ 是自伴元. 容易计算

$$\begin{aligned}&(p-q)^+-q(p-qp)^++(q-qp)^+p\\=&(p-q)^+-q[(e-q)p]^++[q(e-p)]^+p\\=&(p-qp)^++(qp-q)^+-q[(e-q)p]^++[q(e-p)]^+p\\=&(e-q)[(e-q)p]^+-[q(e-p)]^+(e-p).\end{aligned}$$

再由引理 4.4.8(1) 和 (2), 则

$$\begin{aligned}&(p-q)^+-q(p-qp)^++(q-qp)^+p\\=&(e-q)p[(e-q)p]^+-[q(e-p)]^+q(e-p).\end{aligned}$$

显然 $(e-q)p[(e-q)p]^+-[q(e-p)]^+q(e-p)$ 是自伴元, 则

$$(p-q)^+-q(p-qp)^++(q-qp)^+p$$

是自伴元, 因此 $q(p-qp)^+-(q-qp)^+p$ 是自伴元.

第二步　由于 $(e-q)p[q(e-p)]^+=0=[(e-q)p]^+q(e-p)$, 则

$$\begin{aligned}&(p-q)^+-q(p-qp)^++(q-qp)^+p\\=&(e-q)p[(e-q)p]^+-[q(e-p)]^+q(e-p)\\=&(e-q)p([(e-q)p]^+-[q(e-p)]^+)+([(e-q)p]^+-[q(e-p)]^+)q(e-p)\\=&(e-q)p[(e-q)p-q(e-p)]^++[(e-q)p-q(e-p)]^+q(e-p)\\=&(e-q)p(p-q)^++(p-q)^+q(e-p)\\=&(p-q)p(p-q)^+-(p-q)^+q(p-q).\end{aligned}\tag{4.4.4}$$

类似地, 可以证明:

$$\begin{aligned}&(q-p)^+ - p(q-pq)^+ + (p-pq)^+q\\ =&(q-p)q(q-p)^+ - (q-p)^+p(q-p)\\ =&(p-q)q(p-q)^+ - (p-q)^+p(p-q)\end{aligned} \tag{4.4.5}$$

第三步 由式 (4.4.4) 和式 (4.4.5) 及第一步的证明可得

$$\begin{aligned}&2(p-q)^+ - 2[q(p-qp)^+ - (q-qp)^+p]\\ =&2(p-q)^+ - q(p-qp)^+ + (q-qp)^+p + p(q-pq)^+ - (p-pq)^+q\\ =&(p-q)(p-q)(p-q)^+ - (p-q)^+(p-q)(p-q)\\ =&2(p-q).\end{aligned} \tag{4.4.6}$$

因此

$$\begin{aligned}(p-q)^+ &= p-q+q(p-qp)^+ - (q-qp)^+p\\ &= p-q+(p-pq)^+q - p(q-pq)^+.\end{aligned}$$

证毕.

推论 4.4.10 设 $p,q\in\mathcal{A}$ 是投影, 则下面命题相互等价:

(1) $[(pq)^+]^m = [(qp)^+]^n$, 对某一个 $m,n\geqslant 1$;

(2) $pq=qp$;

(3) $[(pq)^+]^m = [(qp)^+]^n$, 对一切 $m,n\geqslant 1$.

证明 (1) $\Longrightarrow$ (2). 不失一般性, 假设 $n\leqslant m$. 由于 $(pq)^+p=(pq)^+$(引理 4.4.8(2)), 则

$$[(pq)^+]^m = [(pq)^+p][(pq)^+p]\cdots[(pq)^+p](pq)^+ = [(qp)^+]^n = p[(qp)^+]^n,$$

因此

$$[(qp)^+]^n = p[(qp)^+]^n = p[(pq)^+]^m = p[(pq)^+p][(pq)^+p]\cdots[(pq)^+p](pq)^+.$$

由于 $(pq)^+ = qp(pqp)^+ = (qpq)^+qp$, 则

$$[(qp)^+]^n = p[qp(pqp)^+]p[qp(pqp)^+]p\cdots p[qp(pqp)^+] = pqp(pqp)^+.$$

因此, $[qp)^+]^n$ 是自伴元, 则 $[(pq)^+]^n = [(qp)^+]^n$. 类似地, 可以得到 $[(pq)^+]^n = qpq(qpq)^+$, 则

$$p(pq)^+ = p[qp(pqp)^+] = [(qp)^+]^n = [(pq)^+]^n = qpq(qpq)^+ = q(qp)^+.$$

因此

$$qp(pq)^+ = q(qp)^+ = p(pq)^+ = pq(qp)^+,$$

故由引理 4.4.8(3), 可得 $pq = qp$.

(2) $\Longrightarrow$ (3) 与 (3) $\Longrightarrow$ (1) 的证明显然. 证毕.

定理 4.4.11 设 $p, q \in \mathcal{A}$ 是投影, 若 pq Moore-Penrose 可逆, 则下面命题相互等价:

(1) $(pq)^+ = (pq)^D$;

(2) $(pq)^+ = pq$;

(3) $(pq)^D = pq$;

(4) $(pq)^+ = qp$;

(5) $(pq)^D = qp$;

(6) $pq = qp$.

证明 (4) $\Longrightarrow$ (6). 若 $(pq)^+ = qp$, 则 $pq(qp)pq = pq$, 因此 $(pqp)^2 = pqp$. 由于

$$pq = pqp + pq(e-p) \quad 与 \quad qp = pqp + (e-p)qp,$$

则

$$\begin{aligned} pqp = pq(qp) &= [pqp + pq(e-p)][pqp + (e-p)qp] \\ &= pqp + pq(e-p)qp, \end{aligned}$$

故

$$pq(e-p)qp = 0 \Longrightarrow pq(e-p) = 0.$$

因此 $pq = pqp$, 则 $pq = qp$.

(1) $\Longrightarrow$ (4). 若 $(pq)^+ = (pq)^D$, 则 $(pq)^+p = (pq)^Dp$. 注意到: $(pqp)^D = (pq)^Dp$. 事实上, 利用 Cline's 公式 $(ab)^D = a[(ba)^D]^2b$, 令 $a = pq$ 与 $b = p$, 则有

$$(pqp)^D = pq[(pq)^D]^2p = (pq)^Dp.$$

由引理 4.4.8(2) 知 $(pq)^+ = (pq)^+p = (pq)^Dp = (pqp)^D$. 因此

$$(pq)^+ = qp(pqp)^+ = qp(pqp)^D = qp(pq)^+,$$

再利用引理 4.4.8(3), 可以得到: $(pq)^+ = qp$.

(2) $\Longrightarrow$ (6). 若 $(pq)^+ = pq$, 则 $pqpqpq = pq$, 因此 $(pqp)^3 = pqp$. 由于 $pqp \geqslant 0$, 利用谱表示定理, 可以得到: $(pqp)^2 = pqp$. 利用 (4) $\Longrightarrow$ (6) 的证明方法, 则 $pq = qp$.

(3) $\Longrightarrow$ (6). 若 $(pq)^D = pq$, 则

$$(pqp)^D = (pq)^Dp = pqp,$$

故有 $(pqp)^3 = pqp$. 利用 (d) $\Longrightarrow$ (f) 的证明方法, 则 $pq = qp$.

(5) $\Longrightarrow$ (6). 若 $(pq)^D = qp$, 则 $(pqp)^D = (pq)^D p = qp$, 故 qp 是自伴元, 因此 $pq = qp$.

若 $pq = qp$, 则 pq 是正交投影, 容易验证 (1)~(5) 都成立. 证毕.

定理 4.4.12 设 $p, q \in \mathcal{A}$ 是投影, 则

(1) $pq - qp$ Moore-Penrose 可逆当且仅当 pq 和 $p - q$ 都 Moore-Penrose 可逆;

(2) 若 $pq - qp$ Moore-Penrose 可逆, 则

$$(pq - qp)^+ = (pqp)^+(p - q)^+ - (p - q)^+(pqp)^+.$$

证明 (1) 充分性. 先证明 $pq(e - p)$ Moore-Penrose 可逆. 显然

$$\begin{aligned} pq(e-p)qp &= pqp - pqpqp \\ &= pqp(p + q - pq - qp) \\ &= pqp(p - q)^2 = (p - q)^2 pqp. \end{aligned}$$

若 pq 和 $p - q$ 都 Moore-Penrose 可逆, 则 $(p - q)^2$ 和 pqp 都 Drazin 可逆, 因为 $p - q$ 和 pqp 是自伴元. 因此 $pq(e - p)qp$ Drazin 可逆且

$$[pq(e - p)qp]^D = (pqp)^D[(p - q)^2]^D = [(p - q)^2]^D(pqp)^D.$$

由引理 4.4.1 和引理 4.4.2, 得 $pq(e - p)$ 与 $(e - p)qp$ 都 Moore-Penrose 可逆. 显然

$$pq - qp = pq(e - p) - (e - p)qp,$$

$$pq(e - p)[(e - p)qp]^* = 0 = [pq(e - p)]^*(e - p)qp,$$

则 $p - q$ Moore-Penrose 可逆且

$$[pq - qp]^+ = [pq(e - p) - (e - p)qp]^+ = [pq(e - p)]^+ - [(e - p)qp]^+.$$

必要性. 若 $pq - qp$ Moore-Penrose 可逆, 由于 $pq - qp$ 是正规元, 则 $pq - qp$ Drazin 可逆. 因此, $(pq - qp)^2$ Drazin 可逆, 故 $(pq - qp)^2$ Moore-Penrose 可逆. 注意到

$$\begin{aligned} (pq - qp)^2 &= [pq(e - p) - (e - p)qp]^2 \\ &= -[pq(e - p)qp + (e - p)qpq(e - p)], \end{aligned}$$

则

$$\sigma(pq(e - p)qp)\backslash\{0\} \subseteq \sigma(-(pq - qp)^2)\backslash\{0\},$$

故

$$0 \notin \mathrm{acc}\sigma(-(pq - qp)^2) \Longrightarrow 0 \notin acc\sigma(pq(e - p)qp),$$

则 $pq(e-p)qp$ Drazin 可逆. 由于 $pq(e-p)qp = pqp-(pqp)^2$, 由谱映射定理知

$$\sigma(pq(e-p)qp)=\{\lambda-\lambda^2:\lambda\in\sigma(pqp)\},$$

则 $0\notin \mathrm{acc}\sigma(pqp)$. 因此, pqp Drazin 可逆, 故 pq Drazin 可逆. 由定理 4.4.5, 得 pq Moore-Penrose 可逆. 类似地, 可以得到 $0\notin \mathrm{acc}\sigma((e-p)qpq(e-p))$. 又由于

$$\begin{aligned}(e-p)qpq(e-p)&=(e-p)q[e-(e-p)]q(e-p)\\&=(e-p)q(e-p)-[(e-p)q(e-p)]^2,\end{aligned}$$

则 $0\notin \mathrm{acc}\sigma((e-p)q(e-p))$. 因此, $(e-p)q(e-p)$ Drazin 可逆, 则 $(e-p)q$ Drazin 可逆. 利用定理 4.4.5 和定理 4.4.6, 可以得到 $p-q$ Moore-Penrose 可逆.

(2) 容易计算

$$\begin{aligned}[pq(e-p)]^+&=(e-p)qp[pq(e-p)qp]^+\\&=(e-p)qp[pq(e-p)qp]^D\\&=(q-p)qp[pq(e-p)qp]^D\\&=-(p-q)qp[(p-q)^2]^D(pqp)^D,\end{aligned}$$

且 $qp(p-q)^2=(p-q)^2qp$. 因此 $qp[(p-q)^2]^D=[(p-q)^2]^Dqp$, 且

$$\begin{aligned}[pq(e-p)]^+&=-(p-q)[(p-q)^2]^Dqp(pqp)^D\\&=-(p-q)^Dq(pqp)^D.\end{aligned}$$

由于

$$\begin{aligned}(pqp)^+(e-q)(p-q)^+&=(pqp)^+p(e-q)(p-q)^+\\&=(pqp)^+p(p-q)(p-q)^+\\&=(pqp)^+(p-q)(p-q)^+\end{aligned}$$

且 $p-q=(p-q)^2(p-q)^+$, 则

$$\begin{aligned}(pqp)^+(e-q)(p-q)^+&=(pqp)^+(p-q)(p-q)^+\\&=(pqp)^+(p-q)^2[(p-q)^2]^+\\&=(pqp)^D(p-q)^2[(p-q)^2]^D\\&=(p-q)^2[(p-q)^2]^D(pqp)^D\\&=(p-q)^D(p-q)(pqp)^+\\&=(p-q)^D(p-q)[p(pqp)^+]\\&=(p-q)^+(e-q)[p(pqp)^+]\\&=(p-q)^+(e-q)(pqp)^+.\end{aligned}$$

因此

$$
\begin{aligned}
(pq-qp)^+ &= [pq(e-p)]^+ - [(e-p)qp]^+ \\
&= -(p-q)^+q(pqp)^+ + (pqp)^+q(p-q)^+ \\
&= (pqp)^+(p-q)^+ - (p-q)^+(pqp)^+ \\
&\quad +[(p-q)^+(e-q)(pqp)^+ - (pqp)^+(e-q)(p-q)^+] \\
&= (pqp)^+(p-q)^+ - (p-q)^+(pqp)^+.
\end{aligned}
$$

证毕.

显然, $pq-qp$ 是正规元, 则 $(pq-qp)^D=(pq-qp)^+$, 故下面推论成立.

推论 4.4.13 设 $p,q\in\mathcal{A}$ 是投影, 则

(1) $pq-qp$ Drazin 可逆当且仅当 pq 和 $p-q$ 都 Drazin 可逆;

(2) 若 $pq-qp$ Drazin 可逆, 则

$$(pq-qp)^D=(pqp)^D(p-q)^D-(p-q)^D(pqp)^D.$$

注记 本章的主要内容已发表于文献 [103]~[106]. 关于幂等算子及投影组合的广义逆, 算子矩阵的广义逆的研究成果, 可见文献 [64]~[66]、[89]~[91]、[93]、[94].

第 5 章　算子的序与算子矩阵

算子序结构的研究, 不仅在算子理论的研究中是值得关注的问题, 而且在量子信息理论等方面有着重要的应用. Kadsion, Ando 等知名专家在算子序结构方面, 都获得了较深刻的研究成果[109,110]. Hilbert 空间 $\mathcal{H}$ 上量子效应指的是 $\mathcal{H}$ 上的全体正压缩算子. 在算子之间可以定义多种序关系, 形成多种序结构, 而刻画两个算子在这些序下的上、下确界是比较困难的问题. 在本章中, 将运用算子矩阵及谱理论的方法, 研究两个量子效应在算子序及逻辑序下上、下确界的存在条件及表示.

5.1　量子效应算子序的下确界

记 $\mathcal{E}(\mathcal{H}) = \{A \in B(\mathcal{H}) : 0 \leqslant A \leqslant I\}$ 表示 Hilbert 空间 $\mathcal{H}$ 上量子效应的全体. 一般而言, 两个效应 A 和 B 的下确界不一定存在. 但是, 如果 A 与 B 可比较, 则 $A \wedge B$ 总存在. 对于两个自伴算子 A 与 B, 如果 $A \geqslant B$ 或 $A \leqslant B$ 存在, 则称 A 与 B 可比较. 在文献 [113] 中, Gudder 提出下面问题: 若 $A, B \in \mathcal{E}(\mathcal{H})$ 是可逆算子, 则 $A \wedge B$ 存在当且仅当 A 与 B 可比较. 在本节中, 将主要考虑和延伸 Gudder 提出的上面问题. 首先, 给出正算子和单位算子下确界存在的充要条件, 即: 若 $B \in \mathcal{B}(\mathcal{H})^+$, 则 $I \wedge B$ 存在当且仅当 $\sigma(B) \subseteq \{0\} \cup [1, \|B\|]$ 或 $\sigma(B) \subseteq [0, 1]$. 然后证明: 若 $A \in B(\mathcal{H})^+$ 是单射, $B \in B(\mathcal{H})^+$ 可逆, 则 $A \wedge B$ 存在当且仅当 A 和 B 可比较.

首先, 回顾 Douglas 值域包含定理.

引理 5.1.1[114]　设 $B, C \in B(\mathcal{H})$, 则下面条件等价:

(1) $R(B) \subseteq R(C)$;

(2) $\exists\, \lambda > 0$ 使得 $BB^* \leqslant \lambda CC^*$;

(3) $\exists\, D \in B(\mathcal{H})$ 使得 $B = CD$.

引理 5.1.2　设 $A \in B(\mathcal{H})$ 是正规算子, 且 λ 是 $\sigma(A)$ 的孤立谱点, 则 $n(A-\lambda) \neq 0$.

证明　直接由正规算子的谱映射定理. 证毕.

引理 5.1.3　如果 $A \in B(\mathcal{H})$ 关于空间分解 $\mathcal{H} = \mathcal{H}_1 \oplus \mathcal{H}_2$ 具有算子矩阵形式

$$A = \begin{pmatrix} A_{11} & BA_{22}^{\frac{1}{2}} \\ A_{22}^{\frac{1}{2}}B^* & A_{22} \end{pmatrix},$$

其中 $A_{22}\geqslant 0$ 是 $\mathcal{H}_2$ 上的可逆算子, 则 $A\geqslant 0$ 当且仅当 $A_{11}-BB^*\geqslant 0$.

证明 因为 $A_{22}\geqslant 0$ 是可逆算子, 所以 $A_{22}^{-\frac{1}{2}}\in B(\mathcal{H})$. 设 $C=\begin{pmatrix} I & -BA_{22}^{-\frac{1}{2}} \\ 0 & I \end{pmatrix}$. 显然 $CAC^*\geqslant 0$ 当且仅当 $A\geqslant 0$. 但是

$$\begin{aligned} CAC^* &= \begin{pmatrix} I & -BA_{22}^{-\frac{1}{2}} \\ 0 & I \end{pmatrix}\begin{pmatrix} A_{11} & BA_{22}^{\frac{1}{2}} \\ A_{22}^{\frac{1}{2}}B^* & A_{22} \end{pmatrix}\begin{pmatrix} I & 0 \\ -A_{22}^{-\frac{1}{2}}B^* & I \end{pmatrix} \\ &= \begin{pmatrix} A_{11}-BB^* & 0 \\ 0 & A_{22} \end{pmatrix} \end{aligned}$$

且 $A_{22}\geqslant 0$. 因此, $A\geqslant 0$ 当且仅当 $A_{11}-BB^*\geqslant 0$. 证毕.

由正算子的矩阵表示, 下面结果显然.

引理 5.1.4 设 $A\in B(\mathcal{H})$ 是正算子且关于空间分解 $\mathcal{H}=\oplus_{i=1}^{n}\mathcal{H}_i$ 有算子矩阵形式: $(A_{ij})_{n\times n}$, 则

(1) 对 $1\leqslant i\leqslant n$ 都有 A_{ii} 是 $\mathcal{H}_i$ 上的正算子;

(2) 对 $1\leqslant i,j\leqslant n$ 都存在压缩算子 $D_{ij}\in B(\mathcal{H}_j,\mathcal{H}_i)$, 使得 $A_{ij}=A_{ii}^{\frac{1}{2}}D_{ij}A_{jj}^{\frac{1}{2}}$.

引理 5.1.5 设 $B\in B(\mathcal{H})^+$ 是一个单射, 则 $I\wedge B$ 存在当且仅当 I 与 B 可比较.

证明 设 $I\wedge B$ 存在. 证明 I 与 B 是可比较的只需证明

$$\sigma(B)\subseteq[0,1] \quad \text{或} \quad \sigma(B)\subseteq[1,\infty).$$

反设 $\sigma(B)\cap[0,1)\neq\varnothing$, $\sigma(B)\cap(1,\infty)\neq\varnothing$, 我们将证明 $I\wedge B$ 不存在.

因为 B 是单射, 则由引理 5.1.2 知 0 是 $\sigma(B)$ 的一个聚点或 B 可逆, 所以存在 $0<\mu<1$ 和 $1<\nu<\infty$ 满足

$$\left[\frac{1}{2}\mu,\mu\right]\cap\sigma(B)\neq\varnothing \quad \text{与} \quad [\nu,2\nu]\cap\sigma(B)\neq\varnothing.$$

设 $B=\displaystyle\int_0^{\|B\|}\lambda\mathrm{d}E_\lambda$ 是 B 的积分表示, 定义

$$\sigma_1=\left[0,\frac{1}{2}\mu\right)\cap\sigma(B),\quad \sigma_2=\left[\frac{1}{2}\mu,\mu\right]\cap\sigma(B),$$

$$\sigma_3=(\mu,1)\cap\sigma(B),\quad \sigma_4=[1,\nu)\cap\sigma(B),$$

$$\sigma_5=[\nu,2\nu]\cap\sigma(B),\quad \sigma_6=(2\nu,\|B\|]\cap\sigma(B).$$

因此, 关于空间分解 $\mathcal{H}=\oplus_{i=1}^{6}\mathcal{H}_i$, B 有算子矩阵形式

$$B=\operatorname{diag}(B_1,B_2,B_3,B_4,B_5,B_6),$$

其中

$$\mathcal{H}_1 = E\left(\left[0, \frac{1}{2}\mu\right)\right)\mathcal{H}, \quad \mathcal{H}_2 = E\left(\left[\frac{1}{2}\mu, \mu\right]\right)\mathcal{H},$$

$$\mathcal{H}_3 = E((\mu, 1))\mathcal{H}, \quad \mathcal{H}_4 = E([1, \nu))\mathcal{H},$$

$$\mathcal{H}_5 = E([\nu, 2\nu])\mathcal{H}, \quad \mathcal{H}_6 = E((2\nu, \|B\|])\mathcal{H}$$

成立. 显然 $B_2(\leqslant I_{\mathcal{H}_2})$ 与 $B_5(\geqslant I_{\mathcal{H}_3})$ 是 $\mathcal{H}_2$ 和 $\mathcal{H}_5$ 上各自的可逆算子, 而且

$$\|B_2\| \leqslant \mu \text{ 与 } \|B_5^{-1}\|^{-1} \geqslant \nu$$

成立.

不妨设 $C = I \wedge B$, 则 $C \leqslant I$ 且$C \leqslant B$. 可以设算子 C 关于空间分解 $\mathcal{H} = \oplus_{i=1}^6 \mathcal{H}_i$ 有算子矩阵形式 $C = (C_{ij})_{1\leqslant i,j\leqslant 6}$.
注意到 $I \geqslant \mathrm{diag}(B_1, B_2, B_3, I, I, I)$ 与

$$B = \mathrm{diag}(B_1, B_2, B_3, B_4, B_5, B_6) \geqslant \mathrm{diag}(B_1, B_2, B_3, I, I, I),$$

则

$$\mathrm{diag}(B_1, B_2, B_3, I, I, I) \leqslant (C_{ij})_{1\leqslant i,j\leqslant 6} \leqslant I$$

且

$$\mathrm{diag}(B_1, B_2, B_3, I, I, I) \leqslant (C_{ij})_{1\leqslant i,j\leqslant 6} \leqslant \mathrm{diag}(B_1, B_2, B_3, B_4, B_5, B_6).$$

因此由引理 5.1.4 可知, $C_{11} = B_1$, $C_{22} = B_2$, $C_{33} = B_3$, $C_{44} = I_{\mathcal{H}_4}$, $C_{55} = I_{\mathcal{H}_5}$, $C_{66} = I_{\mathcal{H}_6}$, $C_{ij} = 0$, $1 \leqslant i, j \leqslant 6$ 且 $i \neq j$. 因此 $C = \mathrm{diag}(B_1, B_2, B_3, I, I, I)$.

令 $\alpha = \dfrac{3}{4}$, $\beta = \dfrac{3}{4}$, 则存在正数 $1 > \delta > 0$ 满足

$$\min\{(1-\alpha)(\nu-\beta), (\mu^{-1}-\alpha)(1-\beta)\} > \frac{1+\delta}{16} > (1-\alpha)(1-\beta).$$

并令

$$\gamma^2 = \frac{1+\delta}{16}.$$

定义算子 $C_{\alpha\beta\gamma}$ 为

$$C_{\alpha\beta\gamma} := \begin{pmatrix} 0 & 0 & 0 & 0 & 0 & 0 \\ 0 & \alpha B_2 & 0 & 0 & \gamma B_2^{\frac{1}{2}} D & 0 \\ 0 & 0 & 0 & 0 & 0 & 0 \\ 0 & 0 & 0 & 0 & 0 & 0 \\ 0 & \gamma D^* B_2^{\frac{1}{2}} & 0 & 0 & \beta I_{\mathcal{H}_5} & 0 \\ 0 & 0 & 0 & 0 & 0 & 0 \end{pmatrix},$$

其中 D 是从 $\mathcal{H}_5$ 到 $\mathcal{H}_2$ 的部分等距, $D\neq 0$ 且 $I_{\mathcal{H}_2}-DD^*\neq 0$.

注意到

$$\alpha\beta=\frac{9}{16}>\frac{1+\delta}{16}=\gamma^2.$$

由于 $\alpha\beta>\gamma^2$ 蕴涵 $\alpha\beta I_{\mathcal{H}_2}-\gamma^2DD^*\geqslant 0$, 则

$$\alpha\beta B_2-\gamma^2B_2^{\frac{1}{2}}DD^*B_2^{\frac{1}{2}}=B_2^{\frac{1}{2}}(\alpha\beta I_{\mathcal{H}_2}-\gamma^2DD^*)B_2^{\frac{1}{2}}\geqslant 0.$$

又由引理 5.1.3 可知 $C_{\alpha\beta\gamma}\geqslant 0$.

由 $B_5\geqslant \nu I_{\mathcal{H}_5}$ 可知 $B_5-\beta I_{\mathcal{H}_5}\geqslant(\nu-\beta)I_{\mathcal{H}_5}$, 则

$$(B_5-\beta I_{\mathcal{H}_5})^{-1}\leqslant\frac{1}{\nu-\beta}I_{\mathcal{H}_5},$$

因此

$$\begin{aligned}&(1-\alpha)B_2-\gamma^2B_2^{\frac{1}{2}}D(B_5-\beta I_{\mathcal{H}_5})^{-1}D^*B_2^{\frac{1}{2}}\\ \geqslant& B_2^{\frac{1}{2}}[(1-\alpha)I_{\mathcal{H}_2}-\gamma^2D\frac{1}{\nu-\beta}I_{\mathcal{H}_5}D^*]B_2^{\frac{1}{2}}\\ \geqslant& B_2^{\frac{1}{2}}\{(1-\alpha)(I_{\mathcal{H}_2}-DD^*)+\frac{DD^*}{\nu-\beta}[(1-\alpha)(\nu-\beta)-\gamma^2]I_{\mathcal{H}_2}\}B_2^{\frac{1}{2}}\geqslant 0,\end{aligned}$$

其中, 最后一步是由于

$$(1-\alpha)(\nu-\beta)-\gamma^2\geqslant 0.$$

再由引理 5.1.3 可知 $B-C_{\alpha\beta\gamma}\geqslant 0$.

同理可知 $B_2\leqslant\mu I_{\mathcal{H}_2}$, 则

$$\begin{aligned}&(1-\beta)(I_{\mathcal{H}_2}-\alpha B_2)-\gamma^2B_2^{\frac{1}{2}}DD^*B_2^{\frac{1}{2}}\\ =&(1-\beta)I_{\mathcal{H}_2}-B_2^{\frac{1}{2}}[(1-\beta)\alpha I_{\mathcal{H}_2}+\gamma^2DD^*]B_2^{\frac{1}{2}}\\ =&B_2^{\frac{1}{2}}[(1-\beta)B_2^{-1}-(1-\beta)\alpha I_{\mathcal{H}_2}-\gamma^2DD^*]B_2^{\frac{1}{2}}\\ \geqslant& B_2^{\frac{1}{2}}[(1-\beta)(\mu^{-1}-\alpha)I_{\mathcal{H}_2}-\gamma^2DD^*]B_2^{\frac{1}{2}}\\ =&B_2^{\frac{1}{2}}[(1-\beta)(\mu^{-1}-\alpha)(I_{\mathcal{H}_2}-DD^*)]B_2^{\frac{1}{2}}+B_2^{\frac{1}{2}}[(1-\beta)(\mu^{-1}-\alpha)-\gamma^2]DD^*B_2^{\frac{1}{2}}\\ \geqslant& 0,\end{aligned}$$

最后一步成立的原因是

$$(1-\beta)(\mu^{-1}-\alpha)-\gamma^2\geqslant 0.$$

再由引理 5.1.3 可知 $I-C_{\alpha\beta\gamma}\geqslant 0$.

因此, $C_{\alpha\beta\gamma}\leqslant I\wedge B=C$. 利用相同的计算方法, 可以得到

$$\gamma^2=\frac{1+\delta}{16}>\frac{1}{16}=(1-\alpha)(1-\beta),$$

因此 $C - C_{\alpha\beta\gamma} \not\geqslant 0$. 矛盾.

所以, 当 $\sigma(B)\cap(0,1)\neq\varnothing$ 与 $\sigma(B)\cap(1,\|B\|)\neq\varnothing$ 都成立时, $I\wedge B$ 不存在, 故有必要性成立.

充分性. 若 I 与 B 可比较, 则显然 $I\wedge B$ 存在. 证毕.

定理 5.1.6 设 $B\in B(\mathcal{H})^+$, 则 $I\wedge B$ 存在当且仅当 $\sigma(B)\subseteq\{0\}\cup[1,\|B\|]$ 或 $\sigma(B)\subseteq[0,1]$.

证明 必要性. (1) 若 B 是一个单射, 则由引理 5.1.5 可知 I 和 B 可比较, 从而 $B\geqslant I$ 或 $B\leqslant I$. 因此有 $\sigma(B)\subseteq[1,\|B\|]$ 或$\sigma(B)\subseteq[0,1]$.

(2) 若 B 不是单射, 则

$$B=\begin{pmatrix} B_1 & 0 \\ 0 & 0 \end{pmatrix}: N(B)^{\perp}\oplus N(B)\to N(B)^{\perp}\oplus N(B),$$

其中 B_1 是从 $N(B)^{\perp}$ 到 $N(B)^{\perp}$ 的单射, 且 $\sigma(B)=\sigma(B_1)\cup\{0\}$. 直接验证有: $I\wedge B$ 存在蕴涵 $I_1\wedge B_1$ 存在, 其中 I_1 是子空间 $N(B)^{\perp}$ 上的单位算子. 因此, 由 (1) 可知

$$\sigma(B)\subseteq\{0\}\cup[1,\|B\|] \quad 或 \quad \sigma(B)\subseteq[0,1].$$

充分性. 设 $\sigma(B)\subseteq[0,1]$, 则由 $B\in B(\mathcal{H})^+$ 知: $B\leqslant I$, 则 $I\wedge B$ 存在. 同理, 若 $\sigma(B)\subseteq[1,\|B\|]$, 则 $B\in B(\mathcal{H})^+$, 因此 $B\geqslant I$, 故 $I\wedge B$ 存在. 如果 $0\in\sigma(B)\subseteq\{0\}\cup[1,\|B\|]$, 则 0 是 $\sigma(B)$ 的孤立点. 令 $E_0\mathcal{H}=N(B)$, 因为 $B\in B(\mathcal{H})^+$, 则 E_0 是正交投影, 所以 B 有算子矩阵形式

$$B=\begin{pmatrix} B_1 & 0 \\ 0 & 0 \end{pmatrix}: E_0^{\perp}\oplus E_0\to E_0^{\perp}\oplus E_0,$$

其中 $\sigma(B_1)\subseteq[1,\|B\|]$ 是可逆算子. 同理

$$I=\begin{pmatrix} I_1 & 0 \\ 0 & I_2 \end{pmatrix}: E_0^{\perp}\oplus E_0\to E_0^{\perp}\oplus E_0,$$

其中 I_1 与 I_2 是 $E_0^{\perp}$ 和 E_0 上的单位算子, 则有 $I_1\wedge B_1=I_1$, 因此

$$\begin{pmatrix} I_1 & 0 \\ 0 & 0 \end{pmatrix}\leqslant\begin{pmatrix} B_1 & 0 \\ 0 & 0 \end{pmatrix},\begin{pmatrix} I_1 & 0 \\ 0 & I_2 \end{pmatrix}.$$

不妨设

$$0\leqslant C=\begin{pmatrix} C_1 & C_2 \\ C_3 & C_4 \end{pmatrix}\leqslant\begin{pmatrix} B_1 & 0 \\ 0 & 0 \end{pmatrix},\begin{pmatrix} I_1 & 0 \\ 0 & I_2 \end{pmatrix},$$

则 $C_4=0$, 故有 $C_2=0$ 且 $C_3=0$. 因此

$$C\leqslant\begin{pmatrix}I_1&0\\0&0\end{pmatrix}\Longrightarrow I\wedge B=\begin{pmatrix}I_1&0\\0&0\end{pmatrix}.$$

证毕.

引理 5.1.7 设 $A,B,C\in B(\mathcal{H})^+$, 若 A 是单射, 则 $B\wedge C$ 存在当且仅当 $A^{\frac{1}{2}}BA^{\frac{1}{2}}\wedge A^{\frac{1}{2}}CA^{\frac{1}{2}}$ 存在且 $A^{\frac{1}{2}}(B\wedge C)A^{\frac{1}{2}}=A^{\frac{1}{2}}BA^{\frac{1}{2}}\wedge A^{\frac{1}{2}}CA^{\frac{1}{2}}$.

证明 若 $B\wedge C$ 存在, 则显然有 $A^{\frac{1}{2}}(B\wedge C)A^{\frac{1}{2}}\leqslant A^{\frac{1}{2}}BA^{\frac{1}{2}},A^{\frac{1}{2}}CA^{\frac{1}{2}}$.

设 $0\leqslant E\leqslant A^{\frac{1}{2}}CA^{\frac{1}{2}},A^{\frac{1}{2}}BA^{\frac{1}{2}}$, 由引理 5.1.1, $R(E^{\frac{1}{2}})\subseteq R(A^{\frac{1}{2}}C^{\frac{1}{2}})$, 即存在 $D\in B(\mathcal{H})$, 使得 $E^{\frac{1}{2}}=A^{\frac{1}{2}}C^{\frac{1}{2}}D$. 因此 $A^{\frac{1}{2}}C^{\frac{1}{2}}DD^*C^{\frac{1}{2}}A^{\frac{1}{2}}\leqslant A^{\frac{1}{2}}CA^{\frac{1}{2}}$.

又由于 $\overline{R(A^{\frac{1}{2}})}=\mathcal{H}$, 则有 $C^{\frac{1}{2}}DD^*C^{\frac{1}{2}}\leqslant C$. 类似地, $A^{\frac{1}{2}}C^{\frac{1}{2}}DD^*C^{\frac{1}{2}}A^{\frac{1}{2}}\leqslant A^{\frac{1}{2}}BA^{\frac{1}{2}}$ 蕴涵 $C^{\frac{1}{2}}DD^*C^{\frac{1}{2}}\leqslant B$, 则 $C^{\frac{1}{2}}DD^*C^{\frac{1}{2}}\leqslant B\wedge C$, 因此

$$E=A^{\frac{1}{2}}C^{\frac{1}{2}}DD^*C^{\frac{1}{2}}A^{\frac{1}{2}}\leqslant A^{\frac{1}{2}}(B\wedge C)A^{\frac{1}{2}},$$

故

$$A^{\frac{1}{2}}(B\wedge C)A^{\frac{1}{2}}=A^{\frac{1}{2}}BA^{\frac{1}{2}}\wedge A^{\frac{1}{2}}CA^{\frac{1}{2}}.$$

反之, 令 $F=A^{\frac{1}{2}}BA^{\frac{1}{2}}\wedge A^{\frac{1}{2}}CA^{\frac{1}{2}}$, 由引理 5.1.1, $F\leqslant \overline{A^{\frac{1}{2}}BA^{\frac{1}{2}}}$ 蕴涵存在 $F_1\in\mathcal{B}(\mathcal{H})$, 使得 $F^{\frac{1}{2}}=A^{\frac{1}{2}}F_1$. 因此, $F=A^{\frac{1}{2}}F_1F_1^*A^{\frac{1}{2}}$. 又由于 $\overline{R(A^{\frac{1}{2}})}=\mathcal{H}$, 故 $F_1F_1^*\leqslant C,B$. 令 $0\leqslant G\leqslant B,C$, 则有

$$A^{\frac{1}{2}}GA^{\frac{1}{2}}\leqslant A^{\frac{1}{2}}BA^{\frac{1}{2}},A^{\frac{1}{2}}CA^{\frac{1}{2}},$$

因此

$$A^{\frac{1}{2}}GA^{\frac{1}{2}}\leqslant F=A^{\frac{1}{2}}F_1F_1^*A^{\frac{1}{2}}.$$

又由于 $\overline{R(A^{\frac{1}{2}})}=\mathcal{H}$, 则 $G\leqslant F_1F_1^*$, 故 $F_1F_1^*=B\wedge C$, 因此

$$A^{\frac{1}{2}}(B\wedge C)A^{\frac{1}{2}}=A^{\frac{1}{2}}BA^{\frac{1}{2}}\wedge A^{\frac{1}{2}}CA^{\frac{1}{2}}.$$

证毕.

定理 5.1.8[113] 设 $A\in B(\mathcal{H})^+$ 是单射, $B\in B(\mathcal{H})^+$ 可逆, 则 $A\wedge B$ 存在当且仅当 A 和 B 可比较.

证明 由于 $B\in B(\mathcal{H})^+$ 是可逆算子, 则 $B^{-\frac{1}{2}}\in B(\mathcal{H})^+$, 故引理 5.1.7 蕴涵

$$A\wedge B\ \text{存在}\Longleftrightarrow B^{-\frac{1}{2}}AB^{-\frac{1}{2}}\wedge B^{-\frac{1}{2}}BB^{-\frac{1}{2}}\quad\text{存在}\Longleftrightarrow B^{-\frac{1}{2}}AB^{-\frac{1}{2}}\wedge I\ \text{存在}.$$

又由于 $B^{-\frac{1}{2}}AB^{-\frac{1}{2}}\in B(\mathcal{H})^+$ 是单射算子, 则由引理 5.1.5, $A\wedge B$ 存在当且仅当 I 与 $B^{-\frac{1}{2}}AB^{-\frac{1}{2}}$ 可比较. 因此, $I\geqslant B^{-\frac{1}{2}}AB^{-\frac{1}{2}}$ 或 $I\leqslant B^{-\frac{1}{2}}AB^{-\frac{1}{2}}$, 故 $A\geqslant B$ 或 $A\leqslant B$. 证毕.

作为推论, 可以得到文献 [115] 中的定理 3.6.

推论 5.1.9　若 $A,B \in \mathcal{E}(C^n)$ 不可比较且 $A, B > 0$, 则 $A \wedge B$ 不存在.

一般而言, 对 $A, B, C \in \mathcal{E}(\mathcal{H})$, 命题: "$A \wedge B$ 存在 $\Longrightarrow (A+C) \wedge (B+C)$ 存在"是不正确的. 下面给出反例.

例 5.1.10　设 $A, B, C \in \mathcal{E}(C^3)$, 且

$$A = \begin{pmatrix} \frac{1}{2} & 0 & 0 \\ 0 & \frac{1}{2} & \frac{1}{4} \\ 0 & \frac{1}{4} & \frac{1}{2} \end{pmatrix}, \quad B = \begin{pmatrix} 1 & 0 & 0 \\ 0 & 1 & 0 \\ 0 & 0 & 0 \end{pmatrix}, \quad C = \begin{pmatrix} 0 & 0 & 0 \\ 0 & 0 & 0 \\ 0 & 0 & \frac{1}{8} \end{pmatrix}.$$

则

$$A + C = \begin{pmatrix} \frac{1}{2} & 0 & 0 \\ 0 & \frac{1}{2} & \frac{1}{4} \\ 0 & \frac{1}{4} & \frac{5}{8} \end{pmatrix}, \quad B + C = \begin{pmatrix} 1 & 0 & 0 \\ 0 & 1 & 0 \\ 0 & 0 & \frac{1}{8} \end{pmatrix}.$$

显然, $A+C$ 和 $B+C$ 都是可逆算子且 $A+C \ngeqslant B+C$ 与 $A+C \nleqslant B+C$ 成立. 由推论 5.1.9, $(A+C)\wedge(B+C)$ 不存在. 但是因为 B 是正交投影, 所以 $A \wedge B$ 存在.

命题 5.1.11　设 $A \in \mathcal{E}(\mathcal{H})$, (1) 若 $2A \wedge I$ 存在, 则 $A \wedge (I-A)$ 存在;

(2) 若 $A \wedge (I-A)$ 存在且 $I-A$ 可逆, 则 $2A \wedge I$ 存在.

证明　(1) 令 $2A \wedge I = B$, 则由不等式 $A \leqslant 2A$ 与$A \leqslant I$ 可得 $A \leqslant B$, 故 $B - A \geqslant 0$. 显然有 $B - A \leqslant A$ 与$B - A \leqslant I - A$ 成立.

设 $0 \leqslant C \leqslant A$ 且 $C \leqslant I - A$. 因此, $C + A \leqslant B$, 则 $C \leqslant B - A$, 故 $A \wedge (I-A) = B - A$.

(2) **情形 1**　$N(A) = \{0\}$. 由于 $A \wedge (I-A)$ 存在且 $I - A$ 可逆, 由定理 5.1.8, $A \geqslant (I-A)$ 或 $A \leqslant (I-A)$, 故 $2A \wedge I$ 存在.

情形 2　$N(A) \neq \{0\}$. 显然有

$$A = \begin{pmatrix} A_1 & 0 \\ 0 & 0 \end{pmatrix} : N(A)^{\perp} \oplus N(A) \to N(A)^{\perp} \oplus N(A),$$

其中 A_1 是从 $N(A)^{\perp}$ 到 $N(A)^{\perp}$ 的单射. 因此

$$I = \begin{pmatrix} I_1 & 0 \\ 0 & I_2 \end{pmatrix} : N(A)^{\perp} \oplus N(A) \to N(A)^{\perp} \oplus N(A), I - A = \begin{pmatrix} I_1 - A_1 & 0 \\ 0 & I_2 \end{pmatrix}.$$

容易证明: $A\wedge(I-A)$ 存在当且仅当 $A_1\wedge(I_1-A_1)$ 存在; $2A\wedge I$ 存在当且仅当 $2A_1\wedge I_1$ 存在. 由情形 1 的证明知: $A_1\wedge(I_1-A_1)$ 存在蕴涵 $2A_1\wedge I_1$ 存在. 证毕.

作为结论, 可以获得下面结论.

推论 5.1.12[116]　设 $A\in\mathcal{E}(\mathcal{H})$, 则下列论述等价:

(1) $A\wedge(I-A)$ 存在;

(2) $\sigma(A)\subseteq\{0\}\cup\left[\frac{1}{2},1\right]$ 或 $\sigma(A)\subseteq\left[0,\frac{1}{2}\right]\cup\{1\}$;

(3) $A\wedge P_{A,I-A}$ 和 $(I-A)\wedge P_{A,I-A}$ 是可比较的, 其中 $P_{A,B}$ 是在 $R(A^{\frac{1}{2}})\cap R(B^{\frac{1}{2}})$ 范数闭包上的正交投影.

证明　(1)⇒(2). 设 $A\wedge(I-A)$ 存在, 假设 $I-A$ 是可逆的. 由命题 5.1.11 (2) 知 $2A\wedge I$ 存在. 由定理 5.1.6 知 $\sigma(2A)\subseteq\{0\}\cup[1,2]$ 或 $\sigma(2A)\subseteq[0,1]$. 因此

$$\sigma(A)\backslash\{1\}\subseteq\{0\}\cup\left[\frac{1}{2},1\right]\quad\text{或}\quad\sigma(A)\backslash\{1\}\subseteq\left[0,\frac{1}{2}\right].$$

(2)⇒(3). 记 $\mathcal{H}_0=(N(A)\oplus N(I-A))^{\perp}$. 由于空间分解 $\mathcal{H}=\mathcal{H}_0\oplus N(A)\oplus N(I-A)$, A 和 $I-A$ 有算子矩阵形式

$$A=\begin{pmatrix}A_0&0&0\\0&0&0\\0&0&I\end{pmatrix},\quad I-A=\begin{pmatrix}I-A_0&0&0\\0&I&0\\0&0&0\end{pmatrix},$$

其中 A_0 和 $I-A_0$ 都是 $\mathcal{H}_0$ 上的单射算子. 显然

$$P_{A,I-A}=\begin{pmatrix}I&0&0\\0&0&0\\0&0&0\end{pmatrix},\quad A\wedge P_{A,I-A}=\begin{pmatrix}A_0&0&0\\0&0&0\\0&0&0\end{pmatrix}$$

且

$$(I-A)\wedge P_{A,I-A}=\begin{pmatrix}I-A_0&0&0\\0&0&0\\0&0&0\end{pmatrix}.$$

若 (2) 成立, 则

$$\sigma(A_0)\subseteq\sigma(A)\subseteq\{0\}\cup\left[\frac{1}{2},1\right]\quad\text{或}\quad\sigma(A_0)\subseteq\left[0,\frac{1}{2}\right]\cup\{1\}.$$

由于 A_0 和 $I-A_0$ 都是单射, 则

$$\sigma(A_0)\subseteq\left[\frac{1}{2},1\right]\quad\text{或}\quad\sigma(I-A_0)\subseteq\left[\frac{1}{2},1\right].$$

因此, A_0 和 $I-A_0$ 是可比较的, 即 $A\wedge P_{A,I-A}$ 和 $(I-A)\wedge P_{A,I-A}$ 是可比较的.

(3)⇒(1). 若 A 有上面的算子矩阵形式, 则 $A\wedge P_{A,I-A}$ 和 $(I-A)\wedge P_{A,I-A}$ 是可比较的, 因此 A_0 和 $I-A_0$ 是可比较的. 故 $A_0\wedge(I-A_0)$ 存在. 容易计算

$$A\wedge(I-A)=\begin{pmatrix} A_0\wedge(I-A_0) & 0 & 0\\ 0 & 0 & 0\\ 0 & 0 & 0\end{pmatrix}.$$

证毕.

推论 5.1.13　设 $A\in B(\mathcal{H})^+$ 且 $B\in B(\mathcal{H})^+$ 是可逆算子, 则 $A\wedge B=0$ 当且仅当 $A=0$.

证明　由引理 5.1.7 知

$$A\wedge B=0\Longleftrightarrow B^{-\frac{1}{2}}AB^{-\frac{1}{2}}\wedge I=0.$$

由定理 5.1.6 知 $B^{-\frac{1}{2}}AB^{-\frac{1}{2}}=0$, 故 $A=0$. 证毕.

5.2　自伴算子在逻辑序下的确界

记 $S(\mathcal{H})$ 表示自伴算子的全体. 在文献 [5] 中, Gudder 证明了: $(S(\mathcal{H}),\preceq)$ 中, 如果 A 和 B 有一个上界, 则存在 $A\vee B$, 即有下面结论.

引理 5.2.1[5]　设 $A,B\in S(\mathcal{H})$, 则 $A\vee B$ 存在当且仅当存在 $C\in\mathcal{S}(\mathcal{H})$, 使得 $A,B\preceq C$. 当 $A\vee B$ 存在时, 有 $A\vee B=P_{\overline{R(A)}\vee\overline{R(B)}}C=CP_{\overline{R(A)}\vee\overline{R(B)}}$.

引理 5.2.2[5]　设 $A,B\in S(\mathcal{H})$, 则下面三个命题等价:

(1) $A\preceq B$;

(2) $AB=BA=A^2$;

(3) $A=P_{\overline{R(A)}}B=BP_{\overline{R(A)}}$.

引理 5.2.3[5]　设 $P,Q\in P(\mathcal{H})$, 则 $P\preceq Q$ 当且仅当 $P\leqslant Q$.

下面, 讨论当 $A\in S(\mathcal{H})$ 且 $P\in P(\mathcal{H})$ 时 $A\wedge P$ 的表达式.

定理 5.2.4　设 $A\in S(\mathcal{H})$ 且 $P\in P(\mathcal{H})$, 则 $A\wedge P=P_{N(I-A)}\wedge P$.

证明　由引理 5.2.3, 则有 $P_{N(I-A)}\wedge P\leqslant P_{N(I-A)}$, 则

$$(P_{N(I-A)}\wedge P)P_{N(I-A)}=P_{N(I-A)}\wedge P.$$

因为 $P_{N(I-A)}A=AP_{N(I-A)}=P_{N(I-A)}$, 所以

$$\begin{aligned}(P_{N(I-A)}\wedge P)A&=(P_{N(I-A)}\wedge P)P_{N(I-A)}A\\&=(P_{N(I-A)}\wedge P)P_{N(I-A)}\\&=(P_{N(I-A)}\wedge P).\end{aligned}$$

因此, $P_{N(I-A)} \wedge P \preceq A$.

若 $B \preceq A$ 且 $B \preceq P$, 由引理 5.2.2 得 $B \in P(\mathcal{H})$, 则

$$AB = B^2 = B \Longrightarrow (I-A)B = 0.$$

于是 $R(B) \subseteq N(I-A)$, 则

$$B \leqslant P_{N(I-A)} \Longrightarrow B \leqslant P_{N(I-A)} \wedge P,$$

即有 $B \preceq P_{N(I-A)} \wedge P$. 证毕.

下面将主要讨论当 $A \in S(\mathcal{H})$ 与 $P \in P(\mathcal{H})$ 成立时, $A \vee P$ 的存在性及其表示.

引理 5.2.5 设 $A \in S(\mathcal{H})$ 且 $P \in P(\mathcal{H})$, 若 $A \vee P$ 存在, 则 $0 \leqslant PAP \leqslant P$.

证明 设 $A \vee P = C$, 则有 $A \preceq C$ 与 $P \preceq C$ 成立, 故有 $AC = A^2 = CA$ 与 $PC = CP = P$. 因此 $PAP = PACP = PA^2P$, 则 $PAP \geqslant 0$. 不妨设 A 有矩阵分块形式

$$A = \begin{pmatrix} A_{11} & A_{12} \\ A_{12}^* & A_{22} \end{pmatrix} : R(P) \oplus R(P)^{\perp},$$

则 $0 \leqslant PAP = A_{11}$. 因此, 由 $PAP = PA^2P$ 得 $A_{11} = A_{11}^2 + A_{12}A_{12}^* \geqslant A_{11}^2$. 令 $\lambda \in \sigma(A_{11})$, 则由谱映射定理得 $\lambda - \lambda^2 \in \sigma(A_{11} - A_{11}^2) \subseteq [0, +\infty)$, 因此 $\lambda - \lambda^2 \geqslant 0$, 于是 $0 \leqslant \lambda \leqslant 1$. 因此, $A_{11} \leqslant I_{R(P)}$, 故 $PAP \leqslant P$. 证毕.

设 $A \in S(\mathcal{H})$ 且 $P \in P(\mathcal{H})$, 为了给出 $A \vee P$ 存在的充要条件, 我们先给出当 $A \in \mathcal{B}(\mathcal{H})^+$ 时, $A \vee P$ 存在的充要条件.

定理 5.2.6 设 $P \in P(\mathcal{H})$ 且 $A \in B(\mathcal{H})^+$ 关于空间分解 $\mathcal{H} = R(P) \oplus N(P)$ 有式 (1.2.1) 的矩阵表示, 其中 $N(D) \supseteq N(A_{22})$, $N(D^*) \supseteq N(A_{11})$, 则 $A \vee P$ 存在当且仅当 $PAP \leqslant P$, $D^*(A_{11} - I) + A_{22}D^* = 0$ 且 D 是始空间为 $\overline{R(A_{22})}$ 的某子空间, 终空间为 $\overline{R(A_{11})} \ominus N(I - A_{11})$ 的部分等距算子. 同时有

$$A \vee P = \begin{pmatrix} I & 0 \\ 0 & D^*D + A_{22}(I - D^*D) \end{pmatrix} : R(P) \oplus N(P).$$

证明 令 $\mathcal{H}_1 = N(I - A_{11})$, $\mathcal{H}_2 = N(A_{11})$,

$$\mathcal{H}_3 = R(P) \ominus (\mathcal{H}_1 \oplus \mathcal{H}_2), \quad \mathcal{H}_4 = \overline{R(A_{22})}, \quad \mathcal{H}_5 = N(A_{22}).$$

于是

$$A_{11} = \begin{pmatrix} I & 0 & 0 \\ 0 & 0 & 0 \\ 0 & 0 & A_1 \end{pmatrix} : \mathcal{H}_1 \oplus \mathcal{H}_2 \oplus \mathcal{H}_3 \quad 且 \quad A_{22} = \begin{pmatrix} A_2 & 0 \\ 0 & 0 \end{pmatrix} : \mathcal{H}_4 \oplus \mathcal{H}_5,$$

其中 A_1 和 $I-A_1$ 在空间 $\mathcal{H}_3$ 上是单射, 且 A_2 在空间 $\mathcal{H}_4$ 上是单射. 设 D 有矩阵形式

$$D=\begin{pmatrix} D_5 & D_6 \\ D_3 & D_4 \\ D_1 & D_2 \end{pmatrix}:\mathcal{H}_4\oplus\mathcal{H}_5\to\mathcal{H}_1\oplus\mathcal{H}_2\oplus\mathcal{H}_3.$$

由已知条件 $N(D)\supseteq N(A_{22})=\mathcal{H}_5$ 与 $\mathcal{H}_2=N(A_{11})\subseteq N(D^*)$ 成立, 则有 $D_6=0, D_4=0, D_2=0$ 和 $D_3=0$ 成立, 因此

$$D=\begin{pmatrix} D_5 & 0 \\ 0 & 0 \\ D_1 & 0 \end{pmatrix}:\mathcal{H}_4\oplus\mathcal{H}_5\to\mathcal{H}_1\oplus\mathcal{H}_2\oplus\mathcal{H}_3.$$

于是

$$A_{11}^{\frac{1}{2}}DA_{22}^{\frac{1}{2}}=\begin{pmatrix} I & 0 & 0 \\ 0 & 0 & 0 \\ 0 & 0 & A_1^{\frac{1}{2}} \end{pmatrix}\begin{pmatrix} D_5 & 0 \\ 0 & 0 \\ D_1 & 0 \end{pmatrix}\begin{pmatrix} A_2^{\frac{1}{2}} & 0 \\ 0 & 0 \end{pmatrix}=\begin{pmatrix} D_5A_2^{\frac{1}{2}} & 0 \\ 0 & 0 \\ A_1^{\frac{1}{2}}D_1A_2^{\frac{1}{2}} & 0 \end{pmatrix},$$

因此, A 有矩阵形式

$$A=\begin{pmatrix} I & 0 & 0 & D_5A_2^{\frac{1}{2}} & 0 \\ 0 & 0 & 0 & 0 & 0 \\ 0 & 0 & A_1 & A_1^{\frac{1}{2}}D_1A_2^{\frac{1}{2}} & 0 \\ A_2^{\frac{1}{2}}D_5^* & 0 & A_2^{\frac{1}{2}}D_1^*A_1^{\frac{1}{2}} & A_2 & 0 \\ 0 & 0 & 0 & 0 & 0 \end{pmatrix}:\mathcal{H}_1\oplus\mathcal{H}_2\oplus\mathcal{H}_3\oplus\mathcal{H}_4\oplus\mathcal{H}_5.$$

必要性. 由引理 5.2.5 得 $PAP\leqslant P$. 如果 $A\vee P$ 存在, 设 $A\vee P=B$, 则 $A\preceq B$ 与$P\preceq B$ 成立, 故有 $AB=A^2$ 与$BP=P$. 因此, B 有如下矩阵形式

$$B=\begin{pmatrix} I & 0 \\ 0 & B_1 \end{pmatrix}:R(P)\oplus R(P)^{\perp}\to R(P)\oplus R(P)^{\perp},$$

其中 $B_1\in\mathcal{S}(R(P)^{\perp})$. 又由于 $PAP=PA^2P$, 则 $I+D_5A_2D_5^*=I$, 因此

$$D_5A_2^{\frac{1}{2}}(D_5A_2^{\frac{1}{2}})^*=0,$$

故有 $A_2^{\frac{1}{2}}D_5^*=0$. 因为 A_2 是单射, 则 $D_5^*=0$, 所以

$$A=\begin{pmatrix} I & 0 & 0 & 0 & 0 \\ 0 & 0 & 0 & 0 & 0 \\ 0 & 0 & A_1 & A_1^{\frac{1}{2}}D_1A_2^{\frac{1}{2}} & 0 \\ 0 & 0 & A_2^{\frac{1}{2}}D_1^*A_1^{\frac{1}{2}} & A_2 & 0 \\ 0 & 0 & 0 & 0 & 0 \end{pmatrix} \quad 且 \quad D=\begin{pmatrix} 0 & 0 \\ 0 & 0 \\ D_1 & 0 \end{pmatrix}. \tag{5.2.1}$$

显然, B 有下面的矩阵形式

$$B=\begin{pmatrix} I & 0 & 0 & 0 & 0 \\ 0 & I & 0 & 0 & 0 \\ 0 & 0 & I & 0 & 0 \\ 0 & 0 & 0 & B_{11} & B_{12} \\ 0 & 0 & 0 & B_{12}^* & B_{22} \end{pmatrix}:\mathcal{H}_1\oplus\mathcal{H}_2\oplus\mathcal{H}_3\oplus\mathcal{H}_4\oplus\mathcal{H}_5,$$

其中 B_{11} 与 B_{22} 都是自伴算子. 由于 $AB=A^2$, 则直接计算得

$$\begin{pmatrix} A_1 & A_1^{\frac{1}{2}}D_1A_2^{\frac{1}{2}}B_{11} & A_1^{\frac{1}{2}}D_1A_2^{\frac{1}{2}}B_{12} \\ A_2^{\frac{1}{2}}D_1^*A_1^{\frac{1}{2}} & A_2B_{11} & A_2B_{12} \\ 0 & 0 & 0 \end{pmatrix}$$
$$=\begin{pmatrix} A_1^2+A_1^{\frac{1}{2}}D_1A_2D_1^*A_1^{\frac{1}{2}} & A_1^{\frac{3}{2}}D_1A_2^{\frac{1}{2}}+A_1^{\frac{1}{2}}D_1A_2^{\frac{3}{2}} & 0 \\ A_2^{\frac{1}{2}}D_1^*A_1^{\frac{3}{2}}+A_2^{\frac{3}{2}}D_1^*A_1^{\frac{1}{2}} & A_2^2+A_2^{\frac{1}{2}}D_1^*A_1D_1A_2^{\frac{1}{2}} & 0 \\ 0 & 0 & 0 \end{pmatrix}.$$

因此有下面五个算子等式成立

$$\begin{cases} A_2B_{12}=0; \\ A_1(I-A_1)=A_1^{\frac{1}{2}}D_1A_2D_1^*A_1^{\frac{1}{2}} \\ A_1^{\frac{3}{2}}D_1A_2^{\frac{1}{2}}+A_1^{\frac{1}{2}}D_1A_2^{\frac{1}{2}}(A_2-B_{11})=0; \\ A_2^{\frac{1}{2}}D_1^*A_1^{\frac{1}{2}}(I-A_1)=A_2^{\frac{3}{2}}D_1^*A_1^{\frac{1}{2}}; \\ A_2(B_{11}-A_2)=A_2^{\frac{1}{2}}D_1^*A_1D_1A_2^{\frac{1}{2}}. \end{cases}\tag{5.2.2}$$

显然, 由 $A_2B_{12}=0$ 可得 $B_{12}=0$. 又

$$A_2(B_{11}-A_2)=A_2^{\frac{1}{2}}D_1^*A_1D_1A_2^{\frac{1}{2}}\Longrightarrow A_2B_{11}=B_{11}A_2,$$

则

$$A_2^{\frac{1}{2}}(B_{11}-A_2)A_2^{\frac{1}{2}}=A_2(B_{11}-A_2)=A_2^{\frac{1}{2}}D_1^*A_1D_1A_2^{\frac{1}{2}}.$$

再由 $A_2^{\frac{1}{2}}$ 是单射, 可得 $B_{11}=A_2+D_1^*A_1D_1$, 因此

$$B=\operatorname{diag}(I,I,I,A_2+D_1^*A_1D_1,B_{22}).$$

由式 (5.2.2) 中的第 2 式和第 4 式, 有

$$A_1(I-A_1)=A_1^{\frac{1}{2}}D_1A_2D_1^*A_1^{\frac{1}{2}}\quad 与\quad A_2^{\frac{1}{2}}D_1^*A_1^{\frac{1}{2}}(I-A_1)=A_2^{\frac{3}{2}}D_1^*A_1^{\frac{1}{2}}$$

成立, 则有

$$A_1^{\frac{1}{2}}(I-A_1-D_1A_2D_1^*)A_1^{\frac{1}{2}}=0 \quad 与 \quad A_2^{\frac{1}{2}}[D_1^*(I-A_1)-A_2D_1^*]A_1^{\frac{1}{2}}=0.$$

又由于 A_1 和 A_2 都是单射, 则有

$$I-A_1=D_1A_2D_1^* \quad 与 \quad D_1^*(I-A_1)=A_2D_1^*$$

成立, 故有 $D_1D_1^*(I-A_1)=I-A_1$. 由 $I-A_1$ 的单射性质得 $D_1D_1^*=I$, 则 D_1 是由 $\mathcal{H}_4$ 到 $\mathcal{H}_3$ 的余等距算子. 容易验证

$$DD^*=\begin{pmatrix}0&0\\0&0\\D_1&0\end{pmatrix}\begin{pmatrix}0&0&D_1^*\\0&0&0\end{pmatrix}=\begin{pmatrix}0&0&0\\0&0&0\\0&0&I\end{pmatrix}$$

且

$$\begin{aligned}&D^*(I-A_{11})-A_{22}D^*\\=&\begin{pmatrix}0&0&D_1^*\\0&0&0\end{pmatrix}\begin{pmatrix}0&0&0\\0&I&0\\0&0&I-A_1\end{pmatrix}-\begin{pmatrix}A_2&0\\0&0\end{pmatrix}\begin{pmatrix}0&0&D_1^*\\0&0&0\end{pmatrix}\\=&\begin{pmatrix}0&0&D_1^*(I-A_1)-A_2D_1^*\\0&0&0\end{pmatrix}.\end{aligned}\tag{5.2.3}$$

因此 D 是始空间为 $\overline{R(A_{22})}$ 的子空间, 终空间为 $\overline{R(A_{11})}\ominus N(I-A_{11})$ 的部分等距算子, 而且因为 $\mathcal{H}_3=\overline{R(A_{11})}\ominus N(I-A_{11})$, 所以 $D^*(A_{11}-I)+A_{22}D^*=0$.

充分性. 因为 D 是始空间为 $\overline{R(A_{22})}$, 终空间为 $\overline{R(A_{11})}\ominus N(I-A_{11})$ 的部分等距算子, 所以根据空间分解 $\mathcal{H}=\bigoplus_{i=1}^5\mathcal{H}_i$, 有

$$D=\begin{pmatrix}0&0\\0&0\\D_1&0\end{pmatrix}:\mathcal{H}_4\oplus\mathcal{H}_5\to\mathcal{H}_1\oplus\mathcal{H}_2\oplus\mathcal{H}_3$$

且 $D_1D_1^*=I$, 因此 A 有如式 (5.2.1) 的矩阵形式. 令 B 关于空间分解 $\mathcal{H}=\bigoplus_{i=1}^5\mathcal{H}_i$, 有如下矩阵形式

$$B=\mathrm{diag}(I,I,I,A_2+D_1^*A_1D_1,0).$$

显然 $PB=BP=P$ 且

$$AB=\begin{pmatrix}I&0&0&0&0\\0&0&0&0&0\\0&0&A_1&A_1^{\frac{1}{2}}D_1A_2^{\frac{1}{2}}(A_2+D_1^*A_1D_1)&0\\0&0&A_2^{\frac{1}{2}}D_1^*A_1^{\frac{1}{2}}&A_2(A_2+D_1^*A_1D_1)&0\\0&0&0&0&0\end{pmatrix}.\tag{5.2.4}$$

若 $D^*(I-A_{11})=A_{22}D^*$, 则由式 (5.2.3) 式有 $D_1^*(I-A_1)=A_2D_1^*$, 故 $I-A_1=D_1A_2D_1^*$, 因此

$$A_1^{\frac{1}{2}}(I-A_1)A_1^{\frac{1}{2}}=A_1^{\frac{1}{2}}D_1A_2D_1^*A_1^{\frac{1}{2}}. \tag{5.2.5}$$

因为 $D_1^*(I-A_1)=A_2D_1^*$, 所以 $D_1^*(I-A_1)D_1=A_2D_1^*D_1$, 则 $A_2D_1^*D_1=D_1^*D_1A_2$, 因此

$$A_2^{\frac{1}{2}}D_1^*D_1=D_1^*D_1A_2^{\frac{1}{2}} \quad 与 \quad D_1^*A_1D_1=D_1^*D_1-A_2D_1^*D_1$$

成立, 故

$$\begin{aligned}A_1^{\frac{1}{2}}D_1A_2^{\frac{1}{2}}(A_2+D_1^*A_1D_1)&=A_1^{\frac{1}{2}}D_1A_2^{\frac{1}{2}}(A_2+D_1^*D_1-A_2D_1^*D_1)\\&=A_1^{\frac{1}{2}}D_1A_2^{\frac{3}{2}}+A_1^{\frac{1}{2}}D_1A_2^{\frac{1}{2}}(I-A_2)D_1^*D_1\\&=A_1^{\frac{1}{2}}D_1A_2^{\frac{3}{2}}+A_1^{\frac{1}{2}}D_1D_1^*D_1A_2^{\frac{1}{2}}(I-A_2)\\&=A_1^{\frac{1}{2}}D_1A_2^{\frac{3}{2}}+A_1^{\frac{3}{2}}D_1A_2^{\frac{1}{2}}.\end{aligned} \tag{5.2.6}$$

同理

$$A_1^{\frac{3}{2}}D_1A_2^{\frac{1}{2}}-A_1^{\frac{1}{2}}D_1A_2^{\frac{1}{2}}(I-A_2)=A_1^{\frac{1}{2}}[A_1D_1-D_1(I-A_2)]A_2^{\frac{1}{2}}=0,$$

显然

$$D_1^*(I-A_1)=A_2D_1^*\Longrightarrow A_2^{\frac{1}{2}}D_1^*(I-A_1)A_1^{\frac{1}{2}}=A_2^{\frac{3}{2}}D_1^*A_1^{\frac{1}{2}},$$

则

$$A_2^{\frac{1}{2}}D_1^*A_1^{\frac{1}{2}}(I-A_1)=A_2^{\frac{3}{2}}D_1^*A_1^{\frac{1}{2}}. \tag{5.2.7}$$

因为 $D_1^*A_1D_1=D_1^*D_1-A_2D_1^*D_1$ 与 $A_2D_1^*D_1=D_1^*D_1A_2$ 成立, 所以 $A_2D_1^*A_1D_1=D_1^*A_1D_1A_2$, 于是

$$A_2^{\frac{1}{2}}D_1^*A_1D_1=D_1^*A_1D_1A_2^{\frac{1}{2}},$$

故有

$$A_2(A_2+D_1^*A_1D_1)=A_2^2+A_2D_1^*A_1D_1=A_2^2+A_2^{\frac{1}{2}}D_1^*A_1D_1A_2^{\frac{1}{2}}. \tag{5.2.8}$$

联合式 (5.2.1), 式 (5.2.4)$\sim$ 式 (5.2.8) 有 $AB=A^2$, 则 $A\preceq B$. 设 $C\in\mathcal{S}(\mathcal{H})$ 满足 $A\preceq C$ 和 $P\preceq C$. 由必要性的证明可知 $C=\mathrm{diag}(I,I,I,A_2+D_1^*A_1D_1,C_5)$, 其中 $C_5\in S(\mathcal{H}_5)$. 显然 $B\preceq C$, 则 $A\vee P=B$ 且同时有

$$A\vee P=B=\begin{pmatrix} I & 0\\ 0 & D^*D+A_{22}(I-D^*D)\end{pmatrix}:R(P)\oplus N(P).$$

证毕.

注 5.2.7 由定理 5.2.6 的证明可知, $D^*D \in P(\mathcal{H}_4 \oplus \mathcal{H}_5)$ 且 $R(D^*D) \subseteq \mathcal{H}_4$. 然而通常 $R(D^*D) \neq \mathcal{H}_4$, 即 D 是始空间为 $\mathcal{M}$ 的部分等距算子, 其中 $\mathcal{M}$ 是 $\mathcal{H}_4$ 的子空间.

下面将给出 $A \vee B$, $A^- \vee B^-$ 和 $A^+ \vee B^+$ 存在性之间的相互关系, 其中 A^+ 与 A^- 分别表示自伴算子 A 的正部与负部.

定理 5.2.8 设 $A, B \in S(\mathcal{H})$, 则 $A \vee B$ 存在当且仅当下面两个条件成立:

(1) $A^+ \vee B^+$ 和 $A^- \vee B^-$ 都存在;

(2) $B^+A^- = 0$ 且 $B^-A^+ = 0$.

它们之间有关系式 $A \vee B = A^+ \vee B^+ - A^- \vee B^-$ 与 $|A| \vee |B| = A^+ \vee B^+ + A^- \vee B^-$ 成立.

证明 必要性. 设 $A \vee B = C$, 则有 $A \preceq C$ 与 $B \preceq C$ 成立, 故有 $AC = A^2$ 与 $BC = B^2$ 成立. 因为 $A \in S(\mathcal{H})$, 所以 A 有如下矩阵形式

$$A = \begin{pmatrix} A_1 & 0 \\ 0 & 0 \end{pmatrix} : N(A)^\perp \oplus N(A) \to N(A)^\perp \oplus N(A),$$

其中 $A_1 \in S(N(A)^\perp)$ 是单射. 令

$$A_1^+ = \frac{A_1 + |A_1|}{2}, A_1^- = \frac{|A_1| - A_1}{2},$$

则有

$$A_1^+, A_1^- \in B(N(A)^\perp)^+, \quad A_1^+ A_1^- = 0.$$

因此, A 关于空间分解 $\mathcal{H} = \overline{R(A_1^+)} \oplus \overline{R(A_1^-)} \oplus N(A)$ 有矩阵形式

$$A = \mathrm{diag}(A_1^+, -A_1^-, 0).$$

显然 $A^+ = \mathrm{diag}(A_1^+, 0, 0)$ 且$A^- = \mathrm{diag}(0, A_1^-, 0)$ 和 A_1^+, A_1^- 分别是到 $\overline{R(A_1^+)}$ 和 $\overline{R(A_1^-)}$ 上的单射. 设 C 有如下矩阵形式

$$C = \begin{pmatrix} C_{11} & C_{12} & C_{13} \\ C_{12}^* & C_{22} & C_{23} \\ C_{13}^* & C_{23}^* & C_{33} \end{pmatrix} : \overline{R(A_1^+)} \oplus \overline{R(A_1^-)} \oplus N(A),$$

则由 $AC = A^2$ 得

$$\begin{pmatrix} A_1^+ C_{11} & A_1^+ C_{12} & A_1^+ C_{13} \\ -A_1^- C_{21} & -A_1^- C_{22} & -A_1^- C_{23} \\ 0 & 0 & 0 \end{pmatrix} = \begin{pmatrix} (A_1^+)^2 & 0 & 0 \\ 0 & (A_1^-)^2 & 0 \\ 0 & 0 & 0 \end{pmatrix}.$$

又由于 A_1^+ 与 A_1^- 都是单射, 故 $C_{12}=0, C_{13}=0, C_{23}=0, C_{11}=A_1^+$ 且 $C_{22}=-A_1^-$, 则

$$C=\begin{pmatrix} A_1^+ & 0 & 0 \\ 0 & -A_1^- & 0 \\ 0 & 0 & C_{33} \end{pmatrix},$$

其中 $C_{33}\in S(N(A))$. 因此 $C^+=\operatorname{diag}(A_1^+,0,C_{33}^+)$ 且 $C^-=\operatorname{diag}(0,A_1^-,C_{33}^-)$, 则

$$A^+C^+=\operatorname{diag}((A_1^+)^2,0,0)=(A^+)^2 \text{ 且 } A^-C^-=\operatorname{diag}(0,(A_1^-)^2,0)=(A^-)^2,$$

故 $A^+\preceq C^+$, $A^-\preceq C^-$. 同理, $B^+\preceq C^+$, $B^-\preceq C^-$. 由引理 5.2.1 可知, $A^+\vee B^+$ 和 $A^-\vee B^-$ 均存在. 显然, $A^+\preceq C^+$ 蕴涵 $R(A^+)\subseteq R(C^+)$; $B^-\preceq C^-$ 蕴涵 $R(B^-)\subseteq R(C^-)$. 又由于 $C^+C^-=0$, 则 $B^-A^+=0$. 同理得 $B^+A^-=0$.

充分性. 设 $A^+\vee B^+=S$, $A^-\vee B^-=T$, 则由引理 5.2.1 可知

$$A^+\vee B^+=P_{\overline{R(A^+)}\vee\overline{R(B^+)}}S=S \quad \text{且} \quad A^-\vee B^-=P_{\overline{R(A^-)}\vee\overline{R(B^-)}}T=T.$$

由 $B^+A^-=0$ 则 $R(A^-)\subseteq N(B^+)$, 因此 $\overline{R(A^-)}\perp\overline{R(B^+)}$. 类似地, $B^-A^+=0$ 蕴涵 $\overline{R(B^-)}\perp\overline{R(A^+)}$, 则

$$(\overline{R(A^+)}\vee\overline{R(B^+)})\perp(\overline{R(A^-)}\vee\overline{R(B^-)}),$$

因此

$$P_{\overline{R(A^+)}\vee\overline{R(B^+)}}P_{\overline{R(A^-)}\vee\overline{R(B^-)}}=0.$$

显然由

$$A^+T=A^+P_{\overline{R(A^+)}\vee\overline{R(B^+)}}P_{\overline{R(A^-)}\vee\overline{R(B^-)}}T=0,$$

$$A^-S=A^-P_{\overline{R(A^-)}\vee\overline{R(B^-)}}P_{\overline{R(A^+)}\vee\overline{R(B^+)}}S=0,$$

有

$$A(S-T)=(A^+-A^-)(S-T)=A^+S-A^-S-A^+T+A^-T,$$

则

$$A(S-T)=(A^+)^2+(A^-)^2=A^2,$$

故 $A\preceq(S-T)$. 同理, 由引理 5.2.1, $A\vee B=P_{\overline{R(A)}\vee\overline{R(B)}}(S-T)$ 得 $B\preceq(S-T)$. 因为 $\overline{R(A)}=\overline{R(A^+)}\vee\overline{R(A^-)}$, $\overline{R(B)}=\overline{R(B^+)}\vee\overline{R(B^-)}$, 且

$$(\overline{R(A^+)}\vee\overline{R(B^+)})\perp(\overline{R(A^-)}\vee\overline{R(B^-)}),$$

所以

$$\overline{R(A)}\vee\overline{R(B)}=(\overline{R(A^+)}\vee\overline{R(B^+)})\oplus(\overline{R(A^-)}\vee\overline{R(B^-)}),$$

则

$$P_{\overline{R(A)}\vee\overline{R(B)}} = P_{\overline{R(A^+)}\vee\overline{R(B^+)}} + P_{\overline{R(A^-)}\vee\overline{R(B^-)}}.$$

因此

$$A\vee B = P_{\overline{R(A)}\vee\overline{R(B)}}(S-T) = (P_{\overline{R(A^+)}\vee\overline{R(B^+)}} + P_{\overline{R(A^-)}\vee\overline{R(B^-)}})(S-T) = S-T.$$

同理

$$|A|\vee|B| = P_{\overline{R(|A|)}\vee\overline{R(|B|)}}(S+T) = (P_{\overline{R(A^+)}\vee\overline{R(B^+)}} + P_{\overline{R(A^-)}\vee\overline{R(B^-)}})(S+T) = S+T.$$

证毕.

推论 5.2.9　设 $A\in S(\mathcal{H})$, $P\in P(\mathcal{H})$, 则 $A\vee P$ 存在当且仅当 $A^+\vee P$ 存在且 $A^-P=0$.

注 5.2.10　设 $A\in S(\mathcal{H})$,$P\in P(\mathcal{H})$, 由定理 5.2.6 和推论 5.2.9, 可以得到 $A\vee P$ 存在的充要条件.

例 5.2.11　设 $A,B\in S(C^2)$,

$$A=\begin{pmatrix}1&0\\0&-1\end{pmatrix}\quad 且\quad B=\begin{pmatrix}\frac{1}{2}&\frac{1}{2}\\ \frac{1}{2}&\frac{1}{2}\end{pmatrix},$$

则 $|A|\vee|B|$ 存在, 然而 $A\vee B$ 不存在.

这个例子说明 $|A|\vee|B|$ 存在的条件弱于 $A\vee B$ 存在的条件. 然而, 若 $|A|\vee|B|$ 存在且 $|A|\vee|B|=A^+\vee B^+ + A^-\vee B^-$, 则 $A\vee B$ 存在.

命题 5.2.12　设 $A,B\in S(\mathcal{H})$, 若 $|A|\vee|B|$ 存在, 则

(1) $A^+\vee B^+$ 与 $A^-\vee B^-$ 均存在;

(2) $|A|\vee|B|=A^+\vee B^+ + A^-\vee B^-$ 当且仅当 $B^+A^-=0$ 且 $B^-A^+=0$.

证明　(1) 设 $|A|\preceq C$, $|B|\preceq C$. 由定理 5.2.6, 关于直和分解 $\mathcal{H}=\overline{R(A_1^+)}\oplus\overline{R(A_1^-)}\oplus N(A)$, 有 $|A|=\mathrm{diag}(A_1^+,A_1^-,0)$ 且$C=\mathrm{diag}(A_1^+,A_1^-,C_3)$ 其中 $C_3\in S(N(A))$ 是任意的. 显然 $A^+=\mathrm{diag}(A_1^+,0,0)$ 且$A^-=\mathrm{diag}(0,A_1^-,0)$, $A^+C=(A^+)^2$, $A^-C=(A^-)^2$. 同理 $B^+C=(B^+)^2$, $B^-C=(B^-)^2$. 由引理 5.2.1, $A^+\vee B^+$ 和 $A^-\vee B^-$ 均存在.

(2) 由定理 5.2.6 充分性成立.

必要性. 由上述证明有

$$N(C)\subseteq R(|A|)^\perp = R(A)^\perp \text{ 与} N(C)\subseteq R(|B|)^\perp = R(B)^\perp$$

成立, 则

$$N(C)\subseteq R(|A|)^\perp\cap R(|B|)^\perp = [\overline{R(A)}\vee\overline{R(B)}]^\perp,$$

因此 C 是 $\overline{R(A)}\vee\overline{R(B)}$ 上的单射. 又由 (1) 和引理 5.2.1 得 $|A|\vee|B| = CP_{\overline{R(A)}\vee\overline{R(B)}}$,

$$A^+ \vee B^+ = CP_{\overline{R(A^+)}\vee\overline{R(B^+)}} \quad \text{且} \quad A^- \vee B^- = CP_{\overline{R(A^-)}\vee\overline{R(B^-)}}.$$

因此

$$C(P_{\overline{R(A)}\vee\overline{R(B)}} - P_{\overline{R(A^+)}\vee\overline{R(B^+)}} - P_{\overline{R(A^-)}\vee\overline{R(B^-)}}) = 0,$$

又

$$R(P_{\overline{R(A)}\vee\overline{R(B)}} - P_{\overline{R(A^+)}\vee\overline{R(B^+)}} - P_{\overline{R(A^-)}\vee\overline{R(B^-)}}) \subseteq \overline{R(A)} \vee \overline{R(B)},$$

则

$$P_{\overline{R(A)}\vee\overline{R(B)}} = P_{\overline{R(A^+)}\vee\overline{R(B^+)}} + P_{\overline{R(A^-)}\vee\overline{R(B^-)}},$$

于是 $P_{\overline{R(A^+)}\vee\overline{R(B^+)}}P_{\overline{R(A^-)}\vee\overline{R(B^-)}} = 0$. 因此

$$A^+B^- = A^+P_{\overline{R(A^+)}}P_{\overline{R(B^-)}}B^- = 0,$$

$$B^+A^- = B^+P_{\overline{R(B^+)}}P_{\overline{R(A^-)}}A^- = 0.$$

证毕.

推论 5.2.13 设 $A \in \mathcal{E}(\mathcal{H})$ 且 $P \in P(\mathcal{H})$.

(1) 若 $A \vee P$ 存在, 则 $A \vee P \in \mathcal{E}(\mathcal{H})$;

(2) 若 $A \vee P$ 存在且 $(I-P)A(I-P) \in P(\mathcal{H})$, 则 $A \in P(\mathcal{H})$.

证明 (1) 由定理 5.2.6 有 $A\vee P = \mathrm{diag}(I, I, I, A_2 + D_1^*A_1D_1, 0)$. 因为 $A \in \mathcal{E}(\mathcal{H})$, 所以 $A_2 \in \mathcal{E}(\mathcal{H}_4)$, $A_1 \in \mathcal{E}(\mathcal{H}_3)$. 由定理 5.2.6 的证明得 $D_1D_1^* = I$, $D_1^*(I - A_1) = A_2D_1^*$ 且$A_2D_1^*D_1 = D_1^*D_1A_2$ 成立, 则

$$\begin{aligned} A_2 + D_1^*A_1D_1 &= A_2 + D_1^*D_1 - A_2D_1^*D_1 \\ &= D_1^*D_1 + (I - D_1^*D_1)A_2(I - D_1^*D_1), \end{aligned} \tag{5.2.9}$$

于是 $A_2 + D_1^*A_1D_1 \in \mathcal{E}(\mathcal{H}_4)$, 因此 $A \vee P \in \mathcal{E}(\mathcal{H})$.

(2) 若 $(I-P)A(I-P) \in P(\mathcal{H})$, 则 $A_2 = I_{\mathcal{H}_4}$, 故由式 (5.2.9) 得 $A_2+D_1^*A_1D_1 = I_{\mathcal{H}_4}$, 因此 $A \vee P = \mathrm{diag}(I, I, I, I, 0)$. 再由引理 5.2.2 (3) 可知, $A \vee P \in P(\mathcal{H})$, 故有 $A \in P(\mathcal{H})$. 证毕.

下面将给出正交投影与上确界之间的另一个刻画.

命题 5.2.14 设 $A \in S(\mathcal{H})$ 且 m, n 为两个不同的正整数, 则 $A^m \vee A^n$ 存在当且仅当 $A \in P(\mathcal{H})$.

证明 充分性显然.

必要性. 不妨设 $n > m$. 若 $A^m \vee A^n$ 存在, 令 $B = A^m \vee A^n$, 则 $A^m B = A^{2m}$ 与 $A^n B = A^{2n}$ 成立. 因此

$$A^{2n} = A^n B = A^{n-m} A^m B = A^{n-m} A^{2m} = A^{n+m}.$$

由谱映射定理知: 对所有的 $\lambda \in \sigma(A)$ 都有

$$\lambda^{n+m}(\lambda^{n-m} - 1) = \lambda^{2n} - \lambda^{n+m} = 0,$$

于是 $\lambda \in \{0, 1\}$, 则 $A \in P(\mathcal{H})$. 证毕.

5.3 量子效应的广义下确界

由文献 [116] 获得: 对给定的 $A \in \mathcal{E}(\mathcal{H})$ 和任意正交投影 $P \in \mathcal{E}(\mathcal{H})$, 都有 $A \wedge P$ 存在. 类似地, 猜想: $A \sqcap P \in \mathcal{E}(\mathcal{H})$. 但下面的例子表明这个猜想不正确.

例 5.3.1 设 $A, P \in \mathcal{E}(C^3)$, 且

$$A = \begin{pmatrix} \frac{1}{2} & 0 & 0 \\ 0 & \frac{1}{2} & \frac{1}{4} \\ 0 & \frac{1}{4} & \frac{1}{2} \end{pmatrix}, \quad P = \begin{pmatrix} 1 & 0 & 0 \\ 0 & 1 & 0 \\ 0 & 0 & 0 \end{pmatrix}.$$

容易计算

$$|A - P| = \begin{pmatrix} \frac{1}{2} & 0 & 0 \\ 0 & \frac{\sqrt{5}}{4} & 0 \\ 0 & 0 & \frac{\sqrt{5}}{4} \end{pmatrix} \quad 且 \quad A + P = \begin{pmatrix} \frac{3}{2} & 0 & 0 \\ 0 & \frac{3}{2} & \frac{1}{4} \\ 0 & \frac{1}{4} & \frac{1}{2} \end{pmatrix}.$$

由 $\frac{1}{2} - \frac{\sqrt{5}}{4} < 0$ 知: $A + P \not\geqslant |A - P|$, 因此 $A \sqcap P \notin \mathcal{E}(\mathcal{H})$.

由文献 [116] 获得: $A \wedge B$ 存在当且仅当 $(A \wedge P_{A,B}) \wedge (B \wedge P_{A,B})$ 存在. 对广义下确界 $A \sqcap B$, 可以获得类似的结果.

下面引理都已在文献 [10] 中获得.

引理 5.3.2 (1) 若 $A, B \in \mathcal{E}(\mathcal{H})$, 则 $(A - A \sqcap B)(B - A \sqcap B) = 0$;

(2) 若 $A, B \in \mathcal{E}(\mathcal{H})$, 则 $A \sqcap B = 0$ 当且仅当 $AB = 0$.

引理 5.3.3 若 $0 \leqslant A \leqslant B, 0 \leqslant C \leqslant D$ 且 $BD = 0$, 则 $AC = 0$.

证明 由于 $BD=0=DB$, 则 $BD^{\frac{1}{2}}=D^{\frac{1}{2}}B \Longrightarrow D^{\frac{1}{2}}BD^{\frac{1}{2}}=DB=0$. 又因为 $0\leqslant D^{\frac{1}{2}}AD^{\frac{1}{2}}\leqslant D^{\frac{1}{2}}BD^{\frac{1}{2}}=0$, 所以 $D^{\frac{1}{2}}AD^{\frac{1}{2}}=0$, 因此 $A^{\frac{1}{2}}D^{\frac{1}{2}}=0$. 类似地可以证明

$$0\leqslant A^{\frac{1}{2}}CA^{\frac{1}{2}}\leqslant A^{\frac{1}{2}}DA^{\frac{1}{2}}=0,$$

则 $A^{\frac{1}{2}}C^{\frac{1}{2}}=0$. 因此 $AC=0$. 证毕.

定理 5.3.4 设 $A,B\in\mathcal{E}(\mathcal{H})$, 若 $A\sqcap B\in\mathcal{E}(\mathcal{H})$, 则 $(A\wedge P_{A,B})\sqcap(B\wedge P_{A,B})\in\mathcal{E}(\mathcal{H})$ 且 $(A\wedge P_{A,B})\sqcap(B\wedge P_{A,B})=A\sqcap B$.

证明 由于 $A\sqcap B\leqslant A$ 且 $A\sqcap B\leqslant B$, 则由引理 5.1.1 知

$$R(A\sqcap B)\subseteq R(A\sqcap B)^{\frac{1}{2}}\subseteq R(A^{\frac{1}{2}}) \quad 且 \quad R(A\sqcap B)\subseteq R(B^{\frac{1}{2}}).$$

因此, $R(A\sqcap B)\subseteq R(A^{\frac{1}{2}})\cap R(B^{\frac{1}{2}})$, 则 $A\sqcap B\leqslant P_{A,B}$. 又由于 $A\sqcap B\leqslant A\wedge P_{A,B}$ 与 $A\sqcap B\leqslant B\wedge P_{A,B}$, 应用引理 5.3.2, 可以得到

$$(A-A\sqcap B)(B-A\sqcap B)=0.$$

因为 $A\wedge P_{A,B}\leqslant A$ 且 $B\wedge P_{A,B}\leqslant B$, 所以由引理 5.3.3, 得到

$$(A\wedge P_{A,B}-A\sqcap B)(B\wedge P_{A,B}-A\sqcap B)=0.$$

再由引理 5.3.2 知

$$(A\wedge P_{A,B}-A\sqcap B)\sqcap(B\wedge P_{A,B}-A\sqcap B)=0,$$

因此

$$(A\wedge P_{A,B}-A\sqcap B)+(B\wedge P_{A,B}-A\sqcap B)-|(A\wedge P_{A,B}-A\sqcap B)-(B\wedge P_{A,B}-A\sqcap B)|=0.$$

故

$$\frac{1}{2}[A\wedge P_{A,B}+B\wedge P_{A,B}-|A\wedge P_{A,B}-B\wedge P_{A,B}|]=A\sqcap B\geqslant 0.$$

证毕.

注 5.3.5 定理 5.3.4 的逆命题不成立, 即存在 $A,B\in\mathcal{E}(\mathcal{H})$ 使得

$$A\sqcap B\notin\mathcal{E}(\mathcal{H}) \quad 与 \quad (A\wedge P_{A,B})\sqcap(B\wedge P_{A,B})\in\mathcal{E}(\mathcal{H})$$

成立.

例 5.3.6 设 $A,B\in\mathcal{E}(C^3)$ 且 $B=\frac{1}{2}P$, A 和 P 如例 5.3.1, 容易验证

$$B\wedge P_{A,B}=\begin{pmatrix}\frac{1}{2}&0&0\\0&\frac{1}{2}&0\\0&0&0\end{pmatrix}.$$

直接计算可得

$$|A-B|=\begin{pmatrix}0 & 0 & 0\\ 0 & \dfrac{1}{4\sqrt{2}} & \dfrac{1}{4\sqrt{2}}\\ 0 & \dfrac{1}{4\sqrt{2}} & \dfrac{3}{4\sqrt{2}}\end{pmatrix},\quad A+B=\begin{pmatrix}1 & 0 & 0\\ 0 & 1 & \dfrac{1}{4}\\ 0 & \dfrac{1}{4} & \dfrac{1}{2}\end{pmatrix}.$$

由 $\dfrac{3}{4\sqrt{2}}-\dfrac{1}{2}>0$ 知: $A+B\not\geqslant|A-B|$, 则 $A\sqcap B\notin\mathcal{E}(\mathcal{H})$. 容易计算

$$A\wedge P_{A,B}=\begin{pmatrix}\dfrac{1}{2} & 0 & 0\\ 0 & \dfrac{3}{8} & 0\\ 0 & 0 & 0\end{pmatrix}.$$

事实上, 显然

$$\operatorname{diag}\left(\frac{1}{2},\frac{3}{8},0\right)\leqslant A, P_{A,B}\Longrightarrow A\wedge P_{A,B}\geqslant\operatorname{diag}\left(\frac{1}{2},\frac{3}{8},0\right).$$

因此, 由引理 5.2.3, $A\wedge P_{A,B}=\operatorname{diag}\left(\dfrac{1}{2},\dfrac{3}{8},0\right)$, 故

$$(A\wedge P_{A,B})\sqcap(B\wedge P_{A,B})\in\mathcal{E}(\mathcal{H}).$$

引理 5.3.7[110]　设 $A,B\in\mathcal{E}(\mathcal{H})$ 使得 $A\wedge B$ 存在, 若 $A\sqcap B\in\mathcal{E}(\mathcal{H})$, 则 $A\wedge B=A\sqcap B$.

下面的引理来自于文献 [116].

引理 5.3.8　设 $A\in\mathcal{E}(\mathcal{H})$ 且 $P\in P(\mathcal{H})$, 则下确界 $A\wedge P$ 存在. 即如果 A 有下面的矩阵表示形式

$$A=\begin{pmatrix}A_1 & A_1^{\frac{1}{2}}DA_2^{\frac{1}{2}}\\ A_2^{\frac{1}{2}}D^*A_1^{\frac{1}{2}} & A_2\end{pmatrix}:R(P)\oplus R(P)^{\perp}\to R(P)\oplus R(P)^{\perp},\tag{5.3.1}$$

其中 $A_1\in\mathcal{E}(R(P))$, $A_2\in\mathcal{E}(N(P))$ 且 $D\in\mathcal{B}(N(P),(R(P)))$, 满足 $\|D\|\leqslant1$, $N(D)\supseteq N(A_2)$ 与 $N(D^*)\supseteq N(A_1)$, 则

$$A\wedge P=\begin{pmatrix}A_1^{\frac{1}{2}}(I_1-DD^*)A_1^{\frac{1}{2}} & 0\\ 0 & 0\end{pmatrix}:R(P)\oplus R(P)^{\perp}\to R(P)\oplus R(P)^{\perp}.$$

定理 5.3.9　若 $A\in\mathcal{E}(\mathcal{H})$ 且 $P\in P(\mathcal{H})$, 则 $A\sqcap P\in\mathcal{E}(\mathcal{H})$ 当且仅当 $AP=PA$.

证明 显然, $AP = PA$ 蕴涵 $A \sqcap P \in \mathcal{E}(\mathcal{H})$. 相反地, 若 $A \sqcap P \in \mathcal{E}(\mathcal{H})$, 则由引理 5.3.7 和引理 5.3.8 有

$$A \sqcap P = \begin{pmatrix} A_1^{\frac{1}{2}}(I_1 - DD^*)A_1^{\frac{1}{2}} & 0 \\ 0 & 0 \end{pmatrix} : R(P) \oplus R(P)^{\perp} \to R(P) \oplus R(P)^{\perp}.$$

再由引理 5.3.2 可得 $(A - A \sqcap P)(P - A \sqcap P) = 0$. 因此

$$\begin{pmatrix} A_1^{\frac{1}{2}}DD^*A_1^{\frac{1}{2}} & A_1^{\frac{1}{2}}DA_2^{\frac{1}{2}} \\ A_2^{\frac{1}{2}}D^*A_1^{\frac{1}{2}} & A_2 \end{pmatrix} \begin{pmatrix} I_1 - A_1^{\frac{1}{2}}(I_1 - DD^*)A_1^{\frac{1}{2}} & 0 \\ 0 & 0 \end{pmatrix} = 0.$$

从而, $A_1^{\frac{1}{2}}DD^*A_1^{\frac{1}{2}}(I_1 - A_1) + (A_1^{\frac{1}{2}}DD^*A_1^{\frac{1}{2}})^2 = 0$, 故有

$$A_1^{\frac{1}{2}}DD^*A_1^{\frac{1}{2}}(I_1 - A_1) = -(A_1^{\frac{1}{2}}DD^*A_1^{\frac{1}{2}})^2 = (I_1 - A_1)A_1^{\frac{1}{2}}DD^*A_1^{\frac{1}{2}}.$$

显然

$$A \in \mathcal{E}(\mathcal{H}) \Longrightarrow I_1 - A_1 \geqslant 0.$$

因此

$$A_1^{\frac{1}{2}}DD^*A_1^{\frac{1}{2}}(I_1 - A_1)^{\frac{1}{2}} = (I_1 - A_1)^{\frac{1}{2}}A_1^{\frac{1}{2}}DD^*A_1^{\frac{1}{2}},$$

因此

$$A_1^{\frac{1}{2}}DD^*A_1^{\frac{1}{2}}(I_1 - A_1) = (I_1 - A_1)^{\frac{1}{2}}A_1^{\frac{1}{2}}DD^*A_1^{\frac{1}{2}}(I_1 - A_1)^{\frac{1}{2}} \geqslant 0.$$

因此

$$A_1^{\frac{1}{2}}DD^*A_1^{\frac{1}{2}}(I_1 - A_1) + (A_1^{\frac{1}{2}}DD^*A_1^{\frac{1}{2}})^2 = 0 \Longrightarrow (A_1^{\frac{1}{2}}DD^*A_1^{\frac{1}{2}})^2 = 0,$$

故 $A_1^{\frac{1}{2}}DD^*A_1^{\frac{1}{2}} = 0$. 因为

$$N(A_1^{\frac{1}{2}}DD^*A_1^{\frac{1}{2}}) = N((A_1^{\frac{1}{2}}DD^*A_1^{\frac{1}{2}})^2) = R(P),$$

所以 $A_1^{\frac{1}{2}}D = 0$, 再由式 (5.3.1) 可得

$$A = \begin{pmatrix} A_1 & 0 \\ 0 & A_2 \end{pmatrix} : R(P) \oplus R(P)^{\perp} \to R(P) \oplus R(P)^{\perp},$$

故 $AP = PA$. 证毕.

推论 5.3.10 设 $A \in \mathcal{E}(\mathcal{H})$, 则 $A \sqcap P \in \mathcal{E}(\mathcal{H})$ 对所有的 $P \in P(\mathcal{H})$ 都成立, 当且仅当 $A = \alpha I$ $(0 \leqslant \alpha \leqslant 1)$.

证明 充分性显然.

必要性. 若 $A \sqcap P \in \mathcal{E}(\mathcal{H})$ 对任意的 $P \in P(\mathcal{H})$ 均成立, 则由定理 5.3.9 得 $AP = PA$ 对任意的 $P \in P(\mathcal{H})$ 均成立. 由自伴算子的谱分解定理可以得到: 对任意有界自伴算子 B 都有 $AB = BA$ 成立. 因此 $A \in \mathcal{B}(\mathcal{H})'$, 其中

$$\mathcal{B}(\mathcal{H})' = \{T \in \mathcal{B}(\mathcal{H}) : TB = BT \text{ 对所有的} B \in \mathcal{B}(\mathcal{H})\}.$$

因为 $\mathcal{B}(\mathcal{H})' = \{\alpha I : \alpha \in \mathbb{C}\}$, 所以 $A = \alpha I$. 再由 $A \in \mathcal{E}(\mathcal{H})$, 得 $0 \leqslant \alpha \leqslant 1$. 证毕.

文献 [115] 证明了

$$A \wedge B \text{ 存在 } \Longleftrightarrow (A \wedge P_{A,B}) \wedge (B \wedge P_{A,B}) \text{ 存在},$$

其中 $P_{A,B}$ 是 $R(A^{\frac{1}{2}}) \cap R(B^{\frac{1}{2}})$ 的闭包上的正交投影. 对广义下确界 $A \sqcap B$ 给出了一个类似的结论 [117].

定理 5.3.11 设 $A, B \in \mathcal{E}(\mathcal{H})$ 且满足下面三个条件:

(1) $A \sqcap P_{A,B} \in \mathcal{E}(\mathcal{H})$ 且 $B \sqcap P_{A,B} \in \mathcal{E}(\mathcal{H})$;

(2) $R(A \sqcap B) \subseteq R(A^{\frac{1}{2}}) \cap R(B^{\frac{1}{2}})$;

(3) $(A \wedge P_{A,B}) \sqcap (B \wedge P_{A,B}) \in \mathcal{E}(\mathcal{H})$,

则 $A \sqcap B \in \mathcal{E}(\mathcal{H})$ 并且有 $(A \sqcap P_{A,B}) \sqcap (B \sqcap P_{A,B}) = A \sqcap B$.

证明 由条件 (1) 和定理 5.3.9 可得 $AP_{A,B} = P_{A,B}A$, $BP_{A,B} = P_{A,B}B$, 因此

$$A = \begin{pmatrix} A_1 & 0 \\ 0 & A_2 \end{pmatrix} : R(P_{A,B}) \oplus R(P_{A,B})^{\perp} \to R(P_{A,B}) \oplus R(P_{A,B})^{\perp}$$

$$B = \begin{pmatrix} B_1 & 0 \\ 0 & B_2 \end{pmatrix} : R(P_{A,B}) \oplus R(P_{A,B})^{\perp} \to R(P_{A,B}) \oplus R(P_{A,B})^{\perp}.$$

易知

$$A \sqcap B = \begin{pmatrix} A_1 \sqcap B_1 & 0 \\ 0 & A_2 \sqcap B_2 \end{pmatrix} : R(P_{A,B}) \oplus R(P_{A,B})^{\perp} \to R(P_{A,B}) \oplus R(P_{A,B})^{\perp}.$$

由条件 (2) 知 $R(A_2 \sqcap B_2) = 0$, 因此 $A_2 \sqcap B_2 = 0$. 由引理 5.3.7 和引理 5.3.8 得

$$A \sqcap P_{A,B} = A \wedge P_{A,B} = \begin{pmatrix} A_1 & 0 \\ 0 & 0 \end{pmatrix} : R(P_{A,B}) \oplus R(P_{A,B})^{\perp} \to R(P_{A,B}) \oplus R(P_{A,B})^{\perp},$$

$$B \sqcap P_{A,B} = B \wedge P_{A,B} = \begin{pmatrix} B_1 & 0 \\ 0 & 0 \end{pmatrix} : R(P_{A,B}) \oplus R(P_{A,B})^{\perp} \to R(P_{A,B}) \oplus R(P_{A,B})^{\perp}.$$

再由条件 (3) 可得 $A \sqcap B \in \mathcal{E}(\mathcal{H})$ 与$(A \sqcap P_{A,B}) \sqcap (B \sqcap P_{A,B}) = A \sqcap B$. 证毕.

注 5.3.12 文献 [117] 已证明了 $A\sqcap B\in\mathcal{E}(\mathcal{H})$ 蕴涵定理 5.3.11 中的条件 (2) 和 (3). 但是, $A\sqcap B\in\mathcal{E}(\mathcal{H})$ 并不蕴涵定理 5.3.11 中的条件 (1). 下面给出反例.

例 5.3.13 设 $A,B\in\mathcal{E}(C^3)$ 有下面的矩阵形式

$$A=\begin{pmatrix}\frac{1}{4} & 0 & 0\\ 0 & \frac{1}{2} & \frac{1}{4}\\ 0 & \frac{1}{4} & \frac{1}{2}\end{pmatrix}\quad 与\quad B=\begin{pmatrix}\frac{1}{4} & 0 & 0\\ 0 & \frac{1}{4} & 0\\ 0 & 0 & 0\end{pmatrix},$$

则 $A\geqslant B$, 故

$$A\sqcap B=B\in\mathcal{E}(C^3).$$

显然, $P_{A,B}=\mathrm{diag}(1,1,0)$. 因为 $AP_{A,B}\neq P_{A,B}A$, 所以 $A\sqcap P_{A,B}\notin\mathcal{E}(C^3)$.

注 5.3.14 在定理 5.3.11 中, 三个条件是相互独立的. 下面给出具体的两个例子. 例 5.3.13 已经表明条件 (2) 和 (3) 并不蕴涵条件 (1).

例 5.3.15 设 $A,B\in\mathcal{E}(C^2)$, 且

$$A=\begin{pmatrix}1 & 0\\ 0 & 0\end{pmatrix}\quad 与\quad B=\begin{pmatrix}\frac{1}{2} & \frac{1}{2}\\ \frac{1}{2} & \frac{1}{2}\end{pmatrix},$$

则 $R(A^{\frac{1}{2}})\cap R(B^{\frac{1}{2}})=\{0\}$, 故 $P_{A,B}=0$. 显然, 条件 (1) 和 (3) 成立. 因为 $AB\neq 0$, 由引理 5.3.2(b), 得 $A\sqcap B\neq 0$, 所以 $R(A\sqcap B)\not\subseteq R(A^{\frac{1}{2}})\cap R(B^{\frac{1}{2}})$.

例 5.3.16 设 $A,B\in\mathcal{E}(C^2)$, 且

$$A=\begin{pmatrix}\frac{1}{2} & \frac{1}{8}\\ \frac{1}{8} & \frac{1}{4}+\varepsilon\end{pmatrix},\quad B=\begin{pmatrix}\frac{1}{2} & 0\\ 0 & \varepsilon\end{pmatrix},$$

其中 $0<\varepsilon<\dfrac{3-2\sqrt{2}}{16\sqrt{2}}$. 则 $P_{A,B}=I$. 因此, 定理 5.3.11 条件 (1) 和 (2) 成立. 直接计算得

$$|A-B|=\begin{pmatrix}\frac{1}{8\sqrt{2}} & \frac{1}{8\sqrt{2}}\\ \frac{1}{8\sqrt{2}} & \frac{3}{8\sqrt{2}}\end{pmatrix}\quad 与\quad A+B=\begin{pmatrix}1 & \frac{1}{8}\\ \frac{1}{8} & \frac{1}{4}+2\varepsilon\end{pmatrix}$$

成立. 又

$$\frac{3}{8\sqrt{2}}-\frac{1}{4}-2\varepsilon>0\Longrightarrow A+B\not\geqslant|A-B|,$$

故

$$(A\wedge P_{A,B})\sqcap(B\wedge P_{A,B})=A\sqcap B\notin\mathcal{E}(\mathcal{H}).$$

命题 5.3.17　设 $A,B\in\mathcal{E}(H)$, 且 $AB=BA$, 则有 $A\sqcap P_{A,B}\in\mathcal{E}(\mathcal{H})$ 与 $B\sqcap P_{A,B}\in\mathcal{E}(\mathcal{H})$ 成立.

证明　因为 $AB=BA$ 且 $A\in\mathcal{E}(H)$, 所以

$$A=\begin{pmatrix}A_1 & 0\\ 0 & A_2\end{pmatrix}:\overline{R(B)}\oplus R(B)^{\perp}\to\overline{R(B)}\oplus R(B)^{\perp},$$

则 $AP_{\overline{R(B)}}=P_{\overline{R(B)}}A$, 其中 $P_{\mathcal{M}}$ 是子空间 $\mathcal{M}$ 上的正交投影. 因此

$$P_{\overline{R(B)}}P_{\overline{R(A)}}=P_{\overline{R(A)}}P_{\overline{R(B)}}\Longrightarrow P_{\overline{R(B)}}P_{\overline{R(A)}}\in P(\mathcal{H}),$$

故有 $P_{\overline{R(B)}\cap\overline{R(A)}}=P_{\overline{R(B)}}P_{\overline{R(A)}}$. 显然

$$\overline{R(A^{\frac{1}{2}})\cap R(B^{\frac{1}{2}})}\subseteq\overline{R(A^{\frac{1}{2}})}\cap\overline{R(B^{\frac{1}{2}})}=\overline{R(A)}\cap\overline{R(B)}$$

且

$$\overline{R(A^{\frac{1}{2}})\cap R(B^{\frac{1}{2}})}^{\perp}=N(A)\vee N(B)=(\overline{R(A)}\cap\overline{R(B)})^{\perp},$$

其中 $\mathcal{M}\vee\mathcal{N}$ 表示 $\mathcal{M}$ 和 $\mathcal{N}$ 的闭线性张成空间. 因此

$$\overline{R(A^{\frac{1}{2}})\cap R(B^{\frac{1}{2}})}=\overline{R(A)}\cap\overline{R(B)},$$

因此

$$P_{\overline{R(A)}}P_{\overline{R(B)}}=P_{A,B}.$$

因此

$$AP_{A,B}=AP_{\overline{R(A)}}P_{\overline{R(B)}}=P_{\overline{R(A)}}AP_{\overline{R(B)}}=P_{\overline{R(A)}}P_{\overline{R(B)}}A=P_{A,B}A,$$

再由定理 5.3.9, 得 $A\sqcap P_{A,B}\in\mathcal{E}(\mathcal{H})$. 同理, 可得 $B\sqcap P_{A,B}\in\mathcal{E}(\mathcal{H})$. 证毕.

5.4　量子效应的序贯积

设 $\mathcal{A}$ 是有单位元的 C^* 代数且单位元为 e. 同时, 设

$$\mathcal{E}(\mathcal{A})=\{a\in\mathcal{A}:0\leqslant a\leqslant e\},\quad P(\mathcal{A})=\{p\in\mathcal{E}(\mathcal{A}):p^2=p\}.$$

对 $A,B\in\mathcal{E}(\mathcal{H})$, 定义 $A\circ B=A^{\frac{1}{2}}BA^{\frac{1}{2}}$, 并称它为 A 和 B 的序贯积. 序贯积的性质在文献 [118]~[121] 中被详细研究.

下面通过 C^* 代数及谱技巧, 给出文献 [119] 中定理 2.3 和推论 2.2 的新的证明方法.

定理 5.4.1 设 $a, b \in \mathcal{E}(\mathcal{A})$, 且 $a^{\frac{1}{2}}ba^{\frac{1}{2}} \in \mathcal{P}(\mathcal{A})$, 则 $ab = ba$.

证明 令 $p = a^{\frac{1}{2}}ba^{\frac{1}{2}}$, 则有 $p \leqslant a \leqslant e$, 从而 $p \leqslant pap \leqslant p$, 故有 $p = pap$. 又由于 $pa = pap + pa(e-p)$ 与 $ap = pap + (e-p)ap$, 则

$$p \geqslant pa^2p = [pap + pa(e-p)][pap + (e-p)ap] = p + pa(e-p)ap,$$

由此得出 $pa(e-p)ap = 0$, 故, $pa(e-p) = 0$. 因此

$$pa = ap = pap = p \Longrightarrow pa^{\frac{1}{2}} = a^{\frac{1}{2}}p,$$

故有 $pa^{\frac{1}{2}} \geqslant 0$. 因为

$$(pa^{\frac{1}{2}})^2 = pa^{\frac{1}{2}}pa^{\frac{1}{2}} = pa = p,$$

所以由正平方根的唯一性, 可以得到 $pa^{\frac{1}{2}} = p$.

又由 $a^{\frac{1}{2}}ba^{\frac{1}{2}} \in P(\mathcal{A})$ 可以得到

$$\sigma(b^{\frac{1}{2}}ab^{\frac{1}{2}}) \setminus \{0\} = \sigma(ab) \setminus \{0\} = \sigma(a^{\frac{1}{2}}ba^{\frac{1}{2}}) \setminus \{0\} \subseteq \{1\},$$

因此, $b^{\frac{1}{2}}ab^{\frac{1}{2}} \in P(\mathcal{A})$.

因为

$$pa^{\frac{1}{2}}ba^{\frac{1}{2}} = a^{\frac{1}{2}}ba^{\frac{1}{2}} = p,$$

则

$$a^{\frac{1}{2}}a^{\frac{1}{2}}ba^{\frac{1}{2}}ba^{\frac{1}{2}} = a^{\frac{1}{2}}pba^{\frac{1}{2}} = pa^{\frac{1}{2}}ba^{\frac{1}{2}} = p,$$

所以 $abp = p$, 故有 $pabp = p$. 又由于 $pa = p$, 则有 $pbp = p$. 再次应用上面的证明方法, 得到 $pb^{\frac{1}{2}} = b^{\frac{1}{2}}p = p$.

显然有

$$a^{\frac{1}{2}}ba^{\frac{1}{2}}a^{\frac{1}{2}}ba^{\frac{1}{2}} = a^{\frac{1}{2}}ba^{\frac{1}{2}} \Longrightarrow a^{\frac{1}{2}}b^{\frac{1}{2}}(e - b^{\frac{1}{2}}ab^{\frac{1}{2}})b^{\frac{1}{2}}a^{\frac{1}{2}} = 0,$$

则 $a^{\frac{1}{2}}b^{\frac{1}{2}}(e - b^{\frac{1}{2}}ab^{\frac{1}{2}}) = 0$. 因此 $a^{\frac{1}{2}}b^{\frac{1}{2}} = a^{\frac{1}{2}}bab^{\frac{1}{2}} = pa^{\frac{1}{2}}b^{\frac{1}{2}} = p$. 因此, $a^{\frac{1}{2}}b^{\frac{1}{2}} = b^{\frac{1}{2}}a^{\frac{1}{2}}$, 故 $ab = ba$. 证毕.

定理 5.4.2 设 $a, b \in \mathcal{E}(\mathcal{A})$, 则 $a \circ b = b \circ a$ 当且仅当 $ab = ba$.

证明 必要性. 如果 $a \circ b = b \circ a$, 那么

$$a^{\frac{1}{2}}ba^{\frac{1}{2}} = b^{\frac{1}{2}}ab^{\frac{1}{2}} \Longrightarrow (a^{\frac{1}{2}}b^{\frac{1}{2}})(b^{\frac{1}{2}}a^{\frac{1}{2}}) = (b^{\frac{1}{2}}a^{\frac{1}{2}})(a^{\frac{1}{2}}b^{\frac{1}{2}}),$$

则 $a^{\frac{1}{2}}b^{\frac{1}{2}}$ 是正规元. 由引理 1.2.4 得

$$\sigma(a^{\frac{1}{2}}b^{\frac{1}{2}}) \setminus \{0\} = \sigma(a^{\frac{1}{4}}b^{\frac{1}{2}}a^{\frac{1}{4}}) \setminus \{0\} \subseteq (0, +\infty).$$

由文献 [4] 得 $a^{\frac{1}{2}}b^{\frac{1}{2}} \geqslant 0$, 则

$$a^{\frac{1}{2}}b^{\frac{1}{2}} = b^{\frac{1}{2}}a^{\frac{1}{2}} \Longrightarrow ab = ba.$$

充分性显然. 证毕.

文献 [119, 120] 中给出了如果 $A, B \in \mathcal{E}(\mathcal{H})$, 那么 $A \circ B \geqslant B$ 当且仅当 $AB = BA = B$. 但是, $A \circ B \leqslant B$ 却不能得到 $AB = BA$[120].

定理 5.4.3　设 $A, B \in \mathcal{E}(\mathcal{H})$, 如果 A 或 $B \in P(\mathcal{H})$, 那么 $A \circ B \leqslant B$ 当且仅当 $AB = BA$.

证明　首先假设 $A \in P(\mathcal{H})$, 则

$$A = \begin{pmatrix} I_1 & 0 \\ 0 & 0 \end{pmatrix} : N(A)^{\perp} \oplus N(A) \to N(A)^{\perp} \oplus N(A).$$

设

$$B = \begin{pmatrix} B_{11} & B_{12} \\ B_{21} & B_{22} \end{pmatrix} : N(A)^{\perp} \oplus N(A) \to N(A)^{\perp} \oplus N(A),$$

其中 $B_{11} \geqslant 0, B_{22} \geqslant 0$ 且 $B_{12} = B_{21}^*$. 容易计算

$$A \circ B = \begin{pmatrix} B_{11} & 0 \\ 0 & 0 \end{pmatrix} : N(A)^{\perp} \oplus N(A) \to N(A)^{\perp} \oplus N(A).$$

如果 $A \circ B \leqslant B$, 那么

$$B - A \circ B = \begin{pmatrix} 0 & B_{12} \\ B_{21} & B_{22} \end{pmatrix} \geqslant 0.$$

因此 $B_{12} = 0$ 和 $B_{21} = 0$ 成立, 故 $AB = BA$. 显然, $AB = BA$ 蕴涵 $A \circ B \leqslant B$.

下面设 $B \in P(\mathcal{H})$. 则

$$B = \begin{pmatrix} I_1 & 0 \\ 0 & 0 \end{pmatrix} : N(B)^{\perp} \oplus N(B) \to N(B)^{\perp} \oplus N(B).$$

设

$$A^{\frac{1}{2}} = \begin{pmatrix} A_{11} & A_{12} \\ A_{21} & A_{22} \end{pmatrix} : N(B)^{\perp} \oplus N(B) \to N(B)^{\perp} \oplus N(B),$$

其中 $A_{11}\geqslant 0$, $A_{22}\geqslant 0$ 且 $A_{12}=A_{21}^*$. 容易计算

$$A\circ B=\begin{pmatrix} A_{11}^2 & A_{11}A_{12}\\ A_{12}^*A_{11} & A_{12}^*A_{12}\end{pmatrix}:N(B)^\perp\oplus N(B)\to N(B)^\perp\oplus N(B).$$

如果 $A\circ B\leqslant B$, 那么

$$B-A\circ B=\begin{pmatrix} I_1-A_{11}^2 & -A_{11}A_{12}\\ -A_{12}^*A_{11} & -A_{12}^*A_{12}\end{pmatrix}\geqslant 0.$$

由引理 1.2.5 得 $-A_{12}^*A_{12}=0$, 因此 $A_{12}=0$, 故有 $AB=BA$. 显然, 由 $AB=BA$, 可得 $A\circ B\leqslant B$. 证毕.

文献 [120] 如果 $f:\mathcal{H}\to\mathbb{C}$, T 是 $\mathcal{H}$ 上的一个非零有界线性算子且 $Mx=f(x)Tx$ 是线性的, 那么 $f(x)=f(y)$ 对任意的 $x,y\neq 0$ 均成立. 这个命题是错误的, 下面给出反例.

例 5.4.4 设 $\mathcal{H}=\mathbb{C}^2$ 且 e_1,e_2 是 $\mathcal{H}$ 的正交基. 定义算子 $T\in B(\mathcal{H})$ 满足 $Te_1=e_1$ 和 $Te_2=0$. 定义 $f:\mathcal{H}\to\mathbb{C}$ 满足

$$f(x)=\begin{cases}-1, & x=\alpha e_2 \text{ 且 } \alpha\neq 0,\\ 1, & \text{否则}.\end{cases}$$

设 $Mx=f(x)Tx$, 可以证明 M 是 $\mathcal{H}$ 上的线性算子. 设 $x\in\mathbb{C}^2$ 且 $x=\alpha_1e_1+\beta_1e_2$, 其中 $\alpha_1,\beta_1\in\mathbb{C}$. 则

$$Mx=f(\alpha_1e_1+\beta_1e_2)T(\alpha_1e_1+\beta_1e_2)=f(\alpha_1e_1+\beta_1e_2)\alpha_1e_1.$$

下面分两种情形验证.

情形 1 如果 $\alpha_1=0$, 那么 $Mx=0=\alpha_1Me_1$.

情形 2 如果 $\alpha_1\neq 0$, 那么 $Mx=f(\alpha_1e_1+\beta_1e_2)\alpha_1e_1=\alpha_1Me_1$. 因此, $Mx=\alpha_1e_1$.

设 $\alpha\in\mathbb{C}$, 则

$$\begin{aligned}M(\alpha x)=M(\alpha\alpha_1e_1+\alpha\beta_1e_2)&=\alpha\alpha_1e_1\\&=\alpha M(\alpha_1e_1+\beta_1e_2)\\&=\alpha Mx.\end{aligned}$$

如果 $y\in\mathbb{C}^2$ 且 $y=\alpha_2e_1+\beta_2e_2$, 其中 $\alpha_2,\beta_2\in\mathbb{C}$. 则由上面的证明, 得 $My=\alpha_2e_1$. 因此

$$\begin{aligned}Mx+My=\alpha_1e_1+\alpha_2e_1&=(\alpha_1+\alpha_2)e_1\\&=M((\alpha_1+\alpha_2)e_1+(\beta_1+\beta_2)e_2)\\&=M(x+y),\end{aligned}$$

故 M 是 $\mathcal{H}$ 上的一个线性算子. 但是, $f(e_1) \neq f(e_2)$.

我们指出: [120] 中引理 3.1 (b) 可以修改为下面的引理.

引理 5.4.5　设 $f:\mathcal{H}\to\mathbb{C}$ 的映射, T 是 $\mathcal{H}$ 上的非零有界线性算子且 $Mx = f(x)Tx$ 是线性的, 则 $f(x)=f(y)$ 对任意的 $x,y\notin N(T)$ 都成立.

证明　设 $x,y\notin N(T)$, 则 $Tx\neq 0$ 且 $Ty\neq 0$. 容易看出

$$f(x+y)Tx+f(x+y)Ty=M(x+y)=Mx+My=f(x)Tx+f(y)Ty.$$

情形 1　若 Tx 和 Ty 是线性无关的, 则 $f(x)=f(y)$.

情形 2　若 Tx 和 Ty 是线性相关的, 则 $Ty=\alpha Tx, (\alpha\neq 0)$, 因此 $y-\alpha x\in N(T)$, 因此

$$\begin{aligned}0=M(y-\alpha x)&=My-\alpha Mx\\&=f(y)Ty-\alpha f(x)Tx\\&=(f(y)-f(x))Ty.\end{aligned}$$

故 $f(x)=f(y)$. 证毕.

文献 [120] 的证明需要引理 3.1 (2) 的结论. 由于引理 3.1 (2) 是错误的, 故 [120, 定理 3.2] 也需要修改. 但, 定理 3.2 结论是正确的, 只需要将其证明修改.

定理 5.4.6　设 $A,B\in\mathcal{E}(\mathcal{H})$, 则 $A\circ(B\circ C)=(A\circ B)\circ C$ 对任意的 $C\in\mathcal{E}(\mathcal{H})$ 均成立当且仅当 $AB=BA$.

证明　若 $AB=BA$, 则显然有 $A\circ(B\circ C)=(A\circ B)\circ C$ 对所有的 $C\in\mathcal{E}(\mathcal{H})$ 均成立.

必要性. 由 [120] 中定理 3.2 必要性的证明, 得

$$B^{\frac{1}{2}}A^{\frac{1}{2}}x=f(x)(A^{\frac{1}{2}}BA^{\frac{1}{2}})^{\frac{1}{2}}x,$$

对任意的 $x\in\mathcal{H}$ 均成立, 其中 $f:\mathcal{H}\to\mathbb{C}$ 满足 $|f(x)|=1$, 故当 $x\in N(B^{\frac{1}{2}}A^{\frac{1}{2}})^{\perp}$ 时有

$$B^{\frac{1}{2}}A^{\frac{1}{2}}x=f(x)(A^{\frac{1}{2}}BA^{\frac{1}{2}})^{\frac{1}{2}}x.$$

显然有

$$N(B^{\frac{1}{2}}A^{\frac{1}{2}})^{\perp}=N(A^{\frac{1}{2}}BA^{\frac{1}{2}})^{\perp}\ \text{与}\ R(B^{\frac{1}{2}}A^{\frac{1}{2}})=R(A^{\frac{1}{2}}BA^{\frac{1}{2}})\subseteq N(B^{\frac{1}{2}}A^{\frac{1}{2}})^{\perp}.$$

因此

$$B^{\frac{1}{2}}A^{\frac{1}{2}}=\begin{pmatrix}0&0\\0&(B^{\frac{1}{2}}A^{\frac{1}{2}})_1\end{pmatrix}:N(B^{\frac{1}{2}}A^{\frac{1}{2}})\oplus N(B^{\frac{1}{2}}A^{\frac{1}{2}})^{\perp}\to N(B^{\frac{1}{2}}A^{\frac{1}{2}})\oplus N(B^{\frac{1}{2}}A^{\frac{1}{2}})^{\perp}.$$

显然

$$(A^{\frac{1}{2}}BA^{\frac{1}{2}})^{\frac{1}{2}} = \begin{pmatrix} 0 & 0 \\ 0 & ((A^{\frac{1}{2}}BA^{\frac{1}{2}})^{\frac{1}{2}})_1 \end{pmatrix} : N(B^{\frac{1}{2}}A^{\frac{1}{2}}) \oplus N(B^{\frac{1}{2}}A^{\frac{1}{2}})^{\perp}$$
$$\to N(B^{\frac{1}{2}}A^{\frac{1}{2}}) \oplus N(B^{\frac{1}{2}}A^{\frac{1}{2}})^{\perp},$$

其中 $((A^{\frac{1}{2}}BA^{\frac{1}{2}})^{\frac{1}{2}})_1 \in \mathcal{B}(N(B^{\frac{1}{2}}A^{\frac{1}{2}})^{\perp})$ 是单射. 将引理 5.4.5 应用于 $N(B^{\frac{1}{2}}A^{\frac{1}{2}})^{\perp}$ $(= \mathcal{H})$, 得 $f(x) = c$, 对每个非零向量 $x \in N(B^{\frac{1}{2}}A^{\frac{1}{2}})^{\perp}$ 均成立, 其中 $|c| = 1$. 因此 $(B^{\frac{1}{2}}A^{\frac{1}{2}})_1 = c((A^{\frac{1}{2}}BA^{\frac{1}{2}})^{\frac{1}{2}})_1$, 故 $B^{\frac{1}{2}}A^{\frac{1}{2}} = c(A^{\frac{1}{2}}BA^{\frac{1}{2}})^{\frac{1}{2}}$. 再由引理 1.2.4, 得

$$\sigma(B^{\frac{1}{2}}A^{\frac{1}{2}}) \setminus \{0\} = \sigma(B^{\frac{1}{4}}A^{\frac{1}{2}}B^{\frac{1}{4}}) \setminus \{0\} \subseteq (0, +\infty) \ \text{与}\ \sigma(A^{\frac{1}{2}}BA^{\frac{1}{2}}) \subseteq [0, +\infty).$$

情形 1 若 $\sigma[(A^{\frac{1}{2}}BA^{\frac{1}{2}})^{\frac{1}{2}}] = \{0\}$, 则有 $A^{\frac{1}{2}}BA^{\frac{1}{2}} = 0$, 因此

$$B^{\frac{1}{2}}A^{\frac{1}{2}} = A^{\frac{1}{2}}B^{\frac{1}{2}} = 0 \Longrightarrow AB = BA = 0.$$

情形 2 如果存在 $\lambda > 0$, 使得 $\lambda \in \sigma[(A^{\frac{1}{2}}BA^{\frac{1}{2}})^{\frac{1}{2}}]$, 那么

$$c\lambda \in \sigma(B^{\frac{1}{2}}A^{\frac{1}{2}}) \subseteq [0, +\infty),$$

故有 $c > 0$. 又由 $|c| = 1$ 得 $c = 1$, 所以 $B^{\frac{1}{2}}A^{\frac{1}{2}} = (A^{\frac{1}{2}}BA^{\frac{1}{2}})^{\frac{1}{2}}$. 故有

$$B^{\frac{1}{2}}A^{\frac{1}{2}} = A^{\frac{1}{2}}B^{\frac{1}{2}} \Longrightarrow AB = BA.$$

证毕.

注记 本章的主要研究内容已发表于文献 [117]、[126]、[127]. 文献 [125] 研究了在广义自伴代数中, 逻辑序的上下确界的表示性定理. 另外, 文献 [128]、[129] 研究了逻辑序下, 上下确界的新的表达式. 文献 [6] 研究了 $B(\mathcal{H})$ 上 * 序的上确界的存在和表示. 特别是, 文献 [7]、[8] 进一步研究了 $B(\mathcal{H})$ 上 * 序的确界问题, 延伸并拓广了文献 [6]、[127]、[129] 的主要结论.

第 6 章　算子矩阵的应用

6.1　迹类算子三角等式的刻画

Thompson 定理[133] 在矩阵上首先给出了: 绝对值等式 $|A+B|=|A|+|B|$ 成立的充要条件. Ando 和 Hayashi 在文献 [134] 中对 Thompson 定理[133] 进行了扩展, 得到定理: 设 $X,Y\in B(\mathcal{H})$, 则有

$$|X+Y|=|X|+|Y| \iff \text{存在部分等距 } U \text{ 使得} X=U|X|, Y=U|Y|.$$

下面的定理将给出迹类算子 $X,Y\in T(H)$ 和三角等式 $|X+Y|=|X|+|Y|$ 成立的另一等价条件. 在本章中, 用 A^+ 和 A^- 分别表示自伴算子 A 的正部向负部.

定理 6.1.1　设 $A,B\in C_1(\mathcal{H})$, $\theta\in[0,2\pi)$. 则以下几个命题等价:

(1) $|A+\mathrm{e}^{\sqrt{-1}\theta}B|=|A|+|B|$;

(2) $\|A+\mathrm{e}^{\sqrt{-1}\theta}B\|_1=\|A\|_1+\|B\|_1$;

(3) 存在部分等距 U 使得 $UA=|A|$, $\mathrm{e}^{\sqrt{-1}\theta}UB=|B|$.

证明　(1) $\Longrightarrow$ (2). 对 (1) 中等式两边同时作迹运算便可得到 (2).

(3) $\Longrightarrow$ (1). 容易验证, 若部分等距 U 使得 $UA=|A|$, $\mathrm{e}^{\sqrt{-1}\theta}UB=|B|$, 则

$$A=U^*UA=U^*|A|,\quad \mathrm{e}^{\sqrt{-1}\theta}B=\mathrm{e}^{\sqrt{-1}\theta}U^*UB=U^*|B|,$$

$$\begin{aligned}|A+\mathrm{e}^{\sqrt{-1}\theta}B|^2&=(A^*+\mathrm{e}^{-\sqrt{-1}\theta}B^*)(A+\mathrm{e}^{\sqrt{-1}\theta}B)\\&=A^*A+B^*B+\mathrm{e}^{-\sqrt{-1}\theta}B^*A+A^*\mathrm{e}^{\sqrt{-1}\theta}B\\&=A^*A+B^*B+|B|UU^*|A|+|A|UU^*|B|\\&=A^*A+B^*B+|B||A|+|A||B|\\&=(|A|+|B|)^2,\end{aligned}$$

由此可得 $|A+\mathrm{e}^{\sqrt{-1}\theta}B|=|A|+|B|$.

(2) $\Longrightarrow$ (3). 为了方便, 设 $B_1=\mathrm{e}^{\sqrt{-1}\theta}B$. 由极分解定理 1.2.19 可知, 存在初始空间为 $\overline{R(A^*+B_1^*)}$, 终空间为 $\overline{R(A+B_1)}$ 的部分等距 V, 使得 $A+B_1=V|A+B_1|$, 故 $V\mid_{\overline{R(A^*+B_1^*)}}$ 是一个从子空间 $\overline{R(A^*+B_1^*)}$ 到子空间 $\overline{R(A+B_1)}$ 上的酉算子. 因此, 由定义 1.2.17 和引理 1.2.18(3) 及等式

$$V^*(A+B_1)=|A+B_1|,$$

可得

$$\begin{aligned}0 \leqslant \operatorname{tr}(|A+B_1|) &= \sum_{i=1}^{\infty}\langle V^*(A+B_1)e_i, e_i\rangle \\ &= \left|\sum_{i=1}^{\infty}\langle V^*Ae_i, e_i\rangle + \sum_{i=1}^{\infty}\langle V^*B_1e_i, e_i\rangle\right| \\ &\leqslant \left|\sum_{i=1}^{\infty}\langle V^*Ae_i, e_i\rangle\right| + \left|\sum_{i=1}^{\infty}\langle V^*B_1e_i, e_i\rangle\right| \\ &\leqslant \sum_{i=1}^{\infty}|\langle V^*Ae_i, e_i\rangle| + \sum_{i=1}^{\infty}|\langle V^*B_1e_i, e_i\rangle| \\ &\leqslant \operatorname{tr}(|V^*A|) + \operatorname{tr}(|V^*B_1|) \\ &\leqslant \operatorname{tr}(|A|) + \operatorname{tr}(|B_1|),\end{aligned}$$

其中 $\{e_i\}_{i=1}^{\infty}$ 为空间 $\mathcal{H}$ 的一组正规正交基, 因为 $V^*V \leqslant I$, 所以

$$|V^*A| = (A^*VV^*A)^{\frac{1}{2}} \leqslant (A^*A)^{\frac{1}{2}} = |A|, \quad |V^*B_1| \leqslant |B_1|$$

成立. 因此, 等式 $\operatorname{tr}(|A+B_1|) = \operatorname{tr}(|A|) + \operatorname{tr}(|B_1|)$ 蕴涵

$$\operatorname{tr}(|V^*A|) = \operatorname{tr}(|A|), \quad \operatorname{tr}(|V^*B_1|) = \operatorname{tr}(|B_1|),$$

应用引理 1.2.19(2) 有

$$|V^*A| = |A|, \quad |V^*B_1| = |B_1|. \tag{6.1.1}$$

另外, 再由等式 $\operatorname{tr}(|A+B_1|) = \operatorname{tr}(|A|) + \operatorname{tr}(|B_1|)$, 还可得到

$$\left|\sum_{i=1}^{\infty}\langle V^*Ae_i, e_i\rangle\right| = \sum_{i=1}^{\infty}|\langle V^*Ae_i, e_i\rangle| = \operatorname{tr}(|V^*A|), \tag{6.1.2}$$

$$\left|\sum_{i=1}^{\infty}\langle V^*B_1e_i, e_i\rangle\right| = \sum_{i=1}^{\infty}|\langle V^*B_1e_i, e_i\rangle| = \operatorname{tr}(|V^*B_1|), \tag{6.1.3}$$

$$\left|\sum_{i=1}^{\infty}\langle V^*Ae_i, e_i\rangle + \sum_{i=1}^{\infty}\langle V^*B_1e_i, e_i\rangle\right| = \left|\sum_{i=1}^{\infty}\langle V^*Ae_i, e_i\rangle\right| + \left|\sum_{i=1}^{\infty}\langle V^*B_1e_i, e_i\rangle\right|. \tag{6.1.4}$$

对式 (6.1.2) 和式 (6.1.3) 运用 Cauchy-Schwarz 不等式, 则存在 θ_1 与 $\theta_2 \in [0, 2\pi)$, 使得

$$\langle V^*Ae_i, e_i\rangle = \mathrm{e}^{\sqrt{-1}\theta_1}|\langle V^*Ae_i, e_i\rangle| \quad 与 \quad \langle V^*B_1e_i, e_i\rangle = \mathrm{e}^{\sqrt{-1}\theta_2}|\langle V^*B_1e_i, e_i\rangle|,$$

对所有的 $i = 1, 2, \cdots$ 都成立. 现将以上两式代入式 (6.1.4), 便可得到 $\theta_1 = \theta_2$. 又由于

$$\sum_{i=1}^{\infty}\langle V^*(A+B_1)e_i, e_i\rangle \geqslant 0,$$

则 $\theta_1 = \theta_2 = 0$. 再由式 (6.1.2) 和式 (6.1.3), 有

$$\operatorname{tr}(V^*A) = \operatorname{tr}(|V^*A|), \quad \operatorname{tr}(V^*B_1) = \operatorname{tr}(|V^*B_1|).$$

根据引理 1.2.18(4), 则有

$$V^*A = |V^*A| = |A|, \quad V^*B_1 = |V^*B_1| = |B_1|.$$

最后, 令 $U = V^*$ 便可得到结论 (3). 证毕.

下面的结论与著名的 Clarkson 不等式相关 [135].

$$\|A+B\|_p^p + \|A-B\|_p^p \leqslant 2(\|A\|_p^p + \|B\|_p^p), \quad 1 \leqslant p < 2.$$

等式成立的等价条件为 $AB^* = 0$ 且 $B^*A = 0$. 推论中 (2) $\Longleftrightarrow$ (4) 在文献 [136] 中已证明, 下面给出另一证明方法.

推论 6.1.2 设 $A, B \in C_1(\mathcal{H})$, 则下面命题等价:

(1) $|A-B| = |A+B| = |A| + |B|$;

(2) $\|A+B\|_1 = \|A-B\|_1 = \|A\|_1 + \|B\|_1$;

(3) $\overline{R(B)} \perp \overline{R(A)}$, $\overline{R(B^*)} \perp \overline{R(A^*)}$;

(4) $A^*B = 0$, $BA^* = 0$;

(5) $|A^* - B^*| = |A^* + B^*| = |A^*| + |B^*|$.

证明 由定理 6.1.1 可知, (1) $\Longleftrightarrow$ (2) $\Longleftrightarrow$ (5). 容易验证: (3) $\Longleftrightarrow$ (4) $\Longrightarrow$ (1). 因此, 只需要证明 (1) $\Longrightarrow$ (3).

由 (1) 可得

$$(A^*+B^*)(A+B) = (A^*-B^*)(A-B) = |A|^2 + |B|^2 + |A||B| + |B||A|,$$

化简后有

$$A^*B + B^*A = -(A^*B + B^*A) = |A||B| + |B||A|.$$

故有 $|A||B| + |B||A| = 0$, 则

$$0 = \operatorname{tr}(|A||B| + |B||A|) = 2\operatorname{tr}(|A||B|).$$

由于 $|B| = |B|^{\frac{1}{2}}|B|^{\frac{1}{2}}$, 则由引理 1.2.18(1), 可得

$$\operatorname{tr}(|B|^{\frac{1}{2}}|A||B|^{\frac{1}{2}}) = \operatorname{tr}[(|A|^{\frac{1}{2}}|B|^{\frac{1}{2}})^*(|A|^{\frac{1}{2}}|B|^{\frac{1}{2}})] = \operatorname{tr}(|A||B|) = 0,$$

因此 $|A|^{\frac{1}{2}}|B|^{\frac{1}{2}}=0$, 进一步可得 $|A||B|=0$, 该等式说明

$$\overline{R(B^*)}\subseteq N(|A|)=N(A)=\overline{R(A^*)}^{\perp}.$$

因为 (2) 等价于

$$\|A^*+B^*\|_1=\|A^*-B^*\|_1=\|A^*\|_1+\|B^*\|_1,$$

而 (1) $\Longleftrightarrow$ (2), 故由 (1) 有

$$|A^*+B^*|=|A^*-B^*|=|A^*|+|B^*|,$$

类似于上面的证法, 可得 $\overline{R(B)}\subseteq\overline{R(A)}^{\perp}$. 证毕.

下面的定理与 F. Kittanch 在文献 [137,138] 中所研究的内容相关: 若 $\{E_i\}$ 为一族正交投影, 满足 $E_iE_j=0$, 则 $\|A\|_p^p\geqslant\sum_{i=1}\|E_iAE_i\|_p^p$, 且对于 $p>1$, 等式成立当且仅当 $A=\sum_{i=1}E_iAE_i$. 下面应用算子矩阵分块的技巧, 对 $p=1$ 时的不等式给出简单的证明, 并给出等式 $\|A\|_1=\sum_{i=1}\|E_iAE_i\|_1$ 的充要条件.

定理 6.1.3 设 $A\in C_1(\mathcal{H}\oplus\mathcal{K})$ 具有算子矩阵形式

$$A=\begin{pmatrix}A_{11}&A_{12}\\A_{21}&A_{22}\end{pmatrix}:\mathcal{H}\oplus\mathcal{K}.\tag{6.1.5}$$

则 (1) $\|A_{11}\|_1+\|A_{22}\|_1\leqslant\|A\|_1$.

(2) 下面几个命题等价:

(i) $\|A_{11}\|_1+\|A_{22}\|_1=\|A\|_1$;

(ii) $|A|=\begin{pmatrix}|A_{11}|&UA_{12}\\VA_{21}&|A_{22}|\end{pmatrix}$, U 和 V 均为部分等距, 使得 $|A_{11}|=UA_{11}$, $|A_{22}|=VA_{22}$;

(iii) $\begin{pmatrix}|A_{11}|&UA_{12}\\VA_{21}&|A_{22}|\end{pmatrix}\geqslant 0$, $U^*UA_{12}=A_{12}$, $V^*VA_{21}=A_{21}$, 其中 U 和 V 均与 (b) 中相同.

(3) 若 $A_{11}\geqslant 0$, $A_{22}\leqslant 0$, 则 $\|A_{11}\|_1+\|A_{22}\|_1=\|A\|_1$ 等价于

$$\begin{pmatrix}A_{11}&A_{12}\\-A_{21}&-A_{22}\end{pmatrix}\geqslant 0.$$

证明 由极分解定理 1.2.19, 设 U 和 V 均为部分等距, 使得

$$|A_{11}|=UA_{11},\quad |A_{22}|=VA_{22}.$$

定义算子 $B \in B(\mathcal{H} \oplus \mathcal{K})$ 为

$$B = \begin{pmatrix} |A_{11}| & UA_{12} \\ VA_{21} & |A_{22}| \end{pmatrix} : \mathcal{H} \oplus \mathcal{K}. \tag{6.1.6}$$

(1) 直接计算可得 $A_{11}^* = |A_{11}|U, A_{22}^* = |A_{22}|V$. 容易验证

$$B^*B = \begin{pmatrix} |A_{11}|^2 + A_{21}^*V^*VA_{21} & |A_{11}|UA_{12} + A_{21}^*V^*|A_{22}| \\ A_{12}^*U^*|A_{11}| + |A_{22}|VA_{21} & |A_{22}|^2 + A_{12}^*U^*UA_{12} \end{pmatrix} \leqslant A^*A, \tag{6.1.7}$$

因为 U 和 V 均为部分等距, 则 $U^*U \leqslant I$, $V^*V \leqslant I$, 所以 $B^*B \leqslant A^*A$ 与 $|B| \leqslant |A|$ 成立.

又由引理 1.2.18 (3) 有

$$\|A_{11}\|_1 + \|A_{22}\|_1 = \operatorname{tr}(B) = |\operatorname{tr}(B)| \leqslant \operatorname{tr}(|B|) \leqslant \operatorname{tr}(|A|) = \|A\|_1.$$

(2) (i) $\Longleftrightarrow$ (ii). 由上面证明可知

$$\|A_{11}\|_1 + \|A_{22}\|_1 = \|A\|_1 \Longleftrightarrow \operatorname{tr}(B) = \operatorname{tr}(|B|) = \operatorname{tr}(|A|).$$

再由引理 1.2.18 有

$$|A| = B \Longleftrightarrow \operatorname{tr}(B) = \operatorname{tr}(|B|) = \operatorname{tr}(|A|).$$

(ii) $\Longrightarrow$ (iii). 若 (ii) 成立, 则有

$$B = \begin{pmatrix} |A_{11}| & UA_{12} \\ VA_{21} & |A_{22}| \end{pmatrix} = |A| \geqslant 0,$$

因此 $B^*B = A^*A$. 由 (1) 的证明可知 $B^*B = A^*A$ 当且仅当

$$A_{21}^*(I - V^*V)A_{21} = [(I - V^*V)^{\frac{1}{2}}A_{21}]^*[(I - V^*V)^{\frac{1}{2}}A_{21}] = 0,$$

$$A_{12}^*(I - V^*V)A_{12} = [(I - U^*U)^{\frac{1}{2}}A_{12}]^*[(I - U^*U)^{\frac{1}{2}}A_{12}] = 0.$$

因此 $(I - V^*V)A_{21} = 0$ 与 $(I - U^*U)A_{12} = 0$ 成立, 故有 $V^*VA_{21} = A_{21}$ 与 $U^*UA_{12} = A_{12}$ 成立.

(iii) $\Longrightarrow$ (ii). 由 (iii) 容易验证 $0 \leqslant B = \operatorname{diag}(U, V)A$ 与 $A = \operatorname{diag}(U^*, V^*)B$ 成立. 因此, $A^*A = B^2$, 故有 $|A| = B$.

(3) 是 (2) 的直接推论. 证毕.

注 6.1.4　类似地, 可以得到命题 6.1.3 对于下面 $n \times n$ 的算子矩阵也是成立的.

设 $T\in C_1(\oplus_{i=1}^n\mathcal{H}_i)$，且 T 具有算子矩阵形式 $T=(T_{ij})_{n\times n}:\oplus_{i=1}^n\mathcal{H}_i$, 则 $\sum_{i=1}^n\|T_{ii}\|_1=\|T\|_1$ 当且仅当

$$|T|=\begin{pmatrix}|T_{11}| & U_1T_{12} & \cdots & U_1T_{1n}\\ U_2T_{21} & |T_{22}| & \cdots & U_2A_{2n}\\ \vdots & \vdots & & \vdots\\ U_nT_{n1} & U_nT_{n2} & \cdots & |T_{nn}|\end{pmatrix}=\mathrm{diag}(U_1,U_2,\cdots,U_n)(T_{ij})_{n\times n},$$

其中 $U_i\ (i=1,2,\cdots,n)$ 为部分等距, 并且有 $|T_{ii}|=U_iT_{ii}$.

下面给出本节的另一个主要结论.

定理 6.1.5 设 $A\in C_1(\mathcal{H})$. 则以下几个命题等价:

(1) $\|A\|_1+\|A^*\|_1=\|A+A^*\|_1$;

(2) $|A+A^*|=|A|+|A^*|$;

(3) 存在 $\mathcal{H}$ 的闭子空间 $\mathcal{N}$ 使得 $P_{\mathcal{N}}AP_{\mathcal{N}}\geqslant 0$, $P_{\mathcal{N}^\perp}AP_{\mathcal{N}^\perp}\leqslant 0$, 同时 $\mathrm{tr}(|A|)=\mathrm{tr}(P_{\mathcal{N}}AP_{\mathcal{N}})-\mathrm{tr}(P_{\mathcal{N}^\perp}AP_{\mathcal{N}^\perp})$;

(4) 存在 $\mathcal{H}$ 的闭子空间 $\mathcal{N}$ 使得 $P_{\mathcal{N}}AP_{\mathcal{N}}\geqslant 0$, $P_{\mathcal{N}^\perp}AP_{\mathcal{N}^\perp}\leqslant 0$, 同时 $P_{\mathcal{N}}(A+A^*)=(A+A^*)P_{\mathcal{N}}$.

证明 (1) $\Longleftrightarrow$ (2). 由定理 6.1.1 可得.

(1) $\Longrightarrow$ (3). 由定理 6.1.1, 存在满足 $N(U^*)=N(A+A^*)$ 的部分等距 U, 使得

$$UA=|A|\ ,\ UA^*=|A^*|\ 且\ U(A+A^*)=|A+A^*|.$$

由此可得

$$\overline{R(A^*)}=\overline{R(|A|)}\subseteq\overline{R(U)}=R(U)\quad 且\ \overline{R(A)}=\overline{R(|A^*|)}\subseteq\overline{R(U)}.\tag{6.1.8}$$

又由 $N(U^*)=N(A+A^*)$, 有

$$R(U)=\overline{R(A+A^*)}\subseteq\overline{R(A^*)\vee R(A)}.\tag{6.1.9}$$

结合式 (6.1.8) 和式 (6.1.9) 可得

$$R(U^*)=R(U)=\overline{R(A+A^*)}=\overline{R(A^*)\vee R(A)}.\tag{6.1.10}$$

因此

$$A=U^*UA=U^*|A|,\quad A^*=U^*UA^*=U^*|A^*|.\tag{6.1.11}$$

在 $\mathcal{H}=\overline{R(A+A^*)}\oplus\overline{R(A+A^*)}^\perp$ 的分解下, 由式 (6.1.10) 得到

$$A=\mathrm{diag}(A_1,0),\quad U=\mathrm{diag}(U_1,0),\tag{6.1.12}$$

其中 U_1 是子空间 $\overline{R(A+A^*)}$ 上的酉算子. 直接计算可得

$$|A|^2A^* = A^*AA^* = A^*|A^*|^2.$$

因此 $|A|A^* = A^*|A^*|$. 再由式 (6.1.11) 和式 (6.1.12) 有

$$U_1A_1A_1^*U_1 = |A_1|A_1^*U_1 = A_1^*|A_1^*|U_1 = A_1^*(A_1U_1^*)U_1 = A_1^*A_1, \tag{6.1.13}$$

进而有

$$\mathrm{tr}(U_1^2A_1A_1^*) = \mathrm{tr}(U_1A_1A_1^*U_1) = \mathrm{tr}(A_1^*A_1) = \mathrm{tr}(A_1A_1^*). \tag{6.1.14}$$

又由于算子 $U_1A_1A_1^*U_1 \geqslant 0$, 则

$$\mathrm{tr}(U_1^2A_1A_1^*) = \mathrm{tr}(U_1A_1A_1^*U_1) \geqslant 0,$$

故

$$\mathrm{tr}(U_1^2A_1A_1^*) = |\mathrm{tr}(U_1^2A_1A_1^*)| \leqslant \mathrm{tr}(|U_1^2A_1A_1^*|) \leqslant \mathrm{tr}(A_1A_1^*). \tag{6.1.15}$$

因此由引理 1.2.18 可得

$$U_1^2A_1A_1^* = |U_1^2A_1A_1^*| = A_1A_1^*.$$

类似地, 由式 (6.1.11)~ 式 (6.1.13), 可得 $U_1A_1^*A_1U_1 = A_1A_1^*$. 再由与式 (6.1.13)~ 式 (6.1.15) 类似的证明方法, 有 $U_1^2A_1^*A_1 = |U_1^2A_1A_1^*| = A_1^*A_1$. 因此, $U_1^2 = I$, 而 U_1 又是酉算子, 故存在子空间 $\mathcal{N} \subseteq \overline{R(A+A^*)}$ 使得

$$U_1 = U_1^* = \mathrm{diag}(I, -I) : \mathcal{N} \oplus (\overline{R(A+A^*)} \ominus \mathcal{N}).$$

不妨设

$$A_1 = \begin{pmatrix} A_{11} & A_{12} \\ A_{21} & A_{22} \end{pmatrix} : \mathcal{N} \oplus (\overline{R(A+A^*)} \ominus \mathcal{N}),$$

则由式 $U_1A_1 = |A_1|$ 可知

$$|A_1| = U_1^*A_1 = \begin{pmatrix} A_{11} & A_{12} \\ -A_{21} & -A_{22} \end{pmatrix} \geqslant 0,$$

故由推论 6.1.3 及算子矩阵的正性可得

$$P_{\mathcal{N}}AP_{\mathcal{N}} = A_{11} \oplus 0 \geqslant 0, \quad P_{\mathcal{N}^\perp}AP_{\mathcal{N}^\perp} = 0 \oplus A_{22} \leqslant 0,$$

且

$$\mathrm{tr}(|A|) = \mathrm{tr}(|A_1|) = \mathrm{tr}(A_{11}) - \mathrm{tr}(A_{22}) = \mathrm{tr}(P_{\mathcal{N}}AP_{\mathcal{N}}) - \mathrm{tr}(P_{\mathcal{N}^\perp}AP_{\mathcal{N}^\perp}).$$

(3) $\Longrightarrow$ (4). 假设 A 在 $\mathcal{H}=\mathcal{N}\oplus\mathcal{N}^{\perp}$ 的分解下具有式 (6.1.5) 的矩阵形式. 由条件 (3) 及命题 6.1.3(3) 可得

$$0\leqslant B:=\begin{pmatrix} A_{11} & A_{12} \\ -A_{21} & -A_{22} \end{pmatrix}:\mathcal{N}\oplus\mathcal{N}^{\perp},$$

因此, 有

$$A_{11}\geqslant 0,\quad A_{12}=-A_{21}^{*}\quad 且\quad A_{22}\leqslant 0. \tag{6.1.16}$$

故 (4) 成立.

(4) $\Longrightarrow$ (2). 由 (4), 容易验证 $A^{*}A=B^{2}$, 则 $B=|A|$. 此时

$$|A+A^{*}|=\begin{pmatrix} 2A_{11} & 0 \\ 0 & -2A_{22} \end{pmatrix},\quad |A^{*}|=\begin{pmatrix} A_{11} & A_{21}^{*} \\ -A_{12}^{*} & -A_{22} \end{pmatrix},$$

显然, $|A+A^{*}|=|A|+|A^{*}|$. 证毕.

推论 6.1.6 设 $A\in C_1(\mathcal{H})$, $\theta\in[0,2\pi)$, 则 $\|A\|_1+\|A^{*}\|_1=\|A+\mathrm{e}^{\sqrt{-1}\theta}A^{*}\|_1$ 当且仅当存在闭子空间 $\mathcal{N}\subseteq\mathcal{H}$, 使得

$$P_{\mathcal{N}}\mathrm{e}^{-\sqrt{-1}\frac{\theta}{2}}AP_{\mathcal{N}}\geqslant 0,\quad P_{\mathcal{N}^{\perp}}\mathrm{e}^{-\sqrt{-1}\frac{\theta}{2}}AP_{\mathcal{N}^{\perp}}\leqslant 0,$$

且

$$\mathrm{tr}(|A|)=\mathrm{tr}(P_{\mathcal{N}}\mathrm{e}^{-\sqrt{-1}\frac{\theta}{2}}AP_{\mathcal{N}})-\mathrm{tr}(P_{\mathcal{N}^{\perp}}\mathrm{e}^{-\sqrt{-1}\frac{\theta}{2}}AP_{\mathcal{N}^{\perp}}).$$

特别地, (1) $\|A\|_1=\|\mathrm{Re}(A)\|_1$ 当且仅当算子 A 满足定理 6.1.5 的条件 (3); (2) $\|A\|_1=\|\mathrm{Im}(A)\|_1$ 当且仅当 $\sqrt{-1}A$ 满足定理 6.1.5 的条件 (3).

证明 由于

$$\begin{aligned} A+\mathrm{e}^{\sqrt{-1}\theta}A^{*}&=\mathrm{e}^{\sqrt{-1}\frac{\theta}{2}}(\mathrm{e}^{-\sqrt{-1}\frac{\theta}{2}}A+\mathrm{e}^{\sqrt{-1}\frac{\theta}{2}}A^{*})\\ &=\mathrm{e}^{\sqrt{-1}\frac{\theta}{2}}[\mathrm{e}^{-\sqrt{-1}\frac{\theta}{2}}A+(\mathrm{e}^{-\sqrt{-1}\frac{\theta}{2}}A)^{*}], \end{aligned}$$

则 $\|A\|_1+\|A^{*}\|_1=\|A+\mathrm{e}^{\sqrt{-1}\theta}A^{*}\|_1$ 等价于

$$\|\mathrm{e}^{-\sqrt{-1}\frac{\theta}{2}}A+(\mathrm{e}^{-\sqrt{-1}\frac{\theta}{2}}A)^{*}\|_1=\|\mathrm{e}^{-\sqrt{-1}\frac{\theta}{2}}A\|_1+\|(\mathrm{e}^{-\sqrt{-1}\frac{\theta}{2}}A)^{*}\|_1.$$

再由定理 6.1.5 知结论成立.

(1) 由于 $\mathrm{Re}(A)=\dfrac{A+A^{*}}{2}$ 且 $\|A\|_1=\|A^{*}\|_1$, 则 $\|\mathrm{Re}(A)\|_1=\|A\|_1$ 等价于

$$\left\|\frac{A+A^{*}}{2}\right\|_1=\frac{1}{2}\|A+A^{*}\|_1=\|A\|_1,$$

即有

$$\|A+A^*\|_1=2\|A\|_1=\|A\|_1+\|A^*\|_1.$$

再由定理 6.1.5, 便可证得.

(2) 由于 $\mathrm{Im}(A)=\dfrac{A-A^*}{2\sqrt{-1}}$ 且 $\|A\|_1=\|A^*\|_1$, 则 $\|\mathrm{Im}(A)\|_1=\|A\|_1$ 等价于

$$\left\|\frac{A-A^*}{2\sqrt{-1}}\right\|_1=\frac{1}{2}\|\sqrt{-1}A+(\sqrt{-1}A)^*\|_1=\|A\|_1,$$

即 $\|A+A^*\|_1=2\|A\|_1=\|A\|_1+\|A^*\|_1$. 再由定理 6.1.5, 结论成立. 证毕.

命题 6.1.7　设 $A,B\in C_1(\mathcal{H})$ 都是自伴算子.

(1) 若 $\theta\in(0,\pi)\cup(\pi,2\pi)$, 则 $\|A\|_1+\|B\|_1=\|A+\mathrm{e}^{\sqrt{-1}\theta}B\|_1$ 当且仅当 $AB=0$;

(2) $\|A\|_1+\|B\|_1=\|A-B\|_1$ 当且仅当 $A^+B^+=0$ 且 $B^-A^-=0$;

(3) $\|A\|_1+\|B\|_1=\|A+B\|_1$ 当且仅当 $A^+B^-=0$ 且 $B^+A^-=0$.

证明　(1) 充分性. 由于 A,B 自伴且 $AB=0$, 则

$$|A+\mathrm{e}^{\sqrt{-1}\theta}B|^2=(A+\mathrm{e}^{-\sqrt{-1}\theta}B)(A+\mathrm{e}^{\sqrt{-1}\theta}B)=A^2+B^2,$$

$$(|A|+|B|)^2=A^2+|A||B|+|B||A|+B^2=A^2+B^2.$$

因此 $\|A+\mathrm{e}^{\sqrt{-1}\theta}B\|_1=\|A\|_1+\|B\|_1$.

必要性. 由定理 6.1.1 可知, 存在部分等距 U 使得

$$UA=|A|,\quad \mathrm{e}^{\sqrt{-1}\theta}UB=|B|\quad 且\quad U(A+\mathrm{e}^{\sqrt{-1}\theta}B)=|A+\mathrm{e}^{\sqrt{-1}\theta}B|.$$

由于 A 为自伴算子, 则在 $\mathcal{H}=\overline{R(A^+)}\oplus\overline{R(A^-)}\oplus N(A)$ 的分解下有

$$A=\mathrm{diag}(A_1^+,-A_1^-,0),$$

其中 A_1^+ 和 A_1^- 分别为子空间 $\overline{R(A^+)}$ 和 $\overline{R(A^-)}$ 上的算子. 由 $UA=|A|$ 及 U 为部分等距可知, $U=\mathrm{diag}(I,-I,W)$, 其中 W 为子空间 $N(A)$ 上的部分等距算子. 显然, 由算子 B 是自伴的, 则

$$B=\begin{pmatrix}B_{11}&B_{12}&B_{13}\\B_{12}^*&B_{22}&B_{23}\\B_{13}^*&B_{23}^*&B_{33}\end{pmatrix}:\overline{R(A^+)}\oplus\overline{R(A^-)}\oplus N(A),$$

其中 B_{ii} $(i=1,2,3)$ 均为自伴算子.

$$|B|=\mathrm{e}^{\sqrt{-1}\theta}UB=\begin{pmatrix}\mathrm{e}^{\sqrt{-1}\theta}B_{11}&\mathrm{e}^{\sqrt{-1}\theta}B_{12}&\mathrm{e}^{\sqrt{-1}\theta}B_{13}\\-\mathrm{e}^{\sqrt{-1}\theta}B_{12}^*&-\mathrm{e}^{\sqrt{-1}\theta}B_{22}&-\mathrm{e}^{\sqrt{-1}\theta}B_{23}\\\mathrm{e}^{\sqrt{-1}\theta}WB_{13}^*&\mathrm{e}^{\sqrt{-1}\theta}WB_{23}^*&\mathrm{e}^{\sqrt{-1}\theta}WB_{33}\end{pmatrix}\geqslant 0,\qquad(6.1.17)$$

由此得到 $e^{\sqrt{-1}\theta}B_{11}=e^{-\sqrt{-1}\theta}B_{11}$, $e^{\sqrt{-1}\theta}B_{22}=e^{-\sqrt{-1}\theta}B_{22}$, 故当 $\theta\in(0,\pi)\cup(\pi,2\pi)$ 时, 均有 $B_{11}=0$ 且 $B_{22}=0$. 应用式 (6.1.17), 可得

$$B_{12}=0,\quad B_{13}=0\quad \text{且}\quad B_{23}=0.$$

此时

$$B=\begin{pmatrix}0&0&0\\0&0&0\\0&0&B_{33}\end{pmatrix}:\overline{R(A^+)}\oplus\overline{R(A^-)}\oplus N(A),$$

故 $AB=0$.

(2) 由等式 $A=A^+-A^-$ 与 $B=B^+-B^-$, 可知

$$\|A-B\|_1=\|A^++B^--(A^-+B^+)\|_1,$$

$$\begin{aligned}\|A\|_1+\|B\|_1&=\|A^+-A^-\|_1+\|B^+-B^-\|_1\\&=(\|A^+\|_1+\|B^-\|_1)+(\|A^-\|_1+\|B^+\|_1)\\&=\|A^++B^-\|_1+\|(A^-+B^+)\|_1.\end{aligned}$$

故 $\|A\|_1+\|B\|_1=\|A-B\|_1$ 当且仅当

$$\|A^++B^--(A^-+B^+)\|_1=\|A^++B^-\|_1+\|(A^-+B^+)\|_1. \tag{6.1.18}$$

由推论 6.1.2 可知, 式 (6.1.18) 成立当且仅当

$$A^+B^++B^-A^-=(A^++B^-)(A^-+B^+)=0,$$

因此

$$\mathrm{tr}(A^+B^++B^-A^-)=\mathrm{tr}(A^+B^+)+\mathrm{tr}(B^-A^-)=0,$$

又因为

$$\mathrm{tr}(A^+B^+)=\mathrm{tr}[(B^+)^{\frac12}(A^+)^{\frac12}]^*[(B^+)^{\frac12}(A^+)^{\frac12})],$$

$$\mathrm{tr}(B^-A^-)=\mathrm{tr}[(B^-)^{\frac12}(A^-)^{\frac12}]^*[(B^-)^{\frac12}(A^-)^{\frac12})]$$

而

$$\mathrm{tr}[(B^+)^{\frac12}(A^+)^{\frac12}]^*[(B^+)^{\frac12}(A^+)^{\frac12})]\geqslant 0,\quad \mathrm{tr}[(B^-)^{\frac12}(A^-)^{\frac12}]^*[(B^-)^{\frac12}(A^-)^{\frac12})]\geqslant 0,$$

所以

$$\mathrm{tr}[(B^+)^{\frac12}(A^+)^{\frac12}]^*[(B^+)^{\frac12}(A^+)^{\frac12})]=\mathrm{tr}[(B^-)^{\frac12}(A^-)^{\frac12}]^*[(B^-)^{\frac12}(A^-)^{\frac12})]=0.$$

因此 $(B^+)^{\frac{1}{2}}(A^+)^{\frac{1}{2}}=0$, 因此 $(B^-)^{\frac{1}{2}}(A^-)^{\frac{1}{2}}=0$, 故

$$A^+B^+=0 \quad 与 \quad B^-A^-=0$$

成立.

(3) 的证明方法与 (2) 类似. 证毕.

推论 6.1.8 设 $A\in C_1(\mathcal{H})$, 则 $\|A\|_1=\|\mathrm{Re}(A)\|_1+\|\mathrm{Im}(A)\|_1$ 当且仅当 A 为正规算子且 A^2 为自伴算子.

证明 由命题 6.1.7 (1), $\|A\|_1=\|\mathrm{Re}(A)\|_1+\|\mathrm{Im}(A)\|_1$ 当且仅当

$$\mathrm{Re}(A)\mathrm{Im}(A)=0 \quad 即 \quad (A+A^*)(A-A^*)=0,$$

其等价于 $A^2-AA^*+A^*A-(A^*)^2=0$, 故

$$(A^*)^2-AA^*+A^*A-A^2=[A^2-AA^*+A^*A-(A^*)^2]^*=0.$$

因此, A 为正规算子且 A^2 为自伴算子. 反之显然. 证毕.

下面对文献 [133] 中在有限维空间讨论的定理 1 及定理 2 进行拓广.

推论 6.1.9 设 $A,B\in C_1(\mathcal{H})$, 则下面命题等价:

(1) 存在等距 U 及 V 使得 $|A+B|=U|A|U^*+V|B|V^*$;

(2) 存在部分等距 W 使得 $WA=|A|$, $WB=|B|$;

(3) $|A+B|=|A|+|B|$.

证明 (1) $\Longrightarrow$ (2). 显然, 由条件 (1) 可得

$$\begin{aligned}\|A+B\|_1&=\mathrm{tr}(|A+B|)=\mathrm{tr}(U|A|U^*+V|B|V^*)\\&=\mathrm{tr}(U^*U|A|+V^*V|B|).\end{aligned}$$

又 U,V 均为等距, 故有 $U^*U=I$, $V^*V=I$. 因此

$$\|A+B\|_1=\mathrm{tr}(U^*U|A|+V^*V|B|)=\|A\|_1+\|B\|_1.$$

再由定理 6.1.1, 可得到命题 (2).

(2) $\Longrightarrow$ (3). 定理 6.1.1 的直接推论.

(3) $\Longrightarrow$ (1) 显然. 证毕.

本节最后给出迹类算子上保迹范数映射的结构.

推论 6.1.10 设 $\Phi: C_1(\mathcal{H})\longrightarrow C_1(\mathcal{K})$ 是保迹范数的满射.

(1) 若 Φ 为线性映射, 则存在酉算子 $U\in B(\mathcal{H},\mathcal{K})$ 及 $V\in B(\mathcal{K},\mathcal{H})$, 使得 $\Phi(X)=UXV$ 或 $\Phi(X)=UX^{\mathrm{T}}V$, 其中 X^{T} 为 X 的转置.

(2) 若 Φ 为自伴线性映射, 则存在酉算子 $U \in B(\mathcal{H},\mathcal{K})$ 及 $V \in B(\mathcal{K},\mathcal{H})$, 使得 $\Phi(X) = UXU^*$, 或 $\Phi(X) = UX^{\mathrm{T}}U^*$, 或 $\Phi(X) = -UXU^*$, 或 $\Phi(X) = -UX^{\mathrm{T}}U^*$.

(3) 若 Φ 为正线性映射, 则存在酉算子 $U \in B(\mathcal{H},\mathcal{K})$, 使得 $\Phi(X) = UXU^*$ 或 $\Phi(X) = UX^{\mathrm{T}}U^*$.

证明 (1) 由推论 6.1.2, 对于算子 A, $B \in C_1(\mathcal{H}), A^*B = BA^* = 0$ 当且仅当

$$\|A+B\|_1 = \|A-B\|_1 = \|A\|_1 + \|B\|_1.$$

由于 Φ 保迹, 则 $A^*B = BA^* = 0$ 当且仅当 $\Phi(A)^*\Phi(B) = \Phi(B)\Phi(A)^* = 0$. 再由文献 [139], 可得 (1).

(2) 首先, 设 $\Phi(X) = UXV$, 其中 U 和 V 都是酉算子, 则对任意一秩算子 $x\otimes y$,

$$U(x\otimes y)V = \Phi(x\otimes y) = [\Phi(y\otimes x)]^* = V^*(x\otimes y)U^*, \tag{6.1.19}$$

故有 $VU(x\otimes y)VU = (x\otimes y)$, 由此可得 $(VU)^2 = I$. 因为 VU 为酉算子, 所以在空间 $\mathcal{H} = N(VU-I)\oplus N(VU+I)$ 的分解下, 有 $VU = \mathrm{diag}(I,-I)$. 断言 $VU = I$ 或者 $VU = -I$. 否则, $N(VU-I) \neq \{0\}$ 且$N(VU+I) \neq \{0\}$. 现令 $x_0 \in N(VU-I)$, $y_0 \in N(VU+I)$ 为单位向量, 则 $VU(x\otimes y)VU = (x\otimes y)$ 对于任意的 x 和 y 都成立, 故 $x_0\otimes y_0 = -x_0\otimes y_0$, 因此 $x_0\otimes y_0 = 0$. 这一矛盾表明 $V = U^*$ 或 $V = -U^*$. 类似地, 可以证明 $\Phi(X) = UX^{\mathrm{T}}U^*$ 的情形.

(3) 由 (2) 易得. 证毕.

6.2 Hua-型算子矩阵的范数

设 $A_i \in B(\mathcal{H}) (i = 1,2,\cdots,n)$ 是严格压缩算子. 因为 $I - A_j^*A_i$ 和 $I - A_iA_j^*$ 都是可逆的, 所以

$$H_n(A_1,A_2,\cdots,A_n) := ((I - A_j^*A_i)^{-1})_{i,j=1}^n$$

与

$$G_n(A_1,A_2,\cdots,A_n) := ((I - A_iA_j^*)^{-1})_{i,j=1}^n$$

都是定义好的, 称为 Hua-型算子矩阵.

当 $n=2$ 时, 若 A_1 和 A_2 都是严格压缩算子, 文献 [144] 证明了 $H_2(A_1,A_2) \geqslant 0$. 但是, 当 $n \geqslant 3$ 时, Ando[145] 证明了: $H_3(A_1,A_2,A_3) \geqslant 0$ 不总是成立, 而在文献 [146] 中也证明了 $G_3(A_1,A_2,A_3) \geqslant 0$ 不总是成立. Ando 在文献 [145]、[146] 给出了:

$$H_n(A_1,A_2,\cdots,A_n) \geqslant 0 \quad 与 \quad G_n(A_1,A_2,\cdots,A_n) \geqslant 0$$

的一些充分条件, 且给出了: 算子矩阵 $H_n(A_1, A_2, \cdots, A_n)$ 与 $G_n(A_1, A_2, \cdots, A_n)$ 之间的关系:

$$\begin{aligned} &G_n(A_1, A_2, \cdots, A_n) \\ =&[I, I, \cdots, I]^*[I, I, \cdots, I] \\ &+\operatorname{diag}(A_1, A_2, \cdots, A_n)H_n(A_1, A_2, \cdots, A_n)\operatorname{diag}(A_1^*, A_2^*, \cdots, A_n^*). \end{aligned} \tag{6.2.1}$$

设 $A = (A_{i,j})_{n\times n} \in B(\mathcal{H}^n)$, 则 A 的部分转置为

$$A^{\tau} := \begin{pmatrix} A_{1,1} & \cdots & A_{n,1} \\ \vdots & & \vdots \\ A_{1,n} & \cdots & A_{n,n} \end{pmatrix}.$$

若 $A_i(i = 1, 2, \cdots, n)$ 都是严格压缩算子, 则

$$H_n^{\tau}(A_1, A_2, \cdots, A_n) := [H_n(A_1, A_2, \cdots, A_n)]^{\tau} = ((I - A_i^* A_j)^{-1})_{i,j=1}^n,$$

$$G_n^{\tau}(A_1, A_2, \cdots, A_n) := [G_n(A_1, A_2, \cdots, A_n)]^{\tau} = ((I - A_j A_i^*)^{-1})_{i,j=1}^n.$$

易知

$$H_n^{\tau}(A_1, A_2, \cdots, A_n) = G_n(A_1^*, A_2^*, \cdots, A_n^*),$$

$$G_n^{\tau}(A_1, A_2, \cdots, A_n) = H_n(A_1^*, A_2^*, \cdots, A_n^*).$$

值得注意的是, 当 A_1 和 A_2 为严格压缩算子时, $H_2^{\tau}(A_1, A_2)$ 和 $G_2^{\tau}(A_1, A_2)$ 总是正算子 [146]. 同理, 当 A_i 为严格压缩算子且 $A_j^* A_i(i, j = 1, 2, \cdots, n)$ 为正规算子时, $H_n^{\tau}(A_1, A_2, \cdots, A_n)$ 和 $G_n^{\tau}(A_1, A_2, \cdots, A_n)$ 也都是正算子矩阵.

算子矩阵 $A = (A_{i,j})_{i,j=1}^n$ 中 $A_{n,n}$ 可逆, $A_{n,n}$ 的 Schur 补 [147](记为 $A/(n)$) 是 $(n-1)\times(n-1)$, 定义为

$$A/(n) = (A_{i,j} - A_{i,n}A_{n,n}^{-1}A_{n,j})_{i,j=1}^{n-1}.$$

A 的正性等价于 $A_{n,n} \geqslant 0$ 且 $A/(n) \geqslant 0$[147,148].

为了证明本节的主要结论, 需要下面的引理.

引理 6.2.1　设 $A \in B(\mathcal{H})^+$, $P \in P(\mathcal{H})$ 且 $P \geqslant A$, 则 $AP = PA = A$.

证明　为叙述简便, 记 $P^{\perp} = I - P$. 易知

$$0 \leqslant P^{\perp}AP^{\perp} \leqslant P^{\perp}PP^{\perp} = 0 \Longrightarrow A^{\frac{1}{2}}P^{\perp} = P^{\perp}A^{\frac{1}{2}} = 0,$$

故 $AP^{\perp} = P^{\perp}A = 0$. 又由于

$$A = PAP + PAP^{\perp} + P^{\perp}AP + P^{\perp}AP^{\perp} = PAP,$$

则 $PA = P(PAP) = PAP = A$, 从而, $AP = PA = A$. 证毕.

引理 6.2.2 设 $(A_{i,j})_{n\times n} \in B(\mathcal{H}^n)^+$, 且 $(A_{i,j})_{n\times n} \leqslant \begin{pmatrix} I & I & \cdots & I \\ \vdots & \vdots & & \vdots \\ I & I & \cdots & I \end{pmatrix}$, 则存在 $I \geqslant A \geqslant 0$ 使得 $A_{i,j} = A$, 对所有的 $i, j = 1, 2, \cdots, n$ 成立.

证明 对 $i = 2, 3, \cdots, n$, 显然

$$0 \leqslant \begin{pmatrix} A_{1,1} & A_{1,i} \\ A_{i,1} & A_{i,i} \end{pmatrix} \leqslant \begin{pmatrix} I & I \\ I & I \end{pmatrix},$$

则

$$\begin{aligned} 0 &\leqslant \begin{pmatrix} I & 0 \\ -I & I \end{pmatrix} \begin{pmatrix} A_{1,1} & A_{1,i} \\ A_{i,1} & A_{i,i} \end{pmatrix} \begin{pmatrix} I & -I \\ 0 & I \end{pmatrix} \\ &\leqslant \begin{pmatrix} I & 0 \\ -I & I \end{pmatrix} \begin{pmatrix} I & I \\ I & I \end{pmatrix} \begin{pmatrix} I & -I \\ 0 & I \end{pmatrix}, \end{aligned}$$

故

$$0 \leqslant \begin{pmatrix} A_{1,1} & A_{1,i} - A_{1,1} \\ A_{i,1} - A_{1,1} & A_{i,i} + A_{1,1} - A_{1,i} - A_{i,1} \end{pmatrix} \leqslant \begin{pmatrix} I & 0 \\ 0 & 0 \end{pmatrix}.$$

因此 $0 \leqslant A_{1,1} \leqslant I$, $A_{i,i} + A_{1,1} - A_{1,i} - A_{i,1} = 0$ 且$A_{1,i} - A_{1,1} = A_{i,1} - A_{1,1} = 0$, 故当 $i = 2, 3, \cdots, n$ 时, 有 $A_{i,i} = A_{1,1} = A_{1,i} = A_{i,1}$. 令 $A = A_{1,1}$, 则当 $i, j = 1, 2, \cdots, n$ 时, 有 $A_{i,j} = A$. 证毕.

引理 6.2.3 设 $A \in P(\mathcal{H})$ 且 $P \leqslant A \leqslant I$, 则 $AP = PA = P$.

证明 由于 $P \leqslant A \leqslant I$, 则 $P^\perp \geqslant (I - A) \geqslant 0$. 由引理 6.2.1 有

$$(I - A)P^\perp = P^\perp(I - A) = I - A,$$

则 $AP = PA = P$. 证毕.

引理 6.2.4 设 $A_i (i = 1, 2, \cdots, n)$ 是严格压缩算子且 $H_n(A_1^*, A_2^*, \cdots, A_n^*) \geqslant 0$, 则

$$H_n^\tau(A_1, A_2, \cdots, A_n) \geqslant \begin{pmatrix} I & I & \cdots & I \\ \vdots & \vdots & & \vdots \\ I & I & \cdots & I \end{pmatrix}.$$

证明 显然, $H_n^\tau(A_1, A_2, \cdots, A_n) = G_n(A_1^*, A_2^*, \cdots, A_n^*)$. 由等式 (6.2.1) 可得出结论. 证毕.

由引理 6.2.4 及 $H_2(A_1, A_2) \geqslant 0$, 下面结论显然.

引理 6.2.5

$$\min\{H_2^\tau(A_1, A_2) : \|A_1\| < 1, \|A_2\| < 1\} = \begin{pmatrix} I & I \\ I & I \end{pmatrix},$$

"min" 定义在算子偏序中,

$$\min\{\|H_2^{\tau}(A_1,A_2)\|:\|A_1\|<1,\|A_2\|<1\}=2.$$

引理 6.2.6 若 $(A_{i,j})_{n\times n}\in B(\mathcal{H}^n)^+$, 则 $\sum_{i,j=1}^n A_{ij}\in B(\mathcal{H})^+$.

证明 记

$$\widetilde{I}:=\begin{pmatrix} I & I & \cdots & I\\ 0 & 0 & \cdots & 0\\ \vdots & \vdots & & \vdots\\ 0 & 0 & \cdots & 0\end{pmatrix},$$

则

$$\widetilde{I}(A_{i,j})_{n\times n}\widetilde{I}^*=\mathrm{diag}\left(\sum_{i,j=1}^n A_{i,j},0,\cdots,0\right)\in B(\mathcal{H}^n)^+,$$

故, $\sum_{i,j=1}^n A_{ij}\in B(\mathcal{H})^+$. 证毕.

定理 6.2.7 设 $A_j\in B(\mathcal{H})(j=1,2,\cdots,n)$ 都是压缩算子, 则下面命题等价:

(1) $\widetilde{H}_n(A_1,A_2,\cdots,A_n):=(I-A_j^*A_i)_{i,j=1}^n\in B(\mathcal{H}^n)^+$;

(2) $A_1=A_2=\cdots=A_n$;

(3) $\widetilde{H}_n^{\tau}(A_1,A_2,\cdots,A_n):=(I-A_i^*A_j)_{i,j=1}^n\in B(\mathcal{H}^n)^+$;

(4) $\widetilde{G}_n(A_1,A_2,\cdots,A_n):=(I-A_iA_j^*)_{i,j=1}^n\in B(\mathcal{H}^n)^+$;

(5) $\widetilde{G}_n^{\tau}(A_1,A_2,\cdots,A_n):=(I-A_jA_i^*)_{i,j=1}^n\in B(\mathcal{H}^n)^+$.

证明 (1) $\Longrightarrow$ (2). 首先假设 $n=2$ 以及 $\|A_1\|<1$. 那么

$$\widetilde{H}_2(A_1,A_2)=\begin{pmatrix} I-A_1^*A_1 & I-A_2^*A_1\\ I-A_1^*A_2 & I-A_2^*A_2\end{pmatrix}\geqslant 0$$

当且仅当

$$I-A_2^*A_2-(I-A_1^*A_2)(I-A_1^*A_1)^{-1}(I-A_2^*A_1)\geqslant 0. \tag{6.2.2}$$

另一方面, 易知

$$A_1^*A_1(I-A_1^*A_1)^{-1}A_2^*A_1=(I-A_1^*A_1)^{-1}A_2^*A_1-A_2^*A_1 \tag{6.2.3}$$

$$A_1^*A_1(I-A_1^*A_1)^{-1}A_1^*A_1+A_1^*A_1=\sum_{n=1}^{\infty}(A_1^*A_1)^n=(I-A_1^*A_1)^{-1}-I, \tag{6.2.4}$$

结合式 (6.2.2)$\sim$ 式 (6.2.4), 可以得到

$$\begin{aligned}0&\leqslant(|A_1|^2-A_1^*A_2)(I-|A_1|^2)^{-1}(|A_1|^2-A_2^*A_1)+|A_1-A_2|^2\\ &=(I-A_1^*A_2)(I-A_1^*A_1)^{-1}(I-A_2^*A_1)-(I-A_2^*A_2)\\ &\leqslant 0,\end{aligned}$$

即

$$(|A_1|^2 - A_1^*A_2)(I-|A_1|^2)^{-1}(|A_1|^2 - A_2^*A_1) + |A_1 - A_2|^2 = 0,$$

因此 $A_1 = A_2$.

下面假定 $n=2$ 且 $\|A_1\|=1$. 令 $\alpha\in(0,1)$, 且

$$\widetilde{A}_1 = \sqrt{\alpha}A_1,\quad \widetilde{A}_2 = \sqrt{\alpha}A_2,$$

则 $\|\widetilde{A}_1\|<1$, 且有

$$\begin{pmatrix} \widetilde{A}_1^*\widetilde{A}_1 & \widetilde{A}_2^*\widetilde{A}_1 \\ \widetilde{A}_1^*\widetilde{A}_2 & \widetilde{A}_2^*\widetilde{A}_2 \end{pmatrix} = \alpha\begin{pmatrix} A_1^*A_1 & A_2^*A_1 \\ A_1^*A_2 & A_2^*A_2 \end{pmatrix} \leqslant \begin{pmatrix} \alpha I & \alpha I \\ \alpha I & \alpha I \end{pmatrix} \leqslant \begin{pmatrix} I & I \\ I & I \end{pmatrix},$$

即有

$$\begin{pmatrix} I-\widetilde{A}_1^*\widetilde{A}_1 & I-\widetilde{A}_2^*\widetilde{A}_1 \\ I-\widetilde{A}_1^*\widetilde{A}_2 & I-\widetilde{A}_2^*\widetilde{A}_2 \end{pmatrix} \geqslant 0.$$

则 $\widetilde{A}_1 = \widetilde{A}_2$, 故 $A_1 = A_2$.

当 $n\geqslant 3$ 时, 由 $\widetilde{H}_n(A_1, A_2, \cdots, A_n)\in B(H^n)^+$ 知 $\widetilde{H}_2(A_1, A_i)\geqslant 0 (i=2,3,\cdots n)$, 则从上面的证明知

$$A_1 = A_2 = \cdots = A_n.$$

(3) $\Longrightarrow$ (2). 显然,

$$\widetilde{H}_n^{\tau}(A_1, A_2, \cdots, A_n) = (I - A_i^*A_j)_{i,j=1}^n \geqslant 0$$

当且仅当

$$\begin{aligned} 0 &\leqslant \begin{pmatrix} A_1^* \\ A_2^* \\ \vdots \\ A_n^* \end{pmatrix} (A_1 \quad A_2 \quad \cdots A_n) \\ &= \begin{pmatrix} A_1^*A_1 & A_1^*A_2 & \cdots & A_1^*A_n \\ A_2^*A_1 & A_2^*A_2 & \cdots & A_2^*A_n \\ \vdots & \vdots & & \vdots \\ A_n^*A_1 & A_n^*A_2 & \cdots & A_n^*A_n \end{pmatrix} \leqslant \begin{pmatrix} I & I & \cdots & I \\ I & I & \cdots & I \\ \vdots & \vdots & & \vdots \\ I & I & \cdots & I \end{pmatrix}. \end{aligned}$$

由引理 6.2.2 知

$$A_i^*A_i = A_j^*A_j = A_i^*A_j = A_j^*A_i \quad (i,j=1,2,\cdots,n).$$

则 $(A_i^* - A_j^*)(A_i - A_j) = 0$, 即有 $A_i = A_j (i=1,2,\cdots,n)$.

(4) $\Longrightarrow$ (2). 由 (3) $\Longrightarrow$ (2) 知

$$\widetilde{G}_n(A_1, A_2, \cdots, A_n) = \widetilde{H}_n^{\tau}(A_1^*, A_2^*, \cdots, A_n^*) \geqslant 0$$

即 $A_1^* = A_2^* = \cdots = A_n^*$, 因此 $A_1 = A_2 = \cdots = A_n$.
同理, (5) $\Longrightarrow$ (2) 是由 (1) $\Longrightarrow$ (2) 得来的. 而 (2) $\Longrightarrow$ (1)((3)) 和 (2) $\Longrightarrow$ (4)((5)) 是显然的. 证毕.

定理 6.2.8 (1) $\min\{\|H_2(A_1, A_2)\| : \|A_1\| < 1, \|A_2\| < 1\} = 2$.

(2) 若 A_1,A_2 都是严格压缩算子, 则下面的命题是等价的:

(a) $\|H_2(A_1, A_2)\| = 2$;

(b) $\|H_2^{\tau}(A_1, A_2)\| = 2$;

(c) $|A_1| = |A_2|$ 且 $A_1^* A_2 = -A_1^* A_1 (I - 2A_1^* A_1)^{-1}$;

(d) 存在 B 使得 $I \leqslant B \leqslant 2I$ 且

$$H_2(A_1, A_2) = \begin{pmatrix} B & 2I - B \\ 2I - B & B \end{pmatrix}.$$

证明 (1) 反设存在严格压缩算子 A_1 和 A_2 使得 $\|H_2(A_1, A_2)\| = \alpha < 2$, 则

$$\begin{pmatrix} \alpha I & 0 \\ 0 & \alpha I \end{pmatrix} \geqslant H_2(A_1, A_2) \geqslant 0.$$

由引理 6.2.5 知

$$H_2^{\tau}(A_1, A_2) \geqslant \begin{pmatrix} I & I \\ I & I \end{pmatrix},$$

故

$$-H_2^{\tau}(A_1, A_2) \leqslant \begin{pmatrix} -I & -I \\ -I & -I \end{pmatrix}.$$

将上面两不等式相加得

$$H_2(A_1, A_2) - H_2^{\tau}(A_1, A_2) \leqslant \begin{pmatrix} (\alpha - 1)I & -I \\ -I & (\alpha - 1)I \end{pmatrix},$$

则

$$\begin{pmatrix} 0 & (I - A_2^* A_1)^{-1} - (I - A_1^* A_2)^{-1} \\ (I - A_1^* A_2)^{-1} - (I - A_2^* A_1)^{-1} & 0 \end{pmatrix}$$
$$\leqslant \begin{pmatrix} (\alpha - 1)I & -I \\ -I & (\alpha - 1)I \end{pmatrix}.$$

记 $B = (I - A_2^* A_1)^{-1}$, 则

$$\begin{pmatrix} (\alpha - 1)I & -I - B + B^* \\ -I - B^* + B & (\alpha - 1)I \end{pmatrix} \geqslant 0.$$

因此 $\alpha > 1$ 且

$$\|I+B-B^*\| \leqslant \|(\alpha-1)I\| < 1. \tag{6.2.5}$$

进一步, 对于所有的 $x \in H$ 且 $\|x\|=1$ 有

$$\begin{aligned}\|I+B-B^*\| &\geqslant |\langle (I+B-B^*)x, x\rangle| \\ &= |1+\langle Bx,x\rangle - \langle B^*x,x\rangle| \\ &= |1+\langle Bx,x\rangle - \langle x,Bx\rangle| \\ &= |1+\lambda\sqrt{-1}| \geqslant 1,\end{aligned} \tag{6.2.6}$$

λ 是纯虚数 $\langle Bx,x\rangle - \langle x,Bx\rangle$ 的虚部. 这与不等式 (6.2.5) 矛盾, 故有 $\alpha \geqslant 2$. 易知 $\|H_2(0,0)\|=2$, 则结论成立.

(2) (a) $\Longrightarrow$ (b) 设 $\|H_2(A_1,A_2)\|=2$ 且令 $C=(I-A_2^*A_1)^{-1}$. 由 (1) 中的等式 (6.2.5) 和 (6.2.6) 知, 对所有的单位向量 $x \in \mathcal{H}$, 都有

$$1 \geqslant |\langle (I+C-C^*)x,x\rangle| = |1+\langle Cx,x\rangle - \langle C^*x,x\rangle|.$$

因此, 对所有的单位向量 $x \in \mathcal{H}$, 有 $\langle Cx,x\rangle = \langle C^*x,x\rangle$, 即有 $C=C^*$. 故

$$A_2^*A_1 = A_1^*A_2 \Longrightarrow H_2(A_1,A_2) = H_2^{\tau}(A_1,A_2),$$

故 $\|H_2^{\tau}(A_1,A_2)\|=2$.

(b) $\Longrightarrow$ (c) 由

$$\begin{pmatrix} I & I \\ I & I \end{pmatrix} \leqslant H_2^{\tau}(A_1,A_2) \leqslant \begin{pmatrix} 2I & 0 \\ 0 & 2I \end{pmatrix},$$

得

$$\begin{pmatrix} \dfrac{I}{2} & \dfrac{I}{2} \\ \dfrac{I}{2} & \dfrac{I}{2} \end{pmatrix} \leqslant \frac{H_2^{\tau}(A_1,A_2)}{2} \leqslant \begin{pmatrix} I & 0 \\ 0 & I \end{pmatrix}.$$

显然, $\begin{pmatrix} \dfrac{I}{2} & \dfrac{I}{2} \\ \dfrac{I}{2} & \dfrac{I}{2} \end{pmatrix}$ 是正交投影. 由引理 6.2.3, 则有

$$\begin{pmatrix} \dfrac{I}{2} & \dfrac{I}{2} \\ \dfrac{I}{2} & \dfrac{I}{2} \end{pmatrix} \frac{H_2^{\tau}(A_1,A_2)}{2} = \frac{H_2^{\tau}(A_1,A_2)}{2} \begin{pmatrix} \dfrac{I}{2} & \dfrac{I}{2} \\ \dfrac{I}{2} & \dfrac{I}{2} \end{pmatrix} = \begin{pmatrix} \dfrac{I}{2} & \dfrac{I}{2} \\ \dfrac{I}{2} & \dfrac{I}{2} \end{pmatrix}, \tag{6.2.7}$$

因此

$$\frac{(I-A_1^*A_1)^{-1}+(I-A_2^*A_1)^{-1}}{4}=\frac{I}{2} \quad 且 \quad \frac{(I-A_1^*A_1)^{-1}+(I-A_1^*A_2)^{-1}}{4}=\frac{I}{2}.$$

因此, $A_2^*A_1=A_1^*A_2$. 再由式 (6.2.7) 直接计算得

$$A_1^*A_1=A_2^*A_2 \quad 和 \quad (I-A_1^*A_1)^{-1}+(I-A_1^*A_2)^{-1}=2I. \tag{6.2.8}$$

因此

$$(I-A_1^*A_2)^{-1}=2I-(I-A_1^*A_1)^{-1}=(I-A_1^*A_1)^{-1}(I-2A_1^*A_1), \tag{6.2.9}$$

因此, $I-2A_1^*A_1$ 是可逆的, 且

$$A_1^*A_2=I-(I-A_1^*A_1)(I-2A_1^*A_1)^{-1}=-A_1^*A_1(I-2A_1^*A_1)^{-1}. \tag{6.2.10}$$

(c) $\Longrightarrow$ (d) 令 $B:=(I-A_1^*A_1)^{-1}$. 易知, $B\geqslant I$. 由等式 (6.2.9) 和 (6.2.10) 直接计算得:$(I-A_1^*A_2)^{-1}=2I-B$, 则 $(I-A_2^*A_1)^{-1}=2I-B$. 即有

$$H_2(A_1,A_2)=\begin{pmatrix} B & 2I-B \\ 2I-B & B \end{pmatrix}.$$

又由于 $A_2^*A_1=A_1^*A_2$, 则

$$\sigma(A_2^*A_1)\subseteq(-1,1)\Longrightarrow(I-A_1^*A_2)^{-1}\geqslant 0.$$

因为 $(I-A_1^*A_2)^{-1}+B=2I$, 我们得到 $B=(I-A_1^*A_1)^{-1}\leqslant 2I$.

(d) $\Rightarrow$ (a). 因为 $I\leqslant B\leqslant 2I$, 即有

$$\begin{pmatrix} I & I \\ I & I \end{pmatrix}\leqslant\begin{pmatrix} B & 2I-B \\ 2I-B & B \end{pmatrix}\leqslant\begin{pmatrix} 2I & 0 \\ 0 & 2I \end{pmatrix},$$

又因为

$$\left\|\begin{pmatrix} I & I \\ I & I \end{pmatrix}\right\|=\left\|\begin{pmatrix} 2I & 0 \\ 0 & 2I \end{pmatrix}\right\|=2,$$

所以

$$\left\|\begin{pmatrix} B & 2I-B \\ 2I-B & B \end{pmatrix}\right\|=2.$$

证毕.

定理 6.2.9 $\min\{\|\Gamma_n(A_1,A_2,\cdots,A_n)\|: H_n(A_1,A_2,\cdots,A_n)\geqslant 0, H_n(A_1^*, A_2^*,\cdots,A_n^*)\geqslant 0\}=n$, 其中 $\Gamma_n=H_n, H_n^\tau, G_n$ 或 G_n^τ.

证明 首先证明 $\Gamma_n = H_n$ 的情形. 反设存在严格压缩算子 $A_1, A_2, \cdots, A_n$ 使得 $H_n(A_1, A_2, \cdots, A_n) \geqslant 0, H_n(A_1^*, A_2^*, \cdots, A_n^*) \geqslant 0$ 且

$$\|H_n(A_1, A_2, \cdots, A_n)\| = \alpha < n.$$

因此

$$0 \leqslant H_n(A_1, A_2, \cdots, A_n) \leqslant \alpha I = \begin{pmatrix} \alpha I & 0 & \cdots & 0 \\ 0 & \alpha I & \cdots & 0 \\ \vdots & \vdots & & \vdots \\ 0 & 0 & \cdots & \alpha I \end{pmatrix}.$$

由式 (6.2.1) 与 $H_n(A_1^*, A_2^*, \cdots, A_n^*) \geqslant 0$, 可以得到

$$G_n(A_1^*, A_2^*, \cdots, A_n^*) \geqslant \begin{pmatrix} I & I & \cdots & I \\ I & I & \cdots & I \\ \vdots & \vdots & & \vdots \\ I & I & \cdots & I \end{pmatrix},$$

即有

$$-H_n^\tau(A_1, A_2, \cdots, A_n) = -G_n(A_1^*, A_2^*, \cdots, A_n^*) \leqslant \begin{pmatrix} -I & -I & \cdots & -I \\ -I & -I & \cdots & -I \\ \vdots & \vdots & & \vdots \\ -I & -I & \cdots & -I \end{pmatrix},$$

则

$$\begin{aligned} & H_n(A_1, A_2, \cdots, A_n) - H_2^\tau(A_1, A_2, \cdots, A_n) \\ \leqslant & \begin{pmatrix} (\alpha-1)I & -I & \cdots & -I \\ -I & (\alpha-1)I & \cdots & -I \\ \vdots & \vdots & & \vdots \\ -I & -I & \cdots & (\alpha-1)I \end{pmatrix}. \end{aligned} \tag{6.2.11}$$

令 $C_{i,j} = (I - A_j^* A_i)^{-1} (i, j = 1, 2, \cdots, n)$, 由式 (6.2.11) 得

$$\begin{pmatrix} (\alpha-1)I & -I - C_{12} + C_{12}^* & \cdots & -I - C_{1n} + C_{1n}^* \\ -I + C_{12} - C_{12}^* & (\alpha-1)I & \cdots & -I - C_{2n} + C_{2n}^* \\ \vdots & \vdots & & \vdots \\ -I + C_{1n} - C_{1n}^* & -I + C_{2n} - C_{2n}^* & \cdots & (\alpha-1)I \end{pmatrix} \geqslant 0.$$

由引理 6.2.6 得

$$n(\alpha-1)I - n(n-1)I \geqslant 0,$$

故 $\alpha \geqslant n$, 与 $\alpha < n$ 矛盾. 易知 $\|H_n(0,0,\cdots,0)\| = n$, 故结论成立. 当 $\Gamma_n = H_n^\tau$, G_n 或者 G_n^τ 时, 由式 (6.2.1) 及下面两等式

$$H_n^\tau(A_1, A_2, \cdots, A_n) = G_n(A_1^*, A_2^*, \cdots, A_n^*), \tag{6.2.12}$$

与

$$G_n^\tau(A_1, A_2, \cdots, A_n) = H_n(A_1^*, A_2^*, \cdots, A_n^*) \tag{6.2.13}$$

可知结论显然成立. 证毕.

推论 6.2.10 设 $A \in B(\mathcal{H})$ 是严格压缩算子, 则

(1) $\|H_2(A, A)\| = 2$ 当且仅当 $A = 0$;

(2) $\|H_2(A, A^*)\| = 2$ 当且仅当 $A = 0$.

证明 (1) 充分性显然.

必要性. 由定理 6.2.8 知: $\|H_2(A, A)\| = 2$ 蕴涵 $A^*A = -A^*A(I - 2A^*A)^{-1}$, 故有 $A^*A[I + (I - 2A^*A)^{-1}] = 0$. 因此 $A^*A = 0$, 故 $A = 0$.

(2) 充分性显然. 必要性. 根据定理 6.2.8 和 $\|H_2(A, A^*)\| = 2$ 得

$$|A| = |A^*| \quad 和 \quad (A^*)^2 = A^2 = -(I - 2A^*A)^{-1}A^*A \tag{6.2.14}$$

成立. 令 $A = \mathrm{Re}(A) + \mathrm{Im}(A)\sqrt{-1}$, 其中 $\mathrm{Re}(A) = \dfrac{A + A^*}{2}$, $\mathrm{Im}(A) = \dfrac{A - A^*}{2\sqrt{-1}}$. 由式 (6.2.14) 直接计算得

$$\mathrm{Re}(A)\mathrm{Im}(A) = 0, \tag{6.2.15}$$

故有

$$A^2 = [\mathrm{Re}(A)]^2 - [\mathrm{Im}(A)]^2 \quad 且 \quad A^*A = [\mathrm{Re}(A)]^2 + [\mathrm{Im}(A)]^2.$$

由式 (6.2.14) 还可得: $(I - 2A^*A)A^2 + A^*A = 0$, 即有

$$[I - 2[\mathrm{Re}(A)]^2 - 2[\mathrm{Im}(A)]^2]([\mathrm{Re}(A)]^2 - [\mathrm{Im}(A)]^2) + ([\mathrm{Re}(A)]^2 + [\mathrm{Im}(A)]^2) = 0. \tag{6.2.16}$$

等式两边同时左乘 $\mathrm{Re}(A)$, 得

$$\mathrm{Re}(A)\{[I - 2[\mathrm{Re}(A)]^2 - 2[\mathrm{Im}(A)]^2]([\mathrm{Re}(A)]^2 - [\mathrm{Im}(A)]^2) + ([\mathrm{Re}(A)]^2 + [\mathrm{Im}(A)]^2)\} = 0. \tag{6.2.17}$$

由等式 (6.2.15) 和式 (6.2.17), 得

$$[\mathrm{Re}(A)]^3(I - [\mathrm{Re}(A)]^2) = 0,$$

又由于 $\mathrm{Re}(A)$ 是自伴算子及 $I - [\mathrm{Re}(A)]^2$ 可逆 (因为 $I - [\mathrm{Re}(A)]^2 \geqslant I - A^*A$) 知

$$\mathrm{Re}(A) = 0. \tag{6.2.18}$$

又由式 (6.2.16) 和式 (6.2.18), 知 $[\mathrm{Im}(A)]^4=0$, 即有 $\mathrm{Im}(A)=0$. 故 $A=0$. 证毕.

由定理 6.2.8 及式 (6.2.12) 和式 (6.2.13), 可得下面的推论.

推论 6.2.11 若 $A_1\in B(\mathcal{H})$ 和 $A_2\in B(\mathcal{H})$ 都是严格压缩算子, 则下面四个命题等价:

(1) $\|G_2(A_1,A_2)\|=2$;

(2) $\|G_2^{\tau}(A_1,A_2)\|=2$;

(3) $|A_1^*|=|A_2^*|$ 且 $A_1A_2^*=-A_1A_1^*(I-2A_1A_1^*)^{-1}$;

(4) 存在 B 使得 $I\leqslant B\leqslant 2I$ 和 $G_2(A_1,A_2)=\begin{pmatrix}B & 2I-B\\ 2I-B & B\end{pmatrix}$ 成立.

下面的定理证明了 Hua-型算子矩阵在算子序下无上界.

定理 6.2.12 若 $\widetilde{A}:=(A_{ij})_{2\times 2}\in B(\mathcal{H}\oplus\mathcal{H})^+$, 则存在 $A_1\in B(\mathcal{H})$ 和 $A_2\in B(\mathcal{H})$, 使得

$$H_2(A_1,A_2)=\begin{pmatrix}(I-A_1^*A_1)^{-1} & (I-A_2^*A_1)^{-1}\\ (I-A_1^*A_2)^{-1} & (I-A_2^*A_2)^{-1}\end{pmatrix}\geqslant\widetilde{A}$$

且

$$G_2(A_1,A_2)=\begin{pmatrix}(I-A_1A_1^*)^{-1} & (I-A_1A_2^*)^{-1}\\ (I-A_2A_1^*)^{-1} & (I-A_2A_2^*)^{-1}\end{pmatrix}\geqslant\widetilde{A}.$$

证明 令 $m>\max\{1,\|\widetilde{A}\|\}$, 且

$$A_1=\sqrt{1-\frac{1}{2m}}I,\quad A_2=-\sqrt{1-\frac{1}{2m}}I,$$

则

$$\begin{pmatrix}(I-A_1^*A_1)^{-1} & (I-A_2^*A_1)^{-1}\\ (I-A_1^*A_2)^{-1} & (I-A_2^*A_2)^{-1}\end{pmatrix}=\begin{pmatrix}2mI & \left(2-\dfrac{1}{2m}\right)^{-1}I\\ \left(2-\dfrac{1}{2m}\right)^{-1}I & 2mI\end{pmatrix}$$

$$\geqslant\begin{pmatrix}mI & 0\\ 0 & mI\end{pmatrix},$$

其中最后一个不等式是由不等式

$$m^2-\frac{4m^2}{(4m-1)^2}>0.$$

因此

$$G_2(A_1,A_2)=H_2(A_1,A_2)=\begin{pmatrix}(I-A_1^*A_1)^{-1} & (I-A_2^*A_1)^{-1}\\ (I-A_1^*A_2)^{-1} & (I-A_2^*A_2)^{-1}\end{pmatrix}\geqslant\widetilde{A}.$$

证毕.

对于严格压缩的算子 A 和 B, 当 $\Gamma_2 = H_2, H_2^\tau, G_2$ 或者 G_2^τ 时, 都有 $\Gamma_2(A,B) \geqslant 0$. 但是, $H_3(A_1,A_2,A_3) \geqslant 0$ 和 $G_3(A_1,A_2,A_3) \geqslant 0$ 不恒成立 [146]. 下面举例说明 $G_3(A_1,A_2,A_3) \geqslant 0 \nRightarrow G_3^\tau(A_1,A_2,A_3) \geqslant 0$.

例 6.2.13　令

$$A_1 = \begin{pmatrix} 0 & \frac{1}{2} \\ 0 & 0 \end{pmatrix}, \quad A_2 = \begin{pmatrix} \frac{1}{2} & 0 \\ 0 & \frac{1}{2} \end{pmatrix}, \quad A_3 = \begin{pmatrix} 0 & 0 \\ 0 & 0 \end{pmatrix}.$$

通过计算知

$$G_3(A_1,A_2,A_3)/(3) = \begin{pmatrix} \frac{1}{3} & 0 & 0 & \frac{1}{4} \\ 0 & 0 & 0 & 0 \\ 0 & 0 & \frac{1}{3} & 0 \\ \frac{1}{4} & 0 & 0 & \frac{1}{3} \end{pmatrix} \geqslant 0,$$

由 Schur 补的计算知, $G_3(A_1,A_2,A_3) \geqslant 0$. 另一方面,

$$G_3^\tau(A_1,A_2,A_3)/(3) = \begin{pmatrix} \frac{1}{3} & 0 & 0 & 0 \\ 0 & 0 & \frac{1}{4} & 0 \\ 0 & \frac{1}{4} & \frac{1}{3} & 0 \\ 0 & 0 & 0 & \frac{1}{3} \end{pmatrix} \ngeqslant 0.$$

即有 $G_3^\tau(A_1,A_2,A_3) \ngeqslant 0$.

由上面的例子, 也有

$$H_2(A_1,A_2) - \begin{pmatrix} I & I \\ I & I \end{pmatrix} = \begin{pmatrix} 0 & 0 & 0 & \frac{1}{4} \\ 0 & \frac{1}{3} & 0 & 0 \\ 0 & 0 & \frac{1}{3} & 0 \\ \frac{1}{4} & 0 & 0 & \frac{1}{3} \end{pmatrix} \ngeqslant 0.$$

即有

$$H_2(A_1,A_2) \ngeqslant \begin{pmatrix} I & I \\ I & I \end{pmatrix}.$$

6.3 算子矩阵在量子运算不动点刻画中的应用

设 $n \geqslant 1$ 是整数, $\mathcal{M}_n(B(\mathcal{H}))$ 是 $B(\mathcal{H})$ 中元素生成的 n 阶算子矩阵全体. 对 $\Phi : \mathcal{B}(\mathcal{H}) \longrightarrow \mathcal{B}(\mathcal{K})$ 上的线性映射, 可以定义从 $\mathcal{M}_n(B(\mathcal{H}))$ 到 $\mathcal{M}_n(B(\mathcal{K}))$ 上的线性映射 Φ_n 为 $\Phi_n((a_{i,j})) = (\Phi(a_{i,j}))$, 其中所有的$(a_{i,j}) \in \mathcal{M}_n(B(\mathcal{H}))$.

若对 $n = 1, 2, \cdots$ 都有 Φ_n 是正映射, 则称 Φ 为完全正映射. 又由于下面的等距同构关系, $K(\mathcal{H})^* \simeq T(\mathcal{H})$, $T(\mathcal{H})^* \simeq \mathcal{B}(\mathcal{H})$, 其中 V^* 表示向量空间 V 的对偶空间. 也定义 $\Phi : B(\mathcal{K}) \to T(\mathcal{H})$ 是正规映射, 如果 Φ 在 W^* 拓扑上是连续的, 其中在 $T(\mathcal{H})$ 上的 W^* 拓扑是由 $K(\mathcal{H})^* \simeq T(\mathcal{H})$ 诱导的. Kraus 在文献 [153] 中刻画了从 $B(\mathcal{H})$ 到 $B(\mathcal{K})$ 上正规的完全正映射.

Kraus 定理 若 Φ 从 $B(\mathcal{H})$ 到 $B(\mathcal{K})$ 上的压缩算子 ($\|\Phi\| \leqslant 1$), 则 Φ 是正规完全正映射当且仅当存在 $B(\mathcal{H})$ 中的序列 $\{A_i\}_{i=1}^{\infty}$, 使得对所有 $X \in B(\mathcal{H})$, 都有

$$\Phi(X) = \sum_{i=1}^{\infty} A_i X A_i^*, \quad 其中 \sum_{i=1}^{\infty} A_i A_i^* \leqslant I.$$

序列 $\{A_i\}_{i=1}^{\infty}$ 不是唯一的且 $\sum_{i=1}^{\infty} A_i A_i^* \leqslant I$ 是在强算子拓扑意义下的; 称 $\{A_i\}_{i=1}^{\infty}$ 为 Kraus 算子. 在有限维 Hilbert 空间 $\mathcal{H}$ 和 $\mathcal{K}$ 上, 文献 [154] 给出了完全正映射的两个等价条件.

Choi 定理 设 $\mathcal{H}$ ($\dim\mathcal{H} = n$) 和 $\mathcal{K}$ 都是有限维 Hilbert 空间. 若 $\Phi : B(\mathcal{H}) \longrightarrow B(\mathcal{K})$ 是线性映射, 则下面三个命题等价:

(1) Φ 是完全正映射;

(2) $\sum_{i,j=1}^{n} e_{ij} \otimes \Phi(e_{ij}) \geqslant 0$, 其中 $\{e_i\}_{i=1}^{n}$ 是 $\mathcal{H}$ 中的正规正交基且 $e_{ij} := e_i \otimes e_j$;

(3) 存在算子 $A_i \in B(\mathcal{H}, \mathcal{K})$, 使得 $\Phi(X) = \sum_{i=1}^{s} A_i X A_i^*$ $(s < \infty)$.

记 $\mathcal{A} = \{A_i, A_i^* : A_i \in B(\mathcal{H}), i = 1, 2, \cdots\}$. 如果

$$\sum_{i=1}^{\infty} A_i A_i^* \leqslant I \ \ 且 \ \ \sum_{i=1}^{\infty} A_i^* A_i \leqslant I,$$

那么

$$\phi_{\mathcal{A}}(X) = \sum_{i=1}^{\infty} A_i X A_i^* \tag{6.3.1}$$

与其对偶 $\phi_{\mathcal{A}}^{\dagger}$, 其定义为 $\phi_{\mathcal{A}}^{\dagger}(X) = \sum_{i=1}^{\infty} A_i^* X A_i$ 都在 $B(\mathcal{H})$ 上是定义好的. 若

$$\sum_{i=1}^{\infty} A_i A_i^* = I \ \ 且 \ \ \sum_{i=1}^{\infty} A_i^* A_i \leqslant I,$$

则称 $\phi_{\mathcal{A}}$ 是保单位的量子运算. 特别地, 若 $\sum_{i=1}^{\infty} A_i^* A_i = I$ 与 $\sum_{i=1}^{\infty} A_i A_i^* = I$ 都成立时, 则称 $\phi_{\mathcal{A}}$ 是双随机的. 令

$$\mathcal{M} = \left\{ \phi_{\mathcal{A}}: \ \sum_{i=1}^{\infty} A_i A_i^* \leqslant I \quad \text{且} \quad \sum_{i=1}^{\infty} A_i^* A_i \leqslant I \right\}.$$

称算子 $B \in B(\mathcal{H})$ 是 $\phi_{\mathcal{A}}$ 的固定点, 如果 $\phi_{\mathcal{A}}(B) = B$. 记 $\phi_{\mathcal{A}}$ 中固定点的全体为 $B(\mathcal{H})^{\phi_{\mathcal{A}}}$, 也记

$$\mathcal{A}' = \{S: \ SB = BS, \ \ \text{对任意的} \ \ B \in \mathcal{A}\}$$

为 $\mathcal{A}$ 的全体换位子.

在文献 [155]~[166] 中, 完全正映射的固定点刻画及其应用吸引了众多学者. 特别是, Arias, Gheondea 和 Gudder 证明了 $B(\mathcal{H})^{\phi_{\mathcal{A}}} = \mathcal{A}'$ 成立的多个充分条件. Lim 在文献 [159] 中证明了保单位量子运算的 Poisson 界. 本节将主要证明 $\phi_{\mathcal{A}}$ 和 $\phi_{\mathcal{A}}^{\dagger}$ 的固定点之间的关系, 即证明: 若 $\phi_{\mathcal{A}}(I) \leqslant I$ 与 $\phi_{\mathcal{A}}^{\dagger}(I) \leqslant I$ 成立, 则

$$\{B \in K(\mathcal{H}) : \phi_{\mathcal{A}}(B) = B\} = \{B \in K(\mathcal{H}) : \phi_{\mathcal{A}}^{\dagger}(B) = B\} \subseteq \mathcal{A}',$$

这一结论延伸了文献 [158, 159] 中的结论.

为了证明我们的主要结论, 需要下面几个引理.

引理 6.3.1 设 $\phi_{\mathcal{A}}(I) \leqslant I$ 且 $\phi_{\mathcal{A}}^{\dagger}(I) \leqslant I$, 若 $B \in \mathcal{B}(\mathcal{H})$ 是正的紧算子使得 $\phi_{\mathcal{A}}(B) \geqslant B$, 则 $B \in \mathcal{A}'$ 且 $\phi_{\mathcal{A}}(B) = B$.

证明 由紧正规算子的谱理论 [1], 则存在至多可数个不同的特征值 $\{\lambda_i\}$ 使得 $B = \sum_{n=1}^{N} \lambda_n P_n$ $(N \leqslant \infty)$, 其中 $P_i P_j = 0(i \neq j)$, 且 λ_i 是严格递减的. 因此 $B = \lambda_1 P_1 + B_1$, 其中 $0 \leqslant B_1 \leqslant \lambda_2 (I - P_1)$, $P_1 B_1 = 0$, 且 $\dim R(P_1) < \infty$. 因为 $\sum_{i=1}^{\infty} A_i B A_i^* \geqslant B$, 所以

$$\lambda_1 \sum_{i=1}^{\infty} P_1 A_i P_1 A_i^* P_1 + \sum_{i=1}^{\infty} P_1 A_i B_1 A_i^* P_1 \geqslant \lambda_1 \sum_{i=1}^{\infty} P_1 A_i A_i^* P_1 + \lambda_1 P_1 (I - \phi_{\mathcal{A}}(I)) P_1,$$

即

$$\sum_{i=1}^{\infty} P_1 A_i [\lambda_1 (I - P_1) - B_1] A_i^* P_1 + \lambda_1 P_1 (I - \phi_{\mathcal{A}}(I)) P_1 \leqslant 0.$$

又由于 $(\lambda_1 - \lambda_2) \sum_{i=1}^{\infty} P_1 A_i (I - P_1) A_i^* P_1 \geqslant 0$ 与 $P_1 (I - \phi_{\mathcal{A}}(I)) P_1 \geqslant 0$, 则

$$(\lambda_1 - \lambda_2) \sum_{i=1}^{\infty} P_1 A_i (I - P_1) A_i^* P_1 + \lambda_1 P_1 (I - \phi_{\mathcal{A}}(I)) P_1 = 0,$$

故, $P_1 A_i (I - P_1) = 0 (i = 1, 2, \cdots)$. 因此 A_i 的形式为

$$A_i = \begin{pmatrix} A_{i1} & 0 \\ A_{i2} & A_{i3} \end{pmatrix} : R(P_1) \oplus R(P_1)^{\perp} \to R(P_1) \oplus R(P_1)^{\perp} (i = 1, 2, \cdots).$$

进一步也有

$$P_1(I-\phi_{\mathcal{A}}(I))=0 \Longrightarrow \sum_{i=1}^{\infty} A_{i1}A_{i1}^*=I_{R(P_1)}.$$

又由于 $\phi_{\mathcal{A}}^{\dagger}(I)=\sum_{i=1}^{\infty} A_i^*A_i \leqslant I$, 因此

$$\sum_{i=1}^{\infty} A_{i1}^*A_{i1}+\sum_{i=1}^{\infty} A_{i2}^*A_{i2} \leqslant I_{R(P_1)},$$

则

$$I_{R(P_1)}=\sum_{i=1}^{\infty} A_{i1}A_{i1}^* \geqslant \sum_{i=1}^{\infty} A_{i1}^*A_{i1}+\sum_{i=1}^{\infty} A_{i2}^*A_{i2}.$$

注意到 $\dim R(P_1)<\infty$, 则

$$\infty > \operatorname{tr}\left[\sum_{i=1}^{\infty} A_{i1}A_{i1}^*\right] \geqslant \operatorname{tr}\left[\sum_{i=1}^{\infty} A_{i1}^*A_{i1}+\sum_{i=1}^{\infty} A_{i2}^*A_{i2}\right].$$

再由迹类算子的性质有

$$\operatorname{tr}\left(\sum_{i=1}^{\infty} A_{i1}A_{i1}^*\right)=\operatorname{tr}\left(\sum_{i=1}^{\infty} A_{i1}^*A_{i1}\right),$$

即

$$\operatorname{tr}\left(\sum_{i=1}^{\infty} A_{i2}^*A_{i2}\right)=0.$$

因此 $A_{i2}=0(i=1,2,\cdots)$, 因此 $A_iP_1=P_1A_i$, 故 $A_i^*P_1=P_1A_i^*$ 且 $P_1\in\mathcal{A}'$.

又从条件 $\phi_{\mathcal{A}}(B)\geqslant B$ 和 $P_1(I-\phi_{\mathcal{A}}(I))=0$ 知 $\phi_{\mathcal{A}}(B_1)\geqslant B_1$. 同理设 $B_1=\lambda_2P_2+B_2$, 其中 $P_2B_2=B_2P_2=0$ 且 $0\leqslant B_2\leqslant\lambda_3(I-P_2)$, 则应用上面的证明方法, 可以得到 $P_2\in\mathcal{A}'$. 因此 $P_k\in\mathcal{A}'$. 又因为 $B=\sum_{i=1}^{N}\lambda_kP_k$, 所以 $B\in\mathcal{A}'$, 则

$$B\geqslant B\sum_{i=1}^{\infty} A_iA_i^*=\sum_{i=1}^{\infty} A_iA_i^*B=\sum_{i=1}^{\infty} A_iBA_i^*=\phi_{\mathcal{A}}(B)\geqslant B,$$

故 $\phi_{\mathcal{A}}(B)=B$. 证毕.

引理 6.3.2 设 $\phi_{\mathcal{A}}(I)\leqslant I$ 且 $\phi_{\mathcal{A}}^{\dagger}(I)\leqslant I$, 若 $P\in P(\mathcal{H})$ 是有限维的, 则 $\phi_{\mathcal{A}}(P)=P$ 当且仅当 $\phi_{\mathcal{A}}^{\dagger}(P)=P$.

证明 由对称性, 只需证明必要性. 由于 $\phi_{\mathcal{A}}(P)=P$, 则 $\sum_{i=1}^{\infty} A_iPA_i^*=P$, 故有

$$\sum_{i=1}^{\infty}(I-P)A_iPA_i^*(I-P)=0.$$

因此 $(I-P)A_iP=0\ (i=1,2\cdots)$, 故 A_i 有算子矩阵形式

$$A_i=\begin{pmatrix} A_{i1} & A_{i2} \\ 0 & A_{i3} \end{pmatrix}: R(P)\oplus R(P)^{\perp}\to R(P)\oplus R(P)^{\perp}\quad (i=1,2,\cdots).$$

显然

$$\sum_{i=1}^{\infty}A_iPA_i^*=\begin{pmatrix} \sum\limits_{i=1}^{\infty}A_{i1}A_{i1}^* & 0 \\ 0 & 0 \end{pmatrix}=P=\begin{pmatrix} I & 0 \\ 0 & 0 \end{pmatrix},$$

且

$$\sum_{i=1}^{\infty}A_iA_i^*=\begin{pmatrix} \sum\limits_{i=1}^{\infty}[A_{i1}A_{i1}^*+A_{i2}A_{i2}^*] & \sum\limits_{i=1}^{\infty}A_{i2}A_{i3}^* \\ \sum\limits_{i=1}^{\infty}A_{i3}A_{i2}^* & \sum\limits_{i=1}^{\infty}A_{i3}A_{i3}^* \end{pmatrix}\leqslant\begin{pmatrix} I & 0 \\ 0 & I \end{pmatrix}.$$

因此 $A_{i2}=0$, 其中 $i=1,2,\cdots$, 故 $P\in\mathcal{A}'$. 因此

$$\phi_{\mathcal{A}}^{\dagger}(P)=\sum_{i=1}^{\infty}A_i^*A_iP=\mathrm{diag}\left(\sum_{i=1}^{\infty}A_{i1}^*A_{i1},0\right).$$

显然, $\sum_{i=1}^{\infty}PA_i^*PA_iP\leqslant P$. 又因为 $\dim R(P)<\infty$ 且

$$\sum_{i=1}^{\infty}PA_iPA_i^*P=\sum_{i=1}^{\infty}A_iPA_i^*=P,$$

所以

$$\mathrm{tr}\left(P-\sum_{i=1}^{\infty}PA_i^*PA_iP\right)=\mathrm{tr}\left(P-\sum_{i=1}^{\infty}PA_iPA_i^*P\right)=0,$$

故

$$P=\sum_{i=1}^{\infty}PA_i^*PA_iP=\mathrm{diag}\left(\sum_{i=1}^{\infty}A_{i1}^*A_{i1},0\right)=\sum_{i=1}^{\infty}A_i^*PA_i=\phi_{\mathcal{A}}^{\dagger}(P).$$

证毕.

下面是本节主要的结论, 给出了量子运算与对偶量子运算不动点限制在量子态上是相同的.

定理 6.3.3　设 $\phi_{\mathcal{A}}(I)\leqslant I$ 且 $\phi_{\mathcal{A}}^{\dagger}(I)\leqslant I$, 则

$$\{B\in K(\mathcal{H}):\phi_{\mathcal{A}}(B)=B\}=\{B\in K(\mathcal{H}):\phi_{\mathcal{A}}^{\dagger}(B)=B\}\subseteq\mathcal{A}'.$$

证明　若 $B\in B(\mathcal{H})^{\phi_{\mathcal{A}}}$, 则 $\sum_{i=1}^{\infty}A_iBA_i^*=B$, 故 $\sum_{i=1}^{\infty}A_iB^*A_i^*=B^*$. 因此

$$\sum_{i=1}^{\infty}A_i\frac{B+B^*}{2}A_i^*=\frac{B+B^*}{2}\quad 与\quad \sum_{i=1}^{\infty}A_i\frac{B-B^*}{2\sqrt{-1}}A_i^*=\frac{B-B^*}{2\sqrt{-1}}$$

成立. 由于 $\frac{B-B^*}{2\sqrt{-1}}$ 和 $\frac{B+B^*}{2}$ 都是自伴算子, 且 $B=\sqrt{-1}\frac{B-B^*}{2\sqrt{-1}}+\frac{B+B^*}{2}$, 因此, 不失一般性, 可以假设 B 是紧的自伴算子.

令 $B^+=\frac{B+|B|}{2}$, 且 $B^-=\frac{|B|-B}{2}$, 则 $B^+,B^-\in B(\mathcal{H})^+$ 满足 $B^+B^-=0$. 又由于 $B\in B(\mathcal{H})^{\phi_{\mathcal{A}}}$, 则

$$\sum_{i=1}^{\infty}A_i(B^+-B^-)A_i^*=B^+-B^-. \tag{6.3.2}$$

记 $P=P^B[0,+\infty)$, 其中 P^B 也表示 B 的谱测度 $(P^B[0,+\infty)=I-E_0+E(\{0\}))$ (定义 1.2.10 和定义 1.2.11), 则 $PB^+=B^+$ 且 $PB^-=0$. 因此

$$\sum_{i=1}^{\infty}PA_iB^+A_i^*P-\sum_{i=1}^{\infty}PA_iB^-A_i^*P=PB^+P=B^+, \tag{6.3.3}$$

即有 $\sum_{i=1}^{\infty}PA_iPB^+PA_i^*P\geqslant B^+$. 由题设 $\phi_{\mathcal{A}}(I)\leqslant I$ 和 $\phi_{\mathcal{A}}^{\dagger}(I)\leqslant I$, 则有

$$\sum_{i=1}^{\infty}(PA_iP)(PA_i^*P)\leqslant P \quad 与 \quad \sum_{i=1}^{\infty}(PA_i^*P)(PA_iP)\leqslant P.$$

用 $R(P)$ 替换 $\mathcal{H}$, 由引理 6.3.1 知

$$\sum_{i=1}^{\infty}PA_iB^+A_i^*P=B^+.$$

结合式 (6.3.3) 有

$$\sum_{i=1}^{\infty}PA_iB^-A_i^*P=0.$$

因此, 对 $i=1,2,\cdots$ 都有 $PA_iB^-=0$, 故 $PA_iB^-(I-P)=0$, 则

$$B^-(I-P)A_i^*P=[PA_iB^-(I-P)]^*=0.$$

又由于 $I-P=P^B(-\infty,0)$, 则 B^- 在 $R(I-P)$ 上是单射. 因此, 对 $i=1,2,\cdots$ 都有 $(I-P)A_i^*P=0$.

令 $Q=P^B(-\infty,0]$, 利用与上面相同的证明方法, 可以得到 $(I-Q)A_i^*Q=0$, 其中 $i=1,2,\cdots$. 因此, A_i 有算子矩阵形式

$$A_i=\begin{pmatrix}A_{i1}&0&A_{i3}\\0&A_{i2}&A_{i4}\\0&0&A_{i5}\end{pmatrix}:R(P^B(0,+\infty))$$
$$\oplus R(P^B(-\infty,0))\oplus R(P^B(\{0\}))\quad(i=1,2,\cdots).$$

由于

$$\mathcal{H}=R(P^B(0,+\infty))\oplus R(P^B(-\infty,0))\oplus R(P^B(\{0\})),$$

则 $B^+=\operatorname{diag}(B_1,0,0)$且$B^-=\operatorname{diag}(0,B_2,0)$, 其中 $B_1\in B(R(P^B(0,+\infty)))^+$, $B_2\in B(R(P^B(-\infty,0)))^+$. 直接计算有

$$\sum_{i=1}^{\infty}A_iB^+A_i^*=\operatorname{diag}\left(\sum_{i=1}^{\infty}A_{i1}B_1A_{i1}^*,0,0\right)\quad 且$$

$$\sum_{i=1}^{\infty}A_iB^-A_i^*=\operatorname{diag}\left(0,\sum_{i=1}^{\infty}A_{i2}B_2A_{i2}^*,0\right).$$

因此, 由式 (6.3.2) 知 $\sum_{i=1}^{\infty}A_iB^+A_i^*=B^+$ 且 $\sum_{i=1}^{\infty}A_iB^-A_i^*=B^-$ 成立. 再由引理 6.3.1 得 $B^+,B^-\in\mathcal{A}'$, 则 $B\in\mathcal{A}'$, 即有

$$\{B\in\mathcal{K}(\mathcal{H}):\phi_{\mathcal{A}}(B)=B\}\subseteq\mathcal{A}'.$$

由谱分解定理, 不妨设 $B=\sum_{n=1}^{N}\lambda_nP_n$ $(N\leqslant\infty)$, 其中 $\lambda_i\neq 0$ 且 $P_iP_j=0(i\neq j)$. 因此 $P_k\in\mathcal{A}'$, 则

$$\lambda_kP_k=P_kB=P_k\sum_{i=1}^{\infty}A_iBA_i^*=\sum_{i=1}^{\infty}A_iP_kBA_i^*=\lambda_k\sum_{i=1}^{\infty}A_iP_kA_i^*\quad(k=1,2\cdots).$$

即有 $\sum_{i=1}^{\infty}A_iP_kA_i^*=P_k$. 由引理 6.3.2 知 $\sum_{i=1}^{\infty}A_i^*P_kA_i=P_k$, 其中 $k=1,2,\cdots$. 显然

$$\sum_{i=1}^{\infty}A_i^*BA_iP_k=\sum_{i=1}^{\infty}A_i^*BP_kA_i=\lambda_k\sum_{i=1}^{\infty}A_i^*P_kA_i=BP_k,$$

又因为 $B\sum_{k=1}^{N}P_k=B$, 则 $\sum_{i=1}^{\infty}A_i^*BA_i=B$, 所以

$$\{B\in\mathcal{K}(\mathcal{H}):\phi_{\mathcal{A}}(B)=B\}\subseteq\{B\in\mathcal{K}(\mathcal{H}):\phi_{\mathcal{A}}^{\dagger}(B)=B\}.$$

同理, 可得左包含右. 证毕.

推论 6.3.4[159]　设 $\phi_{\mathcal{A}}$ 是保单位量子运算, 则 $\{B\in K(\mathcal{H}):\phi_{\mathcal{A}}(B)=B\}=K(\mathcal{H})\cap\mathcal{A}'$.

证明　由定理 6.3.3 知, $\{B\in K(\mathcal{H}):\phi_{\mathcal{A}}(B)=B\}\subseteq K(\mathcal{H})\cap\mathcal{A}'$. 又若 $B\in K(\mathcal{H})\cap\mathcal{A}'$, 则 $\phi_{\mathcal{A}}(B)=B\sum_{i=1}^{\infty}A_iA_i^*=B$, 所以

$$\{B\in K(\mathcal{H}):\phi_{\mathcal{A}}(B)=B\}\supseteq K(\mathcal{H})\cap\mathcal{A}'.$$

证毕.

下面的推论与量子信息理论有关.

推论 6.3.5[158] 设 $\mathcal{H}$ 是有限维且 $\phi_{\mathcal{A}}$ 是双随机的, 则 $\{B \in B(\mathcal{H}) : \phi_{\mathcal{A}}(B) = B\} = \mathcal{A}'$.

下面的例子说明, 推论 6.3.5 在无限维空间不成立, 也说明了定理 6.3.3 中 $B \in \mathcal{K}(\mathcal{H})$ 是必要的条件.

例 6.3.6 设 $\{e_i\}_{i=1}^{\infty}$ 是 $\mathcal{H}$ 中一组标准正交基. 定义 $V \in B(\mathcal{H})$, 满足 $V(e_i) = e_{i+1}(i = 1, 2, \cdots)$, 即 V 是重数为 1 的单侧移位算子. 显然, $V^*(e_1) = 0$ 且 $V^*(e_j) = e_{j-1}$, 其中 $j \geqslant 2$. 因此 $V^*V = I$, 且 VV^* 是 $\mathcal{H}$ 到 $\vee\{e_i : i \geqslant 2\}$ 上的正交投影. 由于

$$\Theta(B) = VBV^*, \quad B \in B(\mathcal{H})$$

是保迹的完全正映射, 则 $\{B \in B(\mathcal{H}) : \Theta(B) = B\} = \{0\}$. 事实上, 如果 $\Theta(B) = B$, 那么 $VBV^* = B$, 则有

$$\langle Be_1, e_j \rangle = \langle VBV^*e_1, e_j \rangle = 0, \text{ 其中} j = 1, 2, 3, \cdots .$$

因此, $Be_1 = 0$. 又因为

$$\langle Be_{n+1}, e_j \rangle = \langle VBV^*e_{n+1}, e_j \rangle = \langle VBe_n, e_j \rangle, \text{ 其中} j = 1, 2, 3, \cdots ,$$

所以 $Be_{n+1} = 0$, 故 $B = 0$. 由文献 [167] 知

$$\{B \in B(\mathcal{H}) : \Theta^\dagger(B) = B\} = \{B \in B(\mathcal{H}) : B \text{ 是 Toeplitz 算子}\},$$

因此 $\{B \in B(\mathcal{H}) : \Theta^\dagger(B) = B\} \neq \{B \in B(\mathcal{H}) : \Theta(B) = B\}$.

由定理 6.3.3 和例 6.3.6 可以得到下面结论.

推论 6.3.7 紧的 Toeplitz 算子是 0.

令 $\mathcal{M} = \{\phi_{\mathcal{A}} : \sum_{i=1}^{\infty} A_iA_i^* \leqslant I, \sum_{i=1}^{\infty} A_i^*A_i \leqslant I\}$.

定理 6.3.8 $\phi_{\mathcal{A}} \to \phi_{\mathcal{A}}^\dagger$ 在 $\mathcal{M}$ 上是双射.

证明 显然, $\phi_{\mathcal{A}} \to \phi_{\mathcal{A}}^\dagger$ 是满射. 如果 $\phi_{\mathcal{A}} = \phi_{\mathcal{B}}$, 那么对所有的 $X \in B(\mathcal{H})$

$$\sum_{i=1}^{\infty} A_iXA_i^* = \phi_{\mathcal{A}}(X) = \phi_{\mathcal{B}}(X) = \sum_{i=1}^{\infty} B_iXB_i^*, \tag{6.3.4}$$

其中 $\sum_{i=1}^{\infty} A_iA_i^* \leqslant I$, $\sum_{i=1}^{\infty} B_iB_i^* \leqslant I$.

记 $\{e_i\}_{i=1}^{\infty}$ 是 $\mathcal{H}$ 的一组正规正交基, 且 P_n 是 $\mathcal{H}$ 到 $\vee\{e_1, e_2, \cdots, e_n\}(n = 1, 2, \cdots)$ 上的正交投影. 由式 (6.3.4) 知

$$\sum_{i=1}^{\infty} P_nA_iP_nXP_nA_i^*P_n = \sum_{i=1}^{\infty} P_nB_iP_nXP_nB_i^*P_n.$$

因此

$$
\begin{aligned}
\operatorname{tr}\left(\sum_{i=1}^{\infty} X P_n A_i^* P_n Y P_n A_i P_n\right) &= \operatorname{tr}\left(\sum_{i=1}^{\infty} P_n A_i P_n X P_n A_i^* P_n Y P_n\right) \\
&= \operatorname{tr}\left(\sum_{i=1}^{\infty} P_n B_i P_n X P_n B_i^* P_n Y P_n\right) \\
&= \operatorname{tr}\left(\sum_{i=1}^{\infty} X P_n B_i^* P_n Y P_n B_i P_n\right),
\end{aligned} \tag{6.3.5}
$$

其中 $Y \in B(\mathcal{H})$. 又由 $X \in \mathcal{B}(\mathcal{H})$ 的任意性, 有

$$
\sum_{i=1}^{\infty} P_n A_i^* P_n Y P_n A_i P_n = \sum_{i=1}^{\infty} P_n B_i^* P_n Y P_n B_i P_n \quad (n = 1, 2, \cdots). \tag{6.3.6}
$$

显然, 对所有的 $A \in T(\mathcal{H})$, 有

$$
\operatorname{tr}[(P_n Y P_n - Y)A] = \operatorname{tr}(Y P_n A P_n) - \operatorname{tr}(YA) = \operatorname{tr}[Y(P_n A P_n - A)] \longrightarrow 0 \quad (n \longrightarrow \infty).
$$

因此 $P_n Y P_n \longrightarrow^{\sigma\text{-weak}} Y$ (当 $n \longrightarrow \infty$), 则易验证

$$
\sum_{i=1}^{\infty} A_i^* P_n Y P_n A_i \longrightarrow^{\sigma\text{-weak}} \sum_{i=1}^{\infty} A_i^* Y A_i
$$

$$
\sum_{i=1}^{\infty} B_i^* P_n Y P_n B_i \longrightarrow^{\sigma\text{-weak}} \sum_{i=1}^{\infty} B_i^* Y B_i.
$$

又因为 $P_n \longrightarrow^{\text{strong}} I$, 所以对于 $x, y \in \mathcal{H}$,

$$
\begin{aligned}
&\left|\left\langle \left(P_n \sum_{i=1}^{\infty} B_i^* P_n Y P_n B_i - \sum_{i=1}^{\infty} B_i^* Y B_i\right) x, y \right\rangle\right| \\
=& \left|\left\langle \sum_{i=1}^{\infty} B_i^* P_n Y P_n B_i x, (P_n - I)y \right\rangle + \left\langle \left(\sum_{i=1}^{\infty} B_i^* P_n Y P_n B_i - \sum_{i=1}^{\infty} B_i^* Y B_i\right) x, y \right\rangle\right| \\
\leqslant& \| Y \| \| x \| \| (I - P_n)y \| + \left|\left\langle \left(\sum_{i=1}^{\infty} B_i^* P_n Y P_n B_i - \sum_{i=1}^{\infty} B_i^* Y B_i\right) x, y \right\rangle\right| \\
\longrightarrow& 0 \quad (n \longrightarrow \infty),
\end{aligned}
$$

即有

$$
P_n \sum_{i=1}^{\infty} B_i^* P_n Y P_n B_i \longrightarrow^{\text{weak}} \sum_{i=1}^{\infty} B_i^* Y B_i, \text{ 当} n \longrightarrow \infty.
$$

应用 $P_n \longrightarrow^{\text{strong}} I$, 则

$$P_n \sum_{i=1}^{\infty} B_i^* P_n Y P_n B_i P_n \longrightarrow^{\text{weak}} \sum_{i=1}^{\infty} B_i^* Y B_i, \text{ 当} n \longrightarrow \infty.$$

同理

$$P_n \sum_{i=1}^{\infty} A_i^* P_n Y P_n A_i P_n \longrightarrow^{\text{weak}} \sum_{i=1}^{\infty} A_i^* Y A_i, \text{ 当} n \longrightarrow \infty.$$

因此, 由式 (6.3.6) 知 $\sum_{i=1}^{\infty} A_i^* Y A_i = \sum_{i=1}^{\infty} B_i^* Y B_i$, 其中 $Y \in B(\mathcal{H})$, 因此 $\phi_{\mathcal{A}}^{\dagger} = \phi_{\mathcal{B}}^{\dagger}$, 故 $\phi \to \phi^{\dagger}$ 是单射. 证毕.

注 6.3.9 事实上, 在 $T(\mathcal{H})^* = B(\mathcal{H})$ 意义下 $\phi_{\mathcal{A}}^{\dagger}$ 是 $\phi_{\mathcal{A}}\mid_{T(\mathcal{H})}$ 的连续对偶,

$$\begin{array}{ccc} B(\mathcal{H}) & \xrightarrow{\phi_{\mathcal{A}}^{\dagger}} & B(\mathcal{H}) \\ \| & & \| \\ T(\mathcal{H})^* & \xrightarrow{\phi_{\mathcal{A}}|_{T(\mathcal{H})}^*} & T(\mathcal{H})^*. \end{array}$$

或者说, $\phi_{\mathcal{A}}^{\dagger}$ 是预对偶上映射 $(\phi_{\mathcal{A}})_* : T(\mathcal{H}) \longrightarrow T(\mathcal{H})$ 的唯一 σ- 弱连续的延拓. 因此, 可以得到下面关于定理 6.3.8 的简单证明. 设 $X \in T(\mathcal{H})^+$ 和 $Y \in B(\mathcal{H})^+$, 有

$$\begin{aligned} tr(X\phi_{\mathcal{A}}^{\dagger}(Y)) &= \sum_{i=1}^{\infty} tr(XA_i^* Y A_i) = \sum_{i=1}^{\infty} tr(A_i X A_i^* Y) \\ &= \mathrm{tr}(\phi_{\mathcal{A}}(X)Y) = \mathrm{tr}(\phi_{\mathcal{B}}(X)Y) \\ &= \sum_{i=1}^{\infty} \mathrm{tr}(B_i X B_i^* Y) = \sum_{i=1}^{\infty} \mathrm{tr}(X B_i^* Y B_i) \\ &= \mathrm{tr}(X\phi_{\mathcal{B}}^{\dagger}(Y)). \end{aligned}$$

则 $\phi_{\mathcal{A}}^{\dagger}(Y) = \phi_{\mathcal{B}}^{\dagger}(Y)$.

若 $\mathcal{H}$ 是有限维的 Hilbert 空间, 则下面的结论称为量子运算的酉自由定理.

命题 6.3.10 设 N 是正整数, $A_i, B_i \in B(\mathcal{H})$ $(1 \leqslant i \leqslant N)$, 则 $\sum_{i=1}^{N} B_i X B_i^* = \sum_{i=1}^{N} A_i X A_i^*$ 对于所有的 $X \in B(\mathcal{H})$ 当且仅当存在 $N \times N$ 酉矩阵 $(u_{ij})_{1 \leqslant i,j \leqslant N}$ 使得 $A_i = \sum_{j=1}^{N} u_{ij} B_j (1 \leqslant i \leqslant N)$ 成立.

证明 充分性显然.

必要性. 令 $\{e_i\}_{i=1}^{\infty}$ 是 $\mathcal{H}$ 中的一组标准正交基, P_n 是从 $\mathcal{H}$ 到 $\vee\{e_1, e_2, \cdots, e_n\}$ $(n = 1, 2, \cdots)$ 的正交投影. 因此

$$\sum_{i=1}^{N} P_n A_i P_n X P_n A_i^* P_n = \sum_{i=1}^{N} P_n B_i P_n X P_n B_i^* P_n.$$

由文献 [168] 知, 存在 $N\times N$ 酉矩阵 $(u_{ij}^{(n)})_{1\leqslant i,j\leqslant N}$(依赖 P_n) 使得

$$\begin{pmatrix} P_nA_1P_n \\ P_nA_2P_n \\ \vdots \\ P_nA_NP_n \end{pmatrix} = (u_{ij}^{(n)}) \begin{pmatrix} P_nB_1P_n \\ P_nB_2P_n \\ \vdots \\ P_nB_NP_n \end{pmatrix}.$$

因为 $N\times N$ 的酉矩阵群 $\mathcal{U}(N)$ 在范数拓扑中是紧致的, 而且

$$\begin{pmatrix} P_nA_1P_n \\ P_nA_2P_n \\ \vdots \\ P_nA_NP_n \end{pmatrix} \longrightarrow^{\text{weak}} \begin{pmatrix} A_1 \\ A_2 \\ \vdots \\ A_N \end{pmatrix} \quad (n\longrightarrow\infty),$$

所以

$$\begin{pmatrix} A_1 \\ A_2 \\ \vdots \\ A_N \end{pmatrix} = (u_{ij}) \begin{pmatrix} B_1 \\ B_2 \\ \vdots \\ B_N \end{pmatrix},$$

其中 $(u_{ij})_{1\leqslant i,j\leqslant N}$ 是 $N\times N$ 的酉矩阵. 证毕.

6.4 算子矩阵在算子插值问题中的应用: 有限维情形

在本节中, 我们总假设 $\mathcal{H}$ 和 $\mathcal{K}$ 都是有限维空间. 由 Choi 定理知: $\Phi: B(\mathcal{H})\longrightarrow B(\mathcal{K})$ 是完全正的线性映射当且仅当 $\Phi(\cdot)=\sum_{i=1}^m A_i(\cdot)A_i^*$, 其中对所有 i, 都有 $A_i\in B(\mathcal{H},\mathcal{K})$. 对于完全正线性映射 Φ, $\{A_i\}_{i=1}^m$ 的选择并不是唯一的, 且总有不等式 $m\leqslant\min\{\dim\mathcal{H},\dim\mathcal{K}\}^2$. 在量子信息理论中, 集族 $\{A_i\}_{i=1}^m$ 也称为 Φ 的 Kraus 算子. 定义 Φ 的对偶 $\Phi^\dagger$ 为

$$\Phi^\dagger(X)=\sum_{i=1}^m A_i^*XA_i \quad 对X\in B(\mathcal{K}).$$

在量子信息论中, 量子运算是从 $B(\mathcal{H})$ 到 $B(\mathcal{K})$ 上的完全正映射, 具有形式 $\Phi(\cdot)=\sum_{i=1}^m A_i(\cdot)A_i^*$, 且满足 $\sum_{i=1}^m A_i^*A_i\leqslant I$, 等价于: 对所有 $A\in B(\mathcal{H})^+$, 都有 $tr(\Phi(A))\leqslant tr(A)$. 在有限维空间上, 保迹的完全正映射 Φ, 称为量子信道 (等价于 $\sum_{i=1}^m A_i^*A_i=I$). 如果一个量子运算 Φ 既是保迹的又是保单位元的, 那么称 Φ 为双随机运算; 特别地, 若 $\Phi(\cdot)=\sum_{i=1}^m t_iU_i(\cdot)U_i^*$, 其中 U_i 是所有的酉算子且 $t_i>0$ 并有 $\sum_{i=1}^m t_i=1$, 则称 Φ 为随机酉运算.

设 $\boldsymbol{r}=(r_1,\cdots,r_d)$ 是 $\mathbb{R}^d$ 中元素, $\boldsymbol{r}^{\downarrow}$ 是按递减顺序重排 $\boldsymbol{r}$ 的分量后所得向量. 因此, 若 $\boldsymbol{r}^{\downarrow}=(r_1^{\downarrow},\cdots,r_d^{\downarrow})$, 则有 $r_1^{\downarrow}\geqslant\cdots\geqslant r_d^{\downarrow}$. 对 $\boldsymbol{r}$ 和 $\boldsymbol{s}\in\mathbb{R}^d$, 定义 $\boldsymbol{r}$ 次受控于 $\boldsymbol{s}$, 记为 $\boldsymbol{r}\prec_w\boldsymbol{s}$, 如果对 $1\leqslant k\leqslant d$, 都有 $\sum_{i=1}^k r_i^{\downarrow}\leqslant\sum_{i=1}^k s_i^{\downarrow}$ 成立. 若也满足条件 $\sum_{i=1}^d(r_i^{\downarrow})=\sum_{i=1}^d(s_i^{\downarrow})$, 则称 $\boldsymbol{r}$ 受控于 $\boldsymbol{s}$[169] (记为 $\boldsymbol{r}\prec\boldsymbol{s}$). 当 A 和 B 都是 $n\times n$ 的自伴矩阵时, 如果由 A 的所有特征值组成的实向量, 受控于 B 的所有特征值组成的实向量也定义 $A\prec B$. $n\times n$ 的复矩阵, 如果 M 的每个元素都是非负实数, 且满足每一行和每一列的元素和都小于或等于 1, 那么 M 称为是双次随机矩阵. 特别地, 如果 M 是双次随机矩阵且满足每一行和每一列的元素和都等于 1, 那么 M 称为是双随机矩阵. 受控关系与双随机矩阵之间有着重要的联系: $\boldsymbol{r}\prec\boldsymbol{s}$ 当且仅当存在 d 阶双随机矩阵 M, 使得 $\boldsymbol{r}=M\boldsymbol{s}$.

下面的 Uhlmann's 定理揭示了受控关系和量子运算之间的关系.

Uhlmann's 定理[170] 设 A 和 B 是自伴矩阵, 则下面命题等价:

(1) $A\prec B$;

(2) 存在随机酉运算 Φ, 使得 $A=\Phi(B)$;

(3) 存在双随机量子运算 Φ, 使得 $A=\Phi(B)$.

引理 6.4.1 若 $A\in B(\mathcal{H})^+$, 则 $\{\sum_i A_iAA_i^*: A_i\in B(\mathcal{H},\mathcal{K})$ 且 $\sum_i A_i^*A_i\leqslant I\}=\{B: 0\leqslant B\in B(\mathcal{K})$ 且 $\mathrm{tr}(B)\leqslant\mathrm{tr}(A)\}$.

证明 只需要证明右边包含于左边 (另一包含关系显然). 根据 $\mathcal{H}$ 和 $\mathcal{K}$ 的维数, 下面为三种情形进行证明.

情形 1 $\dim\mathcal{H}=\dim\mathcal{K}=m$. 设 $B\in B(\mathcal{K})$ 满足 $B\geqslant 0$ 且 $\mathrm{tr}(B)\leqslant\mathrm{tr}(A)$. 不妨设 $\mathcal{H}$ 的正规正交基 $\{e_i\}_{i=1}^m$ 和 $\mathcal{K}$ 的正规正交基 $\{f_i\}_{i=1}^m$ 分别是 A 与 B 的特征向量, 且记 $Ae_i=\lambda_ie_i$ 与 $Bf_i=\mu_if_i$ 其中 $i=1,2,\cdots,m$. 显然

$$(\mu_1,\mu_2,\cdots,\mu_m)=(\lambda_1,\lambda_2,\cdots,\lambda_m)(a_{ij})_{m\times m},$$

其中对任意的 $i,j=1,2,\cdots,m$, 都有 $a_{ij}=\dfrac{\mu_i}{\mathrm{tr}(A)}$. 因此, 当 $\mathrm{tr}(B)\leqslant\mathrm{tr}(A)$ 时, 对任意的 $i\leqslant m$ 都有 $\sum_{j=1}^m a_{ij}\leqslant 1$ 成立. 在空间分解 $\mathcal{H}=\bigoplus_{i=1}^n e_i$ 与 $\mathcal{K}=\bigoplus_{i=1}^n f_i$ 下, 定义 $A_1\in\mathcal{B}(\mathcal{H},\mathcal{K})$ 为: $A_1e_i=\sqrt{a_{ii}}f_i$ 且将 $A_2,A_3,\cdots,A_m\in B(\mathcal{H},\mathcal{K})$ 分别写成下面的矩阵形式

$$A_2=\begin{pmatrix}0&0&\cdots&0&\sqrt{a_{m1}}\\ \sqrt{a_{12}}&0&0&\cdots&0\\ 0&\sqrt{a_{23}}&0&\cdots&0\\ \vdots&\vdots&\vdots&\cdots&\vdots\\ 0&\cdots&0&\sqrt{a_{(m-1)m}}&0\end{pmatrix},$$

$$A_3 = \begin{pmatrix} 0 & 0 & \cdots & \sqrt{a_{(m-1)1}} & 0 \\ 0 & 0 & \cdots & 0 & \sqrt{a_{m2}} \\ \sqrt{a_{13}} & 0 & 0 & \cdots & 0 \\ \vdots & \vdots & \vdots & \cdots & \vdots \\ 0 & \cdots & \sqrt{a_{(m-2)m}} & 0 & 0 \end{pmatrix}$$

$$\vdots$$

$$A_m = \begin{pmatrix} 0 & \sqrt{a_{21}} & 0 & \cdots & 0 \\ 0 & 0 & \sqrt{a_{32}} & \cdots & 0 \\ \vdots & \vdots & \vdots & & \vdots \\ 0 & 0 & 0 & \cdots & \sqrt{a_{m(m-1)}} \\ \sqrt{a_{1m}} & \cdots & 0 & 0 & 0 \end{pmatrix},$$

则容易验证

$$\sum_{j=1}^{m} A_m^* A_m = \frac{\operatorname{tr}(B)}{\operatorname{tr}(A)} I_{\mathcal{K}}$$

且

$$\sum_{j=1}^{m} A_m \operatorname{diag}(\lambda_1, \lambda_2, \cdots, \lambda_m) A_m^* = \operatorname{diag}(\mu_1, \mu_2, \cdots, \mu_m).$$

因此, $\Phi(\cdot) = \sum_{j=1}^{m} A_m(\cdot)A_m^*$ 是满足 $\Phi(A) = B$ 的广义量子运算.

情形 2　$\dim \mathcal{H} = n < \dim \mathcal{K} = m$. 设 $Ae_i = \lambda_i e_i$ 对 $i \leqslant n$, 其中 $\{e_i\}_{i=1}^{n}$ 是 A 的特征向量, 首先将 $\mathcal{H}$ 的这组正规正交基扩展为 m 维 Hilbert 空间 $\mathcal{H}_1$ 的一组正规正交基. 即存在一个从 $\mathcal{H}$ 到 $\mathcal{H}_1$ 的等距算子 V, 使得

$$VAV^* = \operatorname{diag}(\lambda_1, \cdots, \lambda_m, 0, \cdots, 0).$$

由情形 1 可以得到广义量子运算 Φ 满足 $\Phi(VAV^*) = B$. 因此, $\Phi_1(X) = \Phi(VXV^*)$ 是从 $B(\mathcal{H})$ 到 $B(\mathcal{K})$ 的广义量子运算.

情形 3　$\dim \mathcal{H} = n > \dim \mathcal{K} = m$. 由情形 1 可知存在广义量子运算 Φ 使得 $\Phi(A) = B \oplus 0$, 其中我们补充了一个 $n-m$ 维 Hilbert 空间 $\mathcal{K}_1$ 到 $\mathcal{K}$ 上且 0 是在空间 $\mathcal{K}_1$ 上的算子. 设 $\{f_i\}_{i=1}^{n-m}$ 是 $\mathcal{K}_1$ 的一个正规正交基且 e 是 $\mathcal{K}$ 上的单位向量. 令

$$B_1 = (I, 0),\ A_i = (0, e \otimes f_i), \quad 对\ i \leqslant n-m,$$

其中 $e \otimes f_i$ 表示一秩算子 $z \mapsto \langle z, f_i \rangle e$ $(z \in \mathcal{K}_1)$. 容易验证,

$$B_1(B \oplus 0)B_1^* + \sum_{i=1}^{n-m} A_i(B \oplus 0)A_i^* = B \quad 且 \quad B_1^* B_1 + \sum_{i=1}^{n-m} A_i^* A_i = I_{\mathcal{K}} \oplus I_{\mathcal{K}_1}.$$

因此, 由 $\Phi_1(\cdot)=B_1(\cdot)B_1^*+\sum_{i=1}^{n-m}A_i(\cdot)A_i^*$ 定义的 Φ_1 是从 $B(\mathcal{K}\oplus\mathcal{K}_1)$ 到 $B(\mathcal{K})$ 的保迹算子. 故 $\Phi_1\circ\Phi$ 是广义量子运算. 证毕.

定理 6.4.2 若 $A\in B(\mathcal{H})$ 是自伴算子, 则 $\{\sum_i A_iAA_i^*:A_i\in B(\mathcal{H},\mathcal{K})$ 且 $\sum_i A_i^*A_i\leqslant I\}=\{B-C:B,C\geqslant 0,\mathrm{tr}(B)\leqslant\mathrm{tr}(A^+),\mathrm{tr}(C)\leqslant\mathrm{tr}(A^-)\}$.

证明 若 $\sum_i A_i^*A_i\leqslant I$, 则可得 $B=\sum_i A_iA^+A_i^*$, $C=\sum_i A_iA^-A_i^*$ 且满足 $\mathrm{tr}(B)\leqslant\mathrm{tr}(A^+)$ 和 $\mathrm{tr}(C)\leqslant\mathrm{tr}(A^-)$. 因此, 右边包含左边.

下面证明右边包含于左边. 为叙述简便, 记 $B_1=(B-C)^+$ 和 $B_2=(B-C)^-$. 因此, $B_1-B_2=B-C$, 直接计算可得

$$\mathrm{tr}(B_1)\leqslant\mathrm{tr}(B)\leqslant\mathrm{tr}(A^+)\quad 与\quad \mathrm{tr}(B_2)\leqslant\mathrm{tr}(C)\leqslant\mathrm{tr}(A^-).$$

空间 $\mathcal{H}$ 和 $\mathcal{K}$ 可以分解为 $\mathcal{H}=R(A^+)\oplus R(A^-)\oplus N(A)$ 和 $\mathcal{K}=R(B_1)\oplus R(B_2)\oplus N(B-C)$. 显然, 在上面空间分解下

$$A=\mathrm{diag}(A_1^+,-A_1^-,0)\quad 且\quad B-C=\mathrm{diag}(B_{11},-B_{21},0),$$

其中 A_1^+ 和 B_{11} 分别在子空间 $R(A^+)$ 和 $R(B_1)$ 上可逆; A_1^- 和 B_{21} 分别在子空间 $R(A^-)$ 和 $R(B_2)$ 上可逆. 当 $\mathrm{tr}(B_1)\leqslant\mathrm{tr}(A^+)$ 且 $\mathrm{tr}(B_2)\leqslant\mathrm{tr}(A^-)$ 时, 由引理 6.4.1, 存在 $D_i,C_i\in B(\mathcal{H},\mathcal{K})$, $i=1,2,\cdots,m$ 使得

$$\sum_i D_iA^+D_i^*=B_1\quad 且\quad \sum_i D_i^*D_i\leqslant I$$

$$\sum_i C_iA^-C_i^*=B_2\quad 且\quad \sum_i C_i^*C_i\leqslant I.$$

不妨设对 $i=1,2,\cdots,m$, 有

$$D_i=\begin{pmatrix} D_{i1} & D_{i2} & D_{i3}\\ D_{i4} & D_{i5} & D_{i6}\\ D_{i7} & D_{i8} & D_{i9}\end{pmatrix}:R(A^+)\oplus R(A^-)\oplus N(A)\to R(B_1)\oplus R(B_2)\oplus N(B-C)$$

$$C_i=\begin{pmatrix} C_{i1} & C_{i2} & C_{i3}\\ C_{i4} & C_{i5} & C_{i6}\\ C_{i7} & C_{i8} & C_{i9}\end{pmatrix}:R(A^+)\oplus R(A^-)\oplus N(A)\to R(B_1)\oplus R(B_2)\oplus N(B-C).$$

显然, 由 $D_iA^+D_i^*\leqslant B_1$ 可得 $R(D_i(A^+)^{\frac{1}{2}})\subseteq R(B_1)$, $i=1,2,\cdots,m$. 又由直接计算, 得

$$D_i(A^+)^{\frac{1}{2}}=\begin{pmatrix} D_{i1}(A_1^+)^{\frac{1}{2}} & 0 & 0\\ D_{i4}(A_1^+)^{\frac{1}{2}} & 0 & 0\\ D_{i7}(A_1^+)^{\frac{1}{2}} & 0 & 0\end{pmatrix}.$$

因此, $D_{i4}(A_1^+)^{\frac{1}{2}}=0$ 且 $D_{i7}(A_1^+)^{\frac{1}{2}}=0$. 因为 A_1^+ 在子空间 $R(A^+)$ 上是可逆的, 所以 $D_{i4}=0$ 且 $D_{i7}=0$. 因此

$$\sum_i D_iA^+D_i^*=\mathrm{diag}\left(\sum_i D_{i1}A_1^+D_{i1}^*,0,0\right)=\mathrm{diag}(B_{11},0,0),$$

这蕴涵 $\sum_i D_{i1}A_1^+D_{i1}^*=B_{11}$, 故 $\sum_i \widetilde{D_i}A^+\widetilde{D_i}^*=B_1$, 其中 $\widetilde{D_i}=\mathrm{diag}(D_{i1},0,0)$. 显然

$$\sum_i D_i^*D_i\leqslant I\Longrightarrow\sum_i \widetilde{D_i}^*\widetilde{D_i}\leqslant I.$$

通过类似与上面的证明, 可以得到 $\widetilde{C_i}=\mathrm{diag}(0,C_{i5},0)\ (i=1,2,\cdots,m)$, 满足

$$\sum_i \widetilde{C_i}^*\widetilde{C_i}\leqslant I\quad 与\quad \sum_i \widetilde{C_i}A^-\widetilde{C_i}^*=B_2.$$

设

$$A_i=\mathrm{diag}(D_{i1},C_{i5},0):R(A^+)\oplus R(A^-)\oplus N(A)\to R(B_1)\oplus R(B_2)\oplus N(B-C),$$

$i=1,2,\cdots,m$, 则有

$$\sum_i A_iAA_i^*=B_1-B_2=B-C.$$

证毕.

推论 6.4.3　若 $A\in B(\mathcal{H})$ 是自伴算子, 则 $\{\sum_i A_iAA_i^*: A_i\in B(\mathcal{H},\mathcal{K})$ 且 $\sum_i A_i^*A_i=I\}=\{B-C:B,C\geqslant 0,\mathrm{tr}(B)=\mathrm{tr}(A^+),\mathrm{tr}(C)=\mathrm{tr}(A^-)\}$.

证明　只需要证明右边包含于左边, 另一包含关系显然. 设

$$D\in\{B-C:B,C\geqslant 0,\mathrm{tr}(B)=\mathrm{tr}(A^+),\mathrm{tr}(C)=\mathrm{tr}(A^-)\},$$

则 $D=B-C$ 满足 $\mathrm{tr}(D)=\mathrm{tr}(A)$ 且$\mathrm{tr}(D^+)\leqslant\mathrm{tr}(B)=\mathrm{tr}(A^+)$. 不妨设

$$\dim\mathcal{H}=m\quad 与\quad \dim\mathcal{K}=n.$$

记 $\{\mu_i\}_{i=1}^m$ 和 $\{\lambda_i\}_{i=1}^n$ 分别为 A 与 B 的特征值, 则由文献 [171] 知存在一个 $m\times n$ 矩阵 (a_{ij}) 使得

$$(\lambda_1,\lambda_2,\cdots,\lambda_n)=(\mu_1,\mu_2,\cdots,\mu_m)(a_{ij}),$$

其中所有的 $a_{ij}\geqslant 0$ 且对任意的 $i\leqslant m$ 均有 $\sum_{j=1}^n a_{ij}=1$. 由引理 6.4.1 的情形 1 中的构造方法, 可得 A_i 满足要求. 证毕.

下面在量子运算的所有对偶运算组成的集合 (即从 $B(\mathcal{H})$ 到 $B(\mathcal{K})$ 上的压缩完全正映射组成的集合) 中考虑上面两个结论. 命题 6.4.4 的证明方法与引理 6.4.1 和

定理 6.4.2 类似. 事实上, 由文献 [171] 知: 存在保单位的完全正映射 $\Phi : M_n \longrightarrow M_m$ 使得 $\Phi(A) = B$ 当且仅当存在非负列随机矩阵 $D = (d_{pq})$ 使得

$$(\mu_1, \mu_2, \cdots, \mu_m) = (\lambda_1, \lambda_2, \cdots, \lambda_n)D,$$

其中 μ_i 和 λ_j 分别是自伴算子 B 和 A 的所有特征值.

命题 6.4.4 设 $A \in B(\mathcal{H})^+$, 则

(1) $\{\sum_i A_i A A_i^* : A_i \in B(\mathcal{H}, \mathcal{K})$ 且 $\sum_i A_i A_i^* \leqslant I\} = \{B : 0 \leqslant B \in B(\mathcal{K})$ 且 $\|B\| \leqslant \|A\|\}$;

(2) 若 A 可逆, 则 $\{\sum_i A_i A A_i^* : A_i \in B(\mathcal{H}, \mathcal{K})$ 且 $\sum_i A_i A_i^* = I\} = \{B : 0 \leqslant B \in B(\mathcal{K}), \|B^{-1}\| \leqslant \|A^{-1}\|$ 且 $\|B\| \leqslant \|A\|\}$;

(3) 若 A 不可逆, 则 $\{\sum_i A_i A A_i^* : A_i \in B(\mathcal{H}, \mathcal{K})$ 且 $\sum_i A_i A_i^* = I\} = \{B : 0 \leqslant B \in B(\mathcal{K})$ 且 $\|B\| \leqslant \|A\|\}$.

命题 6.4.5 如果 $A \in B(\mathcal{H})$ 是自伴算子, 那么

$$\begin{aligned}&\left\{\sum_i A_i A A_i^* : A_i \in B(\mathcal{H}, \mathcal{K}) \text{ 且} \sum_i A_i A_i^* \leqslant I\right\} \\ =&\{B - C : B, C \geqslant 0, \|B\| \leqslant \|A^+\|, \|C\| \leqslant \|A^-\|\}\end{aligned}.$$

证明 若 $B, C \geqslant 0$, 则

$$\|(B-C)^+\| \leqslant \|B\| \leqslant \|A^+\| \text{ 且 } \|(B-C)^-\| \leqslant \|C\| \leqslant \|A^-\|$$

成立. 应用命题 6.4.4 (1), 余下的证明与定理 6.4.2 类似.

命题 6.4.6 设 $A \in B(\mathcal{H})$ 是自伴算子且 $A^+, A^- \neq 0$, 则 $\{\sum_i A_i A A_i^* : A_i \in B(\mathcal{H}, \mathcal{K})$ 且 $\sum_i A_i A_i^* = I\} = \{B - C : B, C \geqslant 0, 0 < \|B\| \leqslant \|A^+\|, 0 < \|C\| \leqslant \|A^-\|\}$.

证明 容易看到左边包含于右边. 现设 $\|B\| \leqslant \|A^+\|$ 且 $\|C\| \leqslant \|A^-\|$. 如果按不增顺序记 $B - C$ 和 A 的所有特征值为 $\mu_1, \mu_2, \cdots, \mu_m$ 和 $\lambda_1, \lambda_2, \cdots, \lambda_n$, 则上面的条件蕴涵 $[\mu_m, \mu_1] \subseteq [\lambda_n, \lambda_1]$. 因此, 存在非负列随机矩阵 $D = (d_{pq})$ 使得 $(\mu_1, \mu_2, \cdots, \mu_m) = (\lambda_1, \lambda_2, \cdots, \lambda_n)D$, 由此可得存在保单位的完全正映射 Φ, 使得 $\Phi(A) = B - C$, 故右边包含于左边. 证毕.

下面将得到一个与 Uhlmann's 定理相似的结论. 但是, 需要限制 $A, B \in B(\mathcal{H})^+$. 此外, 量子运算 Φ 被称作是混合部分等距运算, 若 $\Phi(\cdot) = \sum_{i=1} t_i V_i(\cdot)V_i^*$, 则对所有 i, 都有 $V_i \in B(\mathcal{H}, \mathcal{K})$ 是部分等距算子且 $t_i \geqslant 0$, 满足 $\sum_{i=1} t_i = 1$.

定理 6.4.7 设 $A, B \in B(\mathcal{H})^+$ 且分别有特征值 $\lambda_1, \lambda_2, \cdots, \lambda_n$ 和 $\mu_1, \mu_2, \cdots, \mu_n$. 令 $a = (\lambda_1, \lambda_2, \cdots, \lambda_n)$, $b = (\mu_1, \mu_2, \cdots, \mu_n)$, 则下面命题等价.

(1) 存在量子运算 Φ, 使得 $\Phi(I) \leqslant I$ 且 $\Phi(A) = B$;

(2) 存在双次随机矩阵 D 使得 $b = aD$;

(3) 存在混合部分等距生成的完全正映射 Φ, 使得 $\Phi(A) = B$.

(4) $b \prec_w a$.

证明　由文献 [169] 可得 (2) $\Longleftrightarrow$ (4), 且 (3) $\Rightarrow$ (1) 显然.

(1) $\Rightarrow$ (2) 不妨设 $A = U_1\mathrm{diag}(\lambda_1, \lambda_2, \cdots, \lambda_n)U_1^*$ 且 $B = U_2\mathrm{diag}(\mu_1, \mu_2, \cdots, \mu_n)U_2^*$, 其中 U_1 和 U_2 是酉算子, 则 $\sum_i A_iAA_i^* = B$ 蕴涵

$$\sum_i U_2^*A_iU_1\mathrm{diag}(\lambda_1, \lambda_2, \cdots, \lambda_n)U_1^*A_i^*U_2 = \mathrm{diag}(\mu_1, \mu_2, \cdots, \mu_n).$$

记 $D_i = U_2^*A_iU_1$, 则

$$\sum_i D_i\mathrm{diag}(\lambda_1, \lambda_2, \cdots, \lambda_n)D_i^* = \mathrm{diag}(\mu_1, \mu_2, \cdots, \mu_n).$$

可以设 $D_i = (d_{i,kj})_{n\times n}$ (在合适的正规正交基下). 由直接计算可得

$$\sum_i\sum_{j=1}^n |d_{i,kj}|^2\lambda_j = \mu_k, \quad k = 1, 2, \cdots, n.$$

设

$$D = \begin{pmatrix} \sum_i |d_{i,11}|^2 & \sum_i |d_{i,21}|^2 & \cdots & \sum_i |d_{i,n1}|^2 \\ \sum_i |d_{i,12}|^2 & \sum_i |d_{i,22}|^2 & \cdots & \sum_i |d_{i,n2}|^2 \\ \vdots & \vdots & & \vdots \\ \sum_i |d_{i,1n}|^2 & \sum_i |d_{i,2n}|^2 & \cdots & \sum_i |d_{i,nn}|^2 \end{pmatrix},$$

则有 $b = aD$. 易证当 $\sum_i D_iD_i^* \leqslant I$ 及 $\sum_i D_i^*D_i \leqslant I$ 时, D 是双次随机矩阵.

(2) $\Rightarrow$ (3). 设存在双次随机矩阵 D 使得 $b = aD$. 由文献 [169] 得 D 是部分置换矩阵 P_j (在每行每列至多有一个 1 且其他位置均为 0) 的凸组合, 因此 $b = \sum_j p_jaP_j$, 其中 $p_j \geqslant 0$ 且 $\sum_j p_j = 1$. 故通过直接的矩阵运算, 可得

$$diag(\mu_1, \mu_2, \cdots, \mu_n) = \sum_j p_jP_j^*diag(\lambda_1, \lambda_2, \cdots, \lambda_n)P_j.$$

不妨设 $\{e_i\}_{i=1}^n$ 和 $\{f_i\}_{i=1}^n$ 分别是 A 和 B 的特征空间的正规正交基, 也即 $Ae_i = \lambda_ie_i$ 和 $Bf_i = \mu_if_i$, $i = 1, 2, \cdots, n$. 设从空间 $\mathcal{K} = \bigoplus_{i=1}^n f_i$ 到 $\mathcal{H} = \bigoplus_{i=1}^n e_i$, 算子 $\widetilde{P_j} \in \mathcal{B}(\mathcal{H})$ 有矩阵形式 P_j, 因此 $B = \sum_j p_j\widetilde{P_j}^*A\widetilde{P_j}$. 显然, $\widetilde{P_j}^*$ 是部分等距算子, 故 (3) 成立. 证毕.

注 6.4.8 Schur-Horn 定理证明了:

$$\begin{aligned}&\operatorname{diag}\{U\operatorname{diag}(\lambda_1,\lambda_2,\cdots,\lambda_n)U^*:U\ \text{是}n\times n\ \text{的酉矩阵}\}\\&=\{(\mu_1,\mu_2,\cdots,\mu_n):(\mu_1,\mu_2,\cdots,\mu_n)\prec(\lambda_1,\lambda_2,\cdots,\lambda_n)\},\end{aligned}$$

其中所有的 λ_i 和 μ_i 都是实数. 因此根据定理 6.4.7 和 Uhlmann's 定理之间的关系, 可以猜想

$$\begin{aligned}&\operatorname{diag}\{V\operatorname{diag}(\lambda_1,\lambda_2,\cdots,\lambda_n)V^*:V\ \text{是}n\times n\ \text{部分等距矩阵}\}\\&=\{(\mu_1,\mu_2,\cdots,\mu_n):(\mu_1,\mu_2,\cdots,\mu_n)\prec_w(\lambda_1,\lambda_2,\cdots,\lambda_n)\},\end{aligned}$$

其中所有 λ_i 和 μ_i 都是非负数. 但是, 这一猜想并不正确. 例如,

$$\left(1,\frac{1}{3}\right)\notin\operatorname{diag}\left\{V\operatorname{diag}\left(1,\frac{1}{2}\right)V^*:V\ \text{是}2\times 2\ \text{部分等距矩阵}\right\}.$$

事实上, 假设 $V=(a_{ij})$ 是部分等距矩阵满足 $\left(1,\frac{1}{3}\right)\in\operatorname{diag}\left(V\operatorname{diag}\left(1,\frac{1}{2}\right)V^*\right)$, 则 VV^* 是秩为 1 的正交投影, 这蕴涵了 $\sum_{i=1}^2\sum_{j=1}^2|a_{ij}|^2=1$. 由 $\left(1,\frac{1}{3}\right)\in\operatorname{diag}\left(V\operatorname{diag}\left(1,\frac{1}{2}\right)V^*\right)$, 可得

$$\sum_{i=1}^2|a_{i1}|^2+\frac{1}{2}\sum_{i=1}^2|a_{i2}|^2=\frac{4}{3}.$$

矛盾!

为了证明下面结论, 需要 Weyl 在文献 [172] 中给出的特征值估计公式. 设 A 是紧自伴算子且特征值排序为 $\lambda_1\geqslant\lambda_2\geqslant\lambda_3\geqslant\cdots$, 则有

$$\max_{P\in P_n}\operatorname{tr}(AP)=\sum_{i=1}^n\lambda_i,$$

其中 P_n 是所有 n- 秩正交投影构成的集合.

推论 6.4.9 若 $A\in B(\mathcal{H})$ 是自伴算子, 则 $\{\sum_i A_iAA_i^*:A_i\in B(\mathcal{H})$ 并且 $\sum_i A_iA_i^*\leqslant I,\sum_i A_i^*A_i\leqslant I\}=\{B-C:B,C\geqslant 0,B\prec_w A^+,C\prec_w A^-\}$.

证明 由定理 6.4.7, 左边包含于右边. 另一方面, 注意到: $B-C=(B-C)^+-(B-C)^-$, 则上面 Weyl 特征值估计蕴涵

$$(B-C)^+\prec_w B\ \text{与}\ (B-C)^-\prec_w C.$$

由此得出

$$(B-C)^+\prec_w A^+\ \text{与}\ (B-C)^-\prec_w A^-.$$

因此, 由定理 6.4.7 和定理 6.4.2 的证明方法, 可以得到要证的结果. 证毕.

最后给出下面的结论.

命题 6.4.10　设 $A \in B(\mathcal{H})$ 是自伴算子, 且 Φ 是从 $B(\mathcal{H})$ 到 $B(\mathcal{K})$ 上的量子运算, 若 $tr(\Phi(A)^+) \geqslant tr(A^+)$, 则 $\Phi(A^+) = \Phi(A)^+$ 且 $\Phi(A^-) = \Phi(A)^-$.

证明　显然有 $\Phi(A^+) - \Phi(A^-) = \Phi(A)^+ - \Phi(A)^-$ 且$\mathrm{tr}(\Phi(A)^+) \leqslant \mathrm{tr}(\Phi(A^+))$. 又由于 Φ 是量子信道且 $\mathrm{tr}(\Phi(A)^+) \geqslant \mathrm{tr}(A^+)$, 则有

$$\mathrm{tr}(\Phi(A)^+) \leqslant \mathrm{tr}(\Phi(A^+)) = \mathrm{tr}(A^+) \leqslant \mathrm{tr}(\Phi(A)^+),$$

故有 $\mathrm{tr}(\Phi(A)^+) = \mathrm{tr}(\Phi(A^+))$. 设 P 是在 $\Phi(A)^+$ 值域上的正交投影, 则

$$\Phi(A)^+ = P\Phi(A^+)P - P\Phi(A^-)P, \tag{6.4.1}$$

由此得

$$\mathrm{tr}(\Phi(A)^+) = \mathrm{tr}[P\Phi(A^+)P - P\Phi(A^-)P] \leqslant \mathrm{tr}(\Phi(A^+)),$$

因此

$$\mathrm{tr}[P\Phi(A^+)P] = \mathrm{tr}(\Phi(A)^+) \quad 与 \quad \mathrm{tr}[P\Phi(A^-)P] = 0.$$

故

$$\Phi(A^+)P = \Phi(A^+) \quad 与 \quad \Phi(A^-)P = 0. \tag{6.4.2}$$

再结合式 (6.4.1) 与 (6.4.2), 则结论成立. 证毕.

6.5　算子矩阵在算子插值问题中的应用: 无限维情形

在量子信息论中, 量子信道是从 $T(\mathcal{H})$ 到 $T(\mathcal{K})$ 上完全正的保迹线性映射. 由 Kraus 定理或文献 [176], 量子信道 Ψ 有算子和形式的表示

$$\Psi(\cdot) = \sum_{i=1}^{\infty} V_i(\cdot)V_i^*, \quad 其中 \quad \sum_{i=1}^{\infty} V_i^*V_i = I_{\mathcal{H}},$$

且 $V_i \in \mathcal{B}(\mathcal{H}, \mathcal{K})$. 因为在无限维空间中, 单位算子 I 不是迹类算子, 所以通常 $\Psi(I)$ 是没有定义. 然而, 若对所有的向量 $x \in \mathcal{K}$, 都有 $\sum_{i=1}^{\infty} \|V_i^*x\|^2 < \infty$ 成立, 则由一致有界原理知: 当 $n \longrightarrow \infty$, 有 $\sum_{i=1}^{n} V_iV_i^* \longrightarrow$ 强算子收敛于A. 因此, 在此情形下, 量子信道 Ψ 能延拓为从 $B(\mathcal{H})$ 到 $B(\mathcal{K})$ 上的完全正映射. 对从 $B(\mathcal{H})$ 到 $B(\mathcal{K})$ 上完全正线性映射 Ψ, 若 $\Psi(I) = I$, 则 Ψ 称为保单位的, 如果量子信道 Ψ 是保单位的, 则称其是双随机的, 故 Ψ 可以看作是从 $B(\mathcal{H})$ 到 $B(\mathcal{K})$ 的完全正映射. 记 $D(\mathcal{H})$ 表示空间 $\mathcal{H}$ 上量子态的全体, 即有 $\rho \in D(\mathcal{H})$ 当且仅当 $\rho \in T(\mathcal{H})^+$ 且 $tr(\rho) = 1$. 无限维空间量子信道、量子运算及其应用见文献 [177]~[182].

为了证明主要结论, 将需要下面的引理.

引理 6.5.1 设 $\mathcal{H}_1 \subseteq \mathcal{H}_2$ 是有限维或无限维 Hilbert 空间, 且 $\rho_1 \in D(\mathcal{H}_1)$, 则

(1) 存在从 $T(\mathcal{H}_1)$ 到 $T(\mathcal{H}_2)$ 的量子信道 Φ, 使得 $\Phi(\rho_1) = \rho_1 \oplus 0$;

(2) 存在从 $T(\mathcal{H}_2)$ 到 $T(\mathcal{H}_1)$ 的量子信道 Ψ, 使得 $\Psi(\rho_1 \oplus 0) = \rho_1$.

证明 (1) 记

$$V = \begin{pmatrix} I \\ 0 \end{pmatrix} : \mathcal{H}_1 \to \mathcal{H}_1 \oplus [\mathcal{H}_2 \ominus \mathcal{H}_1],$$

则

$$V^* = \begin{pmatrix} I & 0 \end{pmatrix} : \mathcal{H}_1 \oplus [\mathcal{H}_2 \ominus \mathcal{H}_1] \to \mathcal{H}_1, \quad V\rho_1 V^* = \rho_1 \oplus 0$$

且 $V^*V = I_{\mathcal{H}_1}$. 因此, $\Phi(\cdot) = V(\cdot)V^*$ 是需要的量子信道.

(2) 固定单位向量 $e \in \mathcal{H}_1$. 设 $\{e_i\}_{i=1}^m$ $(m \leqslant \infty)$ 是 $\mathcal{H}_2 \ominus \mathcal{H}_1$ 的一组正规基. 若令 $A_i = x \otimes e_i$, 则易知

$$\sum_{i=1}^m A_i^* A_i = I_{\mathcal{H}_2 \ominus \mathcal{H}_1},$$

且对 $i = 1, 2, \cdots, m$ 有 $A_i(\rho_1 \oplus 0)A_i^* = 0$. 也令

$$A_0 = \begin{pmatrix} I & 0 \end{pmatrix} : \mathcal{H}_1 \oplus [\mathcal{H}_2 \ominus \mathcal{H}_1] \to \mathcal{H}_1,$$

则有 $A_0(\rho_1 \oplus 0)A_0^* = \rho_1$ 与$A_0^*A_0 + \sum_{i=1}^m A_i^* A_i = I_{\mathcal{H}_2}$ 成立. 因此

$$\Psi(\cdot) = A_0(\cdot)A_0^* + \sum_{i=1}^m A_i(\cdot)A_i^*$$

是从 $D(\mathcal{H}_2)$ 到 $D(\mathcal{H}_1)$ 的量子信道. 证毕.

定理 6.5.2 设 $\mathcal{H}$ 和 $\mathcal{K}$ 是有限或无限维 Hilbert 空间, 且 $\rho \in D(\mathcal{H})$, $\sigma \in D(\mathcal{K})$, 则存在从 $T(\mathcal{H})$ 到 $T(\mathcal{K})$ 的量子信道使得 $\Psi(\rho) = \sigma$.

证明 首先设 $\mathcal{H}$ 和 $\mathcal{K}$ 是无限维 Hilbert 空间, 则分别存在 $\mathcal{H}$ 和 $\mathcal{K}$ 的正规正交基 $\{e_i\}_{i=1}^\infty$ 和 $\{f_i\}_{i=1}^\infty$ 使得 $Ae_i = \lambda_i e_i$, 且 $Bf_i = \mu_i f_i$, $(i = 1, 2, \cdots)$. 由于 $\sum_{i=1}^\infty \lambda_i = 1$, 易验证

$$(\mu_1, \mu_2, \cdots, \mu_m, \cdots) = (\lambda_1, \lambda_2, \cdots, \lambda_n, \cdots) \begin{pmatrix} \mu_1 & \mu_2 & \cdots & \mu_n & \cdots \\ \mu_1 & \mu_2 & \cdots & \mu_n & \cdots \\ \vdots & \vdots & & \vdots & \\ \mu_1 & \mu_2 & \cdots & \mu_n & \cdots \\ \vdots & \vdots & \cdots & \vdots & \end{pmatrix}.$$

关于 $\mathcal{K}$ 的正规正交基 $\{f_i\}_{i=1}^{\infty}$ 和 $\mathcal{H}$ 的正规正交基 $\{e_i\}_{i=1}^{\infty}$, 记作 $A_1=\operatorname{diag}(\sqrt{\mu_1},\sqrt{\mu_2},\sqrt{\mu_3},\cdots)$ 且对 $n=2,3,4,\cdots$ 有

$$A_2=\begin{pmatrix} 0 & \sqrt{\mu_2} & 0 & \cdots & \cdots & \cdots \\ 0 & 0 & \sqrt{\mu_3} & 0 & \cdots & \cdots \\ \vdots & \vdots & \ddots & \ddots & \ddots & \cdots \\ 0 & 0 & 0 & \cdots & \sqrt{\mu_m} & \cdots \\ \vdots & \vdots & \vdots & \vdots & \vdots & \end{pmatrix},$$

$$A_n=\begin{pmatrix} 0 & \cdots & 0 & \sqrt{\mu_n} & 0 & \cdots & \cdots & \cdots \\ 0 & \cdots & 0 & 0 & \sqrt{\mu_{n+1}} & 0 & \cdots & \cdots \\ \vdots & & \vdots & \vdots & \ddots & \ddots & \ddots & \cdots \\ 0 & \cdots & 0 & 0 & 0 & 0 & \sqrt{\mu_{n+m}} & \cdots \\ \vdots & \cdots & \vdots & \vdots & \vdots & \vdots & \vdots & \end{pmatrix}$$

即 $A_2\in B(\mathcal{K},\mathcal{H})$ 满足 $A_2f_1=0$, 且对 $n=2,3,\cdots$ 有 $A_2f_n=\sqrt{\mu_n}e_{n-1}$. 当 $1\leqslant i\leqslant k-1$ 时令 $A_kf_i=0$; 当 $n=k,k+1,\cdots$, $k=3,4,\cdots$ 时令 $A_kf_n=\sqrt{\mu_n}e_{n-k+1}$. 对 $k=2,3,\cdots$, 定义 B_k 如下: $B_kf_n=\sqrt{\mu_n}e_{n+k-1}$, 对 $n=1,2,\cdots$. 直接计算得

$$\sum_{i=1}^{\infty}A_iA_i^*+\sum_{i=2}^{\infty}B_iB_i^*=I_{\mathcal{H}} \quad 与 \quad \sum_{i=1}^{\infty}A_i^*\rho A_i+\sum_{i=2}^{\infty}B_i^*\rho B_i=\sigma$$

成立. 因此

$$\Psi(\cdot)=\sum_{i=1}^{\infty}A_i^*(\cdot)A_i+\sum_{i=2}^{\infty}B_i^*(\cdot)B_i$$

是期望的量子信道.

若 $\mathcal{H}$ 是有限维 Hilbert 空间, 则把 $\mathcal{H}$ 扩张到无限维 Hilbert 空间 $\mathcal{H}_1$. 由引理 6.5.1 知, 存在从 $D(\mathcal{H})$ 到 $D(\mathcal{H}_1)$ 的量子信道 Φ 使得 $\Phi(\rho)=\rho\oplus 0$. 同样, 存在从 $D(\mathcal{H}_1)$ 到 $D(\mathcal{K})$ 的量子信道 Ψ, 其中 $\Psi(\rho\oplus 0)=\sigma$. 因此, $\Psi(\Phi(\rho))=\sigma$, $\Psi(\Phi(\cdot))$ 是量子信道.

类似地, 可以证明当 $\mathcal{K}$ 是有限维 Hilbert 空间. 证毕.

命题 6.5.3 设 $\mathcal{H}$ 是无限维 Hilbert 空间, $\rho\in D(\mathcal{H})$ 是单射且 $\sigma\in D(\mathcal{H})$ 是一秩投影 (纯态), 若 $\sum_{i=1}^{\infty}A_i\rho A_i^*=\sigma$, 且 $\sum_{i=1}^{\infty}A_i^*A_i=I$, 则 $\sum_{i=1}^{\infty}A_iA_i^*$ 不存在.

证明 因为 $\sigma\in D(\mathcal{H})$ 是纯态, 由 $\sum_{i=1}^{\infty}A_i\rho A_i^*=\sigma$ 得

$$(I-\sigma)\sum_{i=1}^{\infty}A_i\rho A_i^*(I-\sigma)=0,$$

则对全部 i, 有 $(I-\sigma)A_i\rho^{\frac{1}{2}}=0$. 因此, 由 ρ 是单射得 $(I-\sigma)A_i=0$. 故对 $i=1,2,\cdots$, A_i 有算子矩阵

$$A_i=\begin{pmatrix} A_{i1} & A_{i2} \\ 0 & 0 \end{pmatrix}: R(\sigma)\oplus R(\sigma)^{\perp}\to R(\sigma)\oplus R(\sigma)^{\perp},$$

则

$$\sum_{i=1}^{\infty}A_i^*A_i=\begin{pmatrix} \sum\limits_{i=1}^{\infty}A_{i1}^*A_{i1} & \sum\limits_{i=1}^{\infty}A_{i1}^*A_{i2} \\ \sum\limits_{i=1}^{\infty}A_{i2}^*A_{i1} & \sum\limits_{i=1}^{\infty}A_{i2}^*A_{i2} \end{pmatrix}=\begin{pmatrix} I & 0 \\ 0 & I \end{pmatrix},$$

因此

$$\operatorname{tr}\left(\sum_{i=1}^{\infty}A_{i1}^*A_{i1}\right)=1 \quad 与 \quad \sum_{i=1}^{\infty}A_{i2}^*A_{i2}=I_{R(\sigma)^{\perp}}.$$

此外,

$$\sum_{i=1}^{\infty}A_iA_i^*=\begin{pmatrix} \sum\limits_{i=1}^{\infty}[A_{i1}A_{i1}^*+A_{i2}A_{i2}^*] & 0 \\ 0 & 0 \end{pmatrix}: R(\sigma)\oplus R(\sigma)^{\perp}\to R(\sigma)\oplus R(\sigma)^{\perp}.$$

反设 $\sum_{i=1}^{\infty}A_iA_i^*$ 存在, 则由 $R(\sigma)$ 是一维子空间得

$$\sum_{i=1}^{\infty}[A_{i1}A_{i1}^*+A_{i2}A_{i2}^*]=\alpha I_{R(\sigma)},$$

故

$$\operatorname{tr}\left(\sum_{i=1}^{\infty}A_{i2}A_{i2}^*\right)=\alpha-1<\infty.$$

然而, $\operatorname{tr}(\sum_{i=1}^{\infty}A_{i2}^*A_{i2})=tr(I_{R(\sigma)^{\perp}})=\infty$, 矛盾. 证毕.

命题 6.5.4 设 $\mathcal{H}$ 和 $\mathcal{K}$ 是有限维或无限维 Hilbert 空间, 若 $\rho_i\in D(\mathcal{H})$ 且 $\sigma_i\in D(\mathcal{K})$ $(i=1,2)$ 使得 $\rho_1\rho_2=0$, $\sigma_1\sigma_2=0$, 则存在量子信道 Ψ 满足 $\Psi(\rho_i)=\sigma_i$ $(i=1,2)$.

证明 由 $\rho_1\rho_2=0$ 且 $\sigma_1\sigma_2=0$ 得 $R(\rho_1)\perp R(\rho_2)$, $R(\sigma_1)\perp R(\sigma_2)$. 记 $\overline{S}$ 是 S 线性张的闭包, 则空间 $\mathcal{H}$ 和 $\mathcal{K}$ 可以分别分解为 $\mathcal{H}=\overline{R(\rho_1)}\oplus\overline{R(\rho_2)}\oplus\mathcal{M}$, $\mathcal{K}=\overline{R(\sigma_1)}\oplus\overline{R(\sigma_2)}\oplus\mathcal{N}$. 其中 $\mathcal{M}=\mathcal{H}\ominus[\overline{R(\rho_1)}\oplus\overline{R(\rho_2)}]$, $\mathcal{N}=\mathcal{K}\ominus[\overline{R(\sigma_1)}\oplus\overline{R(\sigma_2)}]$. 且 $\rho_1=\operatorname{diag}((\rho_1)_1,0,0)$, $\rho_2=\operatorname{diag}(0,(\rho_2)_2,0)$, 其中 $(\rho_1)_1$ 和 $(\rho_2)_2$ 分别在子空间 $\overline{R(\rho_1)}$ 和 $\overline{R(\rho_2)}$ 上是单射. 同理得

$$\sigma_1=\operatorname{diag}((\sigma_1)_1,0,0),\quad \sigma_2=\operatorname{diag}(0,(\sigma_2)_2,0),$$

其中 $(\sigma_1)_1$ 和 $(\sigma_2)_2$ 分别在子空间 $\overline{R(\sigma_1)}$ 和 $\overline{R(\sigma_2)}$ 上是单射. 因此, 由定理 6.5.2 得, 对 $i=1,2,\cdots$ 存在 $A_i, B_i \in B(\mathcal{H},\mathcal{K})$ 使得

$$\sum_i A_i\rho_1A_i^* = \sigma_1, \quad 其中 \quad \sum_i A_i^*A_i = I$$

且

$$\sum_i B_i\rho_2B_i^* = \sigma_2, \quad 其中 \quad \sum_i B_i^*B_i = I.$$

对 $i=1,2,\cdots$, 记

$$A_i = \begin{pmatrix} A_{i1} & A_{i2} & A_{i3} \\ A_{i4} & A_{i5} & A_{i6} \\ A_{i7} & A_{i8} & A_{i9} \end{pmatrix} : \overline{R(\rho_1)} \oplus \overline{R(\rho_2)} \oplus \mathcal{M} \to \overline{R(\sigma_1)} \oplus \overline{R(\sigma_2)} \oplus \mathcal{N},$$

$$B_i = \begin{pmatrix} B_{i1} & B_{i2} & B_{i3} \\ B_{i4} & B_{i5} & B_{i6} \\ B_{i7} & B_{i8} & B_{i9} \end{pmatrix} : \overline{R(\rho_1)} \oplus \overline{R(\rho_2)} \oplus \mathcal{M} \to \overline{R(\sigma_1)} \oplus \overline{R(\sigma_2)} \oplus \mathcal{N}.$$

因为 $A_i\rho_1A_i^* = \sigma_1$, 对 $i=1,2,\cdots$, 由引理 5.1.1 知: $R(A_i(\rho_1)^{\frac{1}{2}}) \subseteq \overline{R(\sigma_1)}$. 直接计算得

$$A_i(\rho_1)^{\frac{1}{2}} = \begin{pmatrix} A_{i1}((\rho_1)_1)^{\frac{1}{2}} & 0 & 0 \\ A_{i4}((\rho_1)_1)^{\frac{1}{2}} & 0 & 0 \\ A_{i7}((\rho_1)_1)^{\frac{1}{2}} & 0 & 0 \end{pmatrix},$$

故有

$$A_{i4}((\rho_1)_1)^{\frac{1}{2}} = 0 \ \ 与 \ \ A_{i7}((\rho_1)_1)^{\frac{1}{2}} = 0.$$

因此, 由 $(\rho_1)_1$ 在子空间 $R(\rho_1)$ 上是单射知

$$A_{i4} = 0 \quad 与 \quad A_{i7} = 0,$$

则

$$\sum_i A_i\rho_1A_i^* = \operatorname{diag}\left(\sum_i A_{i1}(\rho_1)_1A_{i1}^*, 0, 0\right) = \operatorname{diag}((\sigma_1)_1, 0, 0),$$

这蕴涵 $\sum_i A_{i1}(\rho_1)_1A_{i1}^* = (\sigma_1)_1$, 因此 $\sum_i \widetilde{A_i}\rho_1\widetilde{A_i}^* = \sigma_1$, 其中 $\widetilde{A_i} = \operatorname{diag}(A_{i1}, 0, 0)$. 此外, 由 $\sum_i A_i^*A_i = I$ 得 $\sum_i \widetilde{A_i}^*\widetilde{A_i} = I_{\overline{R(\rho_1)}}$.

类似上面证明可得, 对 $i=1,2,\cdots$, $\widetilde{B_i} = \operatorname{diag}(0, B_{i5}, 0)$ 满足

$$\sum_i \widetilde{B_i}^*\widetilde{B_i} = I_{\overline{R(\rho_2)}} \quad 与 \quad \sum_i \widetilde{B_i}\rho_2\widetilde{B_i}^* = \sigma_2.$$

则对 $i=1,2,\cdots$, 令

$$C_i=\operatorname{diag}(A_{i1},B_{i5},0):\overline{R(\rho_1)}\oplus\overline{R(\rho_2)}\oplus\mathcal{M}\to\overline{R(\sigma_1)}\oplus\overline{R(\sigma_2)}\oplus\mathcal{N},$$

显然, 对 $j=1,2$, 都有 $\sum_i C_i\rho_jC_i^*=\sigma_j$.

设 $\{e_i\}_{i=1}^m$ $(m\leqslant\infty)$ 是 $\mathcal{M}$ 上的正规正交基, $x\in\overline{R(\rho_1)}$ 是单位向量. 对 $i=1,2,\cdots,m$, 定义一秩算子 $D_i=x\otimes e_i$, 则易知对 $j=1,2$, 都有

$$\sum_i D_i^*D_i=I_{\mathcal{M}}\quad 与\quad \sum_i D_i\rho_jD_i^*=0$$

成立. 因此, 量子信道

$$\Psi(\cdot)=\sum_{i=1}^{\infty}C_i(\cdot)C_i^*+\sum_{i=1}^{m}D_i(\cdot)D_i^*$$

是所需要的. 证毕.

下面结论给出了量子信道 Φ 使得 $\Phi(I)$ 存在且 $\Phi(A)=B$ 成立的条件, 其中 A 和 B 是自伴迹类算子.

命题 6.5.5 设 $A\in T(\mathcal{H})$ 与 $B\in T(\mathcal{K})$ 都是自伴迹类算子, 其特征值分别为 $\lambda_1,\lambda_2,\cdots,\lambda_n,\cdots$ 和 $\mu_1,\mu_2,\cdots,\mu_n,\cdots$, 则存在量子信道 Φ 使得 $\Phi(I)$ 存在且 $\Phi(A)=B$ 当且仅当

$$\begin{pmatrix}\mu_1, & \cdots, & \mu_n, & \cdots\end{pmatrix}=\begin{pmatrix}\lambda_1, & \cdots, & \lambda_n, & \cdots\end{pmatrix}\begin{pmatrix}a_{1,1} & \cdots & a_{1,n} & \cdots\\ \vdots & & \vdots & \vdots\\ a_{n,1} & \cdots & a_{n,n} & \cdots\\ \vdots & \cdots & \vdots & \end{pmatrix},$$

其中 $a_{i,j}\geqslant 0$, 对所有 $j=1,2,\cdots$, 都有 $\sum_{i=1}^{\infty}a_{i,j}\leqslant M$ (M 是一个固定的正特征值) 成立, 且对所有 $i=1,2,\cdots$, 都有 $\sum_{j=1}^{\infty}a_{i,j}=1$ 成立.

证明 充分性的证明类似于定理 6.5.2. 设 $\{e_i\}_{i=1}^{\infty}$, $\{f_i\}_{i=1}^{\infty}$ 分别是 A 和 B 的特征向量构成的正规正交基, 则对 $n=1,2,3,\cdots$, 定义 $A_1f_n=\sqrt{a_{n,n}}e_n$ 且对 $k=2,3,\cdots$, 定义 $A_k\in\mathcal{B}(\mathcal{K},\mathcal{H})$ 为

$$\begin{cases}A_kf_i=0, & 1\leqslant i\leqslant k-1,\\ A_kf_n=\sqrt{a_{n-k+1,n}}e_{n-k+1}, & n=k,k+1,\cdots.\end{cases}$$

同理, 对 $k=2,3,\cdots$, 定义 $B_k\in B(\mathcal{K},\mathcal{H})$ 形式为 $B_kf_n=\sqrt{a_{n,n-k+1}}e_{n+k-1}$, 其中 $n=1,2,\cdots$. 因为 $\sum_{j=1}^{\infty}a_{i,j}=1$, 其中 $i=1,2,\cdots$, 所以直接计算可得

$$\sum_{i=1}^{\infty}A_iA_i^*+\sum_{i=2}^{\infty}B_iB_i^*=I_{\mathcal{H}}\quad 且\quad \sum_{i=1}^{\infty}A_i^*AA_i+\sum_{i=2}^{\infty}B_i^*AB_i=B.$$

同理易证

$$\sum_{i=1}^{\infty} A_i^* A_i + \sum_{i=2}^{\infty} B_i^* B_i = \operatorname{diag}\left(\sum_{i=1}^{\infty} a_{i,1}, \sum_{i=1}^{\infty} a_{i,2}, \sum_{i=1}^{\infty} a_{i,3}, \cdots\right),$$

又由于对所有 $j = 1, 2, \cdots$, 都有 $\sum_{i=1}^{\infty} a_{i,j} \leqslant M$, 则

$$\Phi(I) = \sum_{i=1}^{\infty} A_i^* A_i + \sum_{i=2}^{\infty} B_i^* B_i \leqslant M.$$

因此

$$\Phi(\cdot) = \sum_{i=1}^{\infty} A_i^* (\cdot) A_i + \sum_{i=2}^{\infty} B_i^* (\cdot) B_i$$

是我们所需构造的量子信道.

必要性. 设对 $i = 1, 2, \cdots$, 都有 $Ae_i = \lambda_i e_i$, $Bf_i = \mu_i f_i$. 则由等式 $\Phi(A) = \sum_i C_i A C_i^* = B$ 得

$$\sum_i C_i \operatorname{diag}(\lambda_1, \lambda_2, \cdots, \lambda_n, \cdots) C_i^* = \operatorname{diag}(\mu_1, \mu_2, \cdots, \mu_n, \cdots).$$

不妨设 $C_i = (c_{i,kj})$ 是从正规基 $\{e_n\}_{n=1}^{\infty}$ 到 $\{f_n\}_{n=1}^{\infty}$ 的矩阵形式, 由直接计算知

$$\sum_{i=1} \sum_{j=1} |c_{i,kj}|^2 \lambda_j = \mu_k, \quad \text{对} k = 1, 2, \cdots \text{成立}.$$

令

$$C = \begin{pmatrix} \sum_i |c_{i,11}|^2 & \sum_i |c_{i,21}|^2 & \cdots & \sum_i |c_{i,n1}|^2 & \cdots \\ \sum_i |c_{i,12}|^2 & \sum_i |c_{i,22}|^2 & \cdots & \sum_i |c_{i,n2}|^2 & \cdots \\ \vdots & \vdots & & \vdots & \vdots \\ \sum_i |c_{i,1n}|^2 & \sum_i |c_{i,2n}|^2 & \cdots & \sum_i |c_{i,nn}|^2 & \cdots \\ \vdots & \vdots & \cdots & \vdots & \end{pmatrix},$$

则上式蕴涵

$$(\mu_1, \mu_2, \cdots, \mu_n, \cdots) = (\lambda_1, \lambda_2, \cdots, \lambda_n, \cdots)\, C.$$

因为 $\sum_i C_i C_i^* = \Phi(I)$, 且 $\sum_i C_i^* C_i = I$, 直接验证, 对 $k = 1, 2, \cdots$ 有

$$\sum_{i=1}^{\infty} \sum_{j=1}^{\infty} |c_{i,kj}|^2 \leqslant \|\Phi(I)\|$$

且对 $j=1,2,\cdots$, 有

$$\sum_{i=1}^{\infty}\sum_{k=1}^{\infty}|c_{i,kj}|^2=1$$

成立. 证毕.

由上面结论, 我们给出存在双随机量子运算 Φ 满足 $\Phi(\rho)=\sigma$ 对量子态 ρ 和 σ 成立的条件. 同样设 $\mathcal{H}$ 和 $\mathcal{K}$ 都是无限维可分 Hilbert 空间.

推论 6.5.6 设 $A\in T(\mathcal{H})$ $B\in T(\mathcal{K})$ 都是自伴算子且其特征向量分别为 $\lambda_1,\lambda_2,\cdots,\lambda_n,\cdots$ 和 $\mu_1,\mu_2,\cdots,\mu_n,\cdots$, 则存在双随机量子算子 Φ 使得 $\Phi(A)=B$ 当且仅当

$$\begin{pmatrix}\mu_1, & \cdots, & \mu_n, & \cdots\end{pmatrix}=\begin{pmatrix}\lambda_1, & \cdots, & \lambda_n, & \cdots\end{pmatrix}\begin{pmatrix}a_{1,1} & \cdots & a_{1,n} & \cdots\\ \vdots & & \vdots & \vdots\\ a_{n,1} & \cdots & a_{n,n} & \cdots\\ \vdots & \cdots & \vdots & \end{pmatrix},$$

其中 $a_{i,j}\geqslant 0$, 且对所有 $i,j=1,2,\cdots$, 都有 $\sum_{i=1}^{\infty}a_{i,j}=1$ 与 $\sum_{j=1}^{\infty}a_{i,j}=1$ 成立.

推论 6.5.7 若 $\rho\in D(\mathcal{H})$ 是一秩正交投影, 则对任意 $\sigma\in D(\mathcal{H})$, 都存在双随机量子算子 Φ 使得 $\Phi(\rho)=\sigma$.

证明 不妨设 σ 有特征向量 $\mu_1,\mu_2,\cdots,\mu_n,\cdots$. 显然

$$\begin{aligned}&\begin{pmatrix}\mu_1, & \cdots, & \mu_n, & \cdots\end{pmatrix}\\ =&\begin{pmatrix}1, & 0, & \cdots, & 0, & \cdots\end{pmatrix}\begin{pmatrix}\mu_1 & \mu_2 & \cdots & \mu_n & \cdots\\ \mu_2 & 1-\mu_2 & \cdots & 0 & \cdots\\ \vdots & \vdots & & \vdots & \vdots\\ \mu_n & 0 & \cdots & 1-\mu_n & \cdots\\ \vdots & \vdots & \cdots & \vdots & \end{pmatrix}.\end{aligned}$$

因此, 由推论 6.5.6 可得, 双随机量子运算 Φ 使得 $\Phi(\rho)=\sigma$. 证毕.

推论 6.5.8 $\sigma\in D(\mathcal{K})$ 是单射且 $\rho\in D(\mathcal{H})$ 满足 $n(\rho)=\infty$. 记 ρ 与 σ 的非零特征向量分别为 $\lambda_1,\lambda_2,\cdots,\lambda_m$ $(m\leqslant\infty)$ 和 $\mu_1,\mu_2,\cdots,\mu_n,\cdots$. 若对 $i=1,2,\cdots,m$ 都有 $\lambda_i=\sum_{j=1}u_{i_j}$, 且 $\{i_j\}$ 是 $\{1,2,\cdots\}$ 的一个分划 (即: $\bigcup_{i=1}^{m}\bigcup_{j=1}^{\infty}\{i_j\}=\{1,2,\cdots\}$), 则存在双随机量子运算 Φ 使得 $\Phi(\rho)=\sigma$.

证明 因为 $\lambda_i>0$, 显然,

$$(\mu_{i_1},\mu_{i_2},\cdots,\mu_{i_n},\cdots)=(\lambda_i,0,\cdots,0,\cdots)\,D,$$

其中

$$D=\begin{pmatrix} \frac{\mu_{i_1}}{\lambda_i} & \frac{\mu_{i_2}}{\lambda_i} & \frac{\mu_{i_3}}{\lambda_i} & \cdots & \frac{\mu_{i_3}}{\lambda_i} & \cdots \\ \frac{\mu_{i_2}}{\lambda_i} & 1-\frac{\mu_{i_2}}{\lambda_i} & 0 & \cdots & 0 & \cdots \\ \frac{\mu_{i_3}}{\lambda_i} & 0 & 1-\frac{\mu_{i_3}}{\lambda_i} & \cdots & 0 & \cdots \\ \vdots & \vdots & \vdots & & \vdots & \vdots \\ \frac{\mu_{i_n}}{\lambda_i} & 0 & 0 & \cdots & 1-\frac{\mu_{i_n}}{\lambda_i} & \cdots \\ \vdots & \vdots & \vdots & \cdots & \vdots & \end{pmatrix}$$

是双随机矩阵, 故 $\oplus_i D_i$ 是双随机矩阵. 因此, 由推论 6.5.6, 结论显然. 证毕.

最后给出量子信道的不动点之间的特殊联系, 我们不需要保单位的条件.

命题 6.5.9　设 Φ 是 $T(\mathcal{H})$ 上的量子信道. 若 A 是自伴迹类算子, 则 $\Phi(A)=A$ 当且仅当 $\Phi(A^+)=A^+$ 且 $\Phi(A^-)=A^-$. 在上面条件成立时, 有 $\Phi(|A|)=|A|$.

证明　必要性. 空间 $\mathcal{H}$ 分解为 $\mathcal{H}=\overline{R(A^+)}\oplus\overline{R(A^-)}\oplus N(A)$ 且 $A=\mathrm{diag}(A_1^+, -A_1^-, 0)$, 其中 A_1^+ 和 A_1^- 分别在子空间 $\overline{R(A^+)}$ 和 $\overline{R(A^-)}$ 上是单射. 因此, $A^+=\mathrm{diag}(A_1^+,0,0)$, $A^-=\mathrm{diag}(0,A_1^-,0)$. 不妨设, 量子信道 Φ 有算子和形式 $\Phi(\cdot)=\sum_{i=1}^{\infty}C_i(\cdot)C_i^*$, 且

$$C_i=\begin{pmatrix} C_{i1} & C_{i2} & C_{i3} \\ C_{i4} & C_{i5} & C_{i6} \\ C_{i7} & C_{i8} & C_{i9} \end{pmatrix}: R(A^+)\oplus R(A^-)\oplus N(A),$$

其中 $i=1,2,\cdots$, 则 $\Phi(A)=A$ 蕴涵下面两个等式

$$\sum_i C_{i1}A_1^+C_{i1}^*-\sum_i C_{i2}A_1^-C_{i2}^*=A_1^+, \tag{6.5.1}$$

$$\sum_i C_{i4}A_1^+C_{i4}^*-\sum_i C_{i5}A_1^-C_{i5}^*=-A_1^-, \tag{6.5.2}$$

此外, 由等式 $\sum_{i=1}^{\infty}C_i^*C_i=I$ 知

$$\sum_i C_{i1}^*C_{i1}+\sum_i C_{i4}^*C_{i4}+\sum_i C_{i7}^*C_{i7}=I_{R(A^+)}, \tag{6.5.3}$$

$$\sum_i C_{i2}^*C_{i2}+\sum_i C_{i5}^*C_{i5}+\sum_i C_{i8}^*C_{i8}=I_{R(A^-)}. \tag{6.5.4}$$

由式 (6.5.1) 得, $\sum_i C_{i1}A_1^+C_{i1}^* \geqslant A_1^+$, 故

$$\operatorname{tr}\left(\sum_i C_{i1}^*C_{i1}A_1^+\right) \geqslant \operatorname{tr}(A_1^+) \Longrightarrow \operatorname{tr}\left[(I_{R(A^+)} - \sum_i C_{i1}^*C_{i1})A_1^+\right] \leqslant 0.$$

结合式 (6.5.3), 得

$$I_{R(A^+)} - \sum_i C_{i1}^*C_{i1} \geqslant 0 \Longrightarrow (I_{R(A^+)} - \sum_i C_{i1}^*C_{i1})A_1^+ = 0,$$

从而由 A_1^+ 在子空间 $\overline{R(A^+)}$ 上是单射, 得 $I_{R(A^+)} = \sum_i C_{i1}^*C_{i1}$. 再由式 (6.5.3) 得, $C_{i4} = 0,\ C_{i7} = 0$. 又由于

$$\operatorname{tr}\left(\sum_i C_{i2}A_1^-C_{i2}^*\right) = \operatorname{tr}(C_{i1}A_1^+C_{i1}^* - A_1^+) = 0,$$

则 $\sum_i C_{i2}A_1^-C_{i2}^* = 0$. 因此, 由 A_1^- 是子空间 $\overline{R(A^-)}$ 上的单射, 得 $C_{i2} = 0$. 同理, 组合式 (6.5.2) 和式 (6.5.4) 得 $C_{i8} = 0$, 则

$$C_i = \begin{pmatrix} C_{i1} & 0 & C_{i3} \\ 0 & C_{i5} & C_{i6} \\ 0 & 0 & C_{i9} \end{pmatrix} : R(A^+) \oplus R(A^-) \oplus N(A)$$

其中 $i = 1, 2, \cdots$. 因此, 直接验证

$$\sum_{i=1}^{\infty} C_iA^+C_i^* = A^+ \quad 与 \quad \sum_{i=1}^{\infty} C_iA^-C_i^* = A^-$$

成立.

充分性: 显然

$$\Phi(A) = \Phi(A^+) - \Phi(A^-) = A^+ - A^- = A.$$

另外, 也有

$$\Phi(|A|) = \Phi(A^+) + \Phi(A^-) = A^+ + A^- = |A|.$$

证毕.

注 6.5.10 一般而言, 刻画条件使得两个量子态之间存在双随机量子运算是比较困难的. 另外, 对量子信道 Φ 和自伴迹类算子 A, 我们知道: $\Phi(|A|) = |A|$ 并不能蕴涵 $\Phi(A) = A$. 例如, 令

$$U = \operatorname{diag}(1, -1) \quad 且 \quad A = \begin{pmatrix} 0 & -1 \\ -1 & 0 \end{pmatrix},$$

则 U 是两维 Hilbert 空间上酉算子, 且满足

$$U|A|U^* = |A| \quad 与 \quad UAU^* \neq A.$$

命题 6.5.11　设 $\sigma \in D(\mathcal{H})$ 是单射, $\mathcal{M}$ 是 Hilbert 空间 (有限或可分), 则

(1) 不存在保单位的量子运算 Φ : 从 $T(\mathcal{H})$ 到 $T(\mathcal{H} \oplus \mathcal{M})$ 使得 $\Phi(\sigma) = \sigma \oplus 0$ 成立;

(2) 不存在双随机量子运算 Ψ : 从 $T(\mathcal{H} \oplus \mathcal{M})$ 到 $T(\mathcal{H})$ 使得 $\Psi(\sigma \oplus 0) = \sigma$.

证明　(1) 反设存在保单位量子运算 Φ, 使得 $\Phi(\sigma) = \sigma \oplus 0$. 再设该量子运算 Φ 的算子和形式为: $\Phi(\cdot) = \sum_{i=1}^{\infty} A_i(\cdot)A_i^*$, 其中 $A_i \in B(\mathcal{H}, \mathcal{H} \oplus \mathcal{M})$. 对任取单位向量 $x \in \mathcal{M}$, 都有

$$0 = \langle \Phi(\sigma)x, x \rangle = \sum_{i=1}^{\infty} \langle A_i \sigma A_i^* x, x \rangle = \sum_{i=1}^{\infty} \|\sigma^{\frac{1}{2}} A_i^* x\|^2,$$

故对 $i = 1, 2, \cdots$ 都有 $\sigma^{\frac{1}{2}} A_i^* x = 0$, 则由 σ 是单射知: $A_i^* x = 0$. 因此

$$x = \sum_{i=1}^{\infty} A_i A_i^* x = 0,$$

(2) 反设存在双随机量子运算 Ψ 使得 $\Psi(\sigma \oplus 0) = \sigma$. 令 Ψ 的算子和形式为 $\Psi(\cdot) = \sum_{i=1}^{\infty} B_i(\cdot)B_i^*$, 其中 $B_i \in B(\mathcal{H} \oplus \mathcal{M}, \mathcal{H})$. 不妨设 B_i 有算子矩阵形式

$$B_i = \begin{pmatrix} B_{i1} & B_{i2} \end{pmatrix} : \mathcal{H} \oplus \mathcal{M} \to \mathcal{H},$$

则

$$\sigma = \Psi(\sigma \oplus 0) = \sum_{i=1}^{\infty} B_i(\sigma \oplus 0)B_i^* = \sum_{i=1}^{\infty} B_{i1} \sigma B_{i1}^*, \tag{6.5.5}$$

且

$$I = \Psi(I) = \sum_{i=1}^{\infty} B_i B_i^* = \sum_{i=1}^{\infty} B_{i1} B_{i1}^* + B_{i2} B_{i2}^*, \tag{6.5.6}$$

故

$$\sigma = \sum_{i=1}^{\infty} \sigma B_i B_i^* = \sum_{i=1}^{\infty} \sigma B_{i1} B_{i1}^* + \sigma B_{i2} B_{i2}^*. \tag{6.5.7}$$

因此, 由引理 6.3.1 知: 对 $i = 1, 2, \cdots$ 都有 $B_{i1}\sigma = \sigma B_{i1}$, 故

$$\sigma = \sum_{i=1}^{\infty} \sigma B_{i1} B_{i1}^* + \sigma B_{i2} B_{i2}^* = \sum_{i=1}^{\infty} B_{i1} \sigma B_{i1}^* + \sigma B_{i2} B_{i2}^*, \tag{6.5.8}$$

从而, 对 $i=1,2,\cdots$ 都有 $\sigma B_{i2}B_{i2}^*=0$. 利用 σ 是单射知, 对 $i=1,2,\cdots$ 都有 $B_{i2}=0$. 但是, 与下面等式矛盾,

$$I=\sum_{i=1}^{\infty}B_i^*B_i=\begin{pmatrix}\sum\limits_{i=1}^{\infty}B_{i1}^*B_{i1} & \sum\limits_{i=1}^{\infty}B_{i1}^*B_{i2}\\ \sum\limits_{i=1}^{\infty}B_{i2}^*B_{i1} & \sum\limits_{i=1}^{\infty}B_{i2}^*B_{i2}\end{pmatrix}=\begin{pmatrix}\sum\limits_{i=1}^{\infty}B_{i1}^*B_{i1} & 0\\ 0 & 0\end{pmatrix}:\mathcal{H}\oplus\mathcal{M}.$$

证毕.

命题 6.5.12[175] 设 $A\in B(\mathcal{H})$ 和 $B\in B(\mathcal{K})$ 都是自伴的迹类算子, 满足 $\operatorname{tr}(A)=\operatorname{tr}(B)$, 则存在量子信道 Φ 使得 $\Phi(A)=B$ 当且仅当 $\operatorname{tr}(|B|)\leqslant\operatorname{tr}(|A|)$.

证明 必要性. 由于 $\Phi(A)=B$, 则有 $\Phi(A^+)-\Phi(A^-)=B^+-B^-$, 故有

$$\operatorname{tr}(A^+)=\operatorname{tr}(\Phi(A^+))\geqslant\operatorname{tr}(B^+)\quad 和\quad \operatorname{tr}(A^-)=\operatorname{tr}(\Phi(A^-))\geqslant\operatorname{tr}(B^-)$$

成立. 因此

$$\operatorname{tr}(|B|)=\operatorname{tr}(B^+)+\operatorname{tr}(B^-)\leqslant\operatorname{tr}(A^+)+\operatorname{tr}(A^-)=\operatorname{tr}(|A|).$$

充分性. 显然, 由 $\operatorname{tr}(|B|)\leqslant\operatorname{tr}(|A|)$ 与 $\operatorname{tr}(A)=\operatorname{tr}(B)$ 可得

$$\operatorname{tr}(A^+)\geqslant\operatorname{tr}(B^+)\quad 与\quad \operatorname{tr}(A^-)\geqslant\operatorname{tr}(B^-).$$

任取正的迹类算子 ρ 满足 $\operatorname{tr}(\rho)=1$, 定义 Φ 是从 $T(\mathcal{H})$ 到 $T(\mathcal{K})$ 的映射, 形式为

$$\Phi(X)=\rho_1\operatorname{tr}(XP_{A^+})+\rho_2\operatorname{tr}(XP_{A^-})+\rho\operatorname{tr}(XP_{N(A)}),$$

其中

$$\rho_1:=\frac{B^++\operatorname{tr}(A^+-B^+)\rho}{\operatorname{tr}(A^+)},\quad \rho_2:=\frac{B^-+\operatorname{tr}(A^--B^-)\rho}{\operatorname{tr}(A^+)}.$$

显然, ρ_1 和 ρ_2 都是正的迹为 1 的算子. 容易验证, Φ 是量子信道, 且

$$\Phi(A^+)=B^++\operatorname{tr}(A^+-B^+)\rho\quad 与\quad \Phi(A^-)=B^-+\operatorname{tr}(A^--B^-)\rho$$

成立. 因为

$$\operatorname{tr}(A^+-B^+)-\operatorname{tr}(A^--B^-)=\operatorname{tr}(A)-\operatorname{tr}(B)=0,$$

所以

$$\Phi(A)=\Phi(A^+)-\Phi(A^-)=B^+-B^-+[\operatorname{tr}(A^+-B^+)-\operatorname{tr}(A^--B^-)]\rho=B.$$

证毕.

定理 6.5.13 设 Φ 是 $T(\mathcal{H})$ 上的量子信道, 若 A 与 B 都是自伴的迹类算子, 满足 $\mathrm{tr}(A)=\mathrm{tr}(B)$ 与 $\mathrm{tr}(|A|)=\mathrm{tr}(|B|)$, 则 $\Phi(A)=B$ 当且仅当 $\Phi(A^+)=B^+$ 与 $\Phi(A^-)=B^-$ 成立. 上述条件成立时, 也有 $\Phi(|A|)=|B|$.

证明 必要性. 若 $\Phi(A)=B$, 则

$$\Phi(A^+)-\Phi(A^-)=B^+-B^-, \tag{6.5.9}$$

故有

$$P_{B^+}\Phi(A^+)P_{B^+}-P_{B^+}\Phi(A^-)P_{B^+}=B^+, \tag{6.5.10}$$

因此

$$P_{B^+}\Phi(A^+)P_{B^+}\geqslant B^+. \tag{6.5.11}$$

因此

$$\mathrm{tr}[\Phi^\dagger(P_{B^+})A^+]=\mathrm{tr}[P_{B^+}\Phi(A^+)]=\mathrm{tr}[P_{B^+}\Phi(A^+)P_{B^+}]\geqslant tr(B^+)=\mathrm{tr}(A^+).$$

又由于 Φ 是 $T(\mathcal{H})$ 上的量子信道, 则有 $\Phi^\dagger(P_{B^+})\leqslant\Phi^\dagger(I)=I$, 这蕴涵

$$\mathrm{tr}[\Phi^\dagger(P_{B^+})A^+]=\mathrm{tr}[P_{A^+}\Phi^\dagger(P_{B^+})P_{A^+}A^+]\leqslant\mathrm{tr}(A^+),$$

故有

$$\mathrm{tr}[P_{A^+}\Phi^\dagger(P_{B^+})P_{A^+}A^+]=\mathrm{tr}(A^+).$$

因此

$$\mathrm{tr}\{[P_{A^+}\Phi^\dagger(P_{B^+})P_{A^+}-P_{A^+}]A^+\}=0,$$

则

$$[P_{A^+}\Phi^\dagger(P_{B^+})P_{A^+}-P_{A^+}]A^+=0,$$

因为 A^+ 是 $\overline{R(A^+)}$ 上的单射, 所以

$$P_{A^+}\Phi^\dagger(P_{B^+})P_{A^+}=P_{A^+}. \tag{6.5.12}$$

显然, 空间 $\mathcal{H}$ 能够被分解为 $\mathcal{H}=\overline{R(A^+)}\oplus\overline{R(A^-)}\oplus N(A)$, 且在上述空间分解下 $A=\mathrm{diag}(A_1^+,-A_1^-,0)$, 其中 A_1^+ 和 A_1^- 分别是子空间 $\overline{R(A^+)}$ 和 $\overline{R(A^-)}$ 上的单射. 因此 $A^+=\mathrm{diag}(A_1^+,0,0)$ 与$A^-=\mathrm{diag}(0,A_1^-,0)$ 成立. 又式 (6.5.12) 蕴涵 $\Phi^\dagger(P_{B^+})$ 有算子矩阵分解形式

$$\Phi^\dagger(P_{B^+})=\begin{pmatrix} I & C_{12} & C_{13}\\ C_{12}^* & C_{22} & C_{23}\\ C_{13}^* & C_{23}^* & C_{33}\end{pmatrix}:\overline{R(A^+)}\oplus\overline{R(A^-)}\oplus N(A),$$

其中 $C_{22}\geqslant 0$ 且 $C_{33}\geqslant 0$. 因为 $\Phi^\dagger(P_{B^+})\leqslant I$, 所以有 $C_{12}=0$ 与 $C_{13}=0$ 成立, 因此

$$\Phi^\dagger(P_{B^+})A^+=A^+,$$

这蕴涵

$$\mathrm{tr}[P_{B^+}\Phi(A^+)]=\mathrm{tr}[\Phi^\dagger(P_{B^+})A^+]=\mathrm{tr}(A^+)=\mathrm{tr}(B^+).$$

因此

$$\mathrm{tr}[P_{B^+}\Phi(A^+)P_{B^+}-B^+]=0,$$

再由式 (6.5.11), 则有

$$P_{B^+}\Phi(A^+)P_{B^+}-B^+=0,$$

故式 (6.5.10) 蕴涵 $P_{B^+}\Phi(A^-)P_{B^+}=0$, 即有 $P_{B^+}\Phi(A^-)=0$. 又由式 (6.5.9) 可得

$$P_{B^-}\Phi(A^-)P_{B^-}\geqslant B^-. \tag{6.5.13}$$

利用类似与上面的证明方法, 可以得到 $P_{B^-}\Phi(A^-)P_{B^-}=B^-$ 与 $P_{B^-}\Phi(A^+)=0$ 成立. 因此

$$\begin{aligned}\Phi(A^+)&=(P_{B^+}+P_{B^-}+P_{N(B)})\Phi(A^+)(P_{B^+}+P_{B^-}+P_{N(B)})\\&=B^++P_{B^+}\Phi(A^+)P_{N(B)}+P_{N(B)}\Phi(A^+)P_{B^+}+P_{N(B)}\Phi(A^+)P_{N(B)},\end{aligned} \tag{6.5.14}$$

且

$$\begin{aligned}\Phi(A^-)&=(P_{B^+}+P_{B^-}+P_{N(B)})\Phi(A^-)(P_{B^+}+P_{B^-}+P_{N(B)})\\&=B^-+P_{B^-}\Phi(A^-)P_{N(B)}+P_{N(B)}\Phi(A^-)P_{B^-}+P_{N(B)}\Phi(A^-)P_{N(B)}.\end{aligned} \tag{6.5.15}$$

再次由式 (6.5.9) 有

$$\begin{aligned}&P_{B^+}\Phi(A^+)P_{N(B)}+P_{N(B)}\Phi(A^+)P_{B^+}+P_{N(B)}\Phi(A^+)P_{N(B)}\\&=P_{B^-}\Phi(A^-)P_{N(B)}+P_{N(B)}\Phi(A^-)P_{B^-}+P_{N(B)}\Phi(A^-)P_{N(B)},\end{aligned}$$

因此

$$P_{B^+}\Phi(A^+)P_{N(B)}=0,\quad P_{N(B)}\Phi(A^+)P_{B^+}=0,$$

$$P_{N(B)}\Phi(A^+)P_{N(B)}=P_{N(B)}\Phi(A^-)P_{N(B)}$$

与

$$P_{B^-}\Phi(A^-)P_{N(B)}=0,\quad P_{N(B)}\Phi(A^-)P_{B^-}=0$$

都成立. 因此, 式 (6.5.14) 蕴涵

$$\mathrm{tr}(\Phi(A^+))=\mathrm{tr}(A^+)=\mathrm{tr}(B^+)=\mathrm{tr}(B^+)+\mathrm{tr}(P_{N(B)}\Phi(A^+)P_{N(B)}),$$

则有 $\mathrm{tr}(P_{N(B)}\Phi(A^+)P_{N(B)})=0$, 故

$$P_{N(B)}\Phi(A^+)P_{N(B)}=0\Longrightarrow\Phi(A^+)=B^+.$$

同理, 由式 (6.5.15), 可以得到 $\Phi(A^-)=B^-$.

由于

$$\Phi(A)=\Phi(A^+)-\Phi(A^-)=B^+-B^-=B,$$

充分性显然. 若上面的条件成立, 也显然有

$$\Phi(|A|)=\Phi(A^+)+\Phi(A^-)=B^++B^-=|B|.$$

证毕.

令

$$\Phi_{A,B}:=\{\Phi:\Phi\ 是量子信道且满足\Phi(A)=B\}$$

和

$$\Delta:=\{\Phi:\Phi\ \ 是从T(\mathcal{H})\ 到T(\mathcal{K})\ 的量子信道\}.$$

对 $X\in T(\mathcal{H})$ 和 $\Phi\in\Delta$, 类似于后面引理 6.9.4 的证明, 可得: $\|\Phi(X)\|_1\leqslant 2\|X\|_1$.

定义 Δ 上的相对弱拓扑是由半范数 $\{p_s:s\in T(\mathcal{H})\}$ 诱导的, 其中 $p_s(\Phi)=\|\Phi(s)\|_1$. 这一拓扑等价于网 $\{\Phi_i\}$ 弱收敛于 Φ 当且仅当对所有的 $X\in T(\mathcal{H})$, 都有 $\|\Phi_i(X)-\Phi(X)\|_1\longrightarrow 0$. 对自伴算子 $A\in T(\mathcal{H})$ 和 $B\in T(\mathcal{K})$, 若满足 $\mathrm{tr}(A)=\mathrm{tr}(B)$ 与 $\mathrm{tr}(|A|)=\mathrm{tr}(|B|)$, 则 $\Phi_{A,B}$ 和 $\Phi_{|A|,|B|}$ 之间有更密切的关系.

推论 6.5.14 设 $A\in T(\mathcal{H})$ 和 $B\in T(\mathcal{K})$ 都是自伴算子且满足 $\mathrm{tr}(A)=\mathrm{tr}(B)$ 与 $\mathrm{tr}(|A|)=\mathrm{tr}(|B|)$, 则

(1) $\Phi_{A,B}\subseteq\Phi_{|A|,|B|}$ 且它们都是凸的与弱闭的;

(2) $\Phi_{A,B}=\Phi_{|A|,|B|}$ 当且仅当 $A,B\geqslant 0$ 或 $A,B\leqslant 0$;

(3) $\Phi_{A,B}$ 的端点之集包含于 $\Phi_{|A|,|B|}$ 的端点之集.

证明 (1) 由定理 6.5.13, $\Phi_{A,B}\subseteq\Phi_{|A|,|B|}$ 显然. 容易验证, 上面两个集合都是凸的集合. 下面证明 $\Phi_{A,B}$ 是相对弱闭的, 类似的方法可以证明 $\Phi_{|A|,|B|}$ 是弱闭的. 不妨设网 $\{\Phi_i\}\subseteq\Phi_{A,B}$ 弱收敛于 Φ, 则对所有的正算子 $X\in T(\mathcal{H})$, 都有 $\|\Phi_i(X)-\Phi(X)\|_1\longrightarrow 0$, 因此对所有的 $T\in B(\mathcal{K})^+$ 都有

$$|tr[(\Phi_i(X)-\Phi(X))T]|\leqslant\|T\|\|\Phi_i(X)-\Phi(X)\|_1\longrightarrow 0,$$

故有

$$\mathrm{tr}[\Phi(X))T]\geqslant 0\quad 和\quad \mathrm{tr}[\Phi(X)]=\mathrm{tr}(X)$$

成立. 因此, Φ 是保持迹的正映射. 设 $\sum_{k,j=1}^{m} e_{kj}\otimes A_{kj}\in T(\mathcal{H}^m)$, 其中 $\mathcal{H}^m=\mathcal{H}\oplus\mathcal{H}\oplus\cdots\oplus\mathcal{H}$ 且 $A_{kj}\in T(\mathcal{H})$, 则对所有 $1\leqslant j,k\leqslant m$, 都有 $\|\Phi_i(A_{jk})-\Phi(A_{jk})\|_1\longrightarrow 0$, 故有

$$\left\|\sum_{k,j=1}^{m} e_{kj}\otimes\Phi_i(A_{kj})-\sum_{k,j=1}^{m} e_{kj}\otimes\Phi(A_{kj})\right\|_1\longrightarrow 0.$$

因此, $\sum_{k,j=1}^{m} e_{kj}\otimes\Phi_i(A_{kj})\geqslant 0$ 蕴涵 $\sum_{k,j=1}^{m} e_{kj}\otimes\Phi(A_{kj})\geqslant 0$, 对所有的 i 成立. 因为 $\Phi_i(A)=B$, 所以 Φ 是量子信道且满足 $\Phi(A)=B$, 故有 $\Phi\in\Phi_{A,B}$, 即证明了 $\Phi_{A,B}$ 是弱闭的.

(2) 充分性显然, 下面证明必要性. 反设 $A^+,A^-\neq 0$, 则 $B^+,B^-\neq 0$. 不失一般性, 假设 $tr(B^+)\leqslant tr(B^-)$. 令

$$0<\alpha<1\ \text{且}\ \beta=\frac{\mathrm{tr}(B^+)}{\mathrm{tr}(B^-)}\alpha,$$

定义一秩算子 $D=e\otimes f$, 其中 e 和 f 分别是 $R(B^+)$ 和 $R(B^-)$ 中的单位向量. 显然, 空间 $\mathcal{K}$ 被分解为 $\mathcal{K}=\overline{R(B^+)}\oplus\overline{R(B^-)}\oplus N(B)$, 且在上述空间分解下 $B=\mathrm{diag}(B_1^+,-B_1^-,0)$, 其中 B_1^+ 和 B_1^- 分别是子空间 $\overline{R(B^+)}$ 和 $\overline{R(B^-)}$ 上的单射. 定义算子 $C\in B(\mathcal{K})$ 和 $D\in B(\mathcal{K})$ 分别在空间分解 $\mathcal{K}=\overline{R(B^+)}\oplus\overline{R(B^-)}\oplus N(B)$ 下具有算子矩阵形式

$$C:=\begin{pmatrix}(1-\alpha)B_1^+ & \sqrt{(1-\alpha)\beta}(B_1^+)^{\frac12}D(B_1^-)^{\frac12} & 0\\ \sqrt{(1-\alpha)\beta}(B_1^-)^{\frac12}D^*(B_1^+)^{\frac12} & \beta B_1^- & 0\\ 0 & 0 & 0\end{pmatrix},$$

$$D:=\begin{pmatrix}\alpha B_1^+ & -\sqrt{(1-\beta)\alpha}(B_1^+)^{\frac12}D_1(B_1^-)^{\frac12} & 0\\ -\sqrt{(1-\beta)\alpha}(B_1^-)^{\frac12}D_1^*(B_1^+)^{\frac12} & (1-\beta)B_1^- & 0\\ 0 & 0 & 0\end{pmatrix}.$$

由于

$$D_1=\frac{\sqrt{(1-\alpha)\beta}}{\sqrt{(1-\beta)\alpha}}D$$

是压缩算子, 则显然有 C 和 D 都是正的迹类算子, 且满足 $\mathrm{tr}(C)=\mathrm{tr}(B^+)$与 $\mathrm{tr}(D)=\mathrm{tr}(B^-)$ 成立.

注意到 $A^+A^-=0$, $\mathrm{tr}(C)=\mathrm{tr}(A^+)$ 与$\mathrm{tr}(D)=\mathrm{tr}(A^-)$, 定义映射 Φ 为从 $T(\mathcal{H})$ 到 $T(\mathcal{K})$ 的映射, 形式为

$$\Phi(X)=\frac{C}{\mathrm{tr}(A^+)}\mathrm{tr}(XP_{A^+})+\frac{D}{\mathrm{tr}(A^-)}\mathrm{tr}(XP_{A^-})+\rho\,\mathrm{tr}(XP_{N(A)}),$$

其中 ρ 是固定的量子态. 容易证明 Φ 是从 $T(\mathcal{H})$ 到 $T(\mathcal{K})$ 的量子信道, 且满足 $\Phi(A^+)=C$ 与 $\Phi(A^-)=D$ 成立. 因此

$$\Phi(|A|)=\Phi(A^+)+\Phi(A^-)=C+D=B^++B^-=|B|.$$

但是,

$$\Phi(A)=\Phi(A^+)-\Phi(A^-)=C-D\neq B.$$

(3) 设 Φ 是集合 $\Phi_{A,B}$ 的任一端点, 则由定理 6.5.13 知 $\Phi(|A|)=|B|$. 若 $\Phi=t\Phi_1+(1-t)\Phi_2$, 其中 $0<t<1$, 且 Φ_1 与 Φ_2 都是量子信道, 满足 $\Phi_i(|A|)=|B|$ $(i=1,2)$, 则

$$\begin{aligned}B^++B^-&=\Phi(A^+)+\Phi(A^-)\\&=t\Phi_1(A^+)+t\Phi_1(A^-)+(1-t)\Phi_2(A^+)+(1-t)\Phi_2(A^-)\end{aligned}$$

与

$$\begin{aligned}B^+-B^-&=\Phi(A^+)-\Phi(A^-)\\&=t\Phi_1(A^+)-t\Phi_1(A^-)+(1-t)\Phi_2(A^+)-(1-t)\Phi_2(A^-)\end{aligned}$$

都成立, 故有 $B^+=t\Phi_1(A^+)+(1-t)\Phi_2(A^+)$, 这蕴涵

$$tP_{B^-}\Phi_1(A^+)P_{B^-}+(1-t)P_{B^-}\Phi_2(A^+)P_{B^-}=0.$$

因此, $P_{B^-}\Phi_1(A^+)=0$ 和$P_{B^-}\Phi_2(A^+)=0$ 成立. 利用与上面相似的方法, 可以得到 $P_{B^+}\Phi_1(A^-)=0$ 与$P_{B^+}\Phi_2(A^-)=0$ 成立, 因此

$$\begin{aligned}\Phi_1(A^+)&=(P_{B^+}+P_{B^-}+P_{N(B)})\Phi_1(A^+)(P_{B^+}+P_{B^-}+P_{N(B)})\\&=B^++P_{B^+}\Phi_1(A^+)P_{N(B)}+P_{N(B)}\Phi_1(A^+)P_{B^+}+P_{N(B)}\Phi_1(A^+)P_{N(B)}.\end{aligned}\tag{6.5.16}$$

显然, $\mathrm{tr}(P_{N(B)}\Phi_1(A^+)P_{B^+})=\mathrm{tr}(P_{B^+}\Phi_1(A^+)P_{N(B)})=0$ 与$\mathrm{tr}(P_{N(B)}\Phi_1(A^+)P_{N(B)})\geqslant 0$ 成立. 对式 (6.5.16) 两边取迹, 则由 Φ_1 是量子信道可得 $\mathrm{tr}(P_{N(B)}\Phi_1(A^+)P_{N(B)})=0$, 因此 $P_{N(B)}\Phi_1(A^+)=0$. 利用式 (6.5.16), 可得 $\Phi_1(A^+)=B^+$. 同理, 可以得到 $\Phi_1(A^-)=B^-$, $\Phi_2(A^+)=B^+$ 与$\Phi_2(A^-)=B^-$ 成立. 因此, $\Phi_1(A)=B$ 与$\Phi_2(A)=B$ 成立. 因为假设了 Φ 是 $\Phi_{A,B}$ 的端点. 所以 $\Phi=\Phi_1=\Phi_2$, 证毕.

6.6 保单位完全正映射的不动点

本节使用类似于 6.3 节的符号, 记 $\mathcal{A}=\{A_i,A_i^*:A_i\in B(\mathcal{H}),i=1,2,\cdots,n\}$, 其中 n 是正整数. 显然有: $\phi_{\mathcal{A}}(X)=\sum_{i=1}^n A_iXA_i^*$ 是 $B(\mathcal{H})$ 上的完全正映射, 如果 $\sum_{i=1}^n A_iA_i^*=I$ 成立. 则称 $\phi_{\mathcal{A}}$ 是保单位的完全正映射. 若 $\sum_{i=1}^n A_i^*A_i=I$, 则称

$\phi_{\mathcal{A}}$ 是保迹的完全正映射. 特别地, 若 $\sum_{i=1}^n A_i^*A_i = I$ 且 $\sum_{i=1}^n A_iA_i^* = I$, 则称 $\phi_{\mathcal{A}}$ 是双随机的完全正映射. 如果 $\phi_{\mathcal{A}}(B) = B$ 称算子 $B \in B(\mathcal{H})$ 是 $\phi_{\mathcal{A}}$ 的固定点. 记 $\phi_{\mathcal{A}}$ 中固定点的全体为 $B(\mathcal{H})^{\phi_{\mathcal{A}}}$, 记

$$\mathcal{A}' = \{S:\ SB = BS, \text{对任意的} B \in \mathcal{A}\}$$

为 $\mathcal{A}$ 的全体换位子. 对算子 $B \in B(\mathcal{H})$, 记

$$\oplus_{i=1}^n B := \operatorname{diag}(\overbrace{B, B, \cdots, B}^{n}).$$

定理 6.6.1 设 $\phi_{\mathcal{A}}$ 是保单位的完全正映射, 且 $\phi_{\mathcal{A}}(B) = B$, 则 $B \in \mathcal{A}'$ 当且仅当对任意 $z_1, z_2, \cdots, z_n \in \mathcal{H}$, 等式 $\sum_{i=1}^n A_iz_i = 0$ 蕴涵 $\sum_{i=1}^n A_iBz_i = 0$ 与 $\sum_{i=1}^n A_iB^*z_i = 0$ 成立.

证明 必要性显然.

充分性. 令 $\mathcal{M} = \left\{\begin{pmatrix} A_1^*x \\ A_2^*x \\ \vdots \\ A_n^*x \end{pmatrix} : x \in \mathcal{H}\right\}$, 则容易验证 $\mathcal{M}$ 是 $\oplus_{i=1}^n \mathcal{H}$ 的闭子空间, 因为

$$\langle x, y\rangle = \sum_{i=1}^n \langle A_iA_i^*x, y\rangle = \sum_{i=1}^n \langle A_i^*x, A_i^*y\rangle = \left\langle \begin{pmatrix} A_1^*x \\ A_2^*x \\ \vdots \\ A_n^*x \end{pmatrix}, \begin{pmatrix} A_1^*y \\ A_2^*y \\ \vdots \\ A_n^*y \end{pmatrix} \right\rangle.$$

记

$$V = \begin{pmatrix} A_1^* \\ A_2^* \\ \vdots \\ A_n^* \end{pmatrix} : \mathcal{H} \to \oplus_{i=1}^n \mathcal{H},$$

所以

$$V^* = \begin{pmatrix} A_1, & A_2, & \cdots, & A_n \end{pmatrix} : \oplus_{i=1}^n \mathcal{H} \to \mathcal{H},$$

故 VV^* 是从 $\oplus_{i=1}^n \mathcal{H}$ 到 $\mathcal{M}$ 上的正交投影且满足等式 $V^*V = I_{\mathcal{H}}$.

对任意 $x, y \in \mathcal{H}$, 显然有

$$\left\langle \begin{pmatrix} A_1^*x \\ A_2^*x \\ \vdots \\ A_n^*x \end{pmatrix}, \begin{pmatrix} BA_1^*y \\ BA_2^*y \\ \vdots \\ BA_n^*y \end{pmatrix} \right\rangle = \sum_{i=1}^n \langle A_i^*x, BA_i^*y\rangle = \sum_{i=1}^n \langle x, A_iBA_i^*y\rangle = \langle x, By\rangle$$

与

$$\left\langle \begin{pmatrix} A_1^*x \\ A_2^*x \\ \vdots \\ A_n^*x \end{pmatrix}, \begin{pmatrix} A_1^*By \\ A_2^*By \\ \vdots \\ A_n^*By \end{pmatrix} \right\rangle = \sum_{i=1}^n \langle A_i^*x, A_i^*By\rangle = \sum_{i=1}^n \langle x, A_iA_i^*By\rangle = \langle x, By\rangle$$

成立, 则

$$\left\langle \begin{pmatrix} A_1^*x \\ A_2^*x \\ \vdots \\ A_n^*x \end{pmatrix}, \begin{pmatrix} A_1^*By \\ A_2^*By \\ \vdots \\ A_n^*By \end{pmatrix} \right\rangle = \left\langle \begin{pmatrix} A_1^*x \\ A_2^*x \\ \vdots \\ A_n^*x \end{pmatrix}, \begin{pmatrix} BA_1^*y \\ BA_2^*y \\ \vdots \\ BA_n^*y \end{pmatrix} \right\rangle. \tag{6.6.1}$$

断言: $\mathcal{M}^\perp = \left\{ \begin{pmatrix} z_1 \\ z_2 \\ \vdots \\ z_n \end{pmatrix} : A_1z_1 + A_2z_2 + \cdots + A_nz_n = 0 \right\}$. 事实上, $\begin{pmatrix} z_1 \\ z_2 \\ \vdots \\ z_n \end{pmatrix} \in \mathcal{M}^\perp$ 当且仅当对任意 $x \in \mathcal{H}$, 都有

$$0 = \left\langle \begin{pmatrix} A_1^*x \\ A_2^*x \\ \vdots \\ A_n^*x \end{pmatrix}, \begin{pmatrix} z_1 \\ z_2 \\ \vdots \\ z_n \end{pmatrix} \right\rangle = \sum_{i=1}^n \langle A_i^*x, z_i\rangle = \sum_{i=1}^n \langle x, A_iz_i\rangle = \left\langle x, \sum_{i=1}^n A_iz_i \right\rangle$$

成立. 因此, $\sum_{i=1}^n A_iz_i = 0$. 由充分性的题设条件, 知道 $(\oplus_{i=1}^n B)\mathcal{M}^\perp \subseteq \mathcal{M}^\perp$ 且 $(\oplus_{i=1}^n B^*)\mathcal{M}^\perp \subseteq \mathcal{M}^\perp$, 故 $\mathcal{M}$ 是 $\oplus_{i=1}^n B$ 的约化子空间. 所以, 对所有 $y \in \mathcal{H}$, 都有 $\begin{pmatrix} BA_1^*y \\ BA_2^*y \\ \vdots \\ BA_n^*y \end{pmatrix} \in \mathcal{M}$ 成立, 故式 (6.6.1) 蕴涵 $BA_i^* = A_i^*B$, 对所有 $i = 1, 2, \cdots, n$ 成立.

由于 $\sum_{i=1}^n A_iBA_i^* = B$, 则 $\sum_{i=1}^n A_iB^*A_i^* = B^*$. 类似于上面的证明方法, 可以得到 $B^*A_i^* = A_i^*B^*$, $i = 1, 2, \cdots, n$, 则 $BA_i = A_iB$, 对所有 $i = 1, 2, \cdots, n$ 成立, 因此 $B \in \mathcal{A}'$. 证毕.

下面的充要条件在本节后面结论的证明中非常重要.

推论 6.6.2 设 $\sum_{i=1}^n A_iA_i^* = I$ 且 $\sum_{i=1}^n A_iBA_i^* = B$. 如果 $V = \begin{pmatrix} A_1^* \\ A_2^* \\ \vdots \\ A_n^* \end{pmatrix}:$ $\mathcal{H} \to \oplus_{i=1}^n \mathcal{H}$, 那么

$$VV^* = \begin{pmatrix} A_1^*A_1 & A_1^*A_2 & \cdots & A_1^*A_n \\ A_2^*A_1 & A_2^*A_2 & \cdots & A_2^*A_n \\ \vdots & \vdots & & \vdots \\ A_n^*A_1 & A_n^*A_2 & \cdots & A_n^*A_n \end{pmatrix} : \oplus_{i=1}^n \mathcal{H} \to \oplus_{i=1}^n \mathcal{H}$$

是正交投影. 同时有, $B \in \mathcal{A}'$ 当且仅当 $(\oplus_{i=1}^n B)VV^* = VV^*(\oplus_{i=1}^n B)$.

下面的结论在文献 [155] 中获得, 我们给出不同的证明方法.

推论 6.6.3 设 $\phi_{\mathcal{A}}$ 是保单位的完全正映射, 如果 $\phi_{\mathcal{A}}(B) = B$, 那么 $B \in \mathcal{A}'$ 当且仅当 $\phi_{\mathcal{A}}(B^*B) = B^*B$ 与 $\phi_{\mathcal{A}}(BB^*) = BB^*$ 成立

证明 必要性显然.

充分性. 设 $V = \begin{pmatrix} A_1^* \\ A_2^* \\ \vdots \\ A_n^* \end{pmatrix} : \mathcal{H} \to \oplus_{i=1}^n \mathcal{H}$, 那么

$$\sum_{i=1}^n A_iBA_i^* = B \Longrightarrow V^*(\oplus_{i=1}^n B)V = B.$$

因此

$$VV^*(\oplus_{i=1}^n B)VV^* = VBV^*. \tag{6.6.2}$$

同理, 根据等式 $\sum_{i=1}^n A_iBB^*A_i^* = BB^*$ 可以得到

$$VV^*(\oplus_{i=1}^n BB^*)VV^* = VBB^*V^*, \tag{6.6.3}$$

又由于 $V^*V = I$, 则式 (6.6.3) 蕴涵

$$VV^*(\oplus_{i=1}^n BB^*)VV^* = VBB^*V^* = VBV^*VB^*V^* = VV^*(\oplus_{i=1}^n B)VV^*(\oplus_{i=1}^n B^*)VV^*.$$

因此

$$VV^*(\oplus_{i=1}^n B)[I_{\oplus_{i=1}^n \mathcal{H}} - VV^*](\oplus_{i=1}^n B^*)VV^* = 0,$$

进一步得到 $VV^*(\oplus_{i=1}^n B)[I_{\oplus_{i=1}^n \mathcal{H}} - VV^*] = 0$, 故有

$$VV^*(\oplus_{i=1}^n B) = VV^*(\oplus_{i=1}^n B)VV^*. \tag{6.6.4}$$

通过类似的方法, 可知 $\sum_{i=1}^n A_iB^*BA_i^* = B^*B$ 蕴涵

$$VV^*(\oplus_{i=1}^n B^*) = VV^*(\oplus_{i=1}^n B^*)VV^*. \tag{6.6.5}$$

结合式 (6.6.4) 和式 (6.6.5), 得到 $VV^*(\oplus_{i=1}^n B) = (\oplus_{i=1}^n B)VV^*$. 因此, 由推论 6.6.2 可得 $B \in \mathcal{A}'$. 证毕.

下面是本节的主要结果, 给出了两个充要条件, 使得 $B \in B(\mathcal{H})^{\phi_\mathcal{A}} \cap \mathcal{E}(\mathcal{H})$ 蕴涵 $B \in \mathcal{A}'$.

定理 6.6.4 设 $\phi_\mathcal{A}$ 是保单位的完全正映射. 如果 $B \in B(\mathcal{H})^{\phi_\mathcal{A}} \cap \mathcal{E}(\mathcal{H})$, 那么 $B \in \mathcal{A}'$ 当且仅当下面命题之一成立:

(1) $B^{\frac{1}{2}}A_i^*A_jB^{\frac{1}{2}} = A_i^*BA_j$, $i,j = 1,2,\cdots,n$;

(2) $\begin{pmatrix} A_1^*BA_1 & A_1^*BA_2 & \cdots & A_1^*BA_n \\ A_2^*BA_1 & A_2^*BA_2 & \cdots & A_2^*BA_n \\ \vdots & \vdots & & \vdots \\ A_n^*BA_1 & A_n^*BA_2 & \cdots & A_n^*BA_n \end{pmatrix} \leqslant \oplus_{i=1}^n B.$

证明 (1) 必要性显然. 充分性. 如果 (1) 成立, 容易验证下面等式成立

$$(\oplus_{i=1}^n B^{\frac{1}{2}})VV^*(\oplus_{i=1}^n B^{\frac{1}{2}}) = VBV^*$$

(V 是定理 6.6.1 中的等距算子). 由于 $\sum_{i=1}^n A_iBA_i^* = B$, 则有 $VV^*(\oplus_{i=1}^n B)VV^* = VBV^*$, 故

$$VV^*(\oplus_{i=1}^n B)VV^* = (\oplus_{i=1}^n B^{\frac{1}{2}})VV^*(\oplus_{i=1}^n B^{\frac{1}{2}}).$$

因此, $(\oplus_{i=1}^n B^{\frac{1}{2}})VV^*$ 是正规算子. 又由于

$$\sigma((\oplus_{i=1}^n B^{\frac{1}{2}})VV^*)\backslash\{0\} = \sigma(VV^*(\oplus_{i=1}^n B^{\frac{1}{2}})VV^*)\backslash\{0\} \subseteq (0,+\infty),$$

则谱映射定理蕴涵 $(\oplus_{i=1}^n B^{\frac{1}{2}})VV^* \geqslant 0$, 故 $(\oplus_{i=1}^n B^{\frac{1}{2}})VV^* = VV^*(\oplus_{i=1}^n B^{\frac{1}{2}})$. 应用推论 6.6.2 得 $B \in \mathcal{A}'$.

(2) 必要性显然. 充分性. 如果 (b) 成立, 那么 $VBV^* \leqslant \oplus_{i=1}^n B$, 则

$$V^*(\oplus_{i=1}^n B)V = B \Longrightarrow VV^*(\oplus_{i=1}^n B)VV^* \leqslant \oplus_{i=1}^n B.$$

情形 1 若 $VV^* = I_{\oplus_{i=1}^n \mathcal{H}}$, 则 $VV^*(\oplus_{i=1}^n B) = (\oplus_{i=1}^n B)VV^*$ 是显然的.

情形 2 若 $VV^*\neq I_{\oplus_{i=1}^n\mathcal{H}}$, 则对所有向量 $y\in R(I_{\oplus_{i=1}^n\mathcal{H}}-VV^*)$ 和 $x\in R(VV^*)$, 断言

$$\langle(\oplus_{i=1}^n B)x,y\rangle=0. \tag{6.6.6}$$

事实上, 反设存在向量 $y\in R(I_{\oplus_{i=1}^n\mathcal{H}}-VV^*)$ 与 $x\in R(VV^*)$, 使得 $\langle\oplus_{i=1}^n Bx,y\rangle\neq 0$, 由于 $\langle(\oplus_{i=1}^n B)x,y\rangle=\mathrm{e}^{-\mathrm{i}\theta}\mid\langle(\oplus_{i=1}^n B)x,y\rangle\mid$, 则 $\mid\langle(\oplus_{i=1}^n B)x,y\rangle\mid>0$. 因此, 对所有 $t<0$ 都有

$$\langle(\oplus_{i=1}^n B)VV^*(\mathrm{e}^{\mathrm{i}\theta}x+ty),VV^*(\mathrm{e}^{\mathrm{i}\theta}x+ty)\rangle\leqslant\langle(\oplus_{i=1}^n B)(\mathrm{e}^{\mathrm{i}\theta}x+ty),(\mathrm{e}^{\mathrm{i}\theta}x+ty)\rangle.$$

通过计算, 可以得出

$$2\mid\langle(\oplus_{i=1}^n B)x,y\rangle\mid\leqslant(-t)\langle(\oplus_{i=1}^n B)y,y\rangle.$$

令 $t\to 0$, 得到 $\mid\langle(\oplus_{i=1}^n B)x,y\rangle\mid=0$. 这与假设矛盾. 因此式 (6.6.6) 蕴涵

$$(I-VV^*)(\oplus_{i=1}^n B)VV^*=0,$$

故有

$$(\oplus_{i=1}^n B)VV^*=VV^*(\oplus_{i=1}^n B)VV^*,$$

即有 $(\oplus_{i=1}^n B)VV^*=VV^*(\oplus_{i=1}^n B)$. 再次应用推论 6.6.2 可得 $B\in\mathcal{A}'$. 证毕.

对 $A,B\in\mathcal{E}(\mathcal{H})$, 文献 [120, 定理 2.3] 给出了: $A^{\frac{1}{2}}BA^{\frac{1}{2}}\in P(\mathcal{H})$, 蕴涵 $AB=BA$. 基于此结论, 我们可以得出另一充要条件, 使得 $B\in B(\mathcal{H})^{\phi_{\mathcal{A}}}$ 蕴涵 $B\in\mathcal{A}'$.

推论 6.6.5 设 $\phi_{\mathcal{A}}$ 是保单位的完全正映射. 如果 $B\in B(\mathcal{H})^{\phi_{\mathcal{A}}}\cap\mathcal{E}(\mathcal{H})$ 且 $VBV^*\in P(\oplus_{i=1}^n\mathcal{H})$ (V 是定理 6.6.1 中的等距算子), 那么 $B\in\mathcal{A}'$.

证明 由于 $VBV^*\in P(\oplus_{i=1}^n\mathcal{H})$ 与 $V^*(\oplus_{i=1}^n B)V=\sum_{i=1}^n A_iBA_i^*=B$ 成立, 则

$$[VV^*(\oplus_{i=1}^n B^{\frac{1}{2}})][VV^*(\oplus_{i=1}^n B^{\frac{1}{2}})]^*=VV^*(\oplus_{i=1}^n B)VV^*\in P(\oplus_{i=1}^n\mathcal{H}).$$

因此

$$(\oplus_{i=1}^n B^{\frac{1}{2}})VV^*(\oplus_{i=1}^n B^{\frac{1}{2}})=[VV^*(\oplus_{i=1}^n B^{\frac{1}{2}})]^*[VV^*(\oplus_{i=1}^n B^{\frac{1}{2}})]\in P(\oplus_{i=1}^n\mathcal{H}).$$

故有

$$\begin{aligned}(\oplus_{i=1}^n B^{\frac{1}{2}})VV^*(\oplus_{i=1}^n B^{\frac{1}{2}})&=[(\oplus_{i=1}^n B^{\frac{1}{2}})VV^*(\oplus_{i=1}^n B^{\frac{1}{2}})]^2\\&=(\oplus_{i=1}^n B^{\frac{1}{2}})VV^*(\oplus_{i=1}^n B)VV^*(\oplus_{i=1}^n B^{\frac{1}{2}}).\end{aligned}$$

进一步推出

$$(\oplus_{i=1}^n B^{\frac{1}{2}})VV^*[I_{\oplus_{i=1}^n\mathcal{H}}-(\oplus_{i=1}^n B)]VV^*(\oplus_{i=1}^n B^{\frac{1}{2}})=0,$$

可得

$$(\oplus_{i=1}^n B^{\frac{1}{2}})VV^*[I_{\oplus_{i=1}^n \mathcal{H}} - (\oplus_{i=1}^n B)]^{\frac{1}{2}} = 0,$$

故有

$$(\oplus_{i=1}^n B)VV^*[I_{\oplus_{i=1}^n \mathcal{H}} - (\oplus_{i=1}^n B)] = 0.$$

因此

$$(\oplus_{i=1}^n B)VV^* = (\oplus_{i=1}^n B)VV^*(\oplus_{i=1}^n B) = VV^*(\oplus_{i=1}^n B).$$

应用推论 6.6.2 可得 $B \in \mathcal{A}'$. 证毕.

下面考虑迹保持的完全正映射和保单位的完全正映射之间的联系.

命题 6.6.6　设 $\phi_{\mathcal{A}}$ 是保持迹的完全正映射, 则 $\phi_{\mathcal{A}}(I)$ 是有限维正交投影当且仅当 $\phi_{\mathcal{A}}(I) = I$ 且 $\dim\mathcal{H} < \infty$.

证明　充分性显然.

必要性. 令 $\phi_{\mathcal{A}}(I) = P$ 且 $\dim R(P) < \infty$, 则 $\sum_{i=1}^n A_iA_i^* = P$, 故有

$$(I-P)A_iA_i^*(I-P) = 0(1 \leqslant i \leqslant n),$$

成立, 从而 $A_i^*(I-P) = 0$. 因此, $A_i^* = A_i^*P$. 显然, 对所有 $1 \leqslant i \leqslant n$, A_i 和 P 从 $\mathcal{H} = R(P) \oplus R(P)^\perp$ 到 $\mathcal{H} = R(P) \oplus R(P)^\perp$ 的算子矩阵表示为

$$A_i = \begin{pmatrix} A_{i1} & A_{i2} \\ 0 & 0 \end{pmatrix}, \quad P = \begin{pmatrix} I & 0 \\ 0 & 0 \end{pmatrix}.$$

因为 $\phi_{\mathcal{A}}$ 是迹保持的完全正映射, 所以可以得到 $\sum_{i=1}^n A_i^*A_i = I$. 直接计算可得

$$\sum_{i=1}^n A_{i1}^*A_{i1} = \sum_{i=1}^n A_{i1}A_{i1}^* + \sum_{i=1}^n A_{i2}A_{i2}^* = I_{R(P)}$$

$$\sum_{i=1}^n A_{i2}^*A_{i2} = I_{R(P)^\perp}. \tag{6.6.7}$$

由于 $\dim R(P) < \infty$, 则

$$\mathrm{tr}\left[\sum_{i=1}^n A_{i1}^*A_{i1}\right] = \mathrm{tr}\left[\sum_{i=1}^n A_{i1}A_{i1}^* + \sum_{i=1}^n A_{i2}A_{i2}^*\right] < \infty.$$

因此

$$\mathrm{tr}\left[\sum_{i=1}^n A_{i2}A_{i2}^*\right] = 0,$$

故对所有 $1 \leqslant i \leqslant n$ 都有 $A_{i2} = 0$, 从而 $I_{R(P)^\perp} = 0$. 因此, $P = I$ 且 $\dim\mathcal{H} < \infty$. 证毕.

显然, 如果 $\phi_{\mathcal{A}}$ 是保单位的完全正映射, 那么 $\phi_{\mathcal{A}}$ 至少有一个非零的不动点. 但是, 对于迹保持的完全正映射, 这个结论不成立. 事实上, 例 6.3.6 也给出了迹保持的完全正映射的不动点只有 0 的例子.

下面结论由引理 6.3.1 可以直接得到. 本节给出另一证明.

定理 6.6.7 设 $\phi_{\mathcal{A}}$ 是双随机的完全正映射, 如果 $B \in B(\mathcal{H})^{\phi_{\mathcal{A}}}$ 是正的紧算子, 那么 $B \in \mathcal{A}'$.

证明 充分性显然.

必要性. 由于 B 是正的紧算子, 不妨设 $B = b_1P_1 + B_1$, 其中 $B_1P_1 = P_1B_1 = 0$ 和 $0 \leqslant B_1 \leqslant b_2(I - P_1)$ 成立. 显然, $\dim R(P_1) < \infty$,

$$\sum_{i=1}^{n} A_i[b_1P_1 + B_1]A_i^* = b_1P_1 + B_1 \quad 且 \quad \sum_{i=1}^{n} A_i^*A_i = I. \tag{6.6.8}$$

如定理 6.6.1 的证明, 令 $V = \begin{pmatrix} A_1^* \\ A_2^* \\ \vdots \\ A_n^* \end{pmatrix} : \mathcal{H} \to \oplus_{i=1}^n \mathcal{H}$, 则

$$V^*[\oplus_{i=1}^n (b_1P_1 + B_1)]V = b_1P_1 + B_1. \tag{6.6.9}$$

在式 (6.6.9) 中左右两边分别乘 P_1, 可以得到

$$b_1P_1V^*(\oplus_{i=1}^n P_1)VP_1 + P_1V^*(\oplus_{i=1}^n B_1)VP_1 = b_1P_1. \tag{6.6.10}$$

显然, $\phi_{\mathcal{A}}(I) = I$, 蕴涵 $V^*V = I$. 由式 (6.6.10) 得

$$\begin{aligned} 0 &= b_1P_1V^*(\oplus_{i=1}^n P_1)VP_1 + P_1V^*(\oplus_{i=1}^n B_1)VP_1 - b_1P_1V^*VP_1 \\ &= P_1V^*\{\oplus_{i=1}^n [b_1(I - P_1) - B_1]\}VP. \end{aligned}$$

再由 $B_1 \leqslant b_2(I - P_1)$, 得到

$$b_1(I - P_1) - B_1 \geqslant (b_1 - b_2)(I - P_1) \geqslant 0,$$

故有

$$PV^*\{\oplus_{i=1}^n [(b_1 - b_2)(I - P_1)]\}VP_1 = 0.$$

因此

$$\sqrt{b_1 - b_2}[\oplus_{i=1}^n (I - P_1)]VP_1 = 0 \Longrightarrow [\oplus_{i=1}^n (I - P_1)]VP_1 = 0.$$

直接计算可以得到: 对 $1 \leqslant i \leqslant n$ 都有 $(I - P_1)A_i^* P_1 = 0$. 因此, $P_1 A_i = P_1 A_i P_1$, 故对 $1 \leqslant i \leqslant n$, A_i 有下面的矩阵表示形式

$$A_i = \begin{pmatrix} A_{i1} & 0 \\ A_{i2} & A_{i3} \end{pmatrix} : R(P_1) \oplus R(P_1)^{\perp} \rightarrow R(P_1) \oplus R(P_1)^{\perp}.$$

又由于 $\sum_{i=1}^n A_i^* A_i = I$ 和 $\sum_{i=1}^n A_i A_i^* = I$ 成立, 则

$$\sum_{i=1}^n A_{i1} A_{i1}^* = \sum_{i=1}^n A_{i1}^* A_{i1} + \sum_{i=1}^n A_{i2}^* A_{i2} = I_{R(P_1)}.$$

因此, $\dim R(P_1) < \infty$ 蕴涵

$$\operatorname{tr}\left[\sum_{i=1}^n A_{i1} A_{i1}^*\right] = \operatorname{tr}\left[\sum_{i=1}^n A_{i1}^* A_{i1} + \sum_{i=1}^n A_{i2}^* A_{i2}\right] < \infty,$$

即有

$$\operatorname{tr}\left[\sum_{i=1}^n A_{i2}^* A_{i2}\right] = 0.$$

因此, 对 $1 \leqslant i \leqslant n$ 都有 $A_{i2} = 0$ 成立. 因此, $A_i P_1 = P_1 A_i$ 与 $A_i^* P_1 = P_1 A_i^*$ 成立, 故 $P_1 \in \mathcal{A}'$. 又由式 (6.6.9) 知: $B_1 \in \mathcal{B}(\mathcal{H})^{\phi_{\mathcal{A}}}$. 类似地, 可以得到 $P_2 \in \mathcal{A}'$, 其中 $B_1 = b_2 P_2 + B_2$, 满足 $P_2 B_2 = B_2 P_2 = 0$ 和 $0 \leqslant B_2 \leqslant b_3(I - P_1 - P_2)$ 成立. 因此, 若正的紧算子 B 分解为: $B = \sum_{i=1}^m b_k P_k$, 则所有的 $P_k \in \mathcal{A}'$, 故有 $B \in \mathcal{A}'$, 其中 $m \leqslant \infty$. 证毕.

由上面结果, 可以得出下面两个推论.

推论 6.6.8　设 $\phi_{\mathcal{A}}$ 是双随机的完全正映射, 如果 $\rho \in D(\mathcal{H})$ 且 $\phi_{\mathcal{A}}(\rho) = \rho$, 则 $\rho \in \mathcal{A}'$.

推论 6.6.9　设 $\Lambda_{\mathcal{A}}$ 是 Lüders 运算, 如果 $\rho \in D(\mathcal{H})$ 且 $\Lambda_{\mathcal{A}}(\rho) = \rho$, 那么 $\rho A_i = A_i \rho$, 对于 $1 \leqslant i \leqslant n$ 成立.

注 6.6.10　当 $n = \infty$ 时, 只需要小的修改, 上述的结果也都成立.

6.7　量子效应约当乘积的性质

本节定义两个算子 A 与 B 的约当积为 $A * B := \dfrac{AB + BA}{2}$. 我们将研究量子效应约当积的性质. 结果表明: 对两个量子效应 A 与 B, 约当乘积 $A * B$ 与序贯乘积 $A \circ B$ 有着极其相似的性质. 例如, $A * B \geqslant A$ 当且仅当 $AB = BA = A$, $A * B \in P(\mathcal{H})$ 当且仅当 $A \circ B \in P(\mathcal{H})$.

引理 6.7.1 设 $A \in B(\mathcal{H})$ 有矩阵形式

$$A = \begin{pmatrix} A_{11} & A_{12} \\ A_{21} & A_{22} \end{pmatrix},$$

根据空间分解 $\mathcal{H} = \mathcal{H}_1 \oplus \mathcal{H}_2$, 则有 $\|A\| \geqslant \|A_{11}\|$.

证明 对所有单位向量 $x, y \in \mathcal{H}_1$, 有 $\|A\| \geqslant |\langle Ax, y\rangle| = |\langle A_{11}x, y\rangle|$, 因此

$$\|A\| \geqslant \sup\{|\langle A_{11}x, y\rangle| : x, y \in \mathcal{H}_1, \|x\| = \|y\| = 1\} = \|A_{11}\|.$$

对 $A, B \in \mathcal{E}(\mathcal{H})$, 文献 [120] 给出 $A \circ B \in P(\mathcal{H})$ 蕴涵 $AB = BA$. 下面结论表明: 若 $A * B$ 是投影, 则 $AB = BA$.

定理 6.7.2 设 $A, B \in \mathcal{E}(\mathcal{H})$, 则 $A \circ B \in P(H)$ 当且仅当 $A * B \in P(\mathcal{H})$. 此时有 $A \circ B = A * B$.

证明 充分性. 设 $P = A * B \in P(H)$.

情形 1 若 $P = 0$, 则 $AB = -BA$, 因此 $AB^2 = B^2A$, 因为 B 是 B^2 中一列多项式的极限所以 $AB = BA$. 由此得 $AB = 0$, 故 $A \circ B = 0$.

情形 2 $P \neq 0$. 设 $K = \dfrac{AB - BA}{2\mathrm{i}}$, 则 K 是一个自伴算子且 $AB = P + \mathrm{i}K$, 其中 $i = \sqrt{-1}$ 易知

$$P = \begin{pmatrix} I_1 & 0 \\ 0 & 0 \end{pmatrix} : N(P)^{\perp} \oplus N(P) \to N(P)^{\perp} \oplus N(P)$$

和

$$K = \begin{pmatrix} K_{11} & K_{12} \\ K_{12}^* & K_{22} \end{pmatrix} : N(P)^{\perp} \oplus N(P) \to N(P)^{\perp} \oplus N(P),$$

其中 K_{11} 和 K_{22} 是自伴的. 因此, 由引理 6.7.1 有

$$\begin{aligned} 1 \geqslant \|AB\| &= \|P + \mathrm{i}K\| \\ &= \left\| \begin{pmatrix} I_1 + \mathrm{i}K_{11} & \mathrm{i}K_{12} \\ \mathrm{i}K_{12}^* & \mathrm{i}K_{22} \end{pmatrix} \right\| \geqslant \|I_1 + \mathrm{i}K_{11}\|, \end{aligned}$$

故有

$$\|I_1 + K_{11}K_{11}^*\| = \|(I_1 + \mathrm{i}K_{11})(I_1 - \mathrm{i}K_{11})\| = \|I_1 + \mathrm{i}K_{11}\|^2 \leqslant 1.$$

因此 $K_{11}K_{11}^* = 0$, 故 $K_{11} = 0$. 由此得

$$AB = \begin{pmatrix} I_1 & \mathrm{i}K_{12} \\ \mathrm{i}K_{12}^* & \mathrm{i}K_{22} \end{pmatrix},$$

因此

$$1 \geqslant \|AB^2A\| = \left\| \begin{pmatrix} I_1 & iK_{12} \\ iK_{12}^* & iK_{22} \end{pmatrix} \begin{pmatrix} I_1 & -\mathrm{i}K_{12} \\ -\mathrm{i}K_{12}^* & -\mathrm{i}K_{22} \end{pmatrix} \right\| = \left\| \begin{pmatrix} I_1 + K_{12}K_{12}^* & \star \\ \star & \star \end{pmatrix} \right\|.$$

类似于上面的证明, 可得 $K_{12} = 0$, 则有

$$AB = \begin{pmatrix} I_1 & 0 \\ 0 & \mathrm{i}K_{22} \end{pmatrix} \Longrightarrow \sigma(AB) = \{1\} \cup \sigma(\mathrm{i}K_{22}).$$

又由引理 1.2.4 得

$$\sigma(AB)\backslash\{0\} = \sigma(A^{\frac{1}{2}}BA^{\frac{1}{2}})\backslash\{0\} \subseteq (0, +\infty),$$

则 $\sigma(AB) \subseteq [0, +\infty)$ 故 $K_{22} = 0$, 且

$$\sigma(iK_{22}) \subseteq \sigma(AB) \subseteq [0, +\infty) \Longrightarrow \mathrm{i}K_{22} \geqslant 0.$$

这与 K_{22} 是自伴的相矛盾. 因此 $AB = P = BA = A \circ B$. 证毕.

由文献 [120], 必要性是显然的.

注 6.7.3　对 $A, B \in \mathcal{E}(\mathcal{H})$, 直接应用文献 [120] 中的方法, 可以得到 $A * B = A \circ B$ 当且仅当 $AB = BA$. 但是, $A * B \geqslant 0$ 不能蕴涵 $AB = BA$. 下面给出这样的反例.

例 6.7.4　在 C^2 上, 设

$$A = \begin{pmatrix} \frac{1}{4} & \frac{1}{6} \\ \frac{1}{6} & \frac{1}{4} \end{pmatrix} \quad 且 \quad B = \begin{pmatrix} \frac{1}{2} & 0 \\ 0 & \frac{1}{4} \end{pmatrix},$$

则 $A * B \in \mathcal{E}(\mathcal{H})$ 但 $AB \neq BA$.

在文献 [118]、[119] 中, 得到结论: 若 $A, B \in \mathcal{E}(\mathcal{H})$, 则 $A \circ B \geqslant B$ 当且仅当 $AB = BA = B$. 下面的结论表明 Jordan 积 $A * B$ 有类似的性质.

定理 6.7.5　设 $A, B \in \mathcal{E}(\mathcal{H})$, 则有

(1) $A * B \geqslant A$ 当且仅当 $AB = BA = A$;

(2) $A * B \geqslant B$ 当且仅当 $AB = BA = B$.

证明　由于 (1) 和 (2) 的对称性, 只需要证明 (1). 显然

$$AB = BA = A \Longrightarrow A * B \geqslant A.$$

反之, 如果 $A*B \geqslant A$, 则有

$$AB+BA \geqslant 2A \Longrightarrow A(I-B)+(I-B)A \leqslant 0.$$

因此, 对所有单位向量 x, 都有 $\langle A(I-B)x,x\rangle + \langle (I-B)Ax,x\rangle \leqslant 0$ 成立. 又由于

$$A(I-B)=\frac{A(I-B)+(I-B)A}{2}+\sqrt{-1}\frac{A(I-B)-(I-B)A}{2\sqrt{-1}},$$

且 $\dfrac{A(I-B)-(I-B)A}{2\sqrt{-1}}$ 是自伴算子, 因此

$$\langle A(I-B)x,x\rangle \subseteq \{x+\mathrm{i}y : x\leqslant 0\}.$$

由引理 1.2.4, 显然有

$$\sigma(A(I-B))\backslash\{0\}=\sigma(A^{\frac{1}{2}}(I-B)A^{\frac{1}{2}})\backslash\{0\}\subseteq(0,+\infty).$$

因此

$$\sigma(A(I-B))\subseteq[0,+\infty)\Longrightarrow \sigma(A(I-B))=\{0\}.$$

否则, 存在 $\lambda>0$ 使得 $\lambda\in\sigma(A(I-B))$, 则存在单位向量列 $\{x_n\}$, 使得

$$\lim_{n\to\infty}\|(A(I-B)-\lambda)x_n\|=0,$$

因此

$$\lim_{n\to\infty}\langle A(I-B)x_n,x_n\rangle=\lambda.$$

故有

$$\lambda\in\overline{\{x+\mathrm{i}y:x\leqslant 0\}}=\{x+\mathrm{i}y:x\leqslant 0\}.$$

这与假设 $\lambda>0$ 相矛盾, 故 $\sigma(A(I-B))=\{0\}$. 由引理 1.2.4, 得

$$\sigma(A^{\frac{1}{2}}(I-B)A^{\frac{1}{2}})=\{0\}\Longrightarrow A^{\frac{1}{2}}(I-B)A^{\frac{1}{2}}=0,$$

由此得到 $A^{\frac{1}{2}}(I-B)^{\frac{1}{2}}=0$, 故有 $A(I-B)=0$, 因此 $A=AB=BA$. 证毕.

一般而言, $A*B\leqslant A$ 和 $A*B\leqslant B$ 成立并不能蕴涵 $AB=BA$, 下面给出反例.

例 6.7.6 在 C^2 上, 令

$$A=\begin{pmatrix}\frac{1}{4} & \frac{1}{8}\\ \frac{1}{8} & \frac{1}{4}\end{pmatrix} \quad 和 \quad B=\begin{pmatrix}\frac{1}{2} & 0\\ 0 & \frac{1}{4}\end{pmatrix},$$

则直接验证有

$$A * B \leqslant A \quad 与 \quad A * B \leqslant B$$

成立. 但是, $AB \neq BA$.

在文献 [120] 中得到: 若 $A, B \in \mathcal{E}(\mathcal{H})$, 则 $A \circ B \leqslant B$ 当且仅当 $AB = BA$. 对 Jordan 积 $A * B$, 我们有类似的结果.

定理 6.7.7 设 $A, B \in \mathcal{E}(\mathcal{H})$. 如果 A 或 $B \in P(\mathcal{H})$, 那么 $A * B \leqslant B$ 当且仅当 $AB = BA$.

证明 必要性. 不妨设 $A \in P(\mathcal{H})$ ($B \in P(\mathcal{H})$ 的情形类似). 显然

$$A = \begin{pmatrix} I_1 & 0 \\ 0 & 0 \end{pmatrix} : N(A)^{\perp} \oplus N(A) \to N(A)^{\perp} \oplus N(A).$$

设

$$B = \begin{pmatrix} B_{11} & B_{12} \\ B_{21} & B_{22} \end{pmatrix} : N(A)^{\perp} \oplus N(A) \to N(A)^{\perp} \oplus N(A),$$

其中 $B_{11} \geqslant 0$, $B_{22} \geqslant 0$ 且 $B_{12} = B_{21}^*$. 易得

$$A * B = \begin{pmatrix} B_{11} & \dfrac{B_{12}}{2} \\ \dfrac{B_{12}^*}{2} & 0 \end{pmatrix} : N(A)^{\perp} \oplus N(A) \to N(A)^{\perp} \oplus N(A).$$

如果 $A * B \leqslant B$, 则

$$B - A * B = \begin{pmatrix} 0 & \dfrac{B_{12}}{2} \\ \dfrac{B_{12}^*}{2} & B_{22} \end{pmatrix} \geqslant 0.$$

由引理 1.2.5 有 $B_{12} = 0$ 和 $B_{21} = 0$ 成立, 所以 $AB = BA$.

充分性. 显然, $AB = BA$ 蕴涵 $B^{\frac{1}{2}} A = AB^{\frac{1}{2}}$, 故有

$$A * B = AB = B^{\frac{1}{2}} AB^{\frac{1}{2}} \leqslant B.$$

证毕.

下面将考虑 Jordan 积的结合律. 对序贯积, 类似的结论已经在文献 [120] 中得到.

引理 6.7.8[183] 设 $A, B \in B(\mathcal{H})$, 若 A 不是数乘单位算子且对任意 $X \in B(\mathcal{H})$, 都有 $B(AX - XA) = (AX - XA)B$ 成立, 则 B 是数乘单位算子.

定理 6.7.9 设 $A,B\in\mathcal{E}(\mathcal{H})$, 则对任意的 $C\in\mathcal{E}(\mathcal{H})$, 都有 $A*(B*C)=(A*B)*C$ 成立当且仅当存在 $0\leqslant c\leqslant 1$ 使得 $A=cI$ 或 $B=cI$.

证明 充分性显然.

必要性. 由于对任意的 $C\in\mathcal{E}(\mathcal{H})$, 都有 $A*(B*C)=(A*B)*C$ 成立, 则直接计算, 可得 $ACB+BCA=BAC+CAB$, 对任意 $C\in\mathcal{E}(\mathcal{H})$ 成立. 令 $C=B$, 则

$$AB^2+B^2A=2BAB.$$

我们将使用文献 [120] 中的证明技巧. 记换位子符号 $[X,Y]:=XY-YX$, 显然有

$$[B,[B,A]]=B(BA-AB)-(BA-AB)B=0.$$

因此, 对 B 的每个谱投影 E, 都有 $[E,[B,A]]=0$. 又由雅可比恒等式

$$[E,[B,A]]+[A,[E,B]]+[B,[A,E]]=0,$$

得 $[B,[A,E]]=0$, 故有 $[E,[A,E]]=0$. 显然有

$$EA+AE-2EAE=E(EA-AE)-(EA-AE)E=0,$$

左乘 E 得 $EA=EAE$. 因此, 对 B 的每个谱投影 E, 都有 $EA=AE$ 成立, 故 $AB=BA$. 因此, 对任意的 $C\in\mathcal{E}(\mathcal{H})$ 都有

$$ACB+BCA=BAC+CAB=ABC+CBA$$

成立, 因此 $A(CB-BC)=(CB-BC)A$, 对任意的 $C\in\mathcal{E}(\mathcal{H})$ 均成立.

设 $0\neq D\in B(\mathcal{H})^+$, 则 $\dfrac{D}{\|D\|}\in\mathcal{E}(\mathcal{H})$, 故

$$A\left(\frac{D}{\|D\|}B-B\frac{D}{\|D\|}\right)=\left(\frac{D}{\|D\|}B-B\frac{D}{\|D\|}\right)A.$$

因此, $A(DB-BD)=(DB-BD)A$, 对任意的 $D\in\mathcal{B}(\mathcal{H})^+$ 都成立. 设 $X\in\mathcal{B}(\mathcal{H})$, 则 $X=D_1-D_2+\sqrt{-1}(D_3-D_4)$, 其中 D_1,D_2,D_3 和 D_4 都是正算子, 故有

$$A(XB-BX)=(XB-BX)A$$

对任意的 $X\in B(\mathcal{H})$ 都成立. 因此, 由引理 6.7.8, 存在 $0\leqslant c\leqslant 1$ 使得 $A=cI$ 或 $B=cI$. 证毕.

定理 6.7.10 对 $A,B\in\mathcal{E}(\mathcal{H})$, 则对任意的 $C\in\mathcal{E}(\mathcal{H})$ 都有 $A*(C*B)=(A*C)*B$ 成立当且仅当 $AB=BA$.

证明　充分性是显然的.

必要性. 如果 $A*(C*B)=(A*C)*B$, 对任意的 $C\in\mathcal{E}(\mathcal{H})$ 都成立, 则

$$(AB-BA)C=C(AB-BA),\ 对任意C\in\mathcal{E}(\mathcal{H}),$$

故有 $AB-BA\in B(\mathcal{H})'$, 其中

$$B(\mathcal{H})'=\{T\in B(\mathcal{H}):TC=CT,\ 对所有C\in B(\mathcal{H})\}.$$

因为 $B(\mathcal{H})'=\{\alpha I:\alpha\in\mathbb{C}\}$, 所以 $AB-BA=\alpha I$, 故 $AB=\alpha I+BA$. 直接计算得

$$\begin{aligned}AB(AB)^*=AB^2A&=(\alpha I+BA)BA\\&=BA(\alpha I+BA)\\&=BA^2B=(AB)^*AB,\end{aligned}$$

故 AB 是正规的. 再由 $\sigma(AB)\subseteq[0,+\infty)$ 得 $AB\in\mathcal{E}(\mathcal{H})$, 因此 $AB=(AB)^*=BA$. 证毕.

推论 6.7.11　设 $A,B\in\mathcal{E}(\mathcal{H})$, 则对任意的 $C\in\mathcal{E}(\mathcal{H})$, 都有 $C*(A*B)=(C*A)*B$ 成立, 当且仅当 $AB=BA$.

对每个 $W\in D(\mathcal{H})$, 在量子信息论中用 $P_W(A)=\mathrm{tr}(AW)$ 表示状态 W 时量子效应 A 出现的概率. 在文献 [120] 中, 已经证明了: 对 $A,B\in\mathcal{E}(\mathcal{H})$, 则有 $P_W(A)=P_W(B)=1\Longleftrightarrow P_W(A\circ B)=1$. 下面证明: 对 Jordan 积 $A*B$, 相似的结论成立.

定理 6.7.12　设 $A,C\in\mathcal{E}(\mathcal{H})$, 且 $W\in D(\mathcal{H})$.

(1) 下面三个命题等价:

(a) $P_W(A)=1$;

(b)$WA=AW=W$;

(c) 对任意 $B\in\mathcal{E}(\mathcal{H})$, 都有 $P_W(A*B)=P_W(B)$ 成立.

(2) $P_W(A)=P_W(C)=1$ 当且仅当 $P_W(A*C)=1$.

证明　(1) 若 (a) 成立, 则 $1=\mathrm{tr}(AW)=\mathrm{tr}(W^{\frac{1}{2}}AW^{\frac{1}{2}})\leqslant\mathrm{tr}(W)=1$, 故有 $W^{\frac{1}{2}}AW^{\frac{1}{2}}=W$. 因此, $W^{\frac{1}{2}}A=W^{\frac{1}{2}}\Longrightarrow WA=AW=W$.

如果 (b) 成立, 则对任意的 $B\in\mathcal{E}(\mathcal{H})$, 都有

$$\begin{aligned}P_W(A*B)=\mathrm{tr}\left(\frac{AB+BA}{2}W\right)&=\frac{1}{2}\mathrm{tr}(ABW+BAW)\\&=\frac{1}{2}(\mathrm{tr}(BWA)+\mathrm{tr}(BW))=\mathrm{tr}(BW).\end{aligned}$$

若 (c) 成立, 则令 $B=I$, 得 $P_W(A)=1$.

(2) 若 $P_W(A)=P_W(C)=1$, 则由 (1) 中 (c) 可知 $P_W(A*C)=P_W(C)=1$. 反之, 若 $P_W(A*C)=1$, 记 $\lambda_i\ (i=1,2,\cdots)$ 是 W 的非零特征值 (计重数) 且 e_i 是相应的单位特征向量, 则 $\sum_{i=1}^{\infty}\lambda_i=1$ 且

$$1=P_W(A*C)=\sum_{i=1}^{\infty}\left\langle\frac{AC+CA}{2}We_i,e_i\right\rangle=\sum_{i=1}^{\infty}\lambda_i\left\langle\frac{AC+CA}{2}e_i,e_i\right\rangle.$$

因此, 对 $i=1,2,\cdots$, 都有 $\langle\dfrac{AC+CA}{2}e_i,e_i\rangle=1$, 从而

$$1=\left|\left\langle\frac{AC+CA}{2}e_i,e_i\right\rangle\right|\leqslant\left\|\frac{AC+CA}{2}e_i\right\|\|e_i\|\leqslant 1.$$

因此, Cauchy-Schwarz 不等式蕴涵 $\dfrac{AC+CA}{2}e_i=e_i$, 故有 $\dfrac{AC+CA}{2}W=W$, 故

$$P_{\overline{R(W)}}\frac{AC+CA}{2}P_{\overline{R(W)}}=P_{\overline{R(W)}},$$

其中 $P_{\overline{R(W)}}$ 是 $R(W)$ 闭包上的正交投影. 又由算子的笛卡儿分解知

$$P_{\overline{R(W)}}ACP_{\overline{R(W)}}=P_{\overline{R(W)}}+\sqrt{-1}P_{\overline{R(W)}}\frac{AC-CA}{2\sqrt{-1}}P_{\overline{R(W)}}.$$

因为 $\|P_{\overline{R(W)}}ACP_{\overline{R(W)}}\|\leqslant 1$, 所以通过与定理 6.7.5 类似的证明, 可得

$$P_{\overline{R(W)}}ACP_{\overline{R(W)}}=P_{\overline{R(W)}}.$$

因此

$$AC=\begin{pmatrix} I & (AC)_{12}\\ (AC)_{21} & (AC)_{22}\end{pmatrix}:\overline{R(W)}\oplus R(W)^{\perp}\to\overline{R(W)}\oplus R(W)^{\perp}.$$

又由于 $\|AC\|\leqslant 1$, 则

$$(AC)_{12}=0\quad \text{和}\quad (AC)_{21}=0$$

成立, 故有

$$AC=\begin{pmatrix} I & 0\\ 0 & (AC)_{22}\end{pmatrix}:\overline{R(W)}\oplus R(W)^{\perp}\to\overline{R(W)}\oplus R(W)^{\perp},$$

因此, 对任意的单位向量 $x\in R(W)$, 都有

$$1\geqslant\|Ax\|\|Cx\|\geqslant\langle Cx,Ax\rangle=\langle ACx,x\rangle=1,$$

故有

$$1 = \|Ax\| = \|Cx\|,$$

则

$$1 \geqslant \langle Ax, x\rangle \geqslant \langle A^2x, x\rangle = \|Ax\|^2 = 1.$$

利用 Cauchy-Schwarz 不等式可得: 对任意单位向量 $x \in R(W)$ 都有 $Ax = x$. 类似地, 也可以得到: 对任意单位向量 $x \in R(W)$, 都有 $Cx = x$ 成立. 因此

$$CW = AW = W = W^* = WA = WC,$$

故有

$$P_W(A) = P_W(C) = 1.$$

证毕.

6.8　压缩完全正映射的端点

在文献 [186]~[188] 中, 得到了算子量子纠错 (OQEC) 的许多结果, 描述了无噪声系统和量子纠错码. 本节也使用 6.3 节的符号, 记

$$\mathcal{A} = \{A_i, A_i^* : A_i \in B(\mathcal{H}), i = 1, 2, \cdots\}.$$

若 $\sum_{i=1}^{\infty} A_iA_i^* \leqslant I$, 则称 $\phi_{\mathcal{A}}(X) = \sum_{i=1}^{\infty} A_iXA_i^*$ 是 $B(\mathcal{H})$ 上的压缩完全正映射.

设 $\Phi : B(\mathcal{H}) \longrightarrow B(\mathcal{H})$ 是压缩完全正映射, $\mathcal{V}$ 是希尔伯特空间 $\mathcal{H}$ 的闭子空间, 若对全体 $B \in P_{\mathcal{V}}B(\mathcal{H})P_{\mathcal{V}}$, 都有 $\Phi(B) = B$ 成立, 则称 $\mathcal{V}$ 是 Φ 的无噪声子空间. 若存在压缩完全正映射 $\Psi : B(\mathcal{H}) \longrightarrow B(\mathcal{H})$, 使得对全体 $X \in P_{\mathcal{V}}B(\mathcal{H})P_{\mathcal{V}}$ 有 $\Psi\Phi(X) = X$, 则称对子空间 $\mathcal{V} \subseteq \mathcal{H}$, Φ 是纠错的, 并称 Ψ 是纠错运算.

下面, 首先给出无噪声子空间的一个刻画.

命题 6.8.1　设 $\Phi_{\mathcal{A}}(I) \leqslant I$, 则 $\mathcal{M} \subseteq \mathcal{H}$ 是一个无噪声子空间当且仅当对 $i = 1, 2, \cdots$ 都有 $A_iP_{\mathcal{M}} = P_{\mathcal{M}}A_i = \lambda_iP_{\mathcal{M}}$ 且 $\sum_{i=1}^{\infty} |\lambda_i|^2 = 1$ 成立.

证明　充分性显然成立.

必要性. 设 A_i 有算子矩阵形式

$$A_i = \begin{pmatrix} A_{i1} & A_{i2} \\ A_{i3} & A_{i4} \end{pmatrix} : \mathcal{M} \oplus \mathcal{M}^{\perp} \to \mathcal{M} \oplus \mathcal{M}^{\perp},$$

其中 $i = 1, 2, \cdots$. 若 $B \in P_{\mathcal{M}}B(\mathcal{H})P_{\mathcal{M}}$, 则显然有

$$B = \begin{pmatrix} B_1 & 0 \\ 0 & 0 \end{pmatrix} : \mathcal{M} \oplus \mathcal{M}^{\perp} \to \mathcal{M} \oplus \mathcal{M}^{\perp}.$$

因为 $\Phi_{\mathcal{A}}(P_{\mathcal{M}}) = P_{\mathcal{M}}$, 则有 $\sum_{i=1}^{\infty} A_i P_{\mathcal{M}} A_i^* = P_{\mathcal{M}}$, 所以

$$\sum_{i=1}^{\infty}(I - P_{\mathcal{M}})A_i P_{\mathcal{M}} A_i^*(I - P_{\mathcal{M}}) = (I - P_{\mathcal{M}})P_{\mathcal{M}}(I - P_{\mathcal{M}}) = 0.$$

因此, $(I - P_{\mathcal{M}})A_i P_{\mathcal{M}} = 0$, 故 $A_{i3} = 0$. 又由于 $\Phi_{\mathcal{A}}(P_{\mathcal{M}}) = P_{\mathcal{M}}$, 直接计算得 $\sum_{i=1}^{\infty} A_{i1} A_{i1}^* = I_{\mathcal{M}}$. 因为 $\Phi_{\mathcal{A}}(I) \leqslant I$, 所以

$$\operatorname{diag}(I, I) = I \geqslant \Phi_{\mathcal{A}}(I) = \begin{pmatrix} \sum_{i=1}^{\infty}[A_{i1}A_{i1}^* + A_{i2}A_{i2}^*] & \sum_{i=1}^{\infty} A_{i2}A_{i4}^* \\ \sum_{i=1}^{\infty} A_{i4}^* A_{i2} & \sum_{i=1}^{\infty} A_{i4}A_{i4}^* \end{pmatrix},$$

故有 $A_{i2} = 0$, 于是, 由 $\Phi_{\mathcal{A}}(B) = B$ 得 $\sum_{i=1}^{\infty} A_{i1} B_1 A_{i1}^* = B_1$. 由于 $B_1 \in B(\mathcal{M})$ 是任意的, 不妨令 P 是 $P_{\mathcal{M}}$ 的任意子投影, 则有

$$\sum_{i=1}^{\infty} A_{i1} P A_{i1}^* = P \quad 与 \quad \sum_{i=1}^{\infty} A_{i1}(I_{\mathcal{M}} - P)A_{i1}^* = I_{\mathcal{M}} - P.$$

因此

$$(I_{\mathcal{M}} - P)A_{i1}P = 0 \quad 与 \quad PA_{i1}(I_{\mathcal{M}} - P) = 0$$

都成立, 故对 $i = 1, 2, \cdots$, 都有 $A_{i1}P = PA_{i1}$. 由于投影 P 的任意性, 则有 $A_{i1} = \lambda_i P_{\mathcal{M}}$. 显然, 由

$$I_{\mathcal{M}} = \sum_{i=1}^{\infty} A_{i1}A_{i1}^* = \sum_{i=1}^{\infty} |\lambda_i|^2 I_{\mathcal{M}},$$

得 $\sum_{i=1}^{\infty} |\lambda_i|^2 = 1$. 证毕.

由命题 6.8.1, 下面的结论显然.

推论 6.8.2 设 $\Phi_{\mathcal{A}}(I) \leqslant I$, 且 $\Phi_{\mathcal{A}}^{\dagger}(I) \leqslant I$, 则 $\mathcal{M} \subseteq \mathcal{H}$ 是 $\phi_{\mathcal{A}}$ 的无噪声子空间当且仅当 $\mathcal{M}$ 是 $\Phi_{\mathcal{A}}^{\dagger}$ 的无噪声子空间.

推论 6.8.3 设 $\Phi_{\mathcal{A}}(I) \leqslant I$, $\Phi_{\mathcal{A}}^{\dagger}(I) \leqslant I$, 若 $\mathcal{M} \subseteq \mathcal{H}$ 是有限维子空间, 使得 $\Phi_{\mathcal{A}}(P_{\mathcal{M}}) = P_{\mathcal{M}}$, 则

$$\begin{aligned} &\{B \in P_{\mathcal{M}} B(\mathcal{H}) P_{\mathcal{M}} : \Phi_{\mathcal{A}}(B) = B\} \\ =&\{B \in P_{\mathcal{M}} B(\mathcal{H}) P_{\mathcal{M}} : \Phi_{\mathcal{A}}^{\dagger}(B) = B\} = \mathcal{A}' \cap P_{\mathcal{M}} B(\mathcal{H}) P_{\mathcal{M}}. \end{aligned}$$

证明 由引理 6.3.2 知, $\Phi_{\mathcal{A}}(P_{\mathcal{M}}) = P_{\mathcal{M}}$ 蕴涵 $\Phi_{\mathcal{A}}^{\dagger}(P_{\mathcal{M}}) = P_{\mathcal{M}}$, 故有 $A_i P_{\mathcal{M}} = P_{\mathcal{M}} A_i$. 因此, 将量子运算 $\Phi_{\mathcal{A}}$ 与 $\Phi_{\mathcal{A}}^{\dagger}$ 限制在子空间 $\mathcal{M}$ 上. 由推论 6.6.8 知, 要证的结论成立. 证毕.

记正规完全正映射的子集 $\Pi := \{\Phi_{\mathcal{A}} : \sum_{i=1}^{\infty} A_i A_i^* \leqslant I\}$. 设

$$\Delta := \{\Phi_V : \Phi_V(X) = VXV^* \ \text{且} V \text{ 是部分等距算子}\}.$$

易知 $\Delta \subseteq \Pi$. 下面将证明, 集合 Δ 包含在 Π 的端点之集中.

下面结论是文献 [189] 中结论的延伸.

命题 6.8.4　集合 Π 是凸集, 集合 Δ 在 Π 的端点中.

证明　直接验证 Π 是一个凸集. 不妨设 $\Phi_V \in \Delta$, 其中 $\Phi_V(X) = VXV^*$, 满足 V 是部分等距算子. 若 $\Phi_V = t\Phi_{\mathcal{A}} + (1-t)\Phi_{\mathcal{B}}$ (其中 $0 < t < 1$ 且 $\Phi_{\mathcal{A}}, \Phi_{\mathcal{B}} \in \Pi$), 则

$$VXV^* = t\sum_{i=1}^{\infty} A_i X A_i^* + (1-t)\sum_{i=1}^{\infty} B_i X B_i^*, \tag{6.8.1}$$

对任意的 $X \in B(\mathcal{H})$ 成立.

首先, 令 $X = V^*V$, 则由式 (6.8.1) 得

$$VV^*VV^* = t\sum_{i=1}^{\infty} A_i V^*V A_i^* + (1-t)\sum_{i=1}^{\infty} B_i V^*V B_i^*, \tag{6.8.2}$$

则

$$t\sum_{i=1}^{\infty}(I - VV^*)A_i V^*V A_i^*(I - VV^*) + (1-t)\sum_{i=1}^{\infty}(I - VV^*)B_i V^*V B_i^*(I - VV^*) = 0.$$

因此

$$(I - VV^*)A_i V^*V = 0 \quad \text{与} \quad (I - VV^*)B_i V^*V = 0 \tag{6.8.3}$$

成立, 其中 $i = 1, 2, \cdots$.

令 $X = I - V^*V$ 得

$$t\sum_{i=1}^{\infty} A_i(I - V^*V)A_i^* + (1-t)\sum_{i=1}^{\infty} B_i(I - V^*V)B_i^* = 0,$$

有

$$A_i(I - V^*V) = 0 \quad \text{与} \quad B_i(I - V^*V) = 0 \tag{6.8.4}$$

成立, 其中 $i = 1, 2, \cdots$. 由式 (6.8.3) 和式 (6.8.4) 得, A_i 和 B_i 分别有算子矩阵形

$$A_i = \begin{pmatrix} A_{i1} & 0 \\ 0 & 0 \end{pmatrix} : R(V^*) \oplus R(V^*)^{\perp} \to R(V) \oplus R(V)^{\perp} \tag{6.8.5}$$

和

$$B_i = \begin{pmatrix} B_{i1} & 0 \\ 0 & 0 \end{pmatrix} : R(V^*) \oplus R(V^*)^{\perp} \to R(V) \oplus R(V)^{\perp}. \tag{6.8.6}$$

设 $X \in B(\mathcal{H})$ 有算子矩阵形式

$$X = \begin{pmatrix} X_1 & X_2 \\ X_3 & X_4 \end{pmatrix} : R(V^*) \oplus R(V^*)^{\perp} \to R(V^*) \oplus R(V^*)^{\perp}.$$

显然式 (6.8.1), 式 (6.8.5) 和式 (6.8.6) 蕴涵

$$V_1 X_1 V_1^* = t \sum_{i=1}^{\infty} A_{i1} X_1 A_{i1}^* + (1-t) \sum_{i=1}^{\infty} B_{i1} X_1 B_{i1}^*, \tag{6.8.7}$$

其中 V_1 是从子空间 $R(V^*)$ 到子空间 $R(V)$ 的酉算子. 因此, 由式 (6.8.7) 得

$$X_1 = t \sum_{i=1}^{\infty} V_1^* A_{i1} X_1 A_{i1}^* V_1 + (1-t) \sum_{i=1}^{\infty} V_1^* B_{i1} X_1 B_{i1}^* V_1. \tag{6.8.8}$$

又由于 X_1 是任意的, 则命题 6.8.1 蕴涵

$$A_{i1} = \lambda_i V_1 \quad 且 \quad B_{i1} = \mu_i V_1. \tag{6.8.9}$$

显然有

$$V = \begin{pmatrix} V_1 & 0 \\ 0 & 0 \end{pmatrix} : R(V^*) \oplus R(V^*)^{\perp} \to R(V) \oplus R(V)^{\perp},$$

则由式 (6.8.9) 和式 (6.8.5) 知 $A_i = \lambda_i V$ 与$B_i = \mu_i V$ 成立. 再由式 (6.8.5) 和式 (6.8.6) 及题设条件

$$\sum_{i=1}^{\infty} A_i A_i^* \leqslant I \quad 与 \quad \sum_{i=1}^{\infty} B_i B_i^* \leqslant I,$$

可以得到

$$\sum_{i=1}^{\infty} |\lambda_i|^2 \leqslant 1 \quad 与 \quad \sum_{i=1}^{\infty} |\mu_i|^2 \leqslant 1 \tag{6.8.10}$$

成立. 此外, 式 (6.8.8) 蕴涵

$$t \sum_{i=1}^{\infty} |\lambda_i|^2 + (1-t) \sum_{i=1}^{\infty} |\mu_i|^2 = 1. \tag{6.8.11}$$

因此, 由式 (6.8.11) 与式 (6.8.10) 得

$$\sum_{i=1}^{\infty} |\lambda_i|^2 = 1 \quad 与 \quad \sum_{i=1}^{\infty} |\mu_i|^2 = 1, \tag{6.8.12}$$

成立, 故有

$$\Phi_{\mathcal{A}}(X) = \sum_{i=1}^{\infty} A_i X A_i^* = \sum_{i=1}^{\infty} |\lambda_i|^2 V X V^* = V X V^*$$

和

$$\Phi_{\mathcal{B}}(X)=\sum_{i=1}^{\infty}B_iXB_i^*=\sum_{i=1}^{\infty}|\mu_i|^2VXV^*=VXV^*,$$

因此有 Φ_V 是 Π 的端点. 证毕.

显然, 若 $\sum_{i=1}^{\infty}A_iA_i^*$ 和 $\sum_{i=1}^{\infty}A_i^*A_i$ 在强算子拓扑意义下收敛, 则 $\Phi_{\mathcal{A}}$ 和 $\Phi_{\mathcal{A}}^{\dagger}$ 在 $\mathcal{B}(\mathcal{H})$ 上是 (良定的) 完全正映射. 事实上, $\Phi_{\mathcal{A}}$ 和 $\Phi_{\mathcal{A}}^{\dagger}$ 在 $\mathcal{B}(\mathcal{H})$ 上是 (良定的) 完全正映射当且仅当 $\sum_{i=1}^{\infty}A_iA_i^*$ 和 $\sum_{i=1}^{\infty}A_i^*A_i$ 在强算子拓扑意义下收敛. 下面的两个结论需要假设 $\sum_{i=1}^{\infty}A_iA_i^*$ 和 $\sum_{i=1}^{\infty}A_i^*A_i$ 在强拓扑中收敛. 记广义量子运算 $\Phi_{P_{\mathcal{M}}}$, 是由 Kraus 算子 $P_{\mathcal{M}}$ 生成的.

定理 6.8.5　设 $\Phi_{\mathcal{A}}$ 和 $\Phi_{\mathcal{A}}^{\dagger}$ 在 $B(\mathcal{H})$ 上 (良定的) 完全正映射, 若 M,N 是 $\mathcal{H}$ 的子空间, 则 $\Phi_{\mathcal{A}}\Phi_{\mathcal{A}}^{\dagger}=\Phi_{P_{\mathcal{M}}}$ 与 $\Phi_{\mathcal{A}}^{\dagger}\Phi_{\mathcal{A}}=\Phi_{P_{\mathcal{N}}}$ 成立, 当且仅当存在部分等距算子 V, 使得 $VV^*=P_{\mathcal{M}}$, $V^*V=P_{\mathcal{N}}$ 和 $\Phi_{\mathcal{A}}=\Phi_V$ 成立.

证明　充分性显然成立.

必要性. 设 $\Phi_{\mathcal{A}}(X)=\sum_{i=1}^{\infty}A_iXA_i^*$, 则由 $\Phi_{\mathcal{A}}\Phi_{\mathcal{A}}^{\dagger}=\Phi_{P_{\mathcal{M}}}$ 与 $\Phi_{\mathcal{A}}^{\dagger}\Phi_{\mathcal{A}}=\Phi_{P_{\mathcal{N}}}$ 得

$$\Phi_{\mathcal{A}}\Phi_{\mathcal{A}}^{\dagger}(X)=\sum_{i,j=1}^{\infty}A_iA_j^*XA_jA_i^*=P_{\mathcal{M}}XP_{\mathcal{M}},$$

$$\Phi_{\mathcal{A}}^{\dagger}\Phi_{\mathcal{A}}(X)=\sum_{i,j=1}^{\infty}A_j^*A_iXA_i^*A_j=P_{\mathcal{N}}XP_{\mathcal{N}},$$

其中 $X\in B(\mathcal{H})$ 是任意的. 分别令 $X=I-P_{\mathcal{M}}$, 与 $X=I-P_{\mathcal{N}}$, 则有

$$A_iA_j^*(I-P_{\mathcal{M}})=0\quad 与\quad A_j^*A_i(I-P_{\mathcal{N}})=0 \tag{6.8.13}$$

成立, 其中 $i,j=1,2,\cdots$. 特别地, 对 $i=1,2,\cdots$, 都有

$$A_iA_i^*(I-P_{\mathcal{M}})=0\quad 且\quad A_i^*A_i(I-P_{\mathcal{N}})=0, \tag{6.8.14}$$

则

$$A_i^*(I-P_{\mathcal{M}})=0\quad 与\quad A_i(I-P_{\mathcal{N}})=0 \tag{6.8.15}$$

成立. 因此, A_i 有算子矩阵形式

$$A_i=\begin{pmatrix}A_{i1}&0\\0&0\end{pmatrix}:\mathcal{N}\oplus\mathcal{N}^{\perp}\to\mathcal{M}\oplus\mathcal{M}^{\perp}. \tag{6.8.16}$$

注意到 $\Phi_{\mathcal{A}}\Phi_{\mathcal{A}}^{\dagger}(I)=P_{\mathcal{M}}$, 与 $\Phi_{\mathcal{A}}^{\dagger}\Phi_{\mathcal{A}}(I)=P_{\mathcal{N}}$, 则由命题 6.8.1 知: 存在 λ_{ij} μ_{ij} $(i,j=1,2,\cdots)$, 使得

$$\sum_{i,j=1}^{\infty}|\lambda_{ij}|^2=1,\quad \sum_{i,j=1}^{\infty}|\mu_{ij}|^2=1, \tag{6.8.17}$$

$$A_iA_j^* = \lambda_{ij}P_{\mathcal{M}} \quad 与 \quad A_j^*A_i = \mu_{ij}P_{\mathcal{N}} \tag{6.8.18}$$

成立. 显然, 对 $i = 1, 2, \cdots$ 有

$$\lambda_{ii}A_i = (A_iA_i^*)A_i = A_i(A_i^*A_i) = \mu_{ii}A_i.$$

不妨设 $A_k \neq 0$, 则 $\lambda_{kk} > 0$. 又由于

$$A_kA_k^* = \lambda_{kk}P_{\mathcal{M}} \quad 且 \quad A_k^*A_k = \lambda_{kk}P_{\mathcal{N}}, \tag{6.8.19}$$

则 $V := \dfrac{A_k}{\sqrt{\lambda_{kk}}}$ 满足 $VV^* = P_{\mathcal{M}}$, 与 $V^*V = P_{\mathcal{N}}$, 故 V 是部分等距算子. 再由式 (6.8.16) 和式 (6.8.18) 得

$$A_i = A_iP_{\mathcal{N}} = A_i\frac{A_k^*A_k}{\lambda_{kk}} = \frac{\lambda_{ik}P_{\mathcal{M}}A_k}{\lambda_{kk}} = \frac{\lambda_{ik}}{\sqrt{\lambda_{kk}}}V, \tag{6.8.20}$$

则

$$\Phi_{\mathcal{A}}(X) = \sum_{i=1}^{\infty} A_iXA_i^* = \sum_{i=1}^{\infty} \frac{|\lambda_{ik}|^2}{\lambda_{kk}}VXV^*. \tag{6.8.21}$$

显然, 由式 (6.8.18) 和式 (6.8.20) 可得 $\lambda_{ij} = \dfrac{\lambda_{ik}\overline{\lambda_{jk}}}{\lambda_{kk}}$, 则由式 (6.8.17) 得

$$\left(\sum_{i=1}^{\infty} \frac{|\lambda_{ik}|^2}{\lambda_{kk}}\right)^2 = \sum_{i,j=1}^{\infty} \frac{|\lambda_{ik}|^2|\lambda_{jk}|^2}{\lambda_{kk}^2} = \sum_{i,j=1}^{\infty} |\lambda_{ij}|^2 = 1.$$

因此, $\sum_{i=1}^{\infty} \dfrac{|\lambda_{ik}|^2}{\lambda_{kk}} = 1$. 于是, 式 (6.8.21) 蕴涵 $\Phi_{\mathcal{A}}(X) = VXV^*$. 证毕.

由定理 6.8.5, 下面推论显然.

推论 6.8.6 设 $\Phi_{\mathcal{A}}$ 和 $\Phi_{\mathcal{A}}^{\dagger}$ 是 $B(\mathcal{H})$ 上的完全正映射, 则对一切 $X \in B(\mathcal{H})$, 都有 $\Phi_{\mathcal{A}}\Phi_{\mathcal{A}}^{\dagger}(X) = X$ 和 $\Phi_{\mathcal{A}}^{\dagger}\Phi_{\mathcal{A}}(X) = X$ 成立当且仅当 存在酉算子 U 使得 $\Phi_{\mathcal{A}}(X) = UXU^*$.

命题 6.8.7 若 $\mathcal{H}$ 是有限维空间, Φ 是压缩的完全正映射, 则下面命题相互等价:

(1) 对 $\mathcal{H}$, Φ 是纠错的;

(2) 存在酉算子 U, 使得 $\Phi(X) = UXU^*$;

(3) $\Phi\Phi^{\dagger}(X) = X$;

(4) $\Phi^{\dagger}\Phi(X) = X$.

证明 (1) $\Longrightarrow$ (2). 由于对 $\mathcal{H}$, Φ, 是纠错的, 则存在量子运算 Ψ, 使得 $\Psi\Phi(X) = X$, 于是

$$\sum_{j=1}^{n}\sum_{i=1}^{m} B_jA_iXA_i^*B_j^* = X, \quad 对一切 \quad X \in B(\mathcal{H})$$

成立, 其中 $\{B_j\}_{j=1}^n$ 和 $\{A_i\}_{i=1}^m$ 分别是 Ψ 和 Φ 的 Kraus 算子. 因此, 由命题 6.8.1 知, 对 $i=1,2,\cdots,m$ 与 $j=1,2,\cdots,n$, 都有 $B_jA_i=\lambda_{ij}I$. 又由于

$$\sum_{j=1}^n\sum_{i=1}^m A_i^*B_j^*B_jA_i=I\Longrightarrow\sum_{j=1}^n\sum_{i=1}^m|\lambda_{ij}|^2=1,$$

因此存在 $\lambda_{i_0j_0}\neq 0$. 显然, $B_{j_0}A_{i_0}=\lambda_{i_0j_0}I$ 蕴涵 A_{i_0} 可逆, 则 $B_j=\lambda_{i_0j}A_{i_0}^{-1}$, 故有

$$\sum_{j=1}^n\sum_{i=1}^m|\lambda_{i_0j}|^2A_{i_0}^{-1}A_iXA_i^*(A_{i_0}^{-1})^*=\sum_{j=1}^n\sum_{i=1}^m B_jA_iXA_i^*B_j^*=X.$$

由命题 6.8.1 得 $A_{i_0}^{-1}A_i=\mu_i$, 因此对 $i=1,2,\cdots,m$, 都有 $A_i=\mu_iA_{i_0}$, 则

$$I=\sum_{i=1}^m A_i^*A_i=\sum_{i=1}^m|\mu_i|^2A_{i_0}^*A_{i_0}.$$

令 $U=\sqrt{\sum_{i=1}^m|\mu_i|^2}A_{i_0}$, 则 $\mathcal{H}$ 是有限维空间蕴涵 $UU^*=I$. 因此

$$\Phi(X)=\sum_{i=1}^m A_iXA_i^*=\sum_{i=1}^m|\mu_i|^2A_{i_0}XA_{i_0}^*=UXU^*.$$

(2) $\Longrightarrow$ (1), (3), (4) 显然.

(3) $\Longrightarrow$ (2) 由于

$$\Phi\Phi^\dagger(X)=\sum_{j=1}^m\sum_{i=1}^m A_jA_i^*XA_iA_j^*=X,\quad 对一切\ \ X\in B(\mathcal{H})$$

成立, 则命题 6.8.1 蕴涵对 $i,j=1,2,\cdots,m$, 都有 $A_jA_i^*=\alpha_{ij}I$, 从而存在 $\alpha_{j_0j_0}>0$ 使得 $A_{j_0}A_{j_0}^*=\alpha_{j_0j_0}I$. 令 $U=\dfrac{A_{j_0}}{\sqrt{\alpha_{j_0j_0}}}$ 则由 $\mathcal{H}$ 是有限维空间, 可得 $U^*U=UU^*=I$, 故有 $A_j=\dfrac{\alpha_{j_0j}U}{\sqrt{\alpha_{j_0j_0}}}$. 又由于 $I=\sum_{j=1}^m A_j^*A_j=\sum_{j=1}^m\frac{|\alpha_{j_0j}|^2}{\alpha_{j_0j_0}}U^*U$, $\sum_{j=1}^m\dfrac{|\alpha_{j_0j}|^2}{\alpha_{j_0j_0}}=1$, 故有

$$\Phi(X)=\sum_{j=1}^m A_jXA_j^*=\sum_{j=1}^m\frac{|\alpha_{j_0j}|^2}{\alpha_{j_0j_0}}UXU^*=UXU^*.$$

(4) $\Longrightarrow$ (2) 的证明方法类似于 (3) $\Longrightarrow$ (2). 证毕.

6.9 锥同构与完全正映射

正映射与完全正映射在算子代数和量子信息论中都是很重要的一类映射. 算子代数的正映射结构及其应用, 可见文献 [190, 191]. 在量子信息论中, 完全正映射

比正映射有着更重要的应用[192−195], 完全正映射有着更特殊的结构[196−199]. 另外, 完全正映射也是算子空间的重要研究对象, 其与完全有界映射及算子空间之间的联系, 可见文献 [194].

设 W 是实向量空间, 那么 W 上的锥定义为: 非空子集 $C \subseteq W$ 满足下面两个条件:

(1) 当 $\lambda \in \mathbb{R}^+ := [0, \infty)$ 且 $\nu \in C$ 时, 有 $\lambda\nu \in C$;

(2) 若 $\mu, \nu \in C$, 则 $\mu + \nu \in C$. 特别的, 若 $C \cap (-C) = \{0\}$, 则 C 称为真锥.

设 V 是复向量空间, V 上复线性映射 $* : V \to V\ v \mapsto v^*$ 满足: 对所有的 $\lambda \in \mathbb{C}$ 和 $v, \mu \in V$ 都有 $v^{**} = v$ 和 $(v + \lambda\mu)^* = v^* + \overline{\lambda}\mu^*$ 成立. 在复向量空间 V 上定义了 $*$ 映射后, 称为 $*$- 序向量空间[192]. 如果 V 是 $*$- 序向量空间, 那么记 $V_h := \{v \in V : v = v^*\}$ 是 V 上自伴元素构成的实向量空间. 也称 (V, V^+) 是 $*$- 序向量空间, 其中 V 是 $*$- 序向量空间 $V^+ \subseteq V_h$ 是真锥. 在 $*$- 序向量空间 V 上, 可以定义 V_h 上的偏序 $\geqslant$, 偏序的定义为 $v \geqslant w$ (或者等价地, $w \leqslant v$) 当且仅当 $v - w \in V^+$, 故有 $v \in V^+$ 当且仅当 $v \geqslant 0$. 此时, 称 V^+ 是 V 上正元素构成的锥. 因此, $B(\mathcal{H})^+$, $K(\mathcal{H})^+$ 和 $T(\mathcal{H})^+$ 分别表示 $B(\mathcal{H})$, $K(\mathcal{H})$ 和 $T(\mathcal{H})$ 上正元素构成的真锥.

设 (V, V^+) 和 (W, W^+) 是 $*$- 序向量空间, 如果 $\phi(V^+) \subseteq W^+$. 则线性映射 $\phi : V \to W$ 称为正映射, 如果 ϕ 是双射, 而且满足 ϕ 和 ϕ^{-1} 都是正映射, 则 ϕ 称作序同构, 记 $M_{n,m}(V)$ 是 $n \times m$ 阶矩阵, 其元素分别从空间 V 上取得, 也记 $M_{n,m} = M_{n,m}(\mathbb{C})$, 在 $M_{n,m}(V)$ 上定义加法和数乘与 $M_{n,m}$ 上的定义相同. 由张量积的定义, 下面空间同构: $M_{n,m}(V) \simeq M_{n,m} \otimes V \simeq V \otimes M_{n,m}$. 设 $\{E_{ij}\}$ 表示矩阵空间 M_n 中的矩阵单位元, 则有 $\sum_{i,j=1}^n E_{ij} \otimes a_{ij} \simeq (a_{ij})_{n\times n} \in M_n(V)$, 其中 $a_{ij} \in V$, $1 \leqslant i, j \leqslant n$. 进一步, 在 $M_{n,m}(V)$ 上定义 $*$- 运算为: $(a_{ij})^*_{n\times m} = (a^*_{ji})_{m\times n}$, 对 $X = (x_{ij})_{l\times m} \in M_{l,m}$ 和 $A = (a_{ij})_{m\times n} \in M_{m,n}(V)$, 定义 $XA \in M_{l,n}(V)$ 其元素 $(XA)_{i,j}$ 为 $\sum_{k=1}^m x_{ik}a_{kj}$. 类似地, 可以定义右边乘法.

定义 6.9.1[193] 设 V^+ 和 W^+ 是两个真锥, 双射 $\phi : V^+ \to W^+$ 称为锥同构映射, 若 ϕ 满足下面两个条件:

(1) 对 $\lambda \in \mathbb{R}^+$ 与 $\nu \in V^+$, 有 $\phi(\lambda\nu) = \lambda\phi(\nu)$ 成立;

(2) 对 $\mu, \nu \in V^+$, 有 $\phi(\mu + \nu) = \phi(\mu) + \phi(\nu)$ 成立.

容易验证: 如果 $\phi : V^+ \to W^+$ 是锥同构映射, 则 $\phi(\mu) \geqslant \phi(\nu)$ 当且仅当 $\mu \geqslant \nu$. 如果存在在 V^+ 和 W^+ 之间的锥同构映射, 也称 V^+ 和 W^+ 是锥同构, 记为 $V^+ \simeq W^+$, 为方便, 记

$$CP(K(\mathcal{H}), T(\mathcal{K})) := \{\Phi : \Phi \text{ 是完全正映射从} K(\mathcal{H}) \text{ 到} T(\mathcal{K})\},$$

$$NCP(B(\mathcal{K}), T(\mathcal{H})) := \{\Phi : \Phi \text{ 是正规的完全正映射从} B(\mathcal{K}) \text{ 到} T(\mathcal{H})\}.$$

本节研究了 $CP(K(\mathcal{H}),T(\mathcal{K}))$ 与 $NCP(B(\mathcal{K}),T(\mathcal{H}))$ 之间的关系. 得到结论: $CP(K(\mathcal{H}),T(\mathcal{K}))\simeq NCP(B(\mathcal{K}),T(\mathcal{H}))\simeq T(\mathcal{K}\otimes\mathcal{H})^+$. 同时, 给出了 $\Phi\in CP(K(\mathcal{H}),T(\mathcal{K}))$ 当且仅当存在 $V_i\in B(\mathcal{H},\mathcal{K})$ 使得 $\Phi(X)=\sum_{i=1}^{s}V_iXV_i^*$ 和 $\sum_{i=1}^{s}V_iV_i^*\in T(\mathcal{K})$ 成立, 其中 $s\leqslant\infty$.

注 6.9.2　显然 $B(\mathcal{H})^+$, $K(\mathcal{H})^+$ 和 $T(\mathcal{H})^+$ 都是真锥. 然而, 当 $\mathcal{H}$ 是无限维可分 Hilbert 空间时, 它们彼此不是锥同构. 事实上, 反设 $B(\mathcal{H})^+\simeq K(\mathcal{H})^+$, 则存在双射 $\phi:B(\mathcal{H})^+\to K(\mathcal{H})^+$, 故有 $\phi(I)\in K(\mathcal{H})^+$. 因此, 对任意有限维正交投影 P, 都有 $\phi^{-1}(P)\in B(\mathcal{H})^+$. 因为 $\phi^{-1}(P)\leqslant\|\phi^{-1}(P)\|I$, 所以 $P\leqslant\|\phi^{-1}(P)\|\phi(I)$, 则由引理 5.1.1 知: 对任意有限维正交投影 P, 都有 $R(\phi(I)^{\frac{1}{2}})\supseteq R(P)$ 成立. 因此, $R(\phi(I)^{\frac{1}{2}})=\mathcal{H}$, 与 $\phi(I)^{\frac{1}{2}}\in K(\mathcal{H})^+$ 矛盾! 同理, 可以证明 $B(\mathcal{H})^+$ 和 $T(\mathcal{H})^+$ 不是锥同构.

反设 $K(\mathcal{H})^+\simeq T(\mathcal{H})^+$, 则存在双射 $\psi:K(\mathcal{H})^+\to T(\mathcal{H})^+$ 使得定义 6.9.1 中 (1) 和 (2) 成立. 显然, ψ 可以被延拓为从 $K(\mathcal{H})$ 到 $T(\mathcal{H})$ 上的正线性映射, 由下面的引理 6.9.4, 存在 $M>0$, 使得

$$\|\psi(A)\|_1\leqslant M\|A\|,\quad 其中A\in K(\mathcal{H})^+.$$

不妨设 $\{e_i\}_{i=1}^{\infty}$ 是 $\mathcal{H}$ 上的正规正交基, P_n 是由向量 $\{e_i\}_{i=1}^{n}$ 生成的 n 维正交投影. 因此, 对任意正整数 N, 都有

$$\operatorname{tr}\left[\sum_{n=1}^{N}\psi(e_n\otimes e_n)\right]=\operatorname{tr}\left[\psi\left(\sum_{n=1}^{N}e_n\otimes e_n\right)\right]=\left\|\psi(\sum_{n=1}^{N}e_n\otimes e_n)\right\|_1\leqslant M,$$

故有 $\operatorname{tr}[\sum_{n=1}^{\infty}\psi(e_n\otimes e_n)]\leqslant M$, 所以 $\sum_{n=1}^{\infty}\psi(e_n\otimes e_n)\in T(\mathcal{H})^+$. 又由于对任意的正整数 N, 都有

$$K(\mathcal{H})^+\ni\psi^{-1}\left(\sum_{n=1}^{\infty}\psi(e_n\otimes e_n)\right)\geqslant\psi^{-1}\left(\sum_{n=1}^{N}\psi(e_n\otimes e_n)\right)=\sum_{n=1}^{N}(e_n\otimes e_n)=P_N,$$

则对 $m=1,2,\cdots$, 都有

$$\left\langle\psi^{-1}\left(\sum_{n=1}^{\infty}\psi(e_n\otimes e_n)\right)e_m,e_m\right\rangle\geqslant\langle P_Ne_m,e_m\rangle\geqslant1,\qquad 其中N\geqslant m.$$

又由于 $\psi^{-1}(\sum_{n=1}^{\infty}\psi(e_n\otimes e_n))\in K(\mathcal{H})^+$, 则有

$$\lim_{m\to\infty}\left\langle\psi^{-1}\left(\sum_{n=1}^{\infty}\psi(e_n\otimes e_n)\right)e_m,e_m\right\rangle\leqslant\lim_{m\to\infty}\left\|\psi^{-1}\left(\sum_{n=1}^{\infty}\psi(e_n\otimes e_n)\right)e_m\right\|=0.$$

显然, 上面的两个不等式相互矛盾. 证毕.

上面的证明也表明: $*$- 序向量空间 $(B(\mathcal{H}),B(\mathcal{H})^+)$, $(K(\mathcal{H}),K(\mathcal{H})^+)$ 和 $(T(\mathcal{H}),T(\mathcal{H})^+)$ 不能序同构. 事实上, 若 $\phi: B(\mathcal{H})(K(\mathcal{H}),T(\mathcal{H}))\to K(\mathcal{H})(T(\mathcal{H}),B(\mathcal{H}))$ 是序同构, 则

$$\phi\mid_{B(\mathcal{H})^+}(\phi\mid_{K(\mathcal{H})^+},\phi\mid_{T(\mathcal{H})^+}):B(\mathcal{H})^+(K(\mathcal{H})^+,T(\mathcal{H})^+)\to K(\mathcal{H})^+(T(\mathcal{H})^+,B(\mathcal{H})^+)$$

是锥同构.

引理 6.9.3 设 $A\in B(\mathcal{H})^+$, 且 $\{e_i\}_{i=1}^\infty$ 是 $\mathcal{H}$ 上的正规正交基, 则 $\sum_{i,j=1}^\infty tr(Ae_{ij})e_{ij}\in B(\mathcal{H})^+$.

证明 由于 $A\in B(\mathcal{H})^+$, 则容易验证

$$A=\sum_{i,j=1}^{\infty}\mathrm{tr}(Ae_{ji})e_{ij}\geqslant 0 \text{ 与 } \sum_{i,j=1}^{n}\mathrm{tr}(Ae_{ji})e_{ij}\geqslant 0$$

成立. 又由于半正定矩阵的转置矩阵仍是半正定的, 则有

$$\sum_{i,j=1}^{n}\mathrm{tr}(Ae_{ij})e_{ij}\geqslant 0 \quad \text{且} \quad \left\|\sum_{i,j=1}^{n}tr(Ae_{ij})e_{ij}\right\|=\left\|\sum_{i,j=1}^{n}tr(Ae_{ji})e_{ij}\right\|\leqslant\|A\|,$$

再由下面的引理 6.9.5 和引理 6.9.6 得到 $\sum_{i,j=1}^\infty tr(Ae_{ij})e_{ij}\in B(\mathcal{H})^+$. 证毕.

引理 6.9.4 设 $\Phi: K(\mathcal{H})\to T(\mathcal{K})$ 是正线性映射, 则 $\sup\{\|\Phi(A)\|_1 : A\in K(\mathcal{H}),\|A\|\leqslant 1\}<\infty$.

证明 首先, 证明存在 $M>0$, 使得

$$\|\Phi(A)\|_1\leqslant M\|A\| \quad \text{对所有的正算子} A\in K(\mathcal{H}).$$

反设满足上面不等式的 M 不存在, 则存在序列 $A_n\in K(\mathcal{H})^+$ 满足 $\|A_n\|=1$ 与 $\|\Phi(A_n)\|_1\geqslant n$ 成立. 因此

$$0\leqslant\sum_{n=1}^{\infty}\frac{1}{n^2}A_n \quad \text{且} \quad \left\|\sum_{n=1}^{\infty}\frac{1}{n^2}A_n\right\|<\sum_{n=1}^{\infty}\frac{1}{n^2}<\infty,$$

故有

$$T(\mathcal{K})\ni\Phi\left(\sum_{n=1}^{\infty}\frac{1}{n^2}A_n\right)\geqslant\sum_{n=1}^{N}\frac{1}{n^2}\Phi(A_n)\geqslant 0, \text{ 对所有的正整数} N.$$

又由于

$$\infty>\mathrm{tr}\left(\Phi\left(\sum_{n=1}^{\infty}\frac{1}{n^2}A_n\right)\right)\geqslant\mathrm{tr}\left[\sum_{n=1}^{N}\frac{1}{n^2}\Phi(A_n)\right]\geqslant\sum_{n=1}^{N}\frac{1}{n}, \text{ 对所有的正整数} N,$$

则上式两端矛盾!

再设 $X\in K(\mathcal{H})$ 是自伴算子, 则

$$\begin{aligned}\|\Phi(X)\|_1&=\|\Phi(X^+)-\Phi(X^-)\|_1\\&\leqslant\|\Phi(X^+)\|_1+\|\Phi(X^-)\|_1\\&\leqslant M\|X^+\|+M\|X^-\|\\&\leqslant 2M\|X\|.\end{aligned}$$

最后, 对一般的算子 $A\in K(\mathcal{H})$, 则 $A=\mathrm{Re}(A)+\sqrt{-1}\mathrm{Im}(A)$, 其中 $\mathrm{Re}(A)=\dfrac{A+A^*}{2}$ 且 $\mathrm{Im}(A)=\dfrac{A-A^*}{2\sqrt{-1}}$. 因此

$$\begin{aligned}\|\Phi(A)\|_1&=\|\Phi(\mathrm{Re}(A))+\sqrt{-1}\Phi(\mathrm{Im}(A))\|_1\\&\leqslant\|\Phi(\mathrm{Re}(A))\|_1+\|\Phi(\mathrm{Im}(A))\|_1\\&\leqslant 2M\|\mathrm{Re}(A)\|+2M\|\mathrm{Im}(A)\|\\&\leqslant 4M\|A\|.\end{aligned}$$

证毕.

引理 6.9.5 设 $P_n,A\in B(\mathcal{H})$, $n=1,2,\cdots$. 如果 P_n 是正交投影, 且 P_n 在弱算子拓扑意义下收敛到单位算子 I, 则 $A\geqslant 0$ 当且仅当 对 $n=1,2,\cdots$, 都有 $P_nAP_n\geqslant 0$.

证明 必要性显然, 下面只证明充分性. 由于 P_n 在弱算子拓扑下收敛于 I, 则对所有的向量 $x\in\mathcal{H}$, 都有 $\lim\limits_{n\to\infty}\|(I-P_n)x\|=0$ 成立. 显然有

$$\langle Ax,x\rangle=\langle P_nAP_nx,x\rangle+\langle P_nAP_n^{\perp}x,x\rangle+\langle P_n^{\perp}AP_nx,x\rangle+\langle P_n^{\perp}AP_n^{\perp}x,x\rangle,$$

其中 $P_n^{\perp}=I-P_n$. 又由 Cauchy-Schwarz 不等式知, $|\langle P_nAP_n^{\perp}x,x\rangle|\leqslant\|A^*P_nx\|\|P_n^{\perp}x\|$, 则

$$\lim_{n\to\infty}|\langle P_nAP_n^{\perp}x,x\rangle|=0.$$

类似地, 也得到 $\lim\limits_{n\to\infty}\langle P_n^{\perp}AP_nx,x\rangle=0$ 与 $\lim\limits_{n\to\infty}\langle P_n^{\perp}AP_n^{\perp}x,x\rangle=0$ 成立. 因此, 对所有的向量 $x\in\mathcal{H}$, 都有

$$\langle Ax,x\rangle=\lim_{n\to\infty}\langle P_nAP_nx,x\rangle\geqslant 0,$$

蕴涵 $A\geqslant 0$. 证毕.

引理 6.9.6 设 $A_{ij} \in B(\mathcal{H})$, 且对所有的 i, j, 有 $A_{ij} = A_{ji}^*$. 记

$$\widetilde{A} := \begin{pmatrix} A_{11} & A_{12} & \cdots & A_{1m} & \cdots \\ A_{21} & A_{22} & \cdots & A_{2m} & \cdots \\ \vdots & \vdots & & \vdots & \cdots \\ A_{m1} & A_{m2} & \cdots & A_{mm} & \cdots \\ \vdots & \vdots & \cdots & \vdots & \end{pmatrix}$$

且存在 $M > 0$, 使得对所有的 n 都有 $\|\sum_{i,j=1}^n E_{ij} \otimes A_{ij}\| \leqslant M$, 则 $\widetilde{A} \in B(l_2(\mathcal{H}))$, 且 $\|\widetilde{A}\| \leqslant M$.

证明 对 $n = 1, 2, \cdots$, 令 P_n 表示 n 秩正交投影, 由正交单位向量集 $\{e_i\}_{i=1}^n$ 生成, 其中 $\{e_i\}_{i=1}^\infty$ 表示 l_2 的正规正交基. 因此, 当 $m \geqslant n$ 时, 显然有

$$\left\|\sum_{i=1}^m \sum_{j=1}^n e_{ij} \otimes A_{ij}\right\| = \|(P_m \otimes I)\widetilde{A}(P_n \otimes I)\| = \|(P_m \otimes I)\widetilde{A}(P_m \otimes I)(P_n \otimes I)\| \leqslant M,$$

故对 $n = 1, 2, \cdots$, 都有 $\|\widetilde{A}(P_n \otimes I)\| \leqslant M$.

对任意向量 $x, y \in l_2(\mathcal{H})$, 则有 $x = \sum_i^\infty e_i \otimes x_i$, 和 $y = \sum_i^\infty e_i \otimes y_i$ 成立, 其中 $x_i, y_i \in \mathcal{H}$. 因为对所有 i, j, 都有 $A_{ij} = A_{ji}^*$, 所以

$$\langle \widetilde{A}(P_n \otimes I)x, y\rangle = \sum_{i=1}^\infty \sum_{j=1}^n \langle A_{ij}x_j, y_i\rangle = \sum_{j=1}^n \sum_{i=1}^\infty \langle x_j, A_{ji}y_i\rangle = \langle x, (P_n \otimes I)\widetilde{A}y\rangle,$$

因此

$$|\langle x, (P_n \otimes I)\widetilde{A}y\rangle| = |\langle \widetilde{A}(P_n \otimes I)x, y\rangle| \leqslant M\|x\|\|y\|,$$

则对所有 $n = 1, 2, \cdots$, 都有 $\|(P_n \otimes I)\widetilde{A}\| \leqslant M$ 成立, 故有 $\|\widetilde{A}\| \leqslant M$. 证毕.

文献 [193] 已证明了: 序空间 (M_n, M_n^+) 和 $(M_n^d, (M_n^d)^+)$ 是完全序同构, 其中 M_n^d 是 M_n 的对偶空间. 下面的定理研究了无限维空间上类似的结果.

定理 6.9.7 证明 $CP(K(\mathcal{H}), T(\mathcal{K})) \simeq T(\mathcal{K} \otimes \mathcal{H})^+$.

证明 不妨设 $\Phi \in CP(K(\mathcal{H}), T(\mathcal{K}))$ 且 $\{f_i\}_{i=1}^\infty$ 是 $\mathcal{K}$ 的一组正规正交基. 令

$$\Phi_{ij}(X) = \langle \Phi(X)f_j, f_i\rangle, \text{ 其中} X \in K(\mathcal{H}), i, j = 1, 2, \cdots. \tag{6.9.1}$$

由引理 6.9.4 得, Φ_{ij} 是 $K(\mathcal{H})$ 上的有界线性泛函, 因此存在算子 $T_{ij} \in T(\mathcal{H})$ 使得

$$\Phi_{ij}(X) = tr(T_{ij}X), \quad \text{其中} i, j = 1, 2, \cdots.$$

定义

$$T=\sum_{i,j=1}^{\infty} f_{ij}\otimes T_{ji}=\begin{pmatrix} T_{11} & T_{21} & \cdots & T_{m1} & \cdots \\ T_{12} & T_{22} & \cdots & T_{m2} & \cdots \\ \vdots & \vdots & & \vdots & \cdots \\ T_{1m} & T_{2m} & \cdots & T_{mm} & \cdots \\ \vdots & \vdots & \cdots & \vdots & \end{pmatrix}, \tag{6.9.2}$$

其中 $f_{ij}:=f_i\otimes f_j$. 下面将证明 $T\in T(\mathcal{K}\otimes\mathcal{H})^+$.

由于 Φ 是完全正映射, 则对 $i=1,2,\cdots$, Φ_{ii} 都是正线性范函, 故有 T_{ii} 是正的迹类算子. 令 P_n 表示正交向量 $\{f_i\}_{i=1}^n$ 生成的 n 维正交投影, 其中 $n=1,2,\cdots$, 则 $P_n\Phi P_n\in CP(K(\mathcal{H}),B(P_n\mathcal{K}))$, 且对所有的 $X\in K(\mathcal{H})$, 都有

$$P_n\Phi(X)P_n=\sum_{i,j=1}^{n} f_{ij}\otimes\Phi_{ij}(X)=\begin{pmatrix} \Phi_{11}(X) & \Phi_{12}(X) & \cdots & \Phi_{1n}(X) \\ \Phi_{21}(X) & \Phi_{22}(X) & \cdots & \Phi_{2n}(X) \\ \vdots & \vdots & & \vdots \\ \Phi_{n1}(X) & \Phi_{n2}(X) & \cdots & \Phi_{nn}(X) \end{pmatrix}.$$

断言

$$\sum_{i,j=1}^{n} f_{ij}\otimes T_{ji}=\begin{pmatrix} T_{11} & T_{21} & \cdots & T_{n1} \\ T_{12} & T_{22} & \cdots & T_{n2} \\ \vdots & \vdots & & \vdots \\ T_{1n} & T_{2n} & \cdots & T_{nn} \end{pmatrix}\in B(P_n\mathcal{K}\otimes\mathcal{H})^+, \tag{6.9.3}$$

其中 $n=1,2,\cdots$. 事实上, 式 (6.9.3) 的正性是因为, 对 $\sum_{i,j=1}^n E_{ij}\otimes S_{ij}\in M_n(K(\mathcal{H}))^+$, 都有

$$\sum_{i,j=1}^{n} tr(T_{ij}S_{ij})=tr\left[\left(\sum_{i,j=1}^{n} E_{ij}\otimes T_{ji}\right)\left(\sum_{i,j=1}^{n} E_{ij}\otimes S_{ij}\right)\right]\geqslant 0.$$

事实上, 因为 $P_n\Phi P_n\in CP(K(\mathcal{H}),B(P_n\mathcal{K}))$, 所以

$$\sum_{i,j=1}^{n} E_{ij}\otimes P_n\Phi P_n(S_{ij})\in M_n(B(P_n\mathcal{K}))^+,$$

即有

$$\mathcal{M}=\begin{pmatrix} \mathrm{tr}(T_{11}S_{11}) & \cdots & \mathrm{tr}(T_{1n}S_{11}) & \cdots & \mathrm{tr}(T_{11}S_{1n}) & \cdots & \mathrm{tr}(T_{1n}S_{1n}) \\ \vdots & & \vdots & & \vdots & & \vdots \\ \mathrm{tr}(T_{n1}S_{11}) & \cdots & \mathrm{tr}(T_{nn}S_{11}) & \cdots & \mathrm{tr}(T_{n1}S_{1n}) & \cdots & \mathrm{tr}(T_{nn}S_{1n}) \\ \vdots & & \vdots & & \vdots & & \vdots \\ \mathrm{tr}(T_{11}S_{n1}) & \cdots & \mathrm{tr}(T_{1n}S_{n1}) & \cdots & \mathrm{tr}(T_{11}S_{nn}) & \cdots & \mathrm{tr}(T_{1n}S_{nn}) \\ \vdots & & \vdots & & \vdots & & \vdots \\ \mathrm{tr}(T_{n1}S_{n1}) & \cdots & \mathrm{tr}(T_{nn}S_{n1}) & \cdots & \mathrm{tr}(T_{n1}S_{nn}) & \cdots & \mathrm{tr}(T_{nn}S_{nn}) \end{pmatrix}\geqslant 0.$$

进一步, 对 $i=1,2,\cdots n$, 设 $\alpha_i\in\mathbb{C}^n$, 且 $\alpha_i=(\alpha_{1i},\alpha_{2i}\cdots\alpha_{ni})$, 则有

$$\begin{aligned}\sum_{l,m=1}^{n}\mathrm{tr}\left[T_{lm}\left(\sum_{i,j=1}^{n}\alpha_{li}S_{ij}\overline{\alpha_{mj}}\right)\right]&=\sum_{i,j=1}^{n}\sum_{l,m=1}^{n}\alpha_{li}\mathrm{tr}(T_{lm}S_{ij})\overline{\alpha_{mj}}\\ &=(\alpha_1,\alpha_2\ \cdots\ \alpha_n)\mathcal{M}\begin{pmatrix}\overline{\alpha_1}^t\\ \overline{\alpha_2}^t\\ \vdots\\ \overline{\alpha_n}^t\end{pmatrix}\geqslant 0.\end{aligned}\tag{6.9.4}$$

特别地, 对于 $i=1,2,\cdots,n$, 令

$$\alpha_{li}=\delta_{li},\quad \text{(Kronecker delta)},$$

则

$$\sum_{i,j=1}^{n}\alpha_{li}S_{ij}\overline{\alpha_{mj}}=S_{lm}.$$

因此, 由不等式 (6.9.4) 可得: $\sum_{i,j=1}^{n}\mathrm{tr}(T_{ij}S_{ij})\geqslant 0$. 又 (6.9.3) 的正性蕴涵: 对 $i,j=1,2,\cdots,n$, 都有 $T_{ij}=T_{ji}^*$ 成立.

若 $S\in K(\mathcal{H})^+$, 显然 $\Phi(S)\geqslant 0$, 即有

$$\sum_{i=1}^{\infty}\mathrm{tr}(T_{ii}S)=\mathrm{tr}(\Phi(S))=\|\Phi(S)\|_1\leqslant M\|S\|,$$

由引理 6.9.1 得 $\sum_{i=1}^{\infty}\mathrm{tr}(T_{ii})\leqslant M$. 又由式 (6.9.3) 的正性知: 对 $n=1,2,\cdots$, 都有

$$\left\|\sum_{i,j=1}^{n}f_{ij}\otimes T_{ji}\right\|\leqslant\left\|\sum_{i,j=1}^{n}f_{ij}\otimes T_{ji}\right\|_1=\sum_{i=1}^{n}tr(T_{ii})\leqslant M.$$

因此, 引理 6.9.6 蕴涵 $T \in B(\mathcal{K} \otimes \mathcal{H})$. 显然, $P_n \otimes I$ 在弱算子拓扑下收敛于 $I \otimes I$, 且

$$(P_n \otimes I)T(P_n \otimes I) = \sum_{i,j=1}^{n} f_{ij} \otimes T_{ji}.$$

由引理 6.9.5 和 式 (6.9.3) 的正性, 得到 T 是正算子, 故

$$T \in T(\mathcal{K} \otimes \mathcal{H})^+ \quad 且 \quad \sum_{i=1}^{\infty} tr(T_{ii}) \leqslant M.$$

定义 $\Gamma : CP(K(\mathcal{H}), T(\mathcal{K})) \to T(\mathcal{K} \otimes \mathcal{H})^+$, 满足 $\Gamma(\Phi) = T$, 其中 T 有 (6.9.2) 的形式, 则由上面的证明知: Γ 是定义好的且是单射.

下面, 将证明 Γ 是满射. 若 $\widetilde{T} \in T(\mathcal{K} \otimes \mathcal{H})^+$, 不妨设 $\widetilde{T} = \sum_{i,j=1}^{\infty} f_{ij} \otimes \widetilde{T}_{ij}$, 则 $(P_{f_i} \otimes I)\widetilde{T}(P_{f_j} \otimes I)$ 都是迹类算子, 即有 $\widetilde{T}_{ij} \in T(\mathcal{H})$ 其中 $i, j = 1, 2, \cdots$, 且 P_{f_i} 是正交投影. 定义 $K(\mathcal{H})$ 上的线性泛函 Ψ_{ij} 为

$$\Psi_{ij}(X) = \mathrm{tr}(\widetilde{T}_{ji}X), \quad 其中 X \in K(\mathcal{H}).$$

令 $\Psi(X) = \sum_{i,j=1}^{\infty} \Psi_{ij}(X) f_{ij}$, 需要证明: 对 $X \in K(\mathcal{H})$ 都有 $\Psi(X) \in T(\mathcal{K})$. 首先, 设 $S \in K(\mathcal{H})^+$ 是任意的, 由文献 [9] 知

$$T(\mathcal{K} \otimes \mathcal{H})^+ \ni (I \otimes S^{\frac{1}{2}})\widetilde{T}(I \otimes S^{\frac{1}{2}}) = \sum_{i,j=1}^{\infty} f_{ij} \otimes (S^{\frac{1}{2}} \widetilde{T}_{ij} S^{\frac{1}{2}})$$

蕴涵 $\sum_{i,j=1}^{\infty} tr(\widetilde{T}_{ij}S) f_{ij} \in T(\mathcal{K})^+$. 再由引理 6.9.3 得: $\sum_{i,j=1}^{\infty} tr(\widetilde{T}_{ji}S) f_{ij} \in T(\mathcal{K})^+$, 故有

$$\Psi(S) = \sum_{i,j=1}^{\infty} \Psi_{ij}(S) f_{ij} \in T(\mathcal{K})^+.$$

对于一般算子 $X \in K(\mathcal{H})$, 记

$$X = X_1 - X_2 + \sqrt{-1}(X_3 - X_4), \quad 其中\ X_i \in K(\mathcal{H})^+,$$

则

$$\Psi(X) = \Psi(X_1) - \Psi(X_2) + \sqrt{-1}[\Psi(X_3) - \Psi(X_4)] \in T(\mathcal{K}).$$

下面证明 $\Psi \in CP(K(\mathcal{H}), T(\mathcal{K}))$. 不妨设 $\sum_{i,j=1}^{m} E_{ij} \otimes S_{ij} \in M_m(K(\mathcal{H}))^+$, 需要证明 $\sum_{i,j=1}^{m} E_{ij} \otimes \Psi(S_{ij}) \in M_m(T(\mathcal{K}))^+$. 显然, $\sum_{i,j=1}^{m} E_{ij} \otimes \Psi(S_{ij}) \in M_m(T(\mathcal{K}))$. 断言

$$\sum_{i,j=1}^{m} E_{ij} \otimes P_n \Psi(S_{ij}) P_n \in M_m(B(P_n\mathcal{K}))^+, \quad 对 n = 1, 2, \cdots. \tag{6.9.5}$$

这个断言的证明类似于式 (6.9.4) 的证明. 若 $\alpha_i \in P_n\mathcal{K}$, 且在正规正交基 $\{f_i\}_{i=1}^n$ 中 $\alpha_i=(\alpha_{1i},\alpha_{2i},\cdots,\alpha_{ni})$, 其中 $i=1,2,\cdots,m$, 则直接计算得

$$\begin{aligned}&\sum_{l,s=1}^{n}\mathrm{tr}\left[\widetilde{T}_{sl}\left(\sum_{i,j=1}^{m}\alpha_{li}S_{ij}\overline{\alpha_{sj}}\right)\right]\\&=\sum_{i,j=1}^{m}\sum_{l,s=1}^{n}\alpha_{li}tr(\widetilde{T}_{sl}S_{ij})\overline{\alpha_{sj}}\\&=(\alpha_1,\alpha_2,\cdots,\alpha_m)\left(\sum_{i,j=1}^{m}E_{ij}\otimes P_n\Psi(S_{ij})P_n\right)\begin{pmatrix}\overline{\alpha_1}^t\\\overline{\alpha_2}^t\\\vdots\\\overline{\alpha_m}^t\end{pmatrix}.\end{aligned}$$

显然,

$$\sum_{l,s=1}^{n}E_{ls}\otimes\left(\sum_{i,j=1}^{m}\alpha_{li}S_{ij}\overline{\alpha_{sj}}\right)\in M_n(K(\mathcal{H}))^+\quad \text{且}\quad T(\mathcal{K}\otimes\mathcal{H})^+\ni\widetilde{T}=\sum_{i,j=1}^{\infty}f_{ij}\otimes\widetilde{T}_{ij}$$

蕴涵

$$\sum_{l,s=1}^{n}E_{ls}\otimes\widetilde{T}_{ls}\in M_n(T(\mathcal{H}))^+.$$

因此

$$\sum_{l,s=1}^{n}\mathrm{tr}\left[\widetilde{T}_{sl}\left(\sum_{i,j=1}^{m}\alpha_{li}S_{ij}\overline{\alpha_{sj}}\right)\right]\geqslant 0,$$

故式 (6.9.5) 成立, 即有

$$\begin{pmatrix}P_n\Psi(S_{11})P_n & P_n\Psi(S_{12})P_n & \cdots & P_n\Psi(S_{1m})P_n\\P_n\Psi(S_{21})P_n & P_n\Psi(S_{22})P_n & \cdots & P_n\Psi(S_{2m})P_n\\\vdots & \vdots & & \vdots\\P_n\Psi(S_{m1})P_n & P_n\Psi(S_{m2})P_n & \cdots & P_n\Psi(S_{mm})P_n\end{pmatrix}\geqslant 0,\quad \text{其中}n=1,2,\cdots.$$

再次应用引理 6.9.5, 则有 $(\Psi(S_{ij}))_{m\times m}\geqslant 0$. 又 m 的任意性蕴涵 Ψ 是完全正, 从而 Γ 是满射. 最后由式 (6.9.1) 和式 (6.9.2), 则显然 Γ 是锥同构. 证毕.

注 6.9.8 $CP(K(\mathcal{H}),T(\mathcal{K}))$ 和 $T(\mathcal{K}\otimes\mathcal{H})^+$ 之间的锥同构映射不是唯一的, 锥同构依赖于正规正交基的选取.

推论 6.9.9 $NCP(B(\mathcal{K}),T(\mathcal{H}))\simeq T(\mathcal{K}\otimes\mathcal{H})^+$.

证明　若 $\Phi \in CP(K(\mathcal{H}),T(\mathcal{K}))$, 定义映射 $\Phi^\dagger$ 从 $B(\mathcal{K})$ 到 $T(\mathcal{H})$ 满足

$$\operatorname{tr}[\Phi^\dagger(X)A] = \operatorname{tr}[X\Phi(A)], \quad \text{其中} A \in K(\mathcal{H}), X \in B(\mathcal{K}). \tag{6.9.6}$$

显然, $\Phi^\dagger$ 是定义好的且是正映射. 断言 $\Phi^\dagger$ 是完全正映射. 事实上, 不妨设 $(A_{ij})_{m\times m} \in M_m(B(\mathcal{K}))^+$ 且 $(K_{ij})_{m\times m} \in M_m(K(\mathcal{H}))^+$. 由于 $\Phi \in CP(K(\mathcal{H}),T(\mathcal{K}))$ 蕴涵 $(\Phi(K_{ij}))_{m\times m} \in M_m(T(\mathcal{K}))^+$, 显然有

$$\operatorname{tr}[(\Phi^\dagger(A_{ij}))_{m\times m}(K_{ij})_{m\times m}] = \operatorname{tr}\left(\sum_{i,j=1}^m \Phi^\dagger(A_{ij})K_{ji}\right) = \operatorname{tr}\left(\sum_{i,j=1}^m A_{ij}\Phi(K_{ji})\right) \geqslant 0,$$

则 $(\Phi^\dagger(A_{ij}))_{m\times m} \in M_m(T(\mathcal{H}))^+$. 若 $A_\tau \longrightarrow_{W^*} A$ 是 $B(\mathcal{K})$ 上的收敛网, 则

$$\operatorname{tr}[\Phi^\dagger(A_\tau)S] = \operatorname{tr}[A_\tau\Phi(S)] \longrightarrow \operatorname{tr}[A\Phi(S)] = \operatorname{tr}[\Phi^\dagger(A)S],$$

其中 $S \in K(\mathcal{H})$, 因此 $\Phi^\dagger(A_\tau) \longrightarrow_{W^*} \Phi^\dagger(A)$, 故从 $CP(K(\mathcal{H}),T(\mathcal{K}))$ 到 $NCP(B(\mathcal{K}), T(\mathcal{H}))$ 的映射 $\Gamma(\Phi) = \Phi^\dagger$ 是定义好的且是单射.

为了证明 Γ 是满射, 不妨设 $\Psi \in NCP(B(\mathcal{K}),T(\mathcal{H}))$. 对于 $Y \in K(\mathcal{H})$, 定义在 $B(\mathcal{K})$ 上的线性泛函 Θ_Y, 满足

$$\Theta_Y(X) = tr[\Psi(X)Y] \quad \text{对所有的} X \in B(\mathcal{K}).$$

如果 $X_\tau \longrightarrow_{W^*} X$ 是 $B(\mathcal{K})$ 上的收敛网, 则 $\Psi(X_\tau) \longrightarrow_{W^*} \Psi(X)$, 故有

$$\Theta_Y(X_\tau) = \operatorname{tr}[\Psi(X_\tau)Y] \longrightarrow \operatorname{tr}[\Psi(X_\tau)Y] = \Theta_Y(X).$$

因此 Θ_Y 是 $B(\mathcal{K})$ 上正规的线性泛函, 故存在唯一的 $\widetilde{\Psi}(Y) \in T(\mathcal{K})$ 使得

$$\Theta_Y(X) = \operatorname{tr}[X\widetilde{\Psi}(Y)], \quad \text{对所有的} X \in B(\mathcal{K}). \tag{6.9.7}$$

因此, 从 $K(\mathcal{H})$ 到 $T(\mathcal{K})$ 的映射 $\widetilde{\Psi}$ 是定义好的. 同理可以证明, $\Psi \in CP(B(\mathcal{K}),T(\mathcal{H}))$ 蕴涵 $\widetilde{\Psi}$ 是完全正映射. 显然, 由式 (6.9.6) 和式 (6.9.7), 则有 $\widetilde{\Psi}^\dagger = \Psi$, 故有 $\Gamma(\Phi) = \Phi^\dagger$ 是从 $CP(K(\mathcal{H}),T(\mathcal{K}))$ 到 $NCP(B(\mathcal{K}),T(\mathcal{H}))$ 的锥同构映射. 最后, 由定理 6.9.7 知, $NCP(B(\mathcal{K}),T(\mathcal{H})) \simeq T(\mathcal{K}\otimes\mathcal{H})^+$. 证毕.

下面将得到从 $B(\mathcal{H})$ 到 $T(\mathcal{K})$ 的正规完全正映射的刻画.

命题 6.9.10　$\Phi \in NCP(B(\mathcal{H}),T(\mathcal{K}))$ 当且仅当存在 $V_i \in B(\mathcal{H},\mathcal{K})$, 使得 $\Phi(X) = \sum_{i=1}^s V_iXV_i^*$ 和 $\sum_{i=1}^s V_iV_i^* \in T(\mathcal{K})$ 成立, 其中 $s \leqslant \infty$.

证明　必要性显然.

充分性. 对 $S \in B(\mathcal{H})^+$ 有

$$\Phi(S) = \sum_{i=1}^s V_iSV_i^* \leqslant \sum_{i=1}^s V_i\|S\|V_i^* = \|S\|\sum_{i=1}^s V_iV_i^*,$$

故有 $\mathrm{tr}(\Phi(S))<\infty$, 再由算子分解性知

$$\Phi(Y)\in T(\mathcal{K}),\quad 对所有的\quad Y\in B(\mathcal{H}).$$

显然, Φ 是完全正映射. 令 $A_\tau\longrightarrow_{\mathrm{W}*}A$ 是收敛网, 则由 $\Phi(A_\tau)=\sum_{i=1}^{s}V_iA_\tau V_i^*$, 可得

$$\mathrm{tr}[\Phi(A_\tau)X]=\mathrm{tr}\left[\sum_{i=1}^{s}V_iA_\tau V_i^*X\right]=\mathrm{tr}\left[\left(\sum_{i=1}^{s}V_i^*XV_i\right)A_\tau\right],\quad 对所有\ X\in K(\mathcal{K}),$$

因此 $\sum_{i=1}^{s}V_i^*XV_i\in T(\mathcal{H})$ 蕴涵 $\Phi(A_\tau)\longrightarrow_{\mathrm{W}*}\Phi(A)$. 证毕.

下面给出 $CP(K(\mathcal{H}),T(\mathcal{K}))$ 中映射的具体表达式.

命题 6.9.11 $\Phi\in CP(K(\mathcal{H}),T(\mathcal{K}))$ 当且仅当存在 $V_i\in B(\mathcal{H},\mathcal{K})$, 使得 $\Phi(X)=\sum_{i=1}^{s}V_iXV_i^*$ 与 $\sum_{i=1}^{s}V_iV_i^*\in T(\mathcal{K})$ 成立, 其中 $s\leqslant\infty$.

证明 由推论 6.9.9 得, $\Phi\in CP(K(\mathcal{H}),T(\mathcal{K}))$ 当且仅当 $\Phi^\dagger\in NCP(B(\mathcal{K}),T(\mathcal{H}))$. 又由命题 6.9.10 知, 存在 $S_i\in B(\mathcal{K},\mathcal{H})$ 使得

$$\Phi^\dagger(X)=\sum_{i=1}^{s}S_iXS_i^*\quad 和\quad \sum_{i=1}^{s}S_iS_i^*\in T(\mathcal{H})$$

成立, 其中 $s\leqslant\infty$. 因此, 由式 (6.9.6) 知

$$\Phi(Y)=\sum_{i=1}^{s}S_i^*YS_i,\quad 其中\quad Y\in K(\mathcal{H}).$$

令 $V_i=S_i^*$, 由于

$$\sum_{i=1}^{s}S_i^*S_i\in T(\mathcal{K})\iff\sum_{i=1}^{s}S_iS_i^*\in T(\mathcal{H}),$$

故结论得证. 证毕.

引理 6.9.12 设 $A_n,A\in B(\mathcal{H})$ 且 P_n 都是正交投影 $n=1,2,\cdots$, 满足 P_n 在弱算子拓扑下收敛于单位算子 I.

(1) 若 A_n 在弱算子拓扑下收敛于算子 A, 则 $P_nA_nP_n$ 在弱算子拓扑下收敛于算子 A;

(2) 若 $A_n,A\in T(\mathcal{H})$ 且满足 $\lim\limits_{n\to\infty}\|A_n-A\|_1=0$, 则 $\lim\limits_{n\to\infty}\|P_nA_nP_n-A\|_1=0$.

证明 (1) 由一致有界定理, 则 $\|A_n\|$ 是有界序列, 即存在 $M>0$, 对 $n=1,2,\cdots$, 都有 $\|A_n\|\leqslant M$. 设 $x,y\in\mathcal{H}$ 是任意向量, 则

$$\begin{aligned}|\langle(P_nA_nP_n-A_n)x,y\rangle|&=|\langle(P_nA_nP_n-A_nP_n)x,y\rangle+\langle(A_nP_n-A_n)x,y\rangle|\\&\leqslant\|A_nP_nx\|\|P_n^\perp y\|+\|A_n^*y\|\|P_n^\perp x\|\\&\leqslant M\|x\|\|P_n^\perp y\|+M\|y\|\|P_n^\perp x\|\\&\to0\quad(n\to\infty),\end{aligned}\tag{6.9.8}$$

故有

$$|\langle(P_nA_nP_n-A)x,y\rangle|\leqslant|\langle(P_nA_nP_n-A_n)x,y\rangle|+|\langle(A_n-A)x,y\rangle|\to 0,$$

从而 $P_nA_nP_n\underset{\text{WOT}}{\to}A$.

(2) 显然

$$\begin{aligned}\|P_n(x\otimes x)P_n-x\otimes x\|_1&\leqslant\|P_n(x\otimes x)P_n-P_n(x\otimes x)\|_1+\|P_n(x\otimes x)-x\otimes x\|_1\\&=\|P_nx\otimes P_n^{\perp}x\|_1+\|P_n^{\perp}x\otimes x\|_1\\&=\|P_nx\|\|P_n^{\perp}x\|+\|P_n^{\perp}x\|,\end{aligned}\tag{6.9.9}$$

则有

$$\lim_{n\to\infty}\|P_n(x\otimes x)P_n-x\otimes x\|_1=0,\quad 对所有x\in\mathcal{H}.\tag{6.9.10}$$

首先, 设 $A\geqslant 0$, 则由谱分解定理知: $A=\sum_i^{\infty}\lambda_ie_i\otimes e_i$, 其中 e_i 是正交的单位向量, 且 $\lambda_i>0$ 满足 $\sum_{i=1}^{\infty}\lambda_i<\infty$. 因此, 对任意 $\varepsilon>0$, 存在 N 使得 $\sum_{n=N}^{\infty}\lambda_i<\frac{\varepsilon}{3}$. 为叙述简便, 记

$$A_N=\sum_{i=1}^{N-1}\lambda_ie_i\otimes e_i\quad 和\quad A_N'=\sum_{i=N}^{\infty}\lambda_ie_i\otimes e_i.$$

再由式 (6.9.10), 存在 N_0 使得

$$\|P_nA_NP_n-A_N\|_1<\frac{\varepsilon}{3},\quad 对所有n>N_0,$$

故有

$$\|P_nAP_n-A\|_1\leqslant\|P_nA_NP_n-A_N\|_1+\|P_nA_N'P_n\|_1+\|A_N'\|_1<\varepsilon.\tag{6.9.11}$$

对一般的算子 $A\in T(\mathcal{H})$, 则有 $A=A_1-A_2+\sqrt{-1}(A_3-A_4)$, 其中 $A_i\geqslant 0$, 故有

$$\lim_{n\to\infty}\|P_nAP_n-A\|_1=0,$$

从而

$$\begin{aligned}\lim_{n\to\infty}\|P_nA_nP_n-A\|_1&\leqslant\lim_{n\to\infty}\|P_nA_nP_n-P_nAP_n\|_1+\lim_{n\to\infty}\|P_nAP_n-A\|_1\\&\leqslant\lim_{n\to\infty}\|A_n-A\|_1+\lim_{n\to\infty}\|P_nAP_n-A\|_1=0.\end{aligned}$$

证毕.

下面回顾矩阵 Schur(Hadamard) 乘积. 对 $m\times n$ 矩阵 A,B, Hadamard 乘积 (Schur 乘积) $A\circ B$ 也是 $m\times n$ 矩阵, 且对 $1\leqslant i\leqslant m,1\leqslant j\leqslant n$, 其一般元

$(A\circ B)_{ij}=(a_{ij}b_{ij})$. 设 $\{e_i\}_{i=1}^{\infty}$ 是 $\mathcal{H}$ 的一组正规正交基. 对两个算子 $A,B\in B(\mathcal{H})$, 记 $(a_{ij})_{i,j=1}^{\infty}$ 与 $(b_{ij})_{i,j=1}^{\infty}$ 表示算子 A 和 B 在正规正交基 $\{e_i\}_{i=1}^{\infty}$ 下的无限矩阵形式, 则定义它们 Schur 乘积 $A\circ B$ 在正规正交基 $\{e_i\}_{i=1}^{\infty}$ 下的无限矩阵形式为: $A\circ B:=(a_{ij}b_{ij})_{i,j=1}^{\infty}$. 因此, $A\circ B$ 的定义依赖于正规正交基的选取.

引理 6.9.13(Schur 乘积定理) (1) 两个半正定矩阵的 Schur 乘积是半正定矩阵;

(2) 若 $A,B\in B(\mathcal{H})^+$, 则在 $\mathcal{H}$ 的任一组正规正交基分解下, 都有 $A\circ B\in B(\mathcal{H})^+$.

证明 (1) 是矩阵理论的基础结论, 见文献 [147].

(2) 是 (1) 与引理 6.9.5 的直接推论.

引理 6.9.14[2] (1) W*- 拓扑和弱算子拓扑 (WOT) 在 $B(\mathcal{H})$ 中的有界集合上收敛性一致;

(2) $B(\mathcal{H})$ 中的一个序列在 W*- 拓扑下收敛当且仅当该序列在弱算子拓扑 (WOT) 下收敛.

定理 6.9.15 设 Φ 是从 $B(\mathcal{H})$ 到 $B(\mathcal{K})$ 的正规有界线性映射, 所有的 $\lambda_i>0$ 且满足 $\sum_{i=1}^{\infty}\lambda_i<\infty$, 则 Φ 是完全正映射的充要条件是

$$\sum_{i,j=1}^{\infty}\sqrt{\lambda_i\lambda_j}e_{ij}\otimes\Phi(e_{ij})\in B(\mathcal{H}\otimes\mathcal{K})^+,$$

其中 $\{e_i\}_{i=1}^{\infty}$ 是 $\mathcal{H}$ 的一组正规正交基, $e_{ij}=e_i\otimes e_j$.

证明 对 $n=1,2,\cdots$, 设 P_n 是在正交向量集 $\{e_i\}_{i=1}^{n}$ 生成子空间上的 n 秩正交投影.

必要性. 由于 Φ 是有界线性映射, 可以得到 $I_{\mathcal{H}}\otimes\Phi$ 是 $B(\mathcal{H}\bigotimes\mathcal{H})$ 上有界线性映射, 因为 $e=\sum_{i=1}^{\infty}\sqrt{\lambda_i}e_i\otimes e_i$ 蕴涵 $\|e\|=\sum_{i=1}^{\infty}\lambda_i<\infty$, 所以

$$\sum_{i,j=1}^{\infty}\sqrt{\lambda_i\lambda_j}e_{ij}\otimes\Phi(e_{ij})=(I_{\mathcal{H}}\otimes\Phi)\left(\sum_{i,j=1}^{\infty}\sqrt{\lambda_i\lambda_j}e_{ij}\otimes e_{ij}\right)=(I_{\mathcal{H}}\otimes\Phi)(|e\rangle\langle e|)$$

有界. 显然, $P_n\otimes I_{\mathcal{K}}$ 在弱算子拓扑下收敛于 $I_{\mathcal{H}}\otimes I_{\mathcal{K}}$ $(n\to\infty)$. 又由于 Φ 是完全正映射, 则有

$$\begin{aligned}&(P_n\otimes I_{\mathcal{K}})\left[\sum_{i,j=1}^{\infty}\sqrt{\lambda_i\lambda_j}e_{ij}\otimes\Phi(e_{ij})\right](P_n\otimes I_{\mathcal{K}})\\&=\sum_{i,j=1}^{n}\sqrt{\lambda_i\lambda_j}e_{ij}\otimes\Phi(e_{ij})\\&=(I_n\otimes\Phi)\left(\sum_{i,j=1}^{n}\sqrt{\lambda_i\lambda_j}e_{ij}\otimes e_{ij}\right)\\&\geqslant 0,\end{aligned}\tag{6.9.12}$$

故引理 6.9.5 蕴涵 $\sum_{i,j=1}^{\infty}\sqrt{\lambda_i\lambda_j}e_{ij}\otimes\Phi(e_{ij})\geqslant 0$.

充分性. 设 $(A_{ij})_{m\times m}$ 是 $m\times m$ 正算子矩阵, 其中 $A_{ij}\in B(\mathcal{H})$. 显然, $(P_nA_{ij}P_n)_{m\times m}$ 也是 $m\times m$ 正算子矩阵, 我们需要证明 $(\Phi(A_{ij}))_{m\times m}$ 是 $m\times m$ 正算子矩阵. 由于对 $1\leqslant i,j\leqslant n$, 都有 $P_nA_{ij}P_n$ 酉等价于 $n\times n$ 复矩阵, 则有 $(P_nA_{ij}P_n)_{m\times m}$ 酉等价于 $nm\times nm$ 半正定矩阵.

令 $\{f_i\}_{i=1}^{\infty}$ 是 $\mathcal{K}$ 的一组正规正交基, 令 $\widetilde{P}_n$ 表示在 $\{f_i\}_{i=1}^{n}$ 生成子空间上的 n 秩正交投影, 其中 $n=1,2,\cdots$. 记 Φ_n 是由 Φ 诱导的, 从 $B(P_n\mathcal{H})$ 到 $B(\widetilde{P}_n\mathcal{K})$ 上的线性映射, 即定义

$$\Phi_n(X):=\widetilde{P}_n\Phi(X)\widetilde{P}_n,\quad 对一切X\in B(P_n\mathcal{H}).$$

由于 $\sum_{i,j=1}^{\infty}\sqrt{\lambda_i\lambda_j}e_{ij}\otimes\Phi(e_{ij})\in B(\mathcal{H}\otimes\mathcal{K})^+$, 显然, $\sum_{i,j=1}^{n}\sqrt{\lambda_i\lambda_j}e_{ij}\otimes\Phi(e_{ij})\geqslant 0$, 故有

$$\sum_{i,j=1}^{n}\sqrt{\lambda_i\lambda_j}e_{ij}\otimes\Phi_n(e_{ij})\geqslant 0,$$

对 $n=1,2,\cdots$. 再由引理 6.9.13, 对 $n=1,2,\cdots$, 有

$$\sum_{i,j=1}^{n}e_{ij}\otimes\Phi_n(e_{ij})\geqslant 0,\quad 因为\quad \sum_{i,j=1}^{n}\frac{1}{\sqrt{\lambda_i\lambda_j}}e_{ij}\otimes I\geqslant 0.$$

因此, 对 $n=1,2,\cdots$, 都有 Φ_n 是从 $B(P_n\mathcal{H})$ 到 $B(\widetilde{P}_n\mathcal{K})$ 的完全正映射. 故有

$$(\Phi_n(P_nA_{ij}P_n))_{m\times m}=(\widetilde{P}_n\Phi(P_nA_{ij}P_n)\widetilde{P}_n)_{m\times m}\geqslant 0.$$

对任意 $1\leqslant i,j\leqslant m$, 由引理 6.9.13 得: $P_nA_{ij}P_n\underset{\text{WOT}}{\rightarrow}A_{ij}$, 故引理 6.9.14 蕴涵 $P_nA_{ij}P_n\rightarrow_{\text{W}*}A_{ij}$, 因此 $\Phi(P_nA_{ij}P_n)\rightarrow_{\text{W}*}\Phi(A_{ij})$, 因为 Φ 是正规映射. 再由引理 6.9.14 (2), 可得 $\Phi(P_nA_{ij}P_n)\underset{\text{WOT}}{\rightarrow}\Phi(A_{ij})$. 再直接由定义计算, 可以得到

$$\begin{pmatrix}\Phi(P_nA_{11}P_n) & \Phi(P_nA_{12}P_n) & \cdots & \Phi(P_nA_{1m}P_n)\\ \Phi(P_nA_{21}P_n) & \Phi(P_nA_{22}P_n) & \cdots & \Phi(P_nA_{2m}P_n)\\ \vdots & \vdots & & \vdots\\ \Phi(P_nA_{m1}P_n) & \Phi(P_nA_{m2}P_n) & \cdots & \Phi(P_nA_{mm}P_n)\end{pmatrix}\underset{\text{WOT}}{\rightarrow}(\Phi(A_{ij}))_{m\times m}.$$

因此, 引理 6.9.12 蕴涵

$$(\widetilde{P}_n\Phi(P_nA_{ij}P_n)\widetilde{P}_n)_{m\times m}\underset{\text{WOT}}{\rightarrow}(\Phi(A_{ij}))_{m\times m},$$

故有 $(\Phi(A_{ij}))_{m\times m}\geqslant 0$, 则 Φ 是完全正映射. 证毕.

引理 6.9.16 设算子集 $\{A_i\}_{i=1}^s$ 与 $\{B_i\}_{i=1}^s$ $(s<\infty)$ 都属于 $C_2(\mathcal{H},\mathcal{K})$, 则

$$\sum_{i=1}^s A_iXA_i^*=\sum_{i=1}^s B_iXB_i^*,\quad 对一切X\in T(\mathcal{H}),$$

当且仅当存在酉矩阵 (μ_{ij}), 使得 $A_i=\sum_{j=1}^s\mu_{ij}B_j$, 对 $i=1,2,\cdots,s$ 成立.

特别地, 当 $\mathcal{H}$ 与 $\mathcal{K}$ 是有限维 Hilbert 空间时, 若 Φ 与 Ψ 是从 $B(\mathcal{H})$ 到 $B(\mathcal{K})$ 的完全正映射, 满足 $\Phi(\cdot)=\sum_{i=1}^s A_i(\cdot)A_i^*$, $\Psi(\cdot)=\sum_{i=1}^s B_i(\cdot)B_i^*$, 则 $\Phi=\Psi$ 当且仅当存在酉矩阵 (μ_{ij}), 使得 $A_i=\sum_{j=1}^s\mu_{ij}B_j$ 对 $i=1,2,\cdots,s$ 成立.

证明 充分性容易验证.

必要性. 设 $\{e_i\}_{i=1}^\infty$ 是 $\mathcal{H}$ 的一组正规正交基, 记

$$x_i=\sum_{j=1}^\infty e_j\otimes A_ie_j \quad 与 \quad y_i=\sum_{j=1}^\infty e_j\otimes B_ie_j,\quad 对i=1,2,\cdots,s.$$

显然有

$$\|x_i\|^2=\sum_{j=1}^\infty\|A_ie_j\|^2=\mathrm{tr}(A_iA_i^*)<\infty \quad 与 \quad \|y_i\|^2=\sum_{j=1}^\infty\|B_ie_j\|^2=\mathrm{tr}(B_iB_i^*)<\infty$$

成立, 则对 $i=1,2,\cdots,s$, 都有 $x_i,y_i\in\mathcal{H}\otimes\mathcal{H}$. 因此,

$$\begin{aligned}\sum_{i=1}^s x_i\otimes x_i&=\sum_{i=1}^s\left(\sum_{j,k=1}^\infty e_{jk}\otimes A_ie_{jk}A_i^*\right)\\&=\sum_{j,k=1}^\infty e_{jk}\otimes\left(\sum_{i=1}^s A_ie_{jk}A_i^*\right)\\&=\sum_{j,k=1}^\infty e_{jk}\otimes\left(\sum_{i=1}^s B_ie_{jk}B_i^*\right)\\&=\sum_{i=1}^s\left(\sum_{j,k=1}^\infty e_{jk}\otimes B_ie_{jk}B_i^*\right)\\&=\sum_{i=1}^s y_i\otimes y_i.\end{aligned}$$

又由谱分解定理, 得到

$$\sum_{i=1}^s x_i\otimes x_i=\sum_{i=1}^s y_i\otimes y_i=\sum_{i=1}^t\lambda_if_i\otimes f_i,$$

其中 $t \leqslant s$, 所有 $\lambda_i > 0$, 且 $\{f_i\}_{i=1}^t$ 是正交的单位向量. 因此, 对 $i = 1, 2, \cdots, s$, 有

$$x_i = \sum_{j=1}^{t} c_{ij} f_i', \quad \text{其中} \quad f_j' = \sqrt{\lambda_i} f_j.$$

这蕴涵

$$\sum_{i=1}^{t} f_i' \otimes f_i' = \sum_{i=1}^{s} x_i \otimes x_i = \sum_{i=1}^{s} \left[\left(\sum_{j=1}^{t} c_{ij} f_j' \right) \otimes \left(\sum_{l=1}^{t} c_{il} f_l' \right) \right]$$
$$= \left(\sum_{j,l=1}^{t} \left(\left(\sum_{i=1}^{s} c_{ij} \overline{c_{il}} \right) f_j' \otimes f_l' \right) \right).$$

因此

$$\sum_{i=1}^{s} c_{ij} \overline{c_{il}} = \delta_{jl}, \qquad \text{(Kronecker delta)}$$

故有

$$(x_1, x_2, \cdots, x_s)^{\mathrm{T}} = C(f_1', f_2', \cdots, f_t')^{\mathrm{T}}, \quad \text{其中} C = (c_{ij}) \text{ 是} s \times t \text{ 等距矩阵}.$$

可以补充 $s - t$ 零向量 $\{f_i'\}_{i=1}^t$, 将等距矩阵 C 扩充为 $s \times s$ 酉矩阵 $\widetilde{C}$. 类似地, 可以得到 $s \times s$ 酉矩阵 $\widetilde{D}$, 使得

$$(y_1, y_2, \cdots, y_s)^{\mathrm{T}} = \widetilde{D}(f_1', f_2', \cdots, f_t', 0, \cdots, 0)^{\mathrm{T}},$$

则

$$(x_1, x_2, \cdots, x_s)^{\mathrm{T}} = \widetilde{C}\widetilde{D}^*(y_1, y_2, \cdots, y_s)^{\mathrm{T}} \quad \text{且} \widetilde{C}\widetilde{D}^* = (\mu_{ij}) \text{ 是} s \times s \text{ 酉矩阵}.$$

对任意的单位向量 $x, z \in \mathcal{H}$, 记

$$z = \sum_{i=1}^{\infty} z_i e_i \quad \text{与} \quad \widetilde{z} = \sum_{i=1}^{\infty} \overline{z_i} e_i,$$

则对 $i = 1, 2, \cdots, s$, 都有

$$\langle A_i z, x \rangle = \sum_{j=1}^{\infty} \langle z_j A_i e_j, x \rangle = \langle x_i, \widetilde{z} \otimes x \rangle = \sum_{k=1}^{s} \mu_{ik} \langle y_k, \widetilde{z} \otimes x \rangle$$
$$= \sum_{k=1}^{s} \left(\mu_{ik} \sum_{j=1}^{\infty} \langle z_j B_k e_j, x \rangle \right) = \sum_{k=1}^{s} \mu_{ik} \langle B_k z, x \rangle,$$

故有 $A_i = \sum_{j=1}^{s} \mu_{ij} B_j$ 对 $i = 1, 2, \cdots, s$ 成立. 证毕.

定理 6.9.17 设 Φ 是从 $T(\mathcal{H})$ 到 $T(\mathcal{K})$ 的线性映射, 且在迹范数拓扑下连续. 若 $\{e_i\}_{i=1}^{\infty}$ 是 $\mathcal{H}$ 的一组正规正交基, 则下面命题等价:

(1) Φ 是完全正映射;

(2) 对所有序列 $\lambda_i > 0$ 满足 $\sum_{i=1}^{\infty} \lambda_i < \infty$, 都有 $\sum_{i,j=1}^{\infty} \sqrt{\lambda_i\lambda_j} e_{ij} \otimes \Phi(e_{ij}) \in B(\mathcal{H}\otimes\mathcal{K})^+$;

(3) 对某一序列 $\lambda_i > 0$ 满足 $\sum_{i=1}^{\infty} \lambda_i < \infty$, 有 $\sum_{i,j=1}^{\infty} \sqrt{\lambda_i\lambda_j} e_{ij} \otimes \Phi(e_{ij}) \in B(\mathcal{H}\otimes\mathcal{K})^+$;

(4) 存在算子 $V_i \in B(\mathcal{H},\mathcal{K})$ 与 $M>0$, 使得 $\Phi(X)=\sum_{i=1}^{s} V_iXV_i^*$ 与 $\sum_{i=1}^{s} V_i^*V_i \leqslant MI$ 成立, 其中 $s \leqslant \infty$.

证明 (2) $\Longrightarrow$ (3) 显然, (4) $\Longrightarrow$ (1) 相似于命题 6.9.9 的证明. 由于 Φ 是从 $T(\mathcal{H})$ 到 $T(\mathcal{K})$ 的连续映射, 则存在 $M_1 > 0$, 使得

$$\|\Phi(A)\|_1 \leqslant M_1\|A\|_1, \quad \text{对所有} A \in T(\mathcal{H}) \tag{6.9.13}$$

成立. 令 $\{\lambda_i\}_{i=1}^{\infty}$ 是正数序列且满足 $\sum_{i=1}^{\infty} \lambda_i := M_2 < \infty$. 记 $B := \sum_{i,j=1}^{\infty} \sqrt{\lambda_i\lambda_j} e_{ij}\otimes \Phi(e_{ij})$.

(1) $\Longrightarrow$ (2) 需要证明 B 是有界的. 显然有

$$\sum_{i,j=1}^{n} \sqrt{\lambda_i\lambda_j} e_{ij} \otimes e_{ij} \geqslant 0, \quad \text{对} n = 1,2,\cdots,$$

则由 Φ 是完全正的, 得到

$$\sum_{i,j=1}^{n} \sqrt{\lambda_i\lambda_j} e_{ij} \otimes \Phi(e_{ij}) \geqslant 0, \quad \text{对} n = 1,2,\cdots. \tag{6.9.14}$$

对 $n = 1,2,\cdots$, 记 P_n 是在 $\{e_i\}_{i=1}^{n}$ 生成的 n 维子空间上的正交投影, 则不等式 (6.9.13) 与 (6.9.14) 蕴涵 $(P_n\otimes I)B(P_n\otimes I) \geqslant 0$ 与

$$\|(P_n\otimes I)B(P_n\otimes I)\| \leqslant \|(P_n\otimes I)B(P_n\otimes I)\|_1 \leqslant M_1M_2, \quad \text{对} n = 1,2,\cdots. \tag{6.9.15}$$

因此, 由引理 6.9.6 和引理 6.9.5, 不等式 (6.9.15) 蕴涵 B 是有界的且 $B \geqslant 0$.

(3) $\Longrightarrow$ (4). 由于 $B \in B(\mathcal{H}\otimes\mathcal{K})^+$, 得到 $(P_n\otimes I)B(P_n\otimes I) \geqslant 0$ 与

$$\|(P_n\otimes I)B(P_n\otimes I)\|_1 \leqslant \|B\|_1 \leqslant M_1M_2, \quad \text{对} n = 1,2,\cdots. \tag{6.9.16}$$

又由引理 6.9.13, 可得

$$\sum_{i,j=1}^{n} e_{ij} \otimes \Phi(e_{ij}) \geqslant 0, \quad \text{对} n = 1,2,\cdots.$$

令 $\{f_i\}_{i=1}^{\infty}$ 是空间 $\mathcal{K}$ 的一组正规正交基, 且对 $n=1,2,\cdots$, 令 $\widetilde{P}_n$ 是在正交向量集 $\{f_i\}_{i=1}^{n}$ 生成子空间上的正交投影. 记 Φ_n 是 Φ 诱导的, 从 $B(P_n\mathcal{H})$ 到 $B(\widetilde{P}_n\mathcal{K})$ 的映射, 其形式为

$$\Phi_n(X):=\widetilde{P}_n\Phi(X)\widetilde{P}_n,\quad \text{对所有} X\in B(P_n\mathcal{H}).$$

由式 (6.9.14) 与 Choi 定理, 可以得到: 对 $n=1,2,\cdots$, 都有 Φ_n 是完全正映射, 故存在有限的算子集 $V_i^{(n)}\in B(P_n\mathcal{H},\widetilde{P}_n\mathcal{K})$, 其中 $i=1,2,\cdots,s_n$, 使得

$$\Phi_n(X)=\sum_{i=1}^{s_n}V_i^{(n)}X[V_i^{(n)}]^*,\quad \text{对一切} X\in B(P_n\mathcal{H}).$$

因此, 对 $n=1,2,\cdots$, 由 Φ_n 的定义, 则有下面等式成立

$$\sum_{i=1}^{s_{n+1}}\widetilde{P}_nV_i^{(n+1)}P_nXP_n[V_i^{(n+1)}]^*\widetilde{P}_n=\sum_{i=1}^{s_n}V_i^{(n)}X[V_i^{(n)}]^*,\quad \text{对所有的} X\in B(P_n\mathcal{H}).$$

可以补充 0 到算子集 V_i^n 或 $V_i^{(n+1)}$ 中, 故不失一般性, 假设 $s_{n+1}=s_n=t$. 应用引理 6.9.15, 则存在 $t\times t$ 酉矩阵 $U:=(\mu_{ij})_{t\times t}$, 使得

$$(\widetilde{P}_nV_1^{(n+1)}P_n,\widetilde{P}_nV_2^{(n+1)}P_n,\cdots,\widetilde{P}_nV_t^{(n+1)}P_n)=U(V_1^{(n)},V_2^{(n)},\cdots,V_t^{(n)}).$$

记

$$(S_1,S_2,\cdots S_t)=U^*(V_1^{(n+1)},V_2^{(n+1)},\cdots,V_t^{(n+1)}),$$

则有

$$\widetilde{P}_nS_iP_n=V_i^{(n)}\quad \text{对} i=1,2,\cdots,t$$

且

$$\sum_{i=1}^{t}\widetilde{P}_nS_iP_nXP_nS_i^*\widetilde{P}_n=\sum_{i=1}^{t}V_i^{(n)}X[V_i^{(n)}]^*,\quad \text{对所有} X\in P_n\mathcal{H}.$$

因此, 对 $i=1,2,\cdots,t$, 能够用 S_i 代替 $V_i^{(n+1)}$, 故不失一般性, 假设

$$V_i^{(n+1)}=\begin{pmatrix} V_i^{(n)} & * \\ * & * \end{pmatrix}:P_n\mathcal{H}\oplus(P_{n+1}\mathcal{H}\ominus P_n\mathcal{H})\to\widetilde{P}_n\mathcal{K}\oplus(\widetilde{P}_{n+1}\mathcal{K}\ominus\widetilde{P}_n\mathcal{K}) \tag{6.9.17}$$

且对 $n=1,2,\cdots$, 有 $s_{n+1}\geqslant s_n$. 又由于

$$\|\Phi_n(X)\|_1\leqslant\|\Phi(X)\|_1\leqslant M_1\|X\|_1$$

蕴涵对所有 $X\in B(P_n\mathcal{H})^+$, 都有

$$0\leqslant \mathrm{tr}\left(\sum_{i=1}^{s_n}[V_i^{(n)}]^*V_i^{(n)}X\right)=\mathrm{tr}\left(\sum_{i=1}^{s_n}V_i^{(n)}X[V_i^{(n)}]^*\right)=\mathrm{tr}(\Phi_n(X))\leqslant M_1\mathrm{tr}(X)$$

成立, 从而有,

$$0 \leqslant \sum_{i=1}^{s_n}[V_i^{(n)}]^* V_i^{(n)} \leqslant M_1 I_{P_n\mathcal{H}}. \tag{6.9.18}$$

因此,

$$\|V_i^{(n)}\| \leqslant M_1, \quad 对 i=1,2,\cdots,s_n \quad 与 \quad n=1,2,\cdots$$

都成立, 故由 Alaoglu's 定理, 对 $i=1,2,\cdots,s$, 分别存在 $V_i \in B(\mathcal{H},\mathcal{K})$ (其中 $s \leqslant \infty$), 使得

$$V_i^{(n)} \underset{\text{WOT}}{\longrightarrow} V_i, \quad 当 n \to \infty. \tag{6.9.19}$$

再由式 (6.9.17) 与式 (6.9.18), 可以得到

$$\widetilde{P}_n V_i P_n = V_i^{(n)} \quad 与 \quad \|V_i\| \leqslant M_1$$

成立. 下面我们考虑下面两种情形.

情形 1 若 $s<\infty$, 则定义 Ψ 是从 $T(\mathcal{H})$ 到 $T(\mathcal{K})$ 的映射, 具体形式为

$$\Psi(X)=\sum_{i=1}^{s} V_i X V_i^*, \quad 对所有的 X \in T(\mathcal{H}).$$

显然, Ψ 是良定义的.

情形 2 若 $s=\infty$, 则需要证明: $\sum_{i=1}^{\infty} V_i^* V_i$ 是有界的, 为了得到

$$\Psi(X)=\sum_{i=1}^{\infty} V_i X V_i^*, \quad 对所有 X \in T(\mathcal{H})$$

是良定义的. 对任意正整数 N, 由 $V_i^{(n)}$ 的结构 (式 (6.9.17)), 则存在 N_0, 使得

$$s_n \geqslant N, \quad 对 n \geqslant N_0$$

成立. 任取向量 $x \in \mathcal{H}$, 则有

$$\begin{aligned}\lim_{n\to\infty}\|V_i^{(n)}x - V_i x\| &\leqslant \lim_{n\to\infty}(\|\widetilde{P}_n V_i P_n x - \widetilde{P}_n V_i x\| + \|\widetilde{P}_n V_i x - V_i x\|)\\ &\leqslant \lim_{n\to\infty}(M_1\|P_n^{\perp}x\| + \|\widetilde{P}_n^{\perp} V_i x\|)\\ &=0, \quad 对 i=1,2,\cdots,N.\end{aligned}$$

因此, 对 $n \geqslant N_0$, 由式 (6.9.18) 知

$$\sum_{i=1}^{N}\|V_i^{(n)}x\|^2 \leqslant \sum_{i=1}^{s_n}\|V_i^{(n)}x\|^2 \leqslant M_1\|x\|^2,$$

因此

$$\sum_{i=1}^{N}\|V_ix\|^2=\sum_{i=1}^{N}\lim_{n\to\infty}\|V_i^{(n)}x\|^2=\lim_{n\to\infty}\sum_{i=1}^{N}\|V_i^{(n)}x\|^2\leqslant M_1\|x\|^2,$$

即有

$$\sum_{i=1}^{N}V_i^*V_i\leqslant M_1I,\qquad \text{对任意的正整数}N$$

成立. 故 $\sum_{i=1}^{\infty}V_i^*V_i\leqslant M_1I$, 即有 Ψ 是良定义的.

此外, 容易验证: 对 $X\in T(\mathcal{H})$, 都有

$$\widetilde{P}_n\Psi(P_nXP_n)\widetilde{P}_n=\sum_{i=1}^{\infty}\widetilde{P}_nV_iP_nXP_nV_i^*\widetilde{P}_n=\sum_{i=1}^{s_n}V_i^{(n)}P_nXP_n[V_i^{(n)}]^*=\Phi_n(P_nXP_n) \tag{6.9.20}$$

与

$$\lim_{n\to\infty}\|P_nXP_n-X\|_1=0\quad(\text{由引理 6.9.12 (2)})$$

成立. 因此, 由 Φ 在迹范数拓扑下连续知

$$\lim_{n\to\infty}\|\Phi(P_nXP_n)-\Phi(X)\|_1=0$$

成立, 又由与引理 6.9.4 类似的证明, 可以得到: Ψ 在迹范数拓扑下连续, 因此

$$\lim_{n\to\infty}\|\Psi(P_nXP_n)-\Psi(X)\|_1=\lim_{n\to\infty}\left\|\sum_{i=1}^{s}V_i(P_nXP_n-X)V_i^*\right\|=0.$$

应用引理 6.9.12(2), 则有

$$\lim_{n\to\infty}\|\widetilde{P}_n\Phi(P_nXP_n)\widetilde{P}_n-\Phi(X)\|_1=0\ \text{与}\lim_{n\to\infty}\|\widetilde{P}_n\Psi(P_nXP_n)\widetilde{P}_n-\Psi(X)\|_1=0$$

成立, 故式 (6.9.20) 蕴涵

$$\Phi(X)=\Psi(X)=\sum_{i=1}^{s}V_iXV_i^*.$$

证毕.

推论 6.9.18　设 Φ 是从 $T(\mathcal{H})$ 到 $T(\mathcal{K})$ 的线性映射, 则 Φ 是量子信道, 当且仅当存在 $V_i\in B(\mathcal{H},\mathcal{K})$ $(i=1,2,\cdots,s)$, 使得 $\Phi(X)=\sum_{i=1}^{s}V_iXV_i^*$ 与 $\sum_{i=1}^{s}V_i^*V_i=I$ 成立, 其中 $s\leqslant\infty$.

注记　本章主要内容是算子矩阵的应用, 6.1 节的主要研究内容已发表于文献 [143], 6.2 节发表于文献 [152]. 另外, 6.3 节与 6.6 节主要研究了完全正映射不动

点的结构性质, 相关研究成果已发表于文献 [160]、[161]. 6.4 节与 6.5 节主要研究了完全正映射的插值问题, 相关研究成果发表于文献 [173]、[174]、[180]. 6.7 节主要研究量子效应约当积的主要性质及结构, 主要内容发表于文献 [184]. 6.8 节主要研究完全正映射的特殊结构特征, 主要研究内容发表于文献 [185]. 最后, 6.9 节主要研究完全正映射的结构与特殊的锥同构, 主要内容发表于文献 [180]、[196].

算子空间理论特别是算子空间之间的完全等距结构、完全序结构、完全有界映射及算子空间的特殊结构特征与算子矩阵之间的联系, 还有很多问题有待研究与解决. 另外, 算子理论成果, 特别是算子矩阵及谱理论的方法, 进一步应用到量子信息理论的问题中, 可以促进量子信息论的研究和发展. 这两方面的研究将是我们今后关注、探索的主要方向, 无疑算子矩阵的方法在我们今后的研究中, 还将有着更加重要的应用.

参考文献

[1] Conway J B. A Course in Functional Analysis. New York: Springer-Verlag, 1990.

[2] Conway J B. A Course in Operator Theory. Graduate Studies in Mathematics, 2000.

[3] Douglas R G. Banach Algebra Techniques in Operator Theory. 2nd ed. New York: Springer, 1997.

[4] Murphy G J. C^*-algebra and Operator Theory. New York: Academic Press, 1990.

[5] Gudder S. An order for quantum observables. Math. Slovaca., 2006, 56: 573–589.

[6] Xu X M, Du H K, Fang X C, Li Y. The supremum of linear operators for the *-order. Linear Algebra Appl., 2010, 433 (11-12): 2198–2207.

[7] Deng C Y. Some properties on the star order of bounded operators. J. Math. Anal. Appl., 2015, 423(1): 32–40.

[8] Deng C Y, Yu A Q. Some relations of projection and star order in Hilbert space. Linear Algebra Appl., 2015, 474: 158–168.

[9] Cvetković-Ilić D S, Mosić D, Wei Y M. Partial orders on B(H). Linear Algebra Appl., 2015, 481:115–130.

[10] Gudder S. Lattice properties of quantum effects. J. Math. Phys., 1996, 37 (9): 2637–2642.

[11] Benhida C, Zerouali E H, Zguitti H. Spectra of upper triangular operator matrices. Proc. Amer. Math. Soc., 2005, 133 (10): 3013–3020.

[12] Barraa M, Boumazgour M. A note on the spectrum of an upper triangular operator matrix. Proc. Amer. Math. Soc., 2003, 131: 3083–3088.

[13] Du H K, Gu C. On the spectra of operator completion problems. OT64, Birkauser, 1993, 64: 103–117.

[14] Du H K, Pan J. Perturbations of spectra of 2×2 operator matrices. Proc. Amer. Math. Soc., 1994, 121: 761–767.

[15] Hou J C. On the spectra of the positive completion for operator matrices. J. Operat. Theor., 1995, 33 (2): 299–315.

[16] Hou J C. Idempotent completions of operator partial matrices. Acta Math. Sinica., 1999, 42: 227–232.

[17] Hou J C, Du H K. Norm inequalities of positive operator matrices. Integr. Equ. Oper. Theory, 1995, 22: 281–294.

[18] Cao X H, Meng B. Essential approximate point spectra and Weyl's theorem for operator matrices. J. Math. Anal. Appl., 2005, 304: 759–771.

[19] Cao X H, Guo M Z, Meng B. Semi-Fredholm spectrum and Weyl's theorem for operator matrices. Acta Math. Sin. (English Series), 2006, 22 (1): 169–178.

[20] Cao, X H. Browder essential approximate point spectra and hypercyclicity for operator matrices. Linear Algebra Appl., 2007, 426 (2-3): 317–324.

[21] Cui J L, Hou J C. Qudric completion of operator partial matrices. 数学研究与评论, 2000, 20: 317–326.

[22] 崔建莲, 侯晋川. 一类缺项算子矩阵的谱补问题. 数学学报, 1999, 42: 181–186.

[23] Chen A, Hai G J. Perturbations of the right and left spectra for operator matrices. J. Operat. Theor., 2012, 67 (1): 207–214.

[24] Takahashi K. Invertible completions of operator matrices. Integr. Equ. Oper. Theory, 1995, 21: 355–361.

[25] Djordević D S. Perturbations of spectra of operator matrices. J. Operat. Theor., 2002, 48: 467–486.

[26] Hwang I S, Lee W Y. The boundedness below of 2×2 upper triangular operator matrices. Integr. Equ. Oper. Theory, 2001, 39: 267–276.

[27] Han J K, Lee H Y, Lee W Y. Invertible completions of 2×2 upper triangular operator matrices. Proc. Amer. Math. Soc., 2000, 128 (1): 119–123.

[28] Li Y, Sun X H, Du H K. The intersection of left (right) spectra of 2×2 upper triangular operator matrices. Linear Algebra Appl., 2006, 418: 112–121.

[29] Li Y, Sun X H, Du H K. The intersection of left (right) essential spectra of 2×2 upper triangular operator matrices. Bull. Lon. Math. Soc., 2004, 36 (5): 811–819.

[30] 李愿, 孙秀红, 杜鸿科. 2×2 上三角算子矩阵的左和右 Weyl 谱的交. 数学学报, 2005, 48 (4): 653–660.

[31] Li Y, Du H K. The intersection of left and right essential spectra of 2×2 upper triangular operator matrices. J. Math. Anal. Appl., 2006, 323: 1171–1183.

[32] Li Y. Left spectra of operator partial matrices. J. Lanzhou Univ. Nat. Sci (Chinese)., 2007, 43 (6): 117–121.

[33] Zhang S F, Zhong, H J. A note on Browder spectrum of operator matrices. J. Math. Anal. Appl., 2008, 344 (2): 927–931.

[34] Zhang S F, Wu Z Q. Characterizations of perturbations of spectra of 2×2 upper triangular operator matrices. J. Math. Anal. Appl., 2012, 392 (2): 103–110.

[35] Zhang S F, Wu Z Y, Zhong H J. Continuous spectrum, point spectrum and residual spectrum of operator matrices. Linear Algebra Appl., 2010, 433 (3): 653–661.

[36] Zhang S F, Zhong H J, Jiang, Q F. Drazin spectrum of operator matrices on the Banach space. Linear Algebra Appl., 2008, 429 (8-9): 2067–2075.

[37] Ren F G, Du H K, Cao H X. The intersection of the spectra of operator completions. Lineal Algebra Appl., 2003, 371: 103–109.

[38] Dou Y N, Du G C, Shao C F, Du H K. Closedness of ranges of upper-triangular operators. J. Math. Anal. Appl., 2009, 356 (1): 13–20.

[39] Zhang H Y, Du H K. Browder spectra of upper-triangular operator matrices. J. Math. Anal. Appl., 2006, 323 (1): 700–707.

[40] Hai G J, Chen A. On the right (left) invertible completions for operator matrices. Integr. Equ. Oper. Theory, 2010, 67(1): 79–93.

[41] Zhang H Y, Zhang X H, Du H K. Drazin spectra of 2 × 2 upper-triangular operator matrices. Acta Math. Sci. Ser.(Chinese), 2009, 29 (2): 272–282.

[42] Hai G J, Chen A. The semi-Fredholmness of 2 × 2 operator matrices. J. Math. Anal. Appl., 2009, 352(2): 733–738.

[43] Zhang H Y, Du H K. A note on Browder spectra of upper-triangular operator matrices. Adv. Math. (China), 2013, 42 (5): 706–712.

[44] Djordjević D S, Kolundžija M Z. Right and left Fredholm operator matrices. Bull. Korean Math. Soc., 2013, 50 (3): 1021–1027.

[45] Cvetković-Ilić D S, Hai G J, Chen A. Some results on Fredholmness and boundedness below of an upper triangular operator matrix. J. Math. Anal. Appl., 2015, 425 (2): 1071–1082.

[46] Pavlović V, Cvetković-Ilić. Completions of upper-triangular matrices to Kato nonsingularity. J. Math. Anal. Appl., 2016, 433 (2): 1230–1242.

[47] Zhang S F, Zhang L, Zhong H J. Perturbation of Browder spectrum of upper triangular operator matrices. Lin. Multilin. Algebra, 2016, 64 (3): 502–511.

[48] Böttcher A, Spitkovsky I M. A gentle guide to the basics of two projections theory. Linear Algebra Appl., 2010, 432 (6): 1412–1459.

[49] Böttcher A, Spitkovsky I M. Drazin inversion in the von Neumann algebra generated by two orthogonal projections. J. Math. Anal. Appl., 2009, 358 (2): 403–409.

[50] Böttcher A, Spitkovsky I M. On certain finite-dimensional algebras generated by two idempotents. Linear Algebra Appl., 2011, 435(8): 1823–1836.

[51] Deutsch F. The angle between subspaces of a hilbert space. Approximation Theory, Wavelets and Applications, 1995, 11(1): 107–130.

[52] Du H K, Yao X Y, Deng C Y. Invertibility of linear combinations of two idempotents. Proc. Amer. Math. Soc., 2005, 133: 1451–1457.

[53] Du H K, Deng C Y. A new characterization of gaps between two subspaces. Proc. Amer. Math. Soc., 2005, 133: 3065–3070.

[54] Du H K, Gao G B, Wang Y Q. Geometry characterizations between two subspaces. Acta Math. Sci. Ser. (Chinese), 2012, 32(5): 879–891.

[55] Deng C Y. On the minimum gap and the angle between two subspaces. J. Comput. Appl. Math., 2007, 206 (2): 625–630.

[56] Duggal B P. Subspace gaps and range-kernel orthogonality of an elementary operator. Linear Algebra Appl., 2004, 383: 93–106.

[57] Sun X H, Li Y. On the reduced minimum modulus of projections and the angle between two subspaces. J. Math. Res. Exposition, 2011, 31 (1): 165–172.

[58] Baksalary J K, Baksalary O M. Non singularity of linear combinations of idempotent matrices. Linear Algebra Appl., 2004, 388: 25–29.

[59] Baksalary O M. Idempotency of linear combinations of three idempotent matrices, two of which are disjoint. Linear Algebra Appl., 2004, 388: 67–78.

[60] Choi M D, Wu P Y. Convex combinations of projections. Linear Algebra Appl., 1990, 136: 25–42.

[61] Chen Y N, Du H K. Idempotency of linear combinations of two idempotent operators. Acta Math. Sinica (Chin. Ser.), 2007, 50 (5): 1171–1176.

[62] Chen Y N, Du H K, Zhang H Y. Path connectivity of idempotents on a Hilbert space. Proc. Amer. Math. Soc., 2008, 136 (10): 3483–3492.

[63] Wang Y Q, Du H K, Dou Y N. On the index of Fredholm pairs of idempotents. Acta Mathematica Sinica (English Series), 2009, 25 (4) 679–686.

[64] Chen J L, Zhu H H. Drazin invertibility of product and difference of idempotents in a ring. Filomat, 2014, 28 (6): 1133–1137.

[65] Deng C Y, Wei Y M. Characterizations and representations of the Drazin inverse of idempotents. Linear Algebra Appl., 2009, 431: 1526–1538.

[66] Deng C Y. The Drazin inverses of sum and difference of idempotents. Linear Algebra Appl., 2009, 430: 1282–1291.

[67] Deng C Y, Du H K. Common complements of two subspaces and an answer to Groß's question. Acta mathematica Sinica, 2006, 49 (3): 1109–1112.

[68] Fang L, Du H K. Stability theorems for some combinations of two idempotents. Lin. Multilin. Algebra, 2012, 60 (2): 159–165.

[69] Dou Y N, Du H K. Application of generalized inverses to representations of idempotent operators. J. Shaanxi Normal Univ. Nat. Sci. Ed.,2011, 39 (6): 10–13.

[70] Halmos P R. Two subspaces. Trans. Amer. Math. Soc., 1969, 144: 381–389.

[71] Koliha J J, Racočević V. Fredholm properties of the difference of orthogonal projection in a Hilbert space. Integr. Equ. Oper. Theory, 2005, 52: 125–134.

[72] Gross J, Trenkler G. Nonsingularity of the difference of two oblique projectors. SIAM J. Matrix. Anal. Appl., 1999, 21: 390–395.

[73] Koliha J J, Racočević V. Invertibility of the difference of idempotents. Lin. Multilin. Algebra, 2003, 51: 97–110.

[74] Koliha J J, Racočević V, Strakraba I. The difference and sum of projectors. Linear Algebra Appl., 2004, 388: 279–288.

[75] Koliha J J, Racočević V. The nullity and rank of linear combinations of idempotent matrices. Linear Algebra Appl., 2006, 418 (1): 11–14.

[76] Koliha J J. A generalized Drazin inverse. Glasgow Math. J., 1996, 38 (2): 367–381.

[77] Racočević V. Moore-Penrose inverse in Banach algebras. Proc. Roy. Irish. Acad., 1988, 88 (1): 57–60.

[78] Campbell S L. Recent Applications of Generalized Inverses. London: Pitman, 1982.

[79] Racočević V. Continuity of the Drazin inverse. J. Operat. Theor., 1999, 411: 55–68.

[80] Deng B, Chen G. A note on the generalized Bott-Duffin inverse. Appl. Math. Lett., 2007, 20: 746–750.

[81] Shao C F, Du H K, Ji S F, Xu J L. The representations of generalized inverses of lower triangular operators. Acta Math. Sin. (English. Series), 2009, 25 (12): 2107–2118.

[82] Racočević V, Wei Y. A weighted Drazin inverse and applications. Linear Algebra Appl., 2002, 350: 25–39.

[83] Bott R, Duffin R J. On the algebra of network. Trans. Amer. Math. Soc., 1953, 74: 99–109.

[84] Chen Y L. The generalized Bott-Duffin inverse and its applications. Linear Algebra Appl., 1990, 134, 71–91.

[85] Chen G L, Liu G M, Xue Y F. Perturbation theory for the generalized Bott-Duffin inverse and its applications. Appl. Math. and Comput., 2002, 129, 145–155.

[86] Chen G L, Liu G M, Xue Y F. Perturbation analysis of the generalized Bott-Duffin inverse of L-zero matrices. Lin. Multilin. Algebra, 2003, 51 (1): 11–20.

[87] Cao L Q, Chen G. Properties of generalized Bott-Duffin inverse and weighted Drazin inverse. J. Math. Res. Exposition, 2007, 27: 130–134.

[88] Drazin M P. Pseudoinverse in associative rings and semigroups. Am. Math. Mon., 1958, 65 (3): 505–514.

[89] Cheng S, Tian Y. Moore-Penrose inverses of products and differences of orthogonal projectors. Acta Sci. Math. (Szeged), 2003, 69: 533–542.

[90] Du H K, Deng C Y. The representation and characterization of Drazin inverses of operators on a Hilbert space. Linear Algebra Appl., 2005, 407: 117–124.

[91] Deng C Y. The Drazin inverses of products and differences of orthogonal projections. J. Math. Anal. Appl., 2007, 335: 64–71.

[92] Deng C Y, Du H K. The reduced minimum modulus of Drazin inverse of a linear operators on Hilbert spaces. Proc. Amer. Math. Soc., 2006, 134 (11): 3309–3317.

[93] Zhang X X, Zhang S S, Chen J L, Wang L. Moore-Penrose invertibility of differences and products of projections in rings with involution. Linear Algebra Appl., 2013, 439 (12): 4101–4109.

[94] Deng C Y, Du H K. Representations of the Moore-Penrose inverse of 2 by 2 block operator valued matrices. J. Korean Math. Soc., 2009, 46: 1139–1150.

[95] Huang Q L, Ma J P. Perturbation analysis of generalized inverses of linear operators in Banach spaces. Linear Algebra Appl., 2004, 389 (2): 355–364.

[96] Hartwig R E, Wang G R, Wei Y M. Some additive results on Drazin inverses. Linear Algebra Appl., 2001, 322: 207–217.

[97] King C F. A note on Drazin inverses. Pac. J. Math., 1977, 70: 383–390.

[98] Israel A B, Greville T E. Generalized Inverses: Theory and Applications. 2nd Ed. New York: Springer-Verlag, 2003.

[99] Cline R E. An application of representation of a matrix. MRC Technical Report, 1965, 592.

[100] Kruglyak S, Rabanovich V, Samolenko Y. Decomposition of a scalar matrix into a sum of orthogonal projections. Linear Algebra Appl., 2003, 370: 217–225.

[101] Harte R E, Mbekhta M. Generalized inverses in C^*-algebras. II. Stud. Math., 1993, 106 (2): 129–138.

[102] Koliha J J, Racočević V. Continuity of the Drazin inverse II. Stud. Math., 1998, 131 (1): 167–177.

[103] Li Y. The Drazin inverses of products and differences of projections in a C^*-algebra. J. Aust. Math. Soc., 2009, 86 (2): 189–198.

[104] Li Y. The Moore-Penrose inverses of products and differences of projections in a C^*-algebra. Linear Algebra Appl., 2008, 428 (4): 1169–1177.

[105] Li Y. The Moore-Penrose inverses of anti-commutators of projections in a C^*-algebra. Acta Math. Sinica (Chinese. Series), 2009, 52 (4): 813–820.

[106] Li Y. The Moore-Penrose inverses of lower triangular operators. Linear Multilinear Algebra,2011, 59 (3): 229–235.

[107] Koliha J J. A generalized Drazin inverse. Glasgow Math. J., 1996, 38 (3): 367–381.

[108] Koliha J J. The Drazin and Moore-Penrose inverse in C*-algebras. Math. Proc. R. Ir. Acad., 1999, 99 (1): 17–27.

[109] Ando T. Problem of infimum in the positive cone in Analytic and Geometric Inequalities and Applications. Math. Appl., 1999, 478 (1): 1–12.

[110] Kadison R. Order properties of bounded self-adjoint operators. Proc. Amer. Math. Soc., 1951, 34(2): 505–510.

[111] Apostol C. The reduced minimum modulus. Michigan Math. J., 1985, 32 (3): 279–294.

[112] Bouldin R. The product of operators with closed range. Tôhoku Math. J., 1973, 25 (2): 359–363.

[113] Gudder S. Examples, Problems and Results in effect algebras. Internat. J. Theoret. Phys., 1996, 35 (7): 2365–2376.

[114] Douglas R G. On majorization, factorization and range inclusion of operators on Hilbert space. Proc. Amer. Math. Soc., 1966, 17 (2): 413–415.

[115] Moreland T, Gudder S. Infima of Hilbert space effects. Linear Algebra Appl., 1999, 286: 1–17.

[116] Gheondea A, Gudder S, Jonas P. On the infimum of quantum effects. J. Math. Phys., 2005, 46: 062102.

[117] Li Y, Du H K. A note on the infimum problem of Hilbert space effects. J. Math. Phys., 2006, 47 (10): 102103.

[118] Yang J, Du H K. A note on commutativity up to a factor of bounded operators. Proc. Amer. Math. Soc., 2004, 132 (6): 1713–1720.

[119] Gheondea A, Gudder S. Sequential product of quantum effects. Proc. Amer. Math. Soc., 2004, 132 (2): 503–512.

[120] Gudder S, Nagy G. Sequential quantum measurements. J. Math. Phys., 2001, 42: 5212–5222.

[121] Gudder S. A structure for quantum measurements. Rep. Math. Phys., 2005, 55 (1): 249–267.

[122] Gudder S, Greechie R. Sequential products on effect algebra. Rep. Math. Phys., 2002, 49 (1): 87–111.

[123] Foulis D, Bennett M K. Effect algebras and unsharp quantum logics. Found Phys., 1994, 24 (3): 1131–1352.

[124] Arias A, Gudder S. Almost sharp quantum effects. J. Math. Phys., 2004, 45: 4196–4206.

[125] Li Y, Xu X M. The logic order on a generalized Hermitian algebra. Rep. Math. Phys., 2012, 69: 371–381.

[126] Li Y, Sun X H, Chen Z L. Generalized infimum and sequential product of quantum effects. J. Math. Phys., 2007, 48 (10): 102101.

[127] Li Y, Sun X H. A note on the logic of bounded quantum observables. J. Math. Phys., 2009, 50 (12): 122107.

[128] Xu X M, Du H K, Fang X C. On the infimum of bounded quantum observables. J. Math. Phys., 2010, 51 (9): 093522.

[129] Xu X M, Du H K, Fang X C. An explicit expression of supremum of bounded quantum observables. J. Math. Phys., 2009, 50 (3): 033502.

[130] Liu W H, Wu J D. A representation theorem of infimum of bounded quantum observables, J. Math. Phys., 2008, 49: 073521.

[131] Lahti P, Maczynski M. Partial order of quantum effects. J. Math. Phys., 1995, 36: 1673–1680.

[132] Pulmannová S, Vinceková E. Remarks on the order for quantum observables. Math. Slovaca., 2007, 57: 589–600.

[133] Thompson R C. The case of equality in the matrix-valued triangle inequality. Pacific J. Math., 1979, 82 (1): 279–280.

[134] Ando T, Hayashi T. A characterization of the operator-valued triangle equality. J. Operat. Theor., 2007, 58: 463–468.

[135] McCarthy C. C_p, Israel J. Math., 1967, 5: 249–271.

[136] Yeadon F J. Isometries of non-commutative L_p-spaces, Math. Proc. Cambridge Philos. Soc., 1981, 90: 41–50.

[137] Kittaneh F. Inequalities for the Schatten p-norm III. Commun. Math. Phys., 1986, 104: 307–310.

[138] Kittaneh F. Inequalities for the Schatten p-norm IV. Commun. Math. Phys., 1986, 106: 581–585.

[139] Tsai C W, Wong N C. Linear orthogonality preserves of standard operator algebras. Taiwanese J. Math., 2010, 14: 1047–1053.

[140] Sun X H, Li Y. Two Hilbert Schmidt operator equalities. Adv. Math. (China), 2011, 40: 599–605.

[141] Schatten R. Norm Ideals of Completely Continuous Operators. Springer-Verlag, 1960.

[142] Simon B. Trace Ideals and Their Applications. Cambridge University Press, 1979.

[143] Li Y, Li Y E. Some characterizations of the trace norm triangle equality. Linear Algebra Appl., 2015, 484: 396–408.

[144] Hua L K. Inequalities involving determinants. Acta Math.Sinica(Chinese), 1955, 5 (4): 463–470.

[145] Ando T. Hua-Marcus inequalities. Lin. Multilin. Algebra, 1980, 8: 347–352.

[146] Ando T. Positivity of operator-matrices of Hua-Type. Banach J. Math. Anal., 2008, 2: 1–8.

[147] Bhatia R. Positive Definite Matrices. Princeton: Princeton University Press, 2007.

[148] Ando T. Geometric mean and norm Schwarz inequality. Ann. Funct. Anal., 2016, 7: 1–8.

[149] Lin M. A completely PPT map. Linear Algebra Appl., 2014, 459: 404–410.

[150] Lin M. Inequalities related to 2×2 Block PPT matrices. Oper. Matrices, 2015, 9: 917–924.

[151] Xu G, Xu C, Zhang F. Contractive matrices of Hua type. Lin. Multilin. Algebra, 2011, 59: 159–172.

[152] Li Y, Zheng M, Hu S S. Some new results for Hua-type operator matrices. Linear Algebra Appl., 2016, 506: 212–225.

[153] Kraus K. General state changes in quantum theory. Ann. Physics, 1971, 64: 311–335.

[154] Choi M D. Completely positive linear maps on complex matrices. Linear Algebra Appl., 1975, 10: 285–290.

[155] Arias A, Gheordea A, Gudder S. Fixed points of quantum operation. J. Math. Phys., 2002, 43 (12): 5872–5881.

[156] Kribs D W. Quantum channels, wavelets, dilations and representations of $\mathcal{O}_n$. Proc. Edinb. Math. Soc., 2003, 46: 421–433.

[157] Zhang H Y, Ji G X. Normality and fixed points associated to commutative row contractions. J. Math. Anal. Appl., 2013, 400: 247–253.

[158] Busch P, Singh J. Luders theorem for unsharp quantum measurmentes. Physics Letters A, 1998, 249: 10–12.

[159] Lim B J. Noncommutative Poisson boundaries of unital quantum operations. J. Math. Phys., 2010, 51: 052202.

[160] Li Y. Fixed points of dual quantum operations. J. Math. Anal. Appl., 2011, 382: 172–179.

[161] Li Y. Characterizations of fixed points of quantum operations. J. Math. Phys., 2011, 52: 052103.

[162] Liu W H, Wu J. D. Fixed points of commutative Lüders operations. J. Phys. A: Math. Theor., 2010, 43: 395206.

[163] Long L, Zhang S. Fixed points of commutative super-operators. J. Phys. A: Math. Theor, 2011, 44: 095201.

[164] Magajna B. Fixed points of normal completely positive maps on $B(H)$. J. Math. Anal. Appl., 2012, 389: 1291–1302.

[165] Nagy G. On spectra of Lüders operations. J. Math. Phys. 2008, 49: 022110.

[166] Prunaru B. Fixed points for Lüders operations and commutators. J. Phys. A: Math. Theor, 2011, 44: 185203.

[167] Halmos P R. A Hilbert Space Problem Book. New York: Springer, 1973.

[168] Nielsen M A, Chuang I L. Quantum Computation and Quantum Information. Cambridge: Cambridge University Press, 2000.

[169] Horn R, Johnson C. Matrix Analysis. Cambridge: Cambridge University. Press, 1985.

[170] Alberti P M, Uhlmann A. Stochasticity and Partial Order: Doubly Stochastic Maps and Unitary Mixing. Dordrecht: Boston, 1982.

[171] Li C K, Poon Y T. Interpolation by completely positive maps. Lin. Multi. Algebra, 2011, 59: 1159–1170.

[172] Weyl H. Inequalities between the two kinds of eigenvalues of a linear transformation. Proc. Nat. Acad. Sci., 1949, 35: 408–411.

[173] Sun X H, Li Y. The range of generalized quantum operations. Linear Algebra Appl., 2014, 52: 120–129.

[174] Sun X H, Li Y. Some characterizations of quantum channel in infinite Hilbert spaces. J. Math. Phys., 2014, 55: 053511.

[175] Hsua M H, Kuo D W, Tsai M C. Completely positive interpolations of compact, trace-class and Schatten-p class operators. J. Funct. Anal., 2014, 267: 1205–1240.

[176] Hou J C. A characterization of positive linear maps and criteria of entanglement for quantum states. J. Phys. A: Math. Theor., 2010, 43: 385201.

[177] Wang L, Hou J C, Qi X F. Fidelity and entanglement fidelity for infinite-dimensional quantum systems. J. Phys. A: Math. Theor., 2014, 47: 335304.

[178] Holevo A S, Shirokov M E. Mutual and coherent information for infinite-dimensional quantum channels. Probl. Inform. Transm.,2010, 46: 201–218.

[179] Holevo A S. Entropy gain and the Choi-Jamiolkowski correspondence for infinite dimensional quantum evolutions. Theor. Math. Phys., 2011, 166: 123–138.

[180] Li Y, Du H K. Interpolations of entanglement breaking channels and equivalent conditions for completely positive maps. J. Funct. Anal., 2015, 268: 3566–3599.
[181] Shen J, Wu J D. Generalized quantum operations and almost sharp quantum effects. Reports on Mathematical Physics, 2010, 66: 367–374.
[182] Wang Y Q, Du H K, Dou Y N. Note on Generalized Quantum Gates and Quantum Operations. Internat. J. Theoret. Phys., 2008, 47: 2268–2278.
[183] Williams J P. On the range of a derivation. Pac. J. Math., 1971, 38: 273–279.
[184] Li Y, Sun X H. Sequential product and Jordan product of quantum effects. Internat. J. Theoret. Phys., 2011, 50(4): 1206–1213.
[185] Li Y, Sun X H, Dou Y N. Some properties of generalized quantum operations. Internat. J. Theoret. Phys., 2013, 52 (6): 2083–2091.
[186] Kribs D W, Laflamme R, Poulin D. Unified and generalized approach to quantum error correction. Phys. Rev. Lett., 2005, 94: 180501.
[187] Knill E, Laflamme R, Viola L. Theory of quantum error correction for general noise. Phys. Rev. Lett., 2000, 84: 2525.
[188] Bény C, Kempf A, Kribs D W. Quantum error correction on infinite-dimensional Hilbert spaces. J. Math. Phys., 2009, 50: 062108.
[189] Du H K, Wang Y Q, Xu J L. Applications of the generalized Lüders theorem. J. Math. Phys., 2008, 49: 013507.
[190] Stormer E. Extension of positive maps into $B(\mathcal{H})$. J. Funct. Anal., 1986, 66: 235–254.
[191] Stormer E. Positive Linear Maps of Operator Algebras, Springer Monographs in Mathematics. Heidelberg: Springer, 2013.
[192] Paulsen V, Shultz F. Complete positivity of the map from a basis to its dual basis. J. Math. Phys., 2013, 54: 072201.
[193] Paulsen V, Todorov I, Tomforde M. Operator system structures on ordered spaces. Proc. Lond. Math. Soc., 2011, 102: 25–49.
[194] Effros E G, Ruan Z J. Operator Spaces. Oxford: Clarendon Press, 2000.
[195] Paulsen V. Completely Bounded Maps and Operator Algebras. Cambridge: Cambridge University Press, 2003.
[196] Sun X H, Li Y. Cone isomorphisms and expressions of some completely positive maps. Ann. Funct. Anal. 2014, 25(2): 366–375.
[197] Skowronek L, Stormer E. Choi matrices, norms and entanglement associated with positive maps on matrix algebras. J. Funct. Anal., 2012, 262: 639–647.
[198] Stinespring W F. Positive functions on C*-algebras, Proc. Amer. Math. Soc., 1955, 6: 211–216.
[199] Petz D. Quantum Information Theory and Quantum Statistics. Berlin: Springer, 2008.